Kraftmaschinen und Arbeitsmaschinen

Sonderabdruck aus dem

Lehrbuch der Bergwerksmaschinen

Zweite, verbesserte und erweiterte Auflage

bearbeitet von

Dr. H. Hoffmann† und Dipl.-Ing. **C. Hoffmann**
Bergschule Bochum   Bergschule Bochum

Für den Gebrauch an den Fachschulen für Gewerbe und Technik der Deutschen Reichsmarine

---

Nicht im Handel!

Verlagsbuchhandlung Julius Springer · Berlin 1935

ISBN-13:978-3-642-89330-8 e-ISBN-13:978-3-642-91186-6
DOI: 10.1007/978-3-642-91186-6

Softcover reprint of the hardcover 2nd edition 1926

Vorwort zur zweiten Auflage des Lehrbuches der Bergwerksmaschinen.

Bei der Neubearbeitung des vorliegenden Lehrbuches wurden die zahlreichen technischen Fortschritte der letzten Jahre nach Möglichkeit berücksichtigt. Um den Umfang durch die erforderlichen Ergänzungen nicht zu sehr zu vergrößern, mußten mehrfach Streichungen vorgenommen werden, die sich aber nur auf veraltete Konstruktionen erstreckten. — In der Thermodynamik wurden den Tabellen und Tafeln für Wasserdampf die neuen Mollierschen, bis zum kritischen Punkt erweiterten Dampftabellen zugrunde gelegt. Die neue Luftentropietafel reicht für die höchsten, im Zechenbetriebe verwendeten Drücke aus. Die Zahlentafeln wurden durchweg erweitert. Die Abschnitte über Dampfkessel und Feuerungen wurden um Hochdruckkessel, moderne Rostfeuerungen, Kohlenstaubfeuerungen, Staubaufbereitung, neue Gasfeuerungen und Luftvorwärmer bereichert. Dampfturbinen älterer Konstruktionen wurden durch neue ersetzt; auch auf die Mehrgehäuseturbinen wurde kurz eingegangen. Der Abschnitt über Abdampfverwertung und Abdampfspeicher wurde geteilt, um auf die Wärmespeicher im allgemeinen näher eingehen zu können. Der neuaufgenommene Abschnitt über Schaltungen im Dampfkraftbetriebe soll an Hand von Beispielen die Anwendung der immer mehr in Gebrauch kommenden Schaltzeichen zeigen und verschiedene Schaltmöglichkeiten erläutern. Neue Verordnungen über die Reibungszahl zwangen zu verwickelteren Formeln der Seilrutschberechnung im Abschnitt Schachtförderanlagen, deren Anwendung jedoch durch eine Zahlentafel der Werte $e^{\mu\alpha}$ erleichtert wird. Die Berechnung der Fördermaschinenbremsen wurde gleichfalls den neuen Bestimmungen angepaßt und ein Beispiel an Hand eines Schemas durchgeführt. Im Abschnitt Turbokompressoren wurde das „Pumpen" eingehender als bisher behandelt. Die Druckluftantriebe erfuhren bedeutende Erweiterungen. Neu aufgenommen wurden Motoren für Druckluftabbaulokomotiven. Die in den letzten Jahren führend gewordenen Zahnraddruckluftmotoren wurden in zwei Abschnitten über Gradzahnmotoren und Pfeilradmotoren ausführlich erläutert, wobei auf die verschiedenen Möglichkeiten der Umsteuerung, die die einzelnen Bauarten kennzeichnen, besonders Rücksicht genommen wurde. Bei den Schrämmaschinen, denen gleichfalls größere Beachtung geschenkt wurde, trat der Antrieb durch Pfeilradmotoren in den Vordergrund; es wurde nur noch ein Beispiel der heute nicht mehr gebauten Kolbenschrämmaschinen beibehalten, während die Pfeilradschrämmaschinen durch eine ganz moderne Bauart ergänzt wurden. Drucklufthämmer und Schüttelrutschenantriebe wurden gleichfalls durch neue Konstruktionen ergänzt. Der Abschnitt über Ventilatoren erfuhr eine Erweiterung durch Aufnahme von Luttenventilatoren mit Druckluftturbinenantrieb.

Die grundlegenden Abschnitte des Buches blieben wesentlich im alten Umfang und Aufbau bestehen, wurden jedoch gründlich überarbeitet und mehrfach durch kleinere Ergänzungen vervollständigt. Für die vielfachen Anregungen, die ich in dieser Hinsicht erhalten habe, fühle ich mich zu größtem Dank verpflichtet, auch den Firmen gegenüber, die in zuvorkommender Weise die Neubearbeitung durch Überlassung reichhaltigen Materials unterstützt haben.

Der Westfälischen Berggewerkschaftskasse möchte ich an dieser Stelle meinen Dank dafür aussprechen, daß sie wiederum ihre bewährten Zeichner zur Verfügung stellte, wodurch eine Bereicherung des Buches um zahlreiche neue Textabbildungen ermöglicht wurde. Für die Ausführung der Zeichnungen danke ich den Herren Haibach und Maschinensteiger Hingst herzlichst.

Der Verfasser Dr. H. Hoffmann hat die Vollendung der zweiten Auflage leider nicht mehr erleben dürfen. Als sein Mitarbeiter habe ich die Fertigstellung allein übernommen und hoffe, die Arbeit im Sinne meines verstorbenen Vaters durchgeführt zu haben.

Bochum, im November 1930.

Dipl.-Ing. **C. Hoffmann.**

Bemerkungen zum Sonderabdruck.

Der Sonderdruck, der für den Unterricht in der Hauptstufe der Marinefachschule für Gewerbe und Technik bestimmt ist, enthält nur die Behandlung derjenigen Kraft- und Arbeitsmaschinen, die nicht nur in Bergwerken, sondern auch in den Kraftbetriebsanlagen anderer Betriebswerke durchweg Verwendung finden. — Bei dem für den Sonderabdruck angewandten, ganz besonders wirtschaftlichen photomechanischen Druckverfahren war es aus technischen Gründen nicht möglich, die Lücken in den Seitenzahlen, Abbildungs- und Kapitelnummern, die durch das Herausnehmen einiger Abschnitte entstanden sind, zu schließen. Das folgende Inhaltsverzeichnis enthält nur die in den Sonderabdruck aufgenommenen Abschnitte.

Kiel, 15. Mai 1935.

Inhaltsverzeichnis.

Bezeichnungen. Maßbeziehungen. Abkürzungen.

l = Länge in m.
d, D = Durchmesser in cm bzw. m.
u, U = Umfang in cm bzw. m.
F = Querschnitt in m^2.
f = Querschnitt in cm^2.
O = Oberfläche in m^2.

V = Volumen in m^3 } bei Gasen und Dämpfen.
G = Gewicht in kg }
v = spezifisches Volumen von Gasen und Dämpfen in m^3/kg; $v = V : G$.
γ = spezifisches Gewicht oder Dichte. Bei festen Körpern und Flüssigkeiten wird γ in kg/l angegeben, bei Gasen in kg/m^3; $\gamma = \frac{1}{v} = \frac{G}{V}$; $\gamma \cdot v = 1$.
μ = Molekulargewicht. Ferner μ = Reibungszahl.

---

1 at = 1 kg/cm^2 = 10 m WS (Wassersäule)[1] = 736 mm QS (Quecksilbersäule)[2].
1 At = 1,033 kg/cm^2 = 10,33 m WS = 760 mm QS (phys. Atm.).
1 kg/m^2 = 1 mm WS.
$\frac{1}{100}$ at = 100 mm WS.
1 ata = 1 at abs.
1 atü = 1 at Überdruck.

---

p = absoluter Gas- oder Dampfdruck in kg/cm^2 oder at.
P = absoluter Gas- oder Dampfdruck in kg/m^2 oder in mm WS.

---

s = Sekunde.
min = Minute.
h = Stunde.

---

v oder c, bei Gasen und Dämpfen w = Geschwindigkeit in m/s.
b = Beschleunigung in m/s^2; g = Fallbeschleunigung = 9,81 m/s^2.
Q = Durchflußmenge in m^3/s.
n = minutliche Drehzahl.

---

1 kcal (WE)[3] = 427 mkg.
1 PS = 75 mkg/s = 0,175 kcal/s = 0,736 kW ≈ $^3/_4$ kW.
1 kW = 102 mkg/s = 0,24 kcal/s = 1,36 PS ≈ $^4/_3$ PS.
1 PSh = 270000 mkg = 270 mt = 632 kcal = 0,736 kWh.
1 kWh = 1,36 PSh = 368000 mkg = 860 kcal.

---

[1] Die Wassersäule ist bei 4° C zu messen oder auf 4° C umzurechnen.

[2] Die Quecksilbersäule ist bei 0° C zu messen oder auf 0° C umzurechnen; z. B. sind 760 mm QS von 0° = 762 mm QS von 15°.

[3] In der Neuauflage wurde die Wärmeeinheit durchweg mit kcal (Kilokalorie) bezeichnet; nur in einigen Diagrammen mußte aus technischen Rücksichten die frühere Bezeichnung WE beibehalten werden.

N_i, N_e = indizierte bzw. effektive Maschinenleistung in PS oder in kW.
P = Kraft in kg.

---

t = Temperatur in ° C.
T = absolute Temperatur = $t + 273^0$ C.
Q = Wärmemenge in kcal.
A = Wärmewert der Arbeit = $\frac{1}{427}$ kcal/mkg.
L = Abgegebene oder aufgenommene Arbeit von Gas in mkg.
H = Heizwert in kcal/kg oder, bei Gasen, in kcal/m³.
i = Wärmeinhalt für unveränderlichen Druck von 1 kg Wasser, Dampf oder Gas.
s = Entropiewert von 1 kg Wasser, Dampf oder Gas.
c_v, c_p = spezifische Wärme von Gasen und überhitzten Dämpfen bei ungeändertem Volumen bzw. ungeändertem Druck in kcal/kg.

V = Volt
kV = Kilovolt
A = Ampere
W = Watt
kW = Kilowatt
kVA = Kilovoltampere
kWh = Kilowattstunde

„Sammelwerk" = Entwicklung des niederrheinisch-westfälischen Steinkohlenbergbaues in der zweiten Hälfte des 19. Jahrhunderts. Berlin: Julius Springer 1902.
Glückauf = Berg- und Hüttenmännische Zeitschrift Glückauf, Essen.
Z.V. d. I. = Zeitschrift des Vereines deutscher Ingenieure, Berlin.
„Hütte" I, II, III = Des Ingenieurs Taschenbuch „Hütte", I., II. oder III. Band. 25. Auflage. Berlin: Verlag von Wilhelm Ernst & Sohn.
Heise-Herbst = Lehrbuch der Bergbaukunde von Heise-Herbst. Berlin: Julius Springer.

AEG = Allgemeine Elektrizitätsgesellschaft, Berlin.
Balcke = Maschinenbau-A. G. Balcke, Bochum.
BBC = Brown, Boveri & Cie., A. G., Mannheim.
Demag = Deutsche Maschinenfabrik A. G., Duisburg.
Flottmann = Maschinenbau-A. G. Flottmann, Herne.
FMA = Frankfurter Maschinenbau-A. G. vorm. Pokorny & Wittekind, Frankfurt a. M.
Hanomag = Hannoversche Maschinenbau-A. G. vorm. Egestorff, Hannover.
MAN = Maschinenfabrik Augsburg-Nürnberg A. G.
SSW = Siemens-Schuckertwerke.
Thyssen = Thyssen & Co. A. G., Abt. Maschinenfabrik, Mülheim-Ruhr.

III. Allgemeines über Dampfkesselanlagen.

25. Gesetzliche und behördliche Bestimmungen über Anlage und Betrieb von Landdampfkesseln[1]. Nach der Reichsgewerbeordnung muß die Anlegung von Dampfkesseln von den nach den Landesgesetzen zuständigen Behörden genehmigt werden. Die Behörde hat zu prüfen, ob die vom Bundesrat (1908) erlassenen Allgemeinen polizeilichen Bestimmungen über die Anlegung von Dampfkesseln erfüllt sind. Wird eine wesentliche Änderung an der Dampfkesselanlage vorgenommen, so ist eine neue Genehmigung erforderlich. Zu diesen reichsgesetzlichen Bestimmungen sind von den einzelnen Bundesstaaten besondere Ausführungsbestimmungen erlassen. Für Preußen gilt die Anweisung betreffend die Genehmigung und Untersuchung der Dampfkessel (abgekürzt: Kesselanweisung) vom 16. Dezember 1909.

Aus den Bestimmungen ist folgendes hervorzuheben: Die Feuerzüge müssen, von Ausnahmen abgesehen, an ihrer höchsten Stelle mindestens 100 mm unter dem festgesetzten niedrigsten Wasserstand liegen. Jeder Dampfkessel oder jede Dampfkesselbatterie muß mit zwei zuverlässigen, voneinander unabhängigen Speisevorrichtungen versehen sein, von denen jede allein doppelt soviel Wasser in den Kessel zu drücken vermag, wie er normal verdampft. In der Speiseleitung muß ein Sicherheitsventil und möglichst nahe am Kessel ein Speiseventil (Rückschlagventil) angebracht sein, und zwischen Kessel und Speisevorrichtung muß eine Absperrvorrichtung angeordnet sein. Ferner sind für jeden Kessel erforderlich: ein Dampfabsperrventil, eine Ablaßvorrichtung, zwei Wasserstandvorrichtungen, von denen eine ein Wasserstandglas sein muß, ein Sicherheitsventil, ein Manometer nebst Kontrollflansch und schließlich das Fabrikschild. Der festgesetzte niedrigste Wasserstand ist an der Kesselwandung zu vermarken und am Wasserstandglas durch einen Zeiger kenntlich zu machen.

Vor der Inbetriebsetzung unterliegt jeder Kessel der Bauprüfung; ferner ist er der Wasserdruckprobe zu unterziehen, die bis zu 10 at Überdruck mit dem 1,5fachen des beabsichtigten Überdruckes, über 10 at mit einem Mehr von 5 at über den beabsichtigten Überdruck vorgenommen wird. Die endgültige Abnahmeprüfung erfolgt unter Dampf mit dem Betriebsdruck. Die Kesselpapiere, d. h. die Genehmigungsurkunde nebst den Bescheinigungen über Bauprüfung, Druckprobe und Abnahme des Kessels sind an der Betriebsstätte des Kessels aufzubewahren. Im Betriebe unterliegt der Kessel regelmäßigen technischen Untersuchungen (§ 31 der Kesselanweisung). Die regelmäßige äußere Untersuchung findet alle 2 Jahre an dem im Betrieb befindlichen Kessel statt, die regelmäßige innere Untersuchung alle 4 Jahre am stillgelegten Kessel, die regelmäßige Wasserdruckprobe mindestens alle 8 Jahre, möglichst im Zusammenhang mit einer inneren Untersuchung.

Eine Dampfkesselexplosion liegt vor (§ 43 der Kesselanweisung), wenn die Wandung eines Kessels durch den Dampfkesselbetrieb eine Trennung in solchem Umfange erleidet, daß durch Ausströmen von Wasser und Dampf ein plötzlicher Ausgleich der Spannungen innerhalb und außerhalb des Kessels stattfindet. Der Kesselbesitzer hat jede Explosion dem zuständigen Staatsbeamten und seinem Dampfkesselüberwachungsverein unverzüglich mitzuteilen.

Die Prüfung und Überwachung der Kesselanlagen liegt hauptsächlich in Händen der Dampfkesselüberwachungsvereine, die ihre Tätigkeit innerhalb eines vom Minister für Handel und Gewerbe festgesetzten Aufsichtsbezirkes ausüben. Die Zechen im Oberbergamtsbezirke Dortmund haben einen besonderen Dampfkesselüberwachungsverein mit dem Sitz in Essen („Verein zur Überwachung der Kraftwirtschaft der Ruhrzechen“).

26. Der Zusammenhang einer Dampfkraftanlage. In Abb. 24 ist schematisch eine neuzeitliche Kraftanlage dargestellt. Die Kohle rutscht aus dem Bunker *Bu* zur Feuerung

[1] Die für Preußen geltenden Bestimmungen sind in Jaeger: Bestimmungen über Anlegung und Betrieb von Dampfkesseln, Berlin: Carl Heymann, zusammengestellt und erläutert.

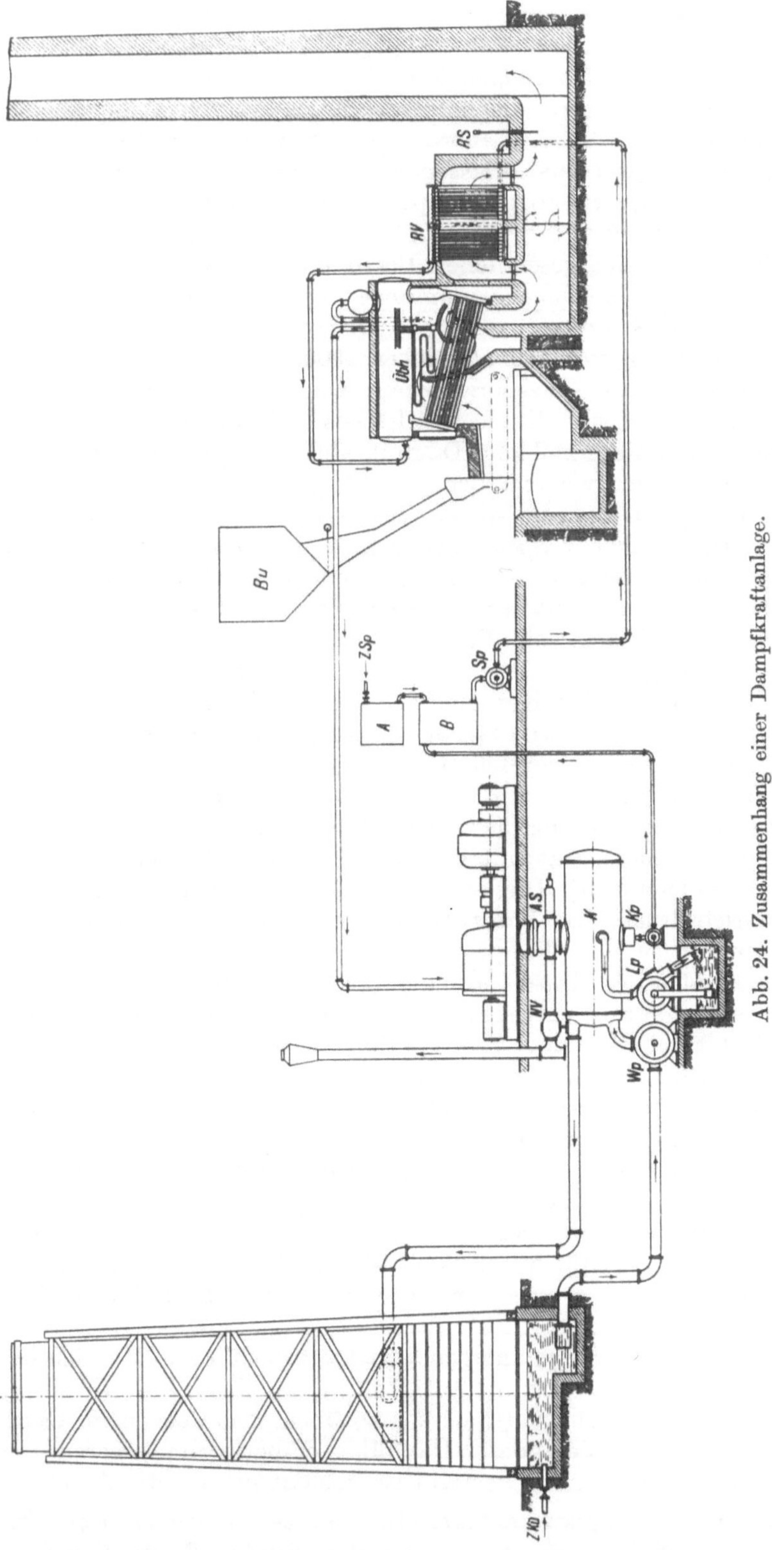

Abb. 24. Zusammenhang einer Dampfkraftanlage.

nieder und wird auf dem Roste verbrannt. Die Verbrennungsluft wird durch den Kamin angesaugt. Die Verbrennungsgase bestreichen die Heizfläche des Kessels und des eingebauten Überhitzers und ziehen durch den Rauchgasvorwärmer *RV* zum Schornstein.

Das Speisewasser wird in *A* gereinigt und tritt in den Behälter *B*. Aus diesem holt es die Speisepumpe und drückt es durch den Rauchgasvorwärmer in den Kessel. Meist wird das Speisewasser schon vor der Speisepumpe etwas vorgewärmt, damit es mit mindestens 40° in den Rauchgasvorwärmer tritt, wo es weiter bis annähernd auf die Sattdampftemperatur vorgewärmt wird. Der im Kessel erzeugte Dampf wird im Überhitzer *Übh* erhitzt und strömt zur Dampfturbine, wo seine Energie, allerdings nur zu einem Bruchteile, in Arbeit umgesetzt wird. Der auf sehr geringen Druck entspannte Dampf wird im Oberflächenkondensator *K* niedergeschlagen, und das Kondensat, das das beste Speisewasser darstellt, wird durch die Kondensatpumpe *Kp* in den Speisewasserbehälter *B* zurückgepumpt, wo es seinen Kreislauf von neuem beginnt. Nur was an Speisewasser durch Undichtheiten usw. verloren geht, ist zu ersetzen. Nur dieses Zusatzspeisewasser *ZSp*, dessen Menge 5 bis 10% der gesamten Speisewassermenge beträgt, ist zu reinigen.

Um den Dampf im Kondensator niederzuschlagen, sind große Kühlwassermengen nötig. Wenn man diese nicht einem Flusse entnehmen kann, muß man das Kühlwasser im Kreislauf verwenden und es zu diesem Zwecke rückkühlen. Die Kühlwasserpumpe *Wp* drückt das Kühlwasser durch den Kondensator auf den Kühlturm, wo es ein Gradierwerk niederrieselnd und dabei zu einem geringen Teile verdunstend rückgekühlt wird. Was an Kühlwasser durch Verdunstung und durch Undichtheiten verloren geht, muß ersetzt werden. Die Zusatzkühlwassermenge *ZKü* ist im Sommer größer als im Winter und ist meist etwas größer als die Speisewassermenge.

Abb. 25 zeigt die Kesselanlage selbst. Es ist eine Wasserröhrenkesselanlage dargestellt, die mit Wanderrostfeuerung, Überhitzern, Rauchgasvorwärmern, Kohlenbunkern und Aschenspülung ausgerüstet ist[1]. Zwecks Verbrennung minderwertiger Brennstoffe ist Unterwind vorgesehen. Das Speisewasser tritt bei *WE* in den Rauchgasvorwärmer ein und bei *WA* tritt es aus. Soll der Rauchgasvorwärmer ausgeschaltet werden, so muß man die abziehenden Rauchgase durch den Umführungskanal leiten.

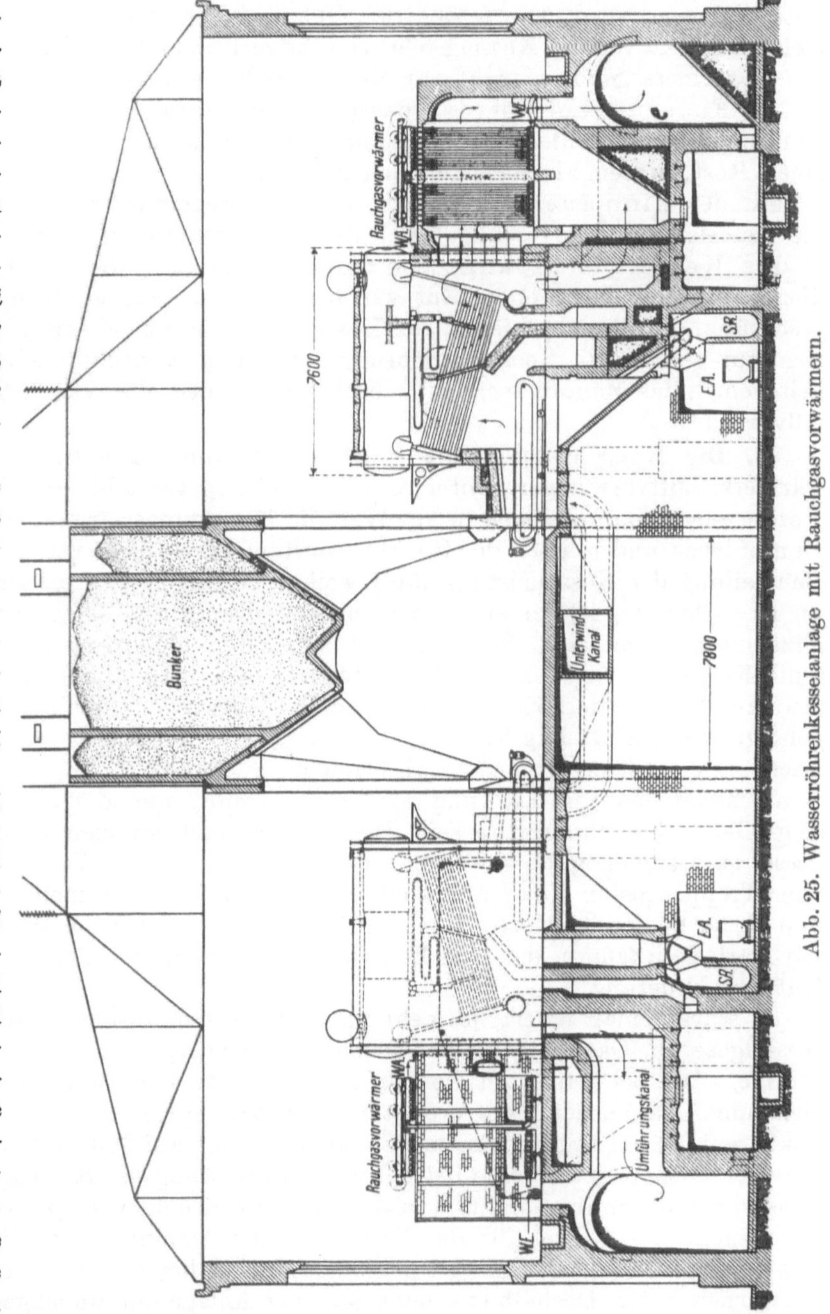

Abb. 25. Wasserröhrenkesselanlage mit Rauchgasvorwärmern.

27. Die Hauptteile der Dampfkessel. Die Dampfkessel bestehen aus dem eigentlichen Kessel, der Feuerung, der Einmauerung und den Armaturen. Bewegliche Kessel, wie Lokomotiv-, Lokomobil- und Schiffskessel haben keine Einmauerung. Meist sind die Kessel mit einem Überhitzer ausgerüstet; häufig sind sie mit einem Rauchgasvorwärmer verbunden.

[1] Vgl. Krönauer: Die neue Kraftanlage der Gewerkschaft König Ludwig. Glückauf 1920, S. 945.

Am Kessel unterscheidet man den Wasserraum und den Dampfraum, die allerdings, weil der Wasserstand schwankt, nicht scharf voneinander abgegrenzt sind. Der Raum zwischen niedrigstem und höchstem Wasserstand heißt Speiseraum.

Kesselheizfläche ist die auf der einen Seite vom Feuer, auf der anderen Seite vom Wasser (nicht vom Dampf) berührte Kesselfläche, die bei Landkesseln auf der Feuerseite gemessen wird. Die Größe der Heizfläche wird in m^2 angegeben; sie bildet zugleich ein Maß für die Kesselgröße. Überhitzerheizfläche und die Heizfläche des Rauchgasvorwärmers gehören nicht zur Kesselheizfläche, sondern werden für sich gerechnet.

An Feuerungen gibt es Feuerungen für feste Brennstoffe, Gasfeuerungen, Ölfeuerungen und Kohlenstaubfeuerungen. Die Feuerungen für feste Brennstoffe haben einen Rost, dessen Fläche in m^2 angegeben wird.

Mit der Einmauerung schließt man die Feuergase ein und bildet Feuerzüge. An die Kesseleinmauerung schließt sich der zum Schornstein führende Fuchs.

Die Kesselausrüstung oder die Kesselarmatur dient dazu, den Kessel zu bedienen und zu überwachen. Zur groben Armatur rechnet man den Rost, das Feuergeschränk, den Rauchschieber, die Kesselstühle, Mannlochverschlüsse usw. Zur feinen Armatur gehören die Speiseeinrichtung nebst Speiseventil und Absperrventil, das Sicherheitsventil, das Manometer, das Dampfabsperrventil, die Wasserstandzeiger und die Ablaßvorrichtung.

28. Die Kesselleistung. Die Heizflächenleistung. Die Bedeutung des Rauchgasvorwärmers. Luftvorwärmer. Unter Kesselleistung versteht man die vom Kessel stündlich erzeugte Dampfmenge in kg. Weil die Erzeugungswärme des Dampfes je nach dem Dampfdruck und je nach der Speisewassertemperatur sehr verschieden ist, so ist bei der Beurteilung der Kesselleistung die jeweilige Erzeugungswärme zu berücksichtigen, oder die Kesselleistung ist gemäß den neuen Versuchsregeln in Kilogramm Dampf von 640 kcal Erzeugungswärme (sog. Normaldampf, vgl. Ziffer 11) anzugeben. Die Kesselleistung für 1 m^2 Kesselheizfläche ist die Heizflächenleistung; diese liegt bei flottem Betriebe etwa zwischen 20 und 50 kg/h und mehr. Bei Wasserrohrkesseln mit Kohlenstaubfeuerung gelangt man bis 100 kg/h; beim Atmos-Kessel hat man sogar schon für 1 m^2 Heizfläche eine Leistung von 277 kg/h erreicht.

Je höher man die Leistung des Kessels treibt, um so stärker muß man feuern, um so größer muß auch der Rost sein. Die hohen Kesselleistungen der heutigen Wasserröhrenkessel sind erst möglich geworden, nachdem man sie mit Wanderrosten (für Steinkohle) oder Treppenrosten (für Braunkohle) ausgerüstet hat, die mehrmals größer sind als die von Hand bedienten Roste. Wo man keine große Rostfläche anordnen kann, muß man, um stärker zu feuern, den Zug künstlich verstärken, allerdings auf Kosten der Haltbarkeit der Feuerung.

Je stärker man feuert, je mehr man den Kessel anstrengt, um so heißer ziehen die Kesselgase ab. Das bedeutet beträchtlichen Verlust, den man bei Lokomotiven in Kauf nimmt, aber bei ortsfesten Kesseln nicht duldet. Um die zu heiß aus dem Kessel abziehenden Gase auszunützen, ordnet man hinter dem Kessel einen Rauchgasvorwärmer (Ekonomiser) an, mit dem man die Rauchgase bis auf 200° abkühlen kann. Der Rauchgasvorwärmer bedeutet eine beträchtliche Entlastung des Kessels. Wärmt er das Speisewasser, das durch ihn hindurch in den Kessel gedrückt wird, z. B. von 50° auf 150° vor, so braucht der Kessel für die Erzeugung des Dampfes etwa $^1/_6$ weniger Wärme aufzuwenden oder er vermag 20% mehr Dampf zu liefern, als wenn er keinen Rauchgasvorwärmer hätte. Deshalb erscheint bei einer Anlage mit Rauchgasvorwärmer der Kessel selbst zu günstig, wenn man die tatsächlich erzeugte Dampfmenge zugrunde legt; auf Normaldampf von 640 kcal bezogen, sind aber die Kesselleistungen in beiden Fällen vergleichbar. Da die Heizfläche des Rauchgasvorwärmers billiger als die Kesselheizfläche ist, außerdem wirksamer, da der Temperaturunterschied zu dem durchströmenden Speisewasser größer ist als der zum Kesselwasser, findet man häufig diese Verbindung des Kessels mit einem Rauchgasvorwärmer.

Bei den modernen Hochdruckkesseln führten allerdings die hohen Drücke zu einer Verteuerung der Ekonomiser, während gleichzeitig die Betriebssicherheit vermindert wurde. Daher wendet man heute vorteilhaft die Speisewasservorwärmung durch Anzapfdampf an und benutzt die Abgaswärme zur Vorwärmung der Verbrennungsluft. Die Abgase werden durch einen Luftvorwärmer geführt, in dem sie ihre Wärme an die Luft abgeben. Die Vorteile der Lufterhitzung sind verschiedener Art. Es werden erhebliche Abwärmemengen zurückgewonnen; die Verbrennung wird verbessert, so daß auch die Schwierigkeiten bei der Verfeuerung minderwertiger Brennstoffe geringer werden; Rost- und Heizflächenleistung können gesteigert werden. Vollkommene Ausnutzung der Abgaswärme führt bei Hochleistungskesseln zu übertrieben hohen, schädlichen Lufttemperaturen. Dann begnügt man sich mit geringerer Lufterhitzung (etwa 150°) und verwertet die noch verfügbare Abgaswärme zur Speisewasservorwärmung in einem vor oder hinter den Lufterhitzer geschalteten Ekonomiser.

29. Die Leistung der Rostfläche. Bei flottem Betriebe werden auf 1 m² Rostfläche mit gewöhnlicher Zugstärke (von etwa 4 bis 8 mm Wassersäule über dem Rost) stündlich etwa 100 kg Steinkohle oder 150 bis 200 kg rohe Braunkohle auf dem Planroste verbrannt. Auf dem Treppenrost werden mit etwas stärkerem Zuge etwa 250 kg Braunkohle auf 1 m² Rostfläche verbrannt. Bei Lokomotivfeuerungen kommt man mit verstärktem Zuge auf stündlich 400 kg Steinkohle auf 1 m² Rostfläche[1]. Minderwertige feinkörnige Brennstoffe werden auf Unterwindfeuerungen verbrannt.

30. Die Verdampfungszahl. Die Verdampfungszahl gibt an, wieviel kg Dampf mit 1 kg Brennstoff erzeugt werden. In der Verdampfungszahl kommt die Güte des Kessels sowohl wie die Güte des Brennstoffs zum Ausdruck. Man legt „Normaldampf“[2] zugrunde, d. h. Dampf von 100°, der aus Wasser von 0° gebildet ist und dessen Bildungswärme rd. 640 kcal ist. Ist der Kesselwirkungsgrad = 0,64 und hat die Kohle 7000 kcal Heizwert, so verdampft 1 kg Kohle $0{,}64 \cdot \frac{7000}{640} = 7$ kg Wasser. Für Braunkohle von 2000 kcal wäre bei demselben Wirkungsgrad die Verdampfungszahl = 2. Bei guter Kohle, z. B. von 7600 kcal, und hohem Kesselwirkungsgrad, z. B. von 80 %, erhält man eine entsprechend höhere Verdampfungszahl, nämlich $0{,}8 \cdot \frac{7600}{640} = 9{,}5$.

31. Der Wirkungsgrad der Kesselanlage. Der Brennstoff wird im Kessel unvollkommen ausgenutzt. Ein Bruchteil des Brennstoffes gelangt unverbrannt in die Herdrückstände, und die Abgase enthalten unter günstigen Bedingungen immer noch 1 bis 2 % Ruß, sowie 1 bis 2 % unverbrannte Gase (Kohlenoxyd und Kohlenwasserstoff). Von der gewonnenen Wärme strahlt das Mauerwerk einen geringen Teil ab; am schwersten wiegt aber der Schornsteinverlust. Vergleicht man die nutzbar gewonnene Wärme, d. h. die zur Bildung des Dampfes verwendete Wärme mit der überhaupt aus dem Brennstoff gewinnbaren Wärme, so erhält man den Wirkungsgrad der Kesselanlage. Der Wirkungsgrad gilt für die ganze Anlage, d. h. wenn der Kessel mit Überhitzer und Ekonomiser ausgerüstet ist, so ist, um die nutzbar gewonnene Wärme festzustellen, die Temperatur des Speisewassers vor dem Eintritt in den Ekonomiser und die Temperatur des Dampfes hinter dem Überhitzer zu messen.

Das Gewicht des erzeugten Dampfes wird bestimmt, indem man das Gewicht des gespeisten Wassers bestimmt (wobei selbstverständlich der Wasserstand zu Beginn und Ende des Versuches gleich sein muß). Man nimmt dann für die Berechnung der nutzbar gewonnenen Wärme an, daß der erzeugte Dampf trocken ist. Hat der Dampf erhebliche Wassermengen mitgerissen, so würde ein zu hoher Wirkungsgrad errechnet, und der Versuch gilt als ungenau, solange nicht das mitgerissene Wasser bestimmt ist. Bei Kesseln, die mit Rauchgasvorwärmern ausgerüstet sind, ist darauf zu achten, daß das Speisewasser beim Versuche in den Rauchgasvorwärmer mit derselben Temperatur

---

[1] Vgl. Schulte: Z.V. d. I. 1925, S. 1139. [2] Vgl. Ziffer 11.

eintritt wie im Betriebe, d. h. mit mindestens 40°. Speist man nämlich im Betrieb kaltes Wasser in den Rauchgasvorwärmer, so schlägt sich der in den Rauchgasen enthaltene Wasserdampf an den Röhren nieder, und es bildet sich aus der in den Rauchgasen enthaltenen schwefligen Säure Schwefelsäure, die die Röhren angreift. Ein mit kaltem Speisewasser durchgeführter Versuch ergibt also einen höheren Wirkungsgrad, als er im Betriebe durchhaltbar ist.

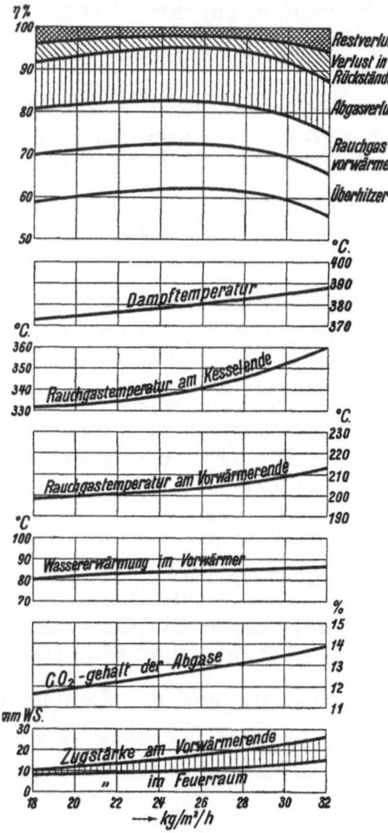

Abb. 26. Kesselwirkungsgrad in Abhängigkeit von der Belastung.

Der Kesselwirkungsgrad ist von der Kesselbelastung abhängig derart, daß er bei schwacher und bei über mäßiger Belastung niedriger ist als bei normaler Belastung.

Zahlenbeispiele für die Ausrechnung der Leistungszahlen und des Kesselwirkungsgrades: Ein Flammrohrkessel von 100 m² Heizfläche erzeugt aus Speisewasser von 60° stündlich 2100 kg Dampf von 10 at und braucht 280 kg Kohle von 7000 kcal Heizwert. Dann erzeugt die Heizfläche 2100/100 = 21 kg/m²h. Um 1 kg Dampf von 10 at aus Wasser von 60° zu erzeugen, sind 602 kcal nötig. Mithin ergibt sich der Kesselwirkungsgrad $= \frac{2100 \cdot 602}{280 \cdot 7000} \approx 0{,}65$. Bezogen auf Normaldampf erzeugt 1 m² Heizfläche $\frac{21 \cdot 602}{640} = 19{,}8$ kg/h Dampf, und es verdampft 1 kg Kohle $\frac{2100 \cdot 602}{280 \cdot 640} = 7{,}07$ kg Wasser. — Ein Wasserröhrenkessel von 500 m² Kesselheizfläche, 160 m² Überhitzerheizfläche und 400 m² Rauchgasvorwärmerheizfläche erzeugt stündlich aus Speisewasser von 44° 16000 kg Dampf von 15 at 350° und braucht 2000 kg Kohle von 7040 kcal Heizwert. Im Rauchgasvorwärmer wird das Speisewasser von 44° auf 144° vorgewärmt. Dann erzeugt die Kesselheizfläche $\frac{16000}{500} = 32$ kg/m²h, auf Normaldampf bezogen 26 kg/m²h. Um überhitzten Dampf von 15 at 350° aus Wasser von 44° zu erzeugen, sind 708 kcal/kg nötig. Mithin ist der gesamte Kesselwirkungsgrad $= \frac{16000 \cdot 708}{2000 \cdot 7040} = 0{,}805$. Bezogen auf Normaldampf verdampft 1 kg Kohle

$$= \frac{16000}{2000} \cdot \frac{708}{640} = 8{,}85 \text{ kg}.$$

Wie oben gesagt war, ändert sich der Kesselwirkungsgrad mit der Belastung. Es ist daher zweckmäßig, Versuche mit mehreren Belastungen zu machen und die Versuchsergebnisse in Abhängigkeit von der Kesselbelastung aufzutragen. Abb. 26 zeigt ein Beispiel, das aus Versuchen an einem Steilrohrkessel von 600 m² Heizfläche herrührt. Der Kesselwirkungsgrad ist bei einer stündlichen Dampferzeugung von 24 kg/m² am höchsten. Bei dieser Heizflächenbelastung ist dem Diagramm folgende Wärmeverteilung zu entnehmen:

Im Kessel nutzbar gemachte Wärme	62%	
Im Überhitzer nutzbar gemachte Wärme	11%	
Im Rauchgasvorwärmer nutzbar gemachte Wärme	10%	
	83%	83%
Schornsteinverlust		12%
Verlust in den Rückständen		3%
Restverlust		2%
		100%

Bei der betrachteten Heizflächenbelastung von 24 kg/m² ist die Abgastemperatur hinter dem Vorwärmer 202°, der CO_2-Gehalt der Abgase ist 12½%, und das Speisewasser wird im Rauchgasvorwärmer um 85° erwärmt[1].

32. Messungen im Kesselbetriebe. Um die Dampfleistung eines Kessels oder einer Kesselbatterie zu verfolgen, mißt man laufend die Menge des gespeisten Wassers. Vor der Speisepumpe kann man offene Messer verwenden, z. B. Kippkastenmesser, hinter

[1] Über die Bedeutung des CO_2-Gehaltes und die Berechnung des Schornsteinverlustes vgl. die Ziffern 22 und 23.

der Speisepumpe muß man geschlossene Wassermesser verwenden, z. B. die Scheibenwassermesser von Siemens & Halske, Venturimesser usw. Um Fehlschlüsse zu vermeiden, muß man sich überzeugen, daß die Wassermesser richtig zeigen. Den Kohlenverbrauch fortlaufend zu bestimmen, ist selbstverständlich ebenfalls wichtig, zuweilen aber schwierig durchzuführen. Ferner ist die Abgastemperatur sowie der CO_2-Gehalt der Rauchgase dauernd zu verfolgen. Auf Grund solcher fortlaufenden Messungen wird man immer im Bilde sein, ob der Kesselbetrieb in Ordnung ist oder nicht. Wenn z. B. der Kessel, weil er zu lange im Betriebe gelassen war, im Innern sowohl wie auf der Feuerseite stark verschmutzt ist, läßt seine Leistung erheblich nach[1]. Wie sich der erzeugte Dampf auf die einzelnen Betriebe verteilt, kann man durch eingebaute Dampfmesser bestimmen. Auch hier muß man sich überzeugen, wie weit die Dampfmesser richtig zeigen.

Für Untersuchungen an Dampfkesselanlagen galten bisher die Normen für Leistungsversuche an Dampfkesseln und Dampfmaschinen, die im Jahre 1899 vom Vereine deutscher Ingenieure, dem Internationalen Verbande der Dampfkesselüberwachungsvereine und dem Vereine deutscher Maschinenbauanstalten[2] aufgestellt worden sind. Im Jahre 1925 hat ein vom Vereine deutscher Ingenieure gebildeter Ausschuß neue Regeln für Abnahmeversuche an Dampfanlagen aufgestellt, die sich in Regeln für Abnahmeversuche an Dampferzeugeranlagen, an Kolbendampfmaschinen und an Dampfturbinenanlagen gliedern. Aus diesen ist nachstehend einiges auf Dampfkessel bezügliche wiedergegeben, während wegen der Dampfmaschinen- und Dampfturbinenanlagen auf die Ziffern 89 und 109 verwiesen sei.

Als Maß der Kesselleistung gilt die stündlich erzeugte Dampfmenge, ausgedrückt in Kilogramm Dampf von 640 kcal Erzeugungswärme. Als Heizwert eines Brennstoffes ist vorläufig auch der untere Heizwert anzugeben und zu berücksichtigen, obwohl wissenschaftlich nur der obere Wert gilt. Der Heizwert gilt bei festen und flüssigen Brennstoffen für 1 kg ohne Abzug von Asche, Wasser usw., bei gasförmigen Brennstoffen für 1 m^3 bei 0^0 und 760 mm QS. Bei einem Abnahmeversuch an einer Kesselanlage sind insbesondere der stündliche Brennstoffverbrauch und sein Wärmewert, die stündliche Dampferzeugung und die dafür nutzbar abgegebene Wärme, die Verdampfungszahl und der Wirkungsgrad der Anlage, sowie die Verteilung der nutzbar gemachten Wärme auf Kessel, Vorwärmer, Überhitzer festzustellen.

Vor dem Versuche ist die Kesselanlage innerlich und äußerlich zu reinigen, ordnungsgemäß instand zu setzen und tunlichst mit demselben Brennstoffe und mit derselben Belastung im Betriebe zu halten, wie sie für den Versuch vorgesehen sind. Um die Kesselleistung, die Verdampfungszahl oder den Wirkungsgrad zu bestimmen, muß der Versuch mindestens 6 Stunden dauern; dabei soll die Belastung höchstens $\pm$ 15% um den Mittelwert schwanken.

Um den Brennstoffverbrauch richtig zu ermitteln, sollen alle Feuerungsverhältnisse zu Beginn und Ende des Versuches übereinstimmen. Der verbrauchte Brennstoff ist zu wiegen. Um Heizwert und Zusammensetzung des Brennstoffes richtig zu ermitteln, sind gleichmäßig und reichlich Probemengen zu entnehmen.

Für die Messung des verdampften Wassers sollen Wasserstand und Dampfdruck beim Beginn und beim Abschluß des Versuches gleich groß sein. Sind erhebliche Wassermengen durch den Dampf mitgerissen, so gilt der Versuch als ungenau, wenn das mitgerissene Wasser nicht bestimmt werden kann. Speisewassertemperatur ist diejenige, mit der das Speisewasser in den Kessel eintritt. Temperatur und Druck überhitzten Dampfes sind dicht hinter dem Überhitzer zu messen. Bei Vorwärmern ist die Wassertemperatur dicht hinter dem Vorwärmer zu messen.

Die Abgastemperatur ist dort zu messen, wo die Heizgase den Kessel verlassen; die Thermometer sind sorgfältig abgedichtet in die Rauchkanäle einzusetzen. Durch ein luftdicht neben dem Thermometer eingesetztes Rohr, dessen Mündung mitten in den

---

[1] Vgl. Glückauf 1921, S. 345. [2] Diese Normen sind in der „Hütte“ wiedergegeben.

Gasstrom reicht, sind laufend Gasproben zu entnehmen, deren Gehalt an CO_2 und an $CO_2 + O$ zu bestimmen ist (vgl. Ziffer 22).

Ist nicht vereinbart, wieviel das Ergebnis von der Zusage abweichen darf, so gelten die Zusagen als erfüllt, wenn die Ausnutzung des Brennstoffes, der Dampfdruck und die Überhitzungstemperatur um nicht mehr als 5% hinter der Zusage zurückbleiben; die Dampfleistung muß voll erreicht werden.

IV. Die Feuerungen der Dampfkessel[1].

33. Die Feuerungstemperatur. In der Zahlentafel 9 ist angegeben, wie hoch die gerechnete Verbrennungstemperatur bei Verbrennung einer guten Steinkohle je nach der Größe des Luftüberschusses ist. Die tatsächliche Feuerungstemperatur ist immer niedriger als die gerechnete, weil ein Teil der erzeugten Wärme unmittelbar an die umgebenden Heizflächen abstrahlt. Bei Innenfeuerungen, wo die Abstrahlung an die kalten Kesselwände besonders stark ist, ziehe man von der gerechneten Verbrennungstemperatur 25 bis 30% ab, bei Vorfeuerungen, wo das Feuer von heißem Mauerwerk umgeben ist, nur 15%. Es kommt auch darauf an, ob stark oder schwach gefeuert wird. Bei stark beanspruchtem Roste strahlt verhältnismäßig weniger Wärme ab, und die Feuerungstemperatur ist höher als bei schwach beanspruchtem Roste. Mit Rücksicht auf die Haltbarkeit des Mauerwerks soll die Feuerungstemperatur 1500° nicht überschreiten.

Zahlentafel 9.

$\frac{\text{Wirkl. Luftmenge}}{\text{Mindestluftmenge}}$	Gerechnete Verbrennungstemperatur bei 20° ursprüngl. Temp.
1	2185°
1,5	1620°
2	1285°
3	910°

Je größer der Luftüberschuß, um so niedriger die Feuerungstemperatur, um so schlechter der Wirkungsgrad des Kessels. Wird übermäßig viel Luft zugeführt, wenn z. B. die Heiztür geöffnet ist, sinkt die Feuerungstemperatur gegebenenfalls unter die Entzündungstemperatur des Brennstoffes und die Feuerung erlischt. Das Offenhalten der Heiztür oder von Schauöffnungen oberhalb oder seitlich des Rostes ist im Falle der Gefahr ein wirksames Mittel, die Kraft der Feuerung herabzusetzen. Ungewollt wird die Feuerungstemperatur herabgesetzt, wenn der Rost teilweise unbedeckt ist, wie es bei Wanderrostfeuerungen vorkommen kann.

34. Ruß. Rauch. Flugasche. Flugkoks. Flüssige und gasförmige Brennstoffe kann man nahezu rauchfrei verbrennen, ebenso sehr gasarme feste Brennstoffe, wie Koks und Anthrazit. Die eigentlichen Kesselkohlen aber, die ziemlich viel flüchtige Bestandteile enthalten, machen Schwierigkeiten in bezug auf rauchfreie Verbrennung. Bei Stochfeuerungen nämlich, d. h. bei Feuerungen, die von Hand bedient werden, bekommt man, wenn frische Kohlen auf die helle Glut aufgeworfen werden, vorübergehend eine sehr starke Gasentwicklung, und es sind die Bedingungen nicht günstig, die entstehenden Kohlenwasserstoffe zu verbrennen. Denn diese verlangen für die Entzündung verhältnismäßig hohe Temperaturen und für die Verbrennung viel Sauerstoff. Aber gerade beim Aufwerfen wird die Temperatur in der Feuerung herabgedrückt sowohl durch den kalten Brennstoff als durch die kalte Luft, die durch die geöffnete Feuertür eintritt; ferner läßt der Rost, der höher geschüttet ist, weniger Luft durch als vorher. Die Folge ist, daß zunächst, bis das Feuer wieder durchgebrannt ist, die schwerer entzündbaren Kohlenwasserstoffe unverbrannt als Teerdämpfe abziehen, während sich bei den leichter entzündbaren der Wasserstoff entzündet, der Kohlenstoff aber als Ruß ausgeschieden wird. Die kondensierten Teerdämpfe bilden einen graubraunen Qualm; zusammen mit dem Ruß

[1] Es wird der von den Brennstoffen und ihrer Verbrennung handelnde Abschnitt III vorausgesetzt.

bilden sie den Rauch; je gasreicher die Kohle, um so stärker ist der Rauch. In gewissem Maße gelingt es, durch geschickte Bedienung den Rauch zu verhüten. Der Rost soll gut bedeckt sein. Beim Aufwerfen soll der Rauchschieber geschlossen werden. Die Glut soll nach hinten geschoben und die frische Kohle vorn aufgeworfen werden, damit die entwickelten Gase über die glühenden Kohlen hinwegziehen und gezündet werden. Vielfach sind auch Einrichtungen vorhanden, um der Feuerung nach dem Aufwerfen frischen Brennstoffes Oberluft, möglichst vorgewärmte, zuzuführen, damit es nicht an Sauerstoff mangelt. Trotzdem ist es schwierig oder überhaupt nicht erreichbar, bei Stochfeuerungen den Rauch zu verhüten.

Wanderrostfeuerungen (für Steinkohlen) und Treppenrostfeuerungen (für Braunkohlen) haben günstigere Bedingungen für rauchfreie Verbrennung, weil der Verbrennungsvorgang stetig ist und die Feuerung zum Aufwerfen nicht geöffnet zu werden braucht. Je nach der Art des Brennstoffes muß allerdings auch bei Wanderrosten das Feuer von der Seite geschürt werden. Jedenfalls gelingt es, mit Wanderrost- und Treppenrostfeuerungen beinahe rauchlos zu feuern.

Flugasche ist vom Zuge mitgerissene Asche. Sie schadet, weil sie die Heizfläche bedeckt und die Feuerzüge verlegt, und muß deshalb entfernt werden. Flugkoks sind durch den Zug mitgerissene, nicht ausgebrannte Brennstoffteilchen, bedeuten also unmittelbaren Brennstoffverlust. Je schärfer der Zug, um so mehr Flugkoks wird mitgerissen; man sucht den Verlust möglichst durch Feuerbrücken, Feuerstaue zu vermindern. Staubige Kohle wird angefeuchtet, damit der Zug den Brennstoff nicht mitreißt.

35. Feuerungen für feste Brennstoffe. Feste Brennstoffe werden auf Rosten verbrannt, durch deren Spalte die Verbrennungsluft zutritt und die Asche niederfällt. Für von Hand bediente Feuerungen wird hauptsächlich der Planrost verwendet. Die Roststäbe liegen nebeneinander, so daß zwischen ihnen die Rostspalte gebildet werden. Die Spalte müssen um so enger sein, je kleinstückiger der Brennstoff ist. Bei feinkörnigem Brennstoff verwendet man häufig schlangenförmige Roststäbe, die sehr enge Spalte zwischen sich lassen. Je nach der Länge des Rostes ordnet man ein, zwei oder drei Roststabreihen an, die vorn auf der Schürplatte, hinten an der Feuerbrücke und dazwischen auf den Roststabträgern gelagert sind. Der Rost ist nach hinten etwas geneigt. Den Abschluß bildet die Feuerbrücke, die verhindert, daß der Brennstoff über den Rost hinausfällt, und die Feuergase zwecks besserer Verbrennung durcheinander wirbelt. Die Länge des Planrostes soll mit Rücksicht auf die Bedienung von Hand 2 m nicht überschreiten. Abb. 27 zeigt die Schönfeldsche Planrostfeuerung, die für Flammrohr- und für Röhrenkessel anwendbar ist. Das Feuergeschränk ist doppeltürig. Die obere Tür, durch die aufgeworfen und das Feuer bearbeitet wird, liegt so hoch und schräg, daß der Heizer das ganze Feuer bequem übersieht; bei geschlossener Tür kann man durch die mit 15 mm dickem Glase bedeckte Schauöffnung den Zustand des Feuers erkennen. Durch die untere Tür wird die Schlacke abgezogen.

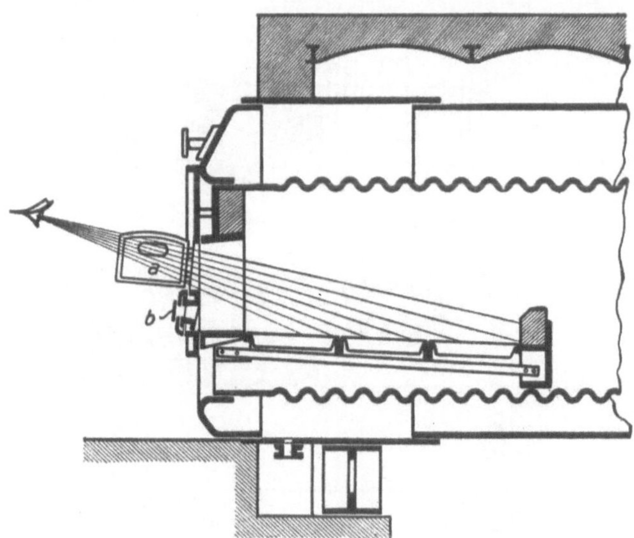

Abb. 27. Planrostfeuerung nach Schönfeld.

Je nachdem wie die Feuerung zum Kessel liegt, unterscheidet man Innenfeuerungen, Unterfeuerungen und Vorfeuerungen:

Innenfeuerungen hat man in den Flammrohren der Flammrohrkessel, sowie in der Feuerbüchse der Lokomotiv- und Lokomobilkessel. Der niedrigste Wasserstand muß mindestens 100 mm über dem Flammrohre oder der Feuerbüchse liegen. Die schärfste Hitze wird beinahe verlustlos von der umgebenden Kesselwandung aufgenommen. Meist werden Innenfeuerungen von Hand bedient. Wanderroste oder Treppenroste sind bei Innenfeuerungen nicht anwendbar. Dagegen haben selbsttätige Wurffeuerungen eine gewisse Verbreitung, bei denen die Kohlen durch ein Wurfrad oder eine Wurfschaufel aufgeworfen werden. Als Beispiel zeigt Abb. 28 die Leach-Feuerung (Sächsische Maschinenfabrik, Chemnitz). Der Brennstoff wird der Feuerung durch die Zuführungswalze *a* zugemessen, deren Drehzahl einstellbar ist. Die niederfallenden Kohlen werden vom Schleuderrad *b* gegen die Prellplatte *c* geworfen, die sich langsam auf und nieder bewegt, so daß die Kohlen über den Rost verteilt werden[1].

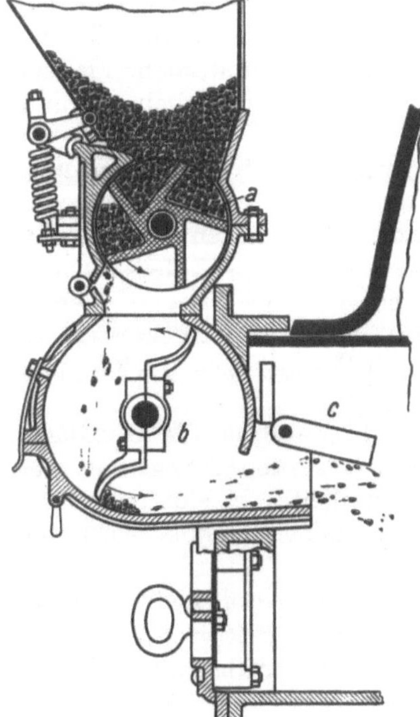

Abb. 28. Leach-Feuerung.

Unterfeuerungen hat man bei Wasserröhrenkesseln, vgl. die Abb. 29 bis 32. Kleinere Wasserröhrenkessel erhalten Planroste, die von Hand bedient werden. Bei größeren Wasserröhrenkesseln haben sich in zunehmendem Maße Wanderroste eingeführt.

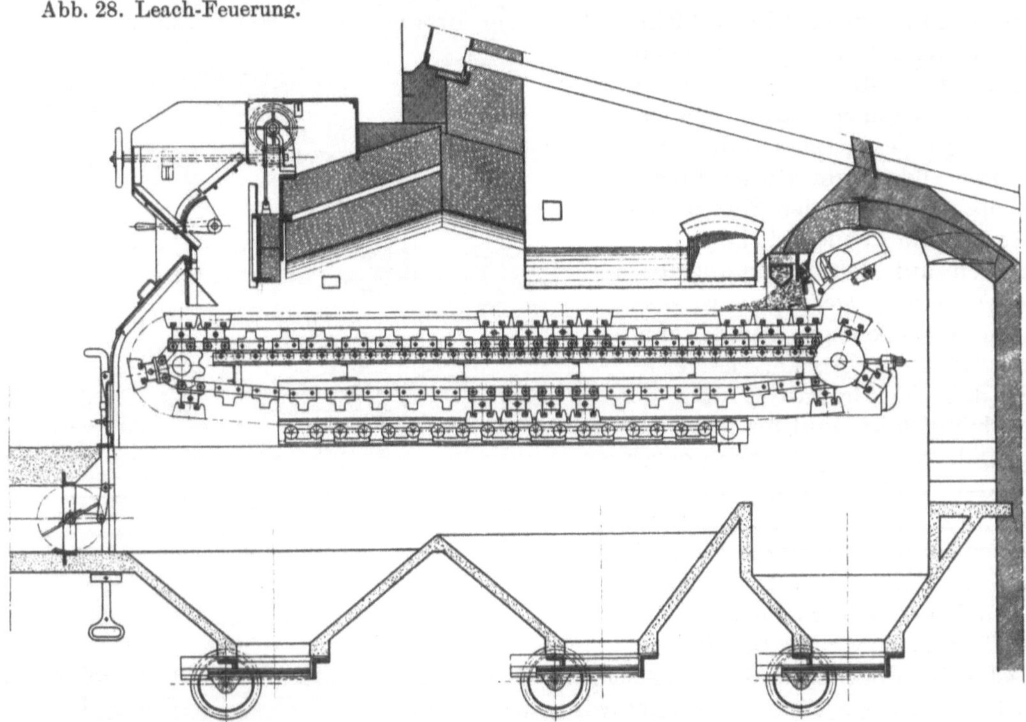
Abb. 29. Wanderrostfeuerung von L. & C. Steinmüller, mit Abschluß durch wassergekühlte Feuerbrücke und ausschwingbarem Pendelrost.

Wanderrostfeuerungen, die hauptsächlich für Steinkohlen gebraucht werden, sind in der Anlage und in der Unterhaltung teuer und beanspruchen gleichmäßig gekörnte Kohlen,

[1] Wegen anderer Wurffeuerungen siehe Z. V. d. I. 1924, S. 762 und 1185.

am besten Nuß III oder Nuß IV. Ihre Vorteile: daß man an Heizern spart, daß man rauchfrei oder rauchschwach feuert, daß man in der Rostlänge nicht beschränkt ist, sondern sehr große Rostflächen ausführen, deswegen stark feuern und die Kesselleistung hochtreiben kann, überwiegen aber. Auch minderwertige feinkörnige Brennstoffe: Schlammkohle, Koksasche usw. kann man auf Wanderrosten mit Hilfe von Unterwind verfeuern; bei diesen Feuerungen ist die Ausbildung des Zündgewölbes besonders wichtig, damit der Brennstoff sicher gezündet wird. Die Stärke des Feuers wird bei Wanderrosten eingestellt, indem man durch den Schichthöhenregler (der in Abb. 29 gut erkennbar ist) die Schichthöhe des Brennstoffes ändert, hauptsächlich aber dadurch, daß man die Geschwindigkeit des Wanderrostes ändert, die unter mittleren Verhältnissen etwa 2 mm/s beträgt. Sehr wichtig ist, daß der Wanderrost gut bedeckt ist; denn wo Löcher sind, zieht die Luft hindurch, und in der Folge bekommt man übergroßen Luftüberschuß.

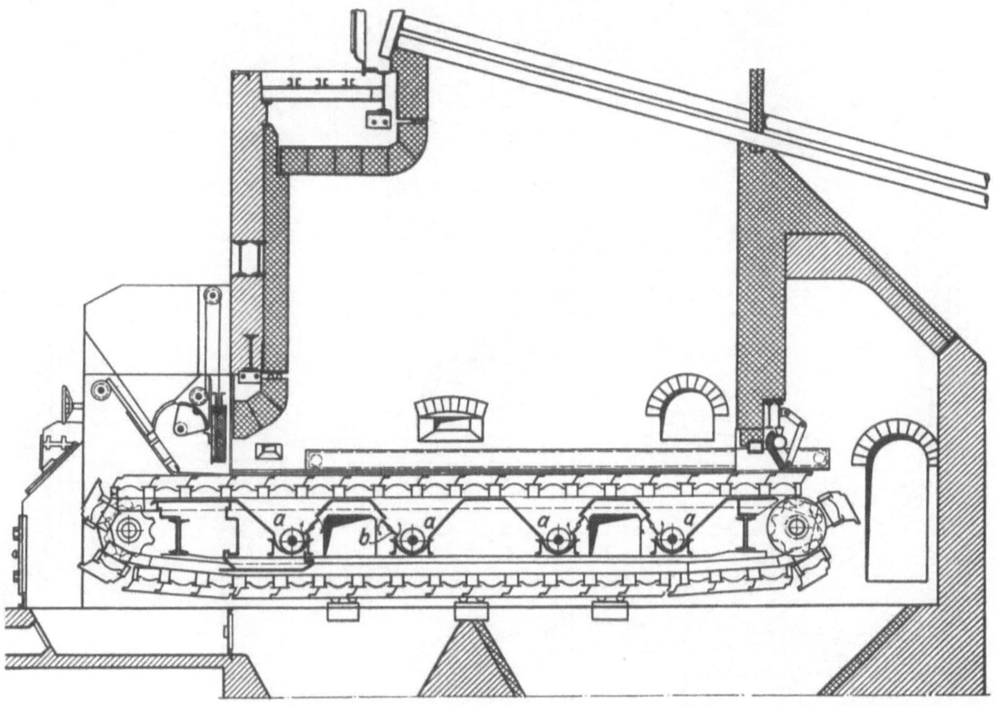

Abb. 30. Zonenrost der Babcockwerke, Oberhausen.

Unter Umständen muß man auch den Wanderrost schüren. Gut bewährt hat sich die Wanderrostfeuerung der Kesselfabrik L. & C. Steinmüller, Gummersbach, die Abb. 29 veranschaulicht. Der Rost ist durch eine wassergekühlte Feuerbrücke und einen nach hinten ausschwingbaren Pendelrost abgeschlossen, der die Schlacken anstaut, die Schlackenstücke aber unter den ausschlagenden Pendeln durchgehen läßt. Am Pendelrost, der von hinten zugänglich ist, tritt auch Verbrennungsluft zu, die die Pendel kühlt und sich an den angestauten Schlacken vorwärmt. Dieselbe Feuerung ist ohne weiteres für Unterwind anwendbar, wenn man sie, wie es Abb. 29 zeigt, vorn abdeckt. Der Unterwind wird mittels der gezeichneten Drosselklappe so geregelt, daß über dem Feuer kein Unterdruck herrscht und das Feuer nicht herausschlägt, wenn man die Feuerung öffnet.

Zur Erzielung einer gleichmäßigen, vollkommenen Verbrennung ist die Zufuhr der richtigen Verbrennungsluftmenge von größter Bedeutung. Beim einfachen Wanderrost kann man den einzelnen Brennzonen die jeweils erforderliche Luftmenge nicht richtig zumessen. Um dies zu ermöglichen, teilt man bei Wanderrosten mit Unterwindfeuerung den Rost je nach seiner Länge in 3 bis 5 Zonen oder Windkammern auf, von denen jede nach allen Seiten luftdicht abgeschlossen ist, so daß der gesamte eingeblasene Wind nur durch die Roststäbe und die Brennstoffschicht austreten kann. Abb. 30 zeigt den Zonenwanderrost der Babcockwerke, Oberhausen. Die Windzufuhr ist vom Heizerstand aus durch Einstellung von Drosselklappen (*b*), deren Betätigungshebel am Kohlentrichter angeordnet sind, für jede einzelne Brennzone (*a*) in weiten Grenzen genau regelbar. Bemerkenswert ist noch die Entaschung dieses Zonenrostes, die vom Rostantrieb mitbetrieben wird und aus quer durch den Rost laufenden Schnecken besteht, welche die Asche seitlich herausbefördern. Durchfallkohle und Asche fallen nicht in das untere

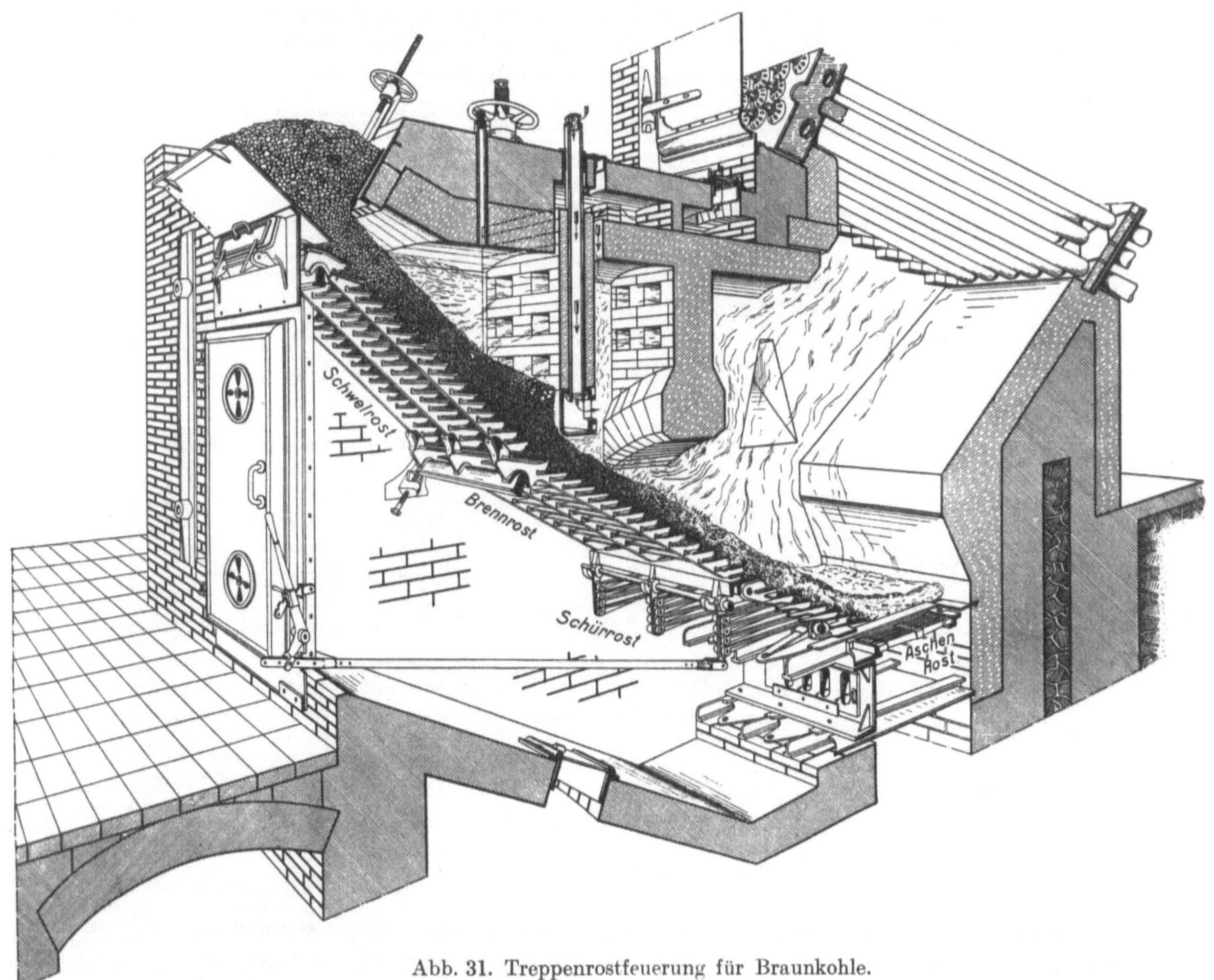

Abb. 31. Treppenrostfeuerung für Braunkohle.

Rostband, so daß eine Verstopfung der Roststäbe vermieden wird. Die stündliche Brennleistung des Babcock-Zonenrostes beträgt bis zu 330 kg/m².

Als Beispiel einer Vorfeuerung zeigt Abb. 31 eine von den Babcockwerken ausgeführte Treppenrostfeuerung, die im wesentlichen mit der weit verbreiteten Bauart von Keilmann & Völcker übereinstimmt. Diese Treppenrostbauart wird für Braunkohlen viel angewendet und ist auch bei dem in Abb. 55 dargestellten Wasserröhrenkessel angeordnet. Die Feuerung arbeitet als Halbgasfeuerung. Die Braunkohle tritt aus dem Trichter in einstellbarer Schichthöhe auf den Schwelrost. Dort wird sie getrocknet und teilweise entgast. Die abziehenden Schwelgase verbrennen im Misch- und Verbrennungsraum. Vom Schwelrost tritt die Kohle in einer Schichthöhe, die durch das hoch- und niederstellbare Wehr eingestellt wird, auf den Brennrost und den Schürrost, wo sie in der Hauptsache verbrennt. Der Rest gelangt auf den am Fußende angebrachten

Planrost, den Aschenrost, und brennt dort aus. Die Rückstände werden, indem man die Schlackenschieber zieht, in den Aschenraum abgeführt.

Günstige Luftverteilung, die beim Wanderrost durch Zoneneinteilung ermöglicht wird, läßt sich beim Treppenrost durch die Anwendung eines **Rückschubrostes** erreichen. Im vorderen Teil eines gewöhnlichen Treppenrostes herrscht Luftmangel, während am Ende des Rostes meist ungünstig hoher Luftüberschuß vorhanden ist, da die fast ausgebrannte Kohle nur noch geringe Luftmengen benötigt. Der Rückschubrost vermeidet diesen Nachteil dadurch, daß der obere Teil der Brennschicht in entgegengesetzter Richtung wie der untere bewegt wird. Der Schub ist rückwärts nach oben gerichtet, so daß die vorn zugeführte Kohle auf der aufwärts geförderten Unterschicht nach unten rutscht. Da sich die Kohle bis zum Ausbrennen in ständigem Umlauf befindet, gelangt der frische Brennstoff stets auf ein kräftiges Unterfeuer und wird sofort gezündet. Rückzündung des Brennstoffes findet also nicht statt. Die Verbrennung ist daher an allen Stellen des Rostes ziemlich gleichmäßig und erfordert gleiche Luftzufuhr. Durch die Beunruhigung der Brennschicht sinken die feinen Teile nach unten, füllen die entstehenden Spalte und drängen die gröberen Teile nach oben, was für die Schlackenausscheidung besonders wichtig ist. Die größeren Schlackenstücke machen nämlich den Kreislauf nicht mehr mit, sie sammeln sich auf dem Schlackenrost und werden dort ausgeschieden. Abb. 32 zeigt den Martin-Rückschubrost[1]. Die Pfeillinie läßt den durch die bewegten Schubkolben *a* erzeugten Umlaufsinn erkennen. *b* ist der in schwingender Bewegung gehaltene Schlackenrost. — Rückschubroste eignen sich für jeden Brennstoff und gestatten sehr hohe Rostbeanspruchungen, da die Belastung der gesamten Rostfläche fast gleichmäßig ist. Der Feuerraum kann klein sein; Zündgewölbe sind nicht erforderlich.

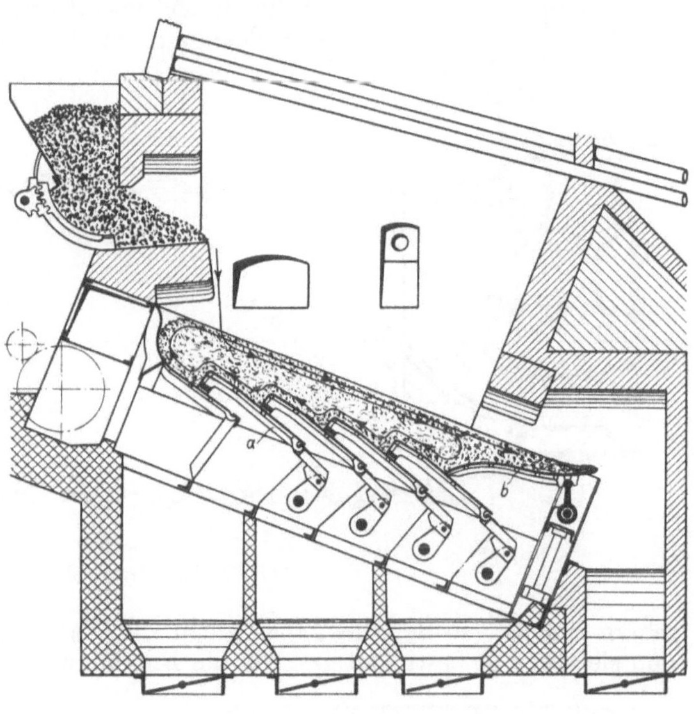

Abb. 32. Martin-Rückschubrost.

36. Gasfeuerungen. Für die Beheizung von Kesseln kommen nur industrielle Abgase: Gichtgase und Koksofengase in Frage. Gasfeuerungen sind bequem regelbar, brennen rauchlos und sind wirtschaftlich. Man kommt bei ihnen mit geringerem Luftüberschuß aus als bei Kohlenfeuerungen. Voraussetzung für die günstige Verbrennung des Gases ist, daß das Gas im Brenner richtig mit Luft gemischt ist. Das Gas soll nicht mit langer leuchtender Flamme verbrennen, sondern mit kurzer, nichtleuchtender Flamme. Bei der in Abb. 33 dargestellten Feuerung von Terbeck

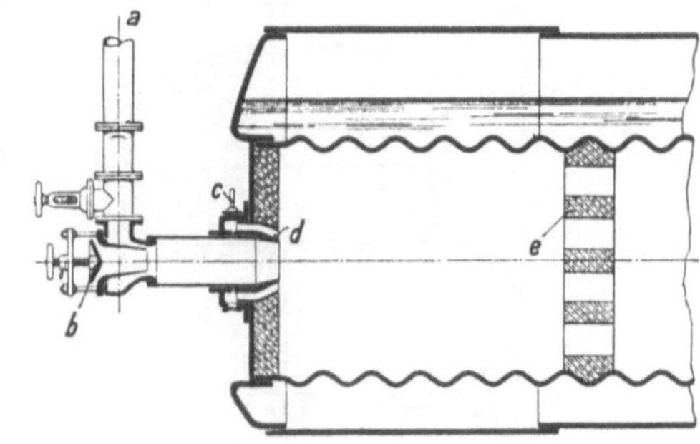

Abb. 33. Terbeck-Gasfeuerung.

[1] Martin — Feuerungsbau, München.

tritt das Gas aus der Leitung *a* in den Brenner und mischt sich in einstellbarem Verhältnis mit der bei *b* zutretenden Luft. Dem Gemisch wird beim Eintritt in die Feuerung (bei *d*) noch einmal Luft zugesetzt (Sekundärluft), deren Menge durch den Trommelschieber *c* eingestellt wird. Bei großen Leistungen wird ein Bündel von Brennern angeordnet. Abb. 34 zeigt die Rodberg-Feuerung, die das Gas und die Luft am Umfange und

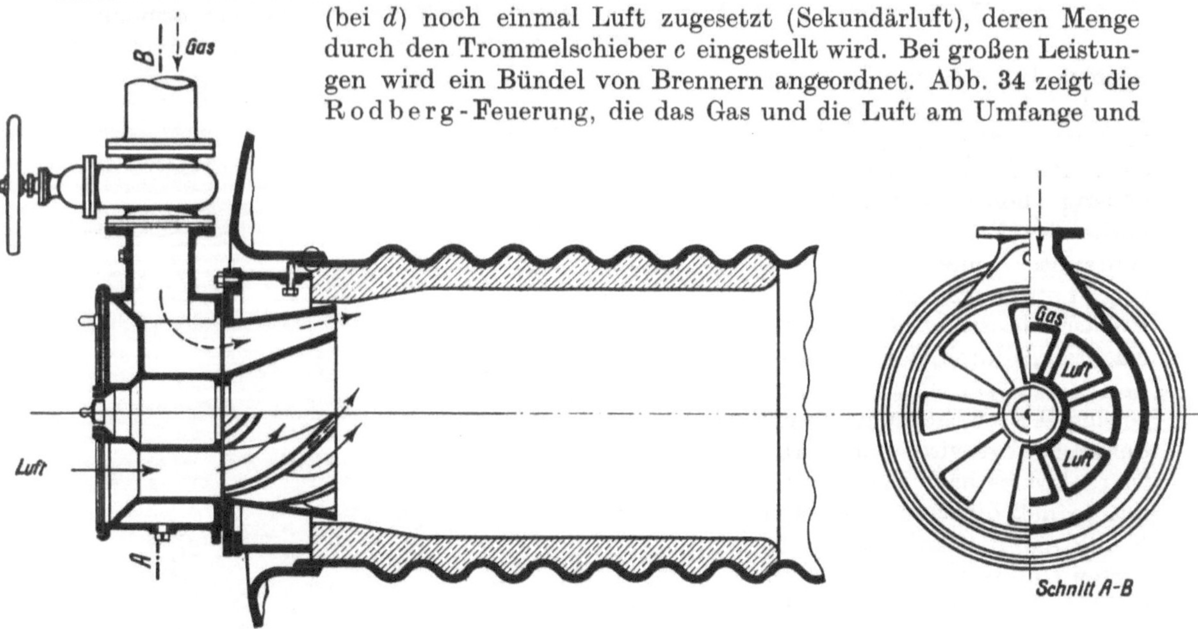

Abb. 34. Rodberg-Gasfeuerung.

schräg einbläst, so daß das Feuer gegen die Wandung des Flammrohres gedrängt wird und sie kreisend bestreicht. — Um die Entzündung des Gemisches zu sichern, wird der

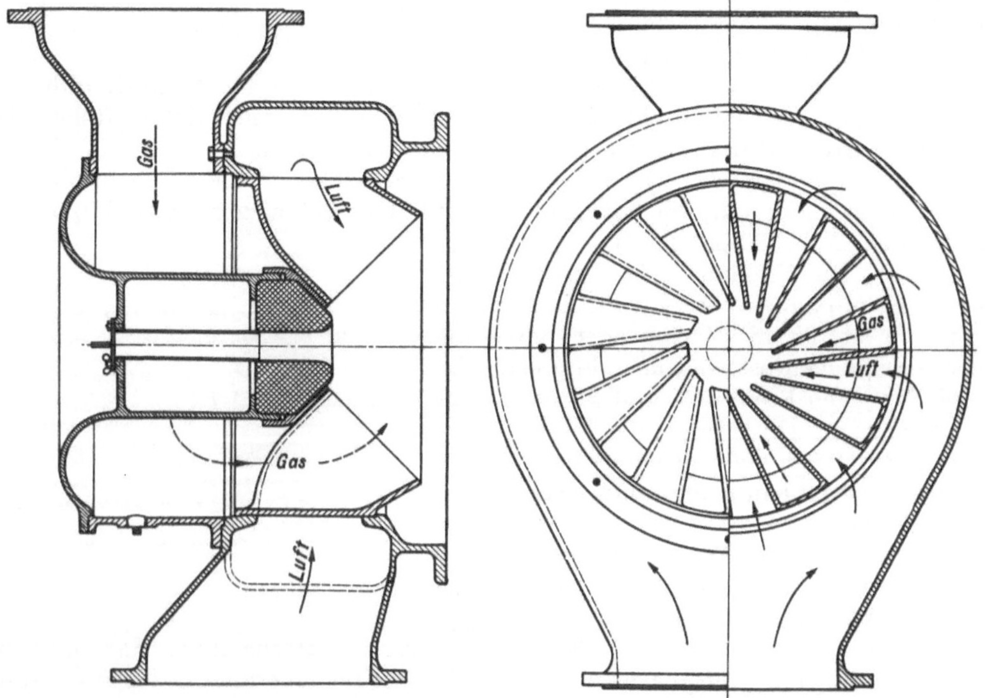

Abb. 35. Gasfeuerung der Maschinenbau A.-G. Balcke.

erste Teil des Flammrohres feuerfest ausgemauert, außerdem wird feuerfestes Gitterwerk in das Flammrohr gesetzt. Explosionsklappen sind vorzusehen.

Abb. 35 zeigt eine Ausführung der von der Maschinenbau A.-G. Balcke gebauten Gasfeuerung. Gas und Luft treten in getrennten Ringräumen ein und werden einem Leitgehäuse zugeführt. Der Austritt erfolgt abweichend von der radialen Richtung, wodurch

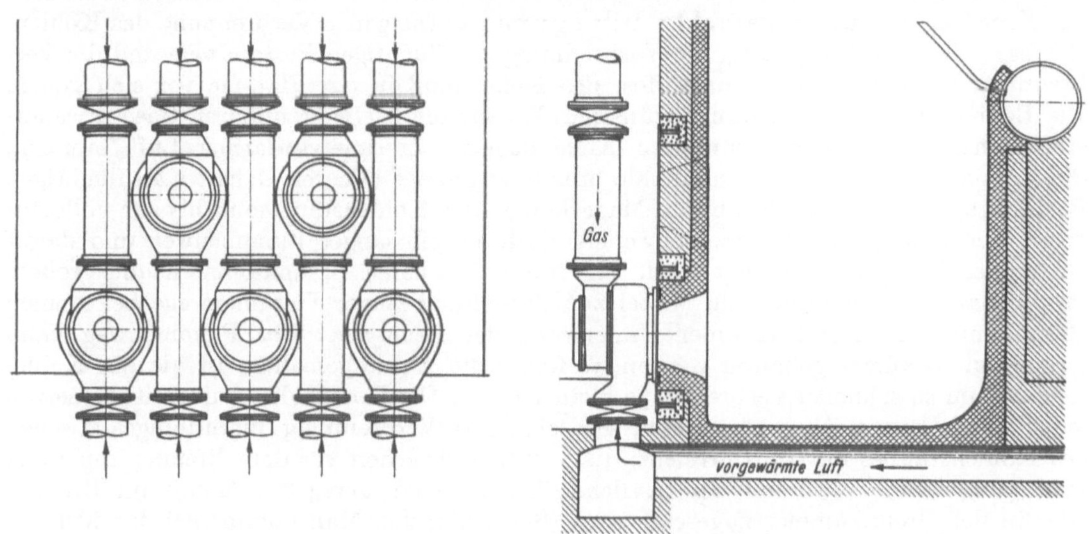

Abb. 36. Einbau der Balcke-Gasfeuerung.

eine gute Durcheinanderwirbelung von Gas und Luft erreicht wird. Der dargestellte Brenner ist für die Verwendung vorgewärmter Luft gebaut. Aus Abb. 36 ist der Einbau einer Gruppe dieser Brenner ersichtlich.

Die Gasfeuerungen werden sowohl bei Flammrohr- als bei Wasserröhrenkesseln angebracht, häufig als Zusatzfeuerungen, um entweder Gas zusammen mit Kohlen zu verbrennen, oder die Feuerungen sowohl allein mit Gas als auch, wenn das Gas ausbleibt, allein mit Kohlen zu betreiben. Abb. 37 zeigt eine Gasfeuerung, die unter Beibehaltung der vorhandenen Rostfeuerung eingebaut ist. Aus der Gaskammer *a* tritt das Gas in 4 Schlitzbrenner *b*, die in den die Verbrennungsluft führenden Düsenkörper *c* münden[1].

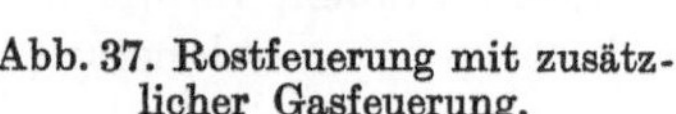

Abb. 37. Rostfeuerung mit zusätzlicher Gasfeuerung.

Im Anschluß an die Gasfeuerungen sind die heute selten verwendeten Abhitzefeuerungen zu erwähnen. Früher, als man noch Koksöfen ohne Nebengewinnung hatte, war es üblich, deren „Abhitze“ unter den Kesseln auszunützen; bei Flammrohrkesseln wird der Abhitzekanal *a* mit den Flammrohren durch Hauben *b* verbunden, wie es Abb. 38 zeigt.

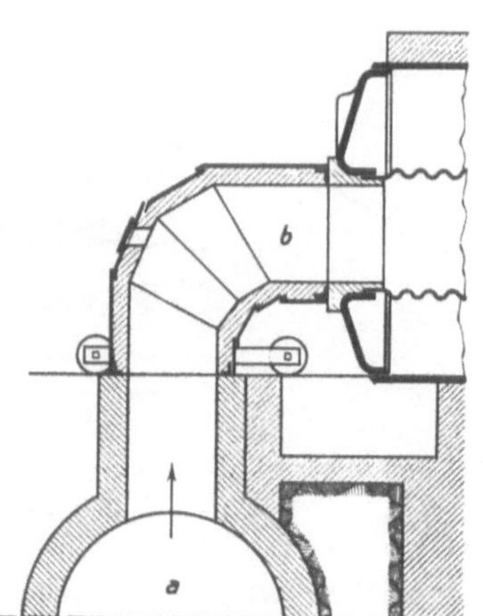

Abb. 38. Abhitzefeuerung.

[1] Glückauf 1923, S. 515.

37. Kohlenstaubfeuerungen[1]. Die zu verfeuernde Kohle wird zu Kohlenstaub aufbereitet, indem sie, wenn nötig, getrocknet, von Eisenteilen befreit und dann sehr fein gemahlen wird, so daß der Staub durch ein Sieb von 5000 bis 6000 Maschen/cm² fällt. Der Kohlenstaub wird in die Feuerung eingeblasen und durch die von den heißen Mauern des Feuerungsraumes ausgestrahlte Hitze gezündet. Die ganze Verbrennung des Kohlenstoffes, d. h. seine Entgasung, die Verbrennung der flüchtigen Bestandteile und die Verbrennung des entgasten Brennstoffes, des Koks, muß in der Flamme vor sich gehen. Die Bedingungen sind insofern ungünstig, als zwar die leicht brennbaren Gase in sauerstoffreicher, die schwer brennbaren Koks dagegen in sauerstoffarmer Luft brennen. Staub von Fettkohle und Flammkohle brennt wegen des höheren Gehaltes an flüchtigen Bestandteilen besser als Staub von Magerkohle. Der Kohlenstaub muß bis zur vollständigen Verbrennung im Raume schweben, wodurch ein langer Flammenweg und damit ein großer Feuerraum bedingt wird. Das führt zu teueren Brennkammern und großem Platzbedarf der Feuerung. Ein Mittel zur Erreichung langer Flammenwege bei kleinen Brennkammern besteht in einer Umlenkung der Feuergase. Der Flammenweg kann ferner um so kürzer gehalten werden, je feiner die Kohle gemahlen ist, da ein Kohleteilchen um so schneller verbrennt, je kleiner es ist. Die Kosten der Aufbereitung setzen jedoch eine Grenze. Am wirksamsten wird eine gute Verbrennung durch inniges Mischen des Kohlenstaubes mit Luft erreicht, die größtenteils schon vor dem Brenner zugeführt wird (Primärluft), während der restliche Teil in genau geregelter Menge im Brenner oder in der Brennkammer zugesetzt wird (Sekundärluft). Man kommt bei der Kohlenstaubfeuerung, ebenso wie bei der Gasfeuerung, mit geringem Luftüberschuß aus und kann bequem 15% CO_2-Gehalt halten. Mit Rücksicht darauf, daß Verbrennungstemperaturen über 1500° die Einmauerung des Kessels gefährden, darf man bei der Verbrennung hochwertiger Kohle den Luftüberschuß nicht bis zur äußersten Grenze herabsetzen. Bei 25% Luftüberschuß enthält ein Kohlenstaub-Luftgemisch 900 kcal/m³ gegen 500 kcal/m³ bei einem Gichtgas-Luftgemisch[2]. Der Gehalt an Asche und Schlacke hat geringeren Einfluß, weil Asche und Schlacke aus der Flamme ausfallen, so daß sich Kohlenstaubfeuerungen auch für minderwertige Brennstoffe eignen.

Man rechnet die Kohlenstaubfeuerung, die man schwankender Belastung gut anpassen, und mit der man hohen Kesselwirkungsgrad durchhalten kann, der anderseits die Aufbereitungskosten der Kohle zur Last fallen, wirtschaftlich der Wanderrostfeuerung etwa gleichwertig. Sie erscheint überlegen, wo es sich um die Verbrennung minderwertiger, magerer Kohlen handelt. Bei Flammrohrkesseln, die heute fast ausschließlich von Hand gefeuert werden, ist es gegebenenfalls zweckmäßiger, eine Kohlenstaubfeuerung vorzubauen als eine Wanderrostfeuerung. Auf Steinkohlenbergwerken, deren Kohle gewaschen wird, wird man die Kohle, ehe sie aufbereitet wird, entstauben, damit die Wäsche nicht mit dem Staube belastet wird. Dieser rohe Staub steht für Kohlenstaubfeuerung zur Verfügung.

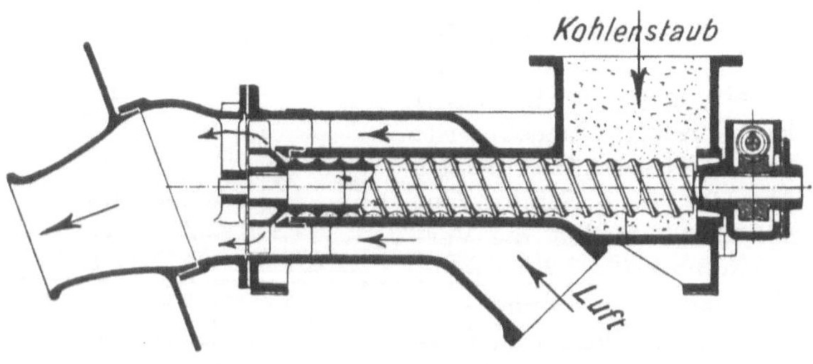

Abb. 39. Kohlenstaubbrenner der AEG.

Abb. 39 stellt den Kohlenstaubbrenner der AEG dar. Der Kohlenstaubzuteiler (regelbare Schnecke) ist unmittelbar vor dem Brenner angeordnet. Durch einen Mischkegel

[1] Bleibtreu: Kohlenstaubfeuerungen, und Münzinger: Kohlenstaubfeuerungen für ortsfeste Dampfkessel. Beide bei Julius Springer, Berlin.

[2] Schulte: Der Verbrennungsvorgang in Kohlenstaubfeuerungen. Glückauf 1924, S. 971.

am Ende der Zuteilerschnecke wird der Kohlenstaub auf dem ganzen Umfang in die konzentrisch ausströmende Luft gestreut und innig mit ihr vermischt. Der Brenner wird für Stundenleistungen bis zu 1000 kg gebaut. Abb. 40 zeigt eine auf Zeche Friedrich Ernestine bei Essen an Einflammrohrkesseln mit Erfolg betriebene Kohlenstaubfeuerung[1]. Es wird der zu waschenden Kohle der Staub abgesaugt und dieser Staub wird, nachdem er, soweit er zu grob ist, auf die erforderliche Feinheit gemahlen ist, verfeuert. Der Staub fällt aus einer an den Kesseln vorbeiführenden Leitung zunächst in den Zwischenbehälter *a* und wird aus diesem mittels der mit veränderlicher Drehzahl antreibbaren Schnecke *b* in einstellbarer Menge der Luftleitung zugeführt; in diese bläst der Ventilator *c* Luft, die sich außen am Feuerraum, diesen kühlend, vorgewärmt hat. Die Menge der zusammen mit dem Kohlenstaube eingeblasenen Luft ist durch die Drosselklappe *h* regelbar. Oberhalb der Drosselklappe wird Zusatzluft abgezweigt, die durch die Öffnungen *e* und *g* in die Feuerung eintritt. Durch die birnenförmige Gestalt des Feuerungsraumes und die Wirkung der Zusatzluft gelingt es, die Flamme zu einer kreisenden Strömung zu zwingen und den Staub trotz des kleinen Feuerungsraumes auszubrennen. Versuche des Dampfkesselvereines ergaben Kesselwirkungsgrade über 80%.

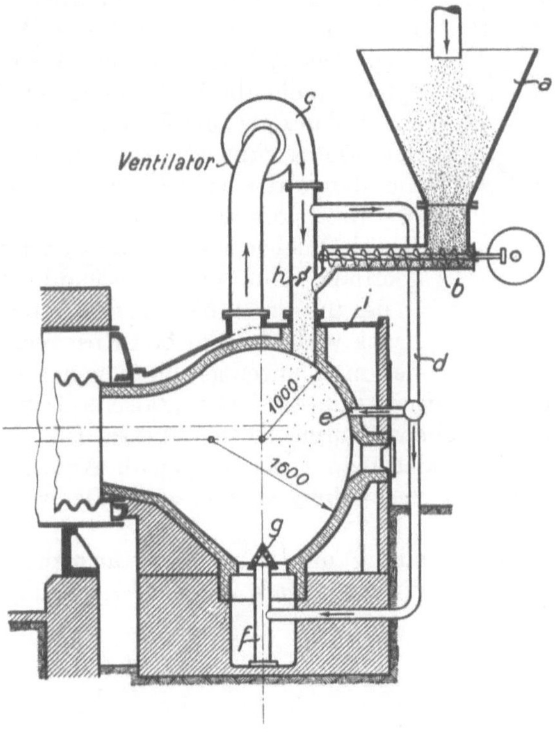

Abb. 40. Verbrennungsraum eines Einflammrohrkessels mit Kohlenstaubfeuerung.

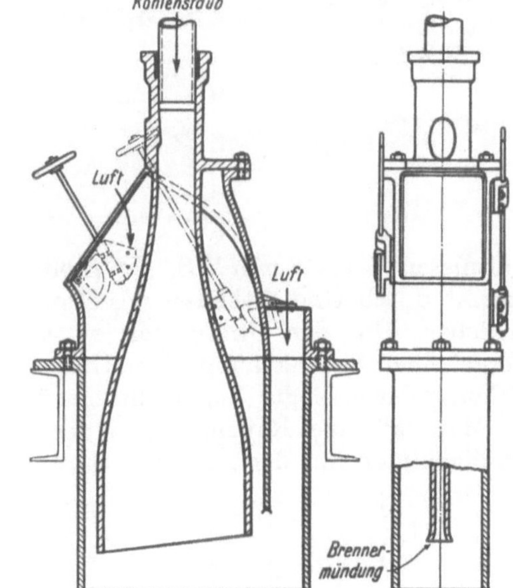

Abb. 41. Lopulco-Staubbrenner.

Weit verbreitet ist die Lopulco-Staubfeuerung der Kohlenscheidungsgesellschaft m. b. H., Berlin (Abb. 41). Bei der Lopulco-Feuerung wird der Kohlenstaub senkrecht nach unten in die Verbrennungskammer eingeblasen und brennt zunächst infolge der Strömungsenergie nach abwärts, bis der natürliche Auftrieb die Flamme nach oben umlenkt (vgl. Abb. 58 bis 61). Der Lopulcobrenner ist im Gegensatz zu den sonst üblichen Rundbrennern mit flachem Mundstück ausgebildet. Bei dem flachen Kohlenstaubstrahl ist das Verhältnis der luftberührten Oberfläche zur Staubmasse äußerst günstig. Die Primärluft wird hinter dem Zuteiler dem Kohlenstaub zugemischt, so daß der Brenner schon ein Kohlenstaub-Luftgemisch empfängt, dem in der Brennkammer die Sekundärluft zugesetzt wird.

---

[1] Hold: Glückauf 1924, S. 1175.

38. Ölfeuerungen. Ölfeuerungen werden bei ortsfesten Dampfkesseln in Deutschland fast nur als Zusatzfeuerungen angewendet. Das Öl wird entweder durch einen Zentrifugalzerstäuber oder mittels Druckluft oder Dampfes in die Feuerung geblasen. Wegen der Konstruktion und Anwendung der Ölfeuerungen sei auf die Literatur verwiesen[1].

39. Der Schornstein. Der Schornstein, der mit dem Kessel durch den Fuchs verbunden ist, führt die Rauchgase ab und stößt sie hoch über dem Erdboden aus. Weil die heißen Rauchgase im Schornstein leichter sind als die kalte Außenluft, so entsteht im Schornstein ein Unterdruck, der am Schornsteinfuß am größten ist. Dieser Unterdruck, der sogenannte Zug, der in mm WS gemessen wird, ist um so stärker, je heißer die Rauchgase abziehen und je höher der Schornstein ist. Unter gewöhnlichen Verhältnissen erzeugt ein Schornstein für 1 m Höhe 0,4 bis 0,5 mm WS Zug. Der Überdruck der Atmosphäre treibt die Verbrennungsluft durch den Rost, die Feuerzüge und den Fuchs zum Schornstein. Um die Menge der einströmenden Verbrennungsluft zu regeln, wird der Rauchschieber mehr oder weniger geöffnet. Abb. 42 veranschaulicht in der unteren Linie, wie der Unterdruck verläuft. Für den Rost rechnet man unter gewöhnlichen Verhältnissen 4 bis 8 mm WS. Je größer der Unterdruck, um so mehr „falsche Luft" strömt durch Undichtheiten des Mauerwerks ein, ebenso durch den Schlitz am Rauchschieber. Um den Unterdruck zu messen, verwendet man U-Rohre gemäß Abb. 43, deren einer Schenkel mit dem Unterdruckraum in Verbindung gesetzt wird. Der vom Schornstein erzeugte Zug heißt natürlicher Zug.

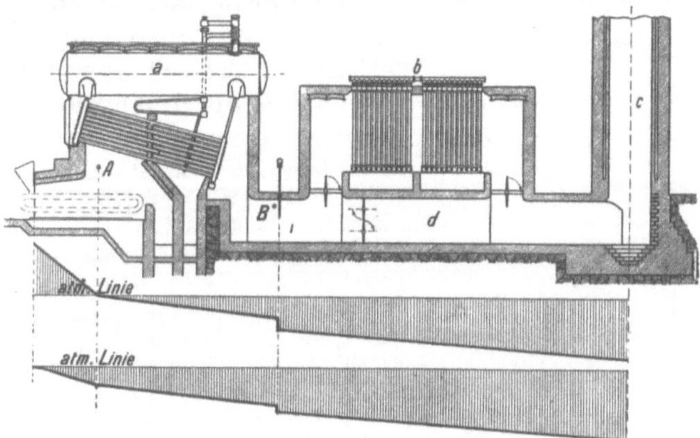

Abb. 42. Zugverhältnisse einer Kesselanlage.

Man läßt die Rauchgase an der Schornsteinmündung mit 4 bis 8 m/s austreten. Rechnet man mit der Luftüberschußzahl 2 und daß die Rauchgase mit 225° und 4 m/s

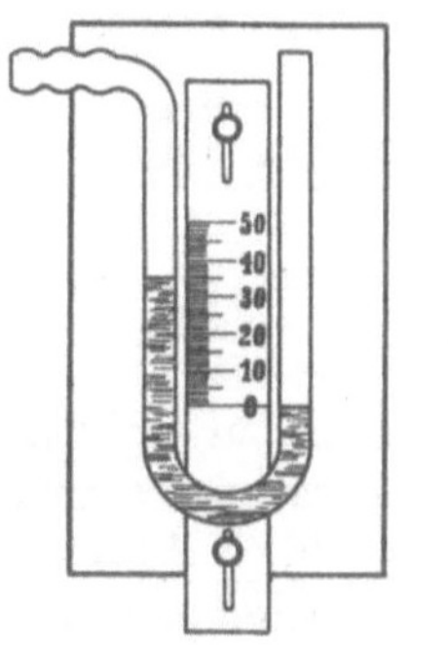

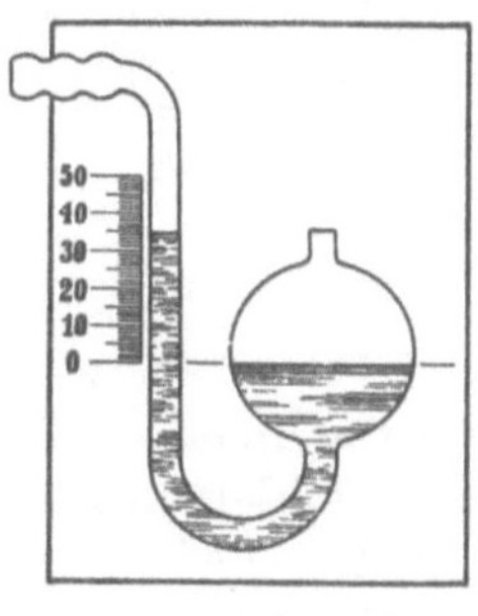

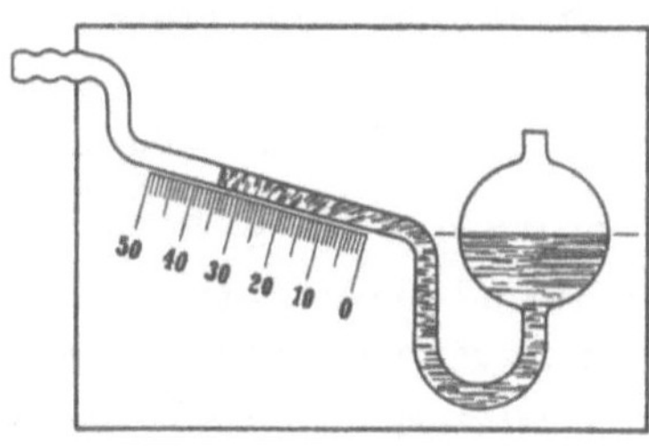

Abb. 43. Zugmesser.

austreten, so ergibt sich folgendes: Wenn in einer Sekunde 1000 kcal auf dem Roste erzeugt werden, so muß die Schornsteinmündung eine Weite von 1 m² haben. Zu etwa demselben Ergebnis kommt man, wenn man bei Steinkohlenfeuerung den oberen Schornsteinquerschnitt = $1/6$ der gleichzeitig betriebenen Rostfläche macht. Bei genügender Schornsteinhöhe kommt man mit erheblich kleinerer Schornsteinweite aus.

Die Zugstärke des Schornsteins bedeutet nur die Größe des von ihm erzeugten Unterdruckes. Ob der Schornstein viel oder wenig Luft ansaugt, ist aus der Zugstärke nicht entnehmbar. Wenn man aber den Zug über dem Roste (Punkt A in Abb. 42) und hinter

[1] Essich: Ölfeuerungstechnik. Berlin: Julius Springer.

dem Kessel mißt (Punkt *B*), dann ist die Differenz ein Anhalt für die Menge der die Feuerung durchströmenden Luft. Je größer der Differenzzug, um so mehr Luft wird angesaugt. Man mißt zweckmäßig den Differenzzug unmittelbar mit einem einzigen U-Rohr, dessen einer Schenkel mit *A*, sein anderer mit *B* verbunden ist, oder mit einem feinen Manometer.

40. Künstlicher Zug. Bei Lokomotiven gibt es nur künstlichen Zug. Der Auspuffdampf strömt durch die konisch verjüngte Mündung des Auspuffrohres, das sogenannte Blasrohr, mit großer Geschwindigkeit in den Schornstein und reißt die Rauchgase mit sich. In der Abb. 44 ist *a* das Blasrohr. Um das Blasrohr ist ein durchlöcherter Ring gelegt, dem durch die Leitung *b* Frischdampf zugeführt werden kann, um das Feuer beim Stillstand der Lokomotive anzublasen. Die spätere Abb. 50 zeigt den ganzen Zusammenhang der Lokomotive. Bei Schiffskesseln wird ebenfalls künstlicher Zug in ausgedehntem Maße angewendet, der aber, da der Abdampf der Schiffsmaschinen kondensiert wird, durch Ventilatoren erzeugt wird. Bei Landkesseln wird künstlicher Zug nur in besonderen Fällen angewendet.

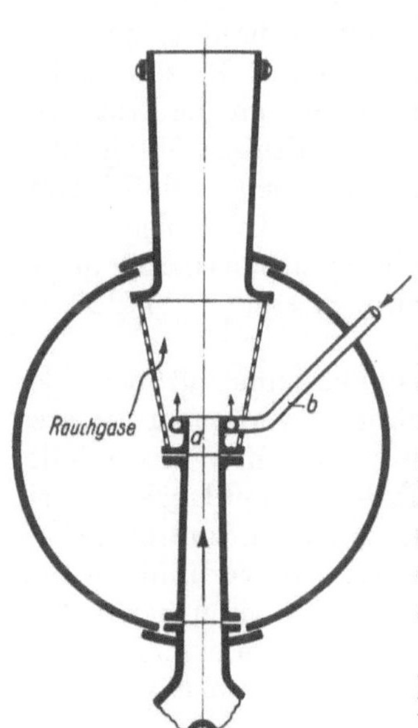

Abb. 44. Lokomotivblasrohr.

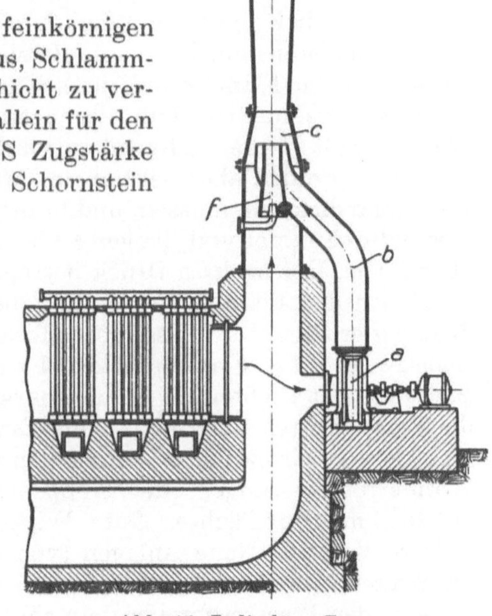

Abb. 45. Indirekter Zug.

Um minderwertigen, feinkörnigen Brennstoff, wie Koksgrus, Schlammkohle usw. in hoher Schicht zu verbrennen, braucht man allein für den Rost 30 bis 50 mm WS Zugstärke und mehr, so daß der Schornstein nicht mehr ausreicht. Dann wendet man Unterwind an. Ein Ventilator bläst die Verbrennungsluft in den geschlossenen Aschenfall. Der Überdruck wird durch Drosseln des Windes so geregelt, daß über dem Rost kein oder nur geringer Überdruck herrscht, damit das Feuer beim Öffnen der Feuertür nicht herausschlägt. Man nennt das ausgeglichenen Zug. Hinter dem Rost wirkt allein der Schornstein. Abb. 42 veranschaulicht in der oberen Linie, wie sich bei einer Unterwindfeuerung an den vom Gebläse erzeugten Überdruck der saugende Zug des Schornsteins anschließt.

Bildet der Brennstoff zähe Schlacke, welche die engen Spalte des Rostes zusetzt, so muß man, um den Rost zu kühlen und die Schlacke zu lockern, Dampf unter den Rost blasen; auch verwendet man wohl in solchen Fällen anstatt eines Ventilators ein Dampfstrahlgebläse. Während man aber für den Antrieb des Ventilators nur etwa 1% des erzeugten Dampfes verbraucht, muß man beim Dampfstrahlgebläse 5% und mehr rechnen, insbesondere, wenn die Düsen ausgeschlissen sind. Deshalb ist es meist zweckmäßiger, im Aschenfall Wasser zu halten, aus dem sich genügend Dampf entwickelt, und den Unterwind durch einen Ventilator zu erzeugen.

Beim künstlichen Saugzug, der durch einen Ventilator erzeugt wird, unterscheidet man direkten und indirekten Saugzug. Beim direkten Saugzug saugt der Ventilator aus dem Fuchs und wirft die Rauchgase in den Schornstein. Dabei wird der Ventilator verhältnismäßig groß, hat aber geringe Pressung zu erzeugen und hat deshalb geringen Kraftverbrauch. Das neben dem heiß werdenden Ventilatorgehäuse liegende Lager muß gekühlt werden. Anordnung und Wirkungsweise des indirekten Zuges werden durch Abb. 45 veranschaulicht. Ausführungen dieser Art findet man insbesondere bei Elektrizitätswerken. Als Ersatz des gemauerten Schornsteins dient ein eiserner, der nach Art eines Ejektors geformt ist, und in den durch einen kleinen, schnellaufenden Ventilator Luft mit 40 bis 50 m/s Geschwindigkeit eingeblasen wird, die die Rauchgase mit sich reißt. Beim indirekten Zuge braucht der Ventilator erheblich mehr Kraft als beim direkten Zuge, etwa 2 % der Kesselleistung, leidet aber nicht unter den Rauchgasen. Der Schornstein muß beim indirekten Zuge sowohl die Rauchgase als die eingeblasene Luft abführen. Letzteres fällt weg, wenn der Ventilator anstatt frischer Luft einen Teilstrom der Rauchgase absaugt und in den Schornstein einbläst.

V. Dampfkesselbauarten und Dampfkesselzubehör.

41. Überblick über die Dampfkesselbauarten. Heute noch weit verbreitet, namentlich in mittleren und kleineren Betrieben, sind die Flammrohrkessel. Es sind solide Kessel, die im Flammrohre die schärfste Hitze vorzüglich ausnützen, an die Güte des Speisewassers mäßige Anforderungen stellen, und mit ihrem verhältnismäßig großen Wasserinhalt starken Schwankungen des Dampfverbrauches gewachsen sind. Die Flammrohrkessel werden aber bei hohem Dampfdrucke sehr schwer, weil die Kesselbleche entsprechend dick sein müssen, und brauchen große Grundfläche. Um nicht übermäßig große Kesseldurchmesser und -längen zu bekommen, baut man Flammrohrkessel nur bis 125 m² Heizfläche. Der höchste Druck beträgt etwa 16 bis 18 at.

Neben den Flammrohrkesseln haben die Wasserröhrenkessel immer größere Bedeutung erlangt. Die Wasserröhrenkessel sind schwieriger zu reinigen, verlangen besseres Speisewasser als Flammrohrkessel und haben verhältnismäßig kleinen Wasserinhalt. Sie sind aber leichter als Flammrohrkessel, insbesondere bei hohen Dampfdrücken, weil die Wasserröhren auch bei hohem Drucke nur geringe Wanddicke haben, und brauchen viel kleinere Grundfläche; ferner kann man bei Wasserröhrenkesseln in Verbindung mit Wanderrostfeuerungen oder Treppenrostfeuerungen bequem große Einheiten bauen (bis zu 2000 m² Heizfläche). Gute Wirkungsgrade und schnelle Betriebsbereitschaft sind weitere Vorteile. Neue Anlagen (von 70 m² Heizfläche an) werden daher fast nur noch als Wasserröhrenkessel gebaut.

Von den Wasserröhrenkesseln sind die Heiz- oder Feuerröhrenkessel zu unterscheiden. Bei den Wasserröhrenkesseln geht das Wasser durch die Röhren, bei den Heiz- oder Feuerröhrenkesseln geht das Feuer durch die Röhren. Auch die Heizröhrenkessel brauchen kleinere Grundfläche als die Flammrohrkessel und haben kleineren Wasserinhalt. Besonders verbreitet sind Feuerbüchskessel mit Heizröhren, z. B. Lokomotiv- und Lokomobilkessel. Ferner verwendet man Heizröhrenkessel in Verbindung mit Flammrohrkesseln.

42. Großwasserraumkessel. Kleinwasserraumkessel. Flammrohrkessel sind Großwasserraumkessel. Sie enthalten etwa 200 kg Wasser auf 1 m² Heizfläche. Röhrenkessel sind Kleinwasserraumkessel. Feuerbüchskessel mit Heizröhren enthalten etwa 120 kg Wasser für 1 m² Heizfläche. Wasserröhrenkessel mit schrägen Röhren und Wasserkammern enthalten etwa 60 kg und Steilrohrkessel etwa 50 bis 60 kg für 1 m² Heizfläche.

Die ausgleichende Wirkung des Wasserinhaltes bei schwankender Dampfentnahme sei an einem Zahlenbeispiel erläutert. Ein Flammrohrkessel von 100 m² Heizfläche enthalte $100 \cdot 200 = 20000$ kg Wasser und erzeuge stündlich 1900 kg Dampf von

10 at. Das Speisewasser sei auf 34° vorgewärmt, so daß zur Bildung von 1 kg Dampf 630 kcal aufzuwenden sind, stündlich also insgesamt 630·1900 = 1200000 kcal. Nun stocke die Dampfentnahme 6 Minuten, während gleichmäßig weitergefeuert wird; dann gehen die überschüssigen 120000 kcal in das Kesselwasser und dessen Temperatur steigt um 120000 : 20000 = 6°, während der Dampfdruck von 10 at auf 11,4 at steigt. Umgekehrt liefert der Kessel, wenn vorübergehend mehr Dampf entnommen wird, als durch die Feuerung erzeugt wird, diesen Mehrbedarf aus der Wärme seines Wasserinhaltes, dessen Temperatur entsprechend fällt. Um aus siedendem Wasser Dampf von 10 at zu erzeugen, braucht man 483 kcal/kg. Läßt man in unserem Kessel 6° Temperaturabfall zu, so werden 6·20000 = 120000 kcal frei, die aus dem siedenden Wasser 248 kg Dampf erzeugen. Der Dampfdruck sinkt dabei von 10 at auf 8,7 at. Man erkennt aus dem Zahlenbeispiel, wie wichtig ein großer Wasserinhalt für den günstigen Ausgleich zwischen Dampferzeugung und Dampfverbrauch ist. Bei Wasserröhrenkesseln erhält man wegen ihres kleineren Wasserinhaltes unter sonst gleichen Verhältnissen mehrfach größere Druckschwankungen, so daß man sie für stark schwankende Dampfentnahme nicht anwendet oder einen besonderen Speicherkessel zuschaltet oder Verbrennungsregler einbaut, die die Dampfspannung gleich halten.

43. Flammrohrkessel. Kleinere Kessel werden mit einem Flammrohre, größere mit zwei Flammrohren ausgeführt. Dreiflammrohrkessel sind selten. Die Flammrohre erleiden den Überdruck des Dampfes von außen und müssen versteift werden. Das geschieht in der Weise, daß man die Flammrohre als Wellrohre ausführt.

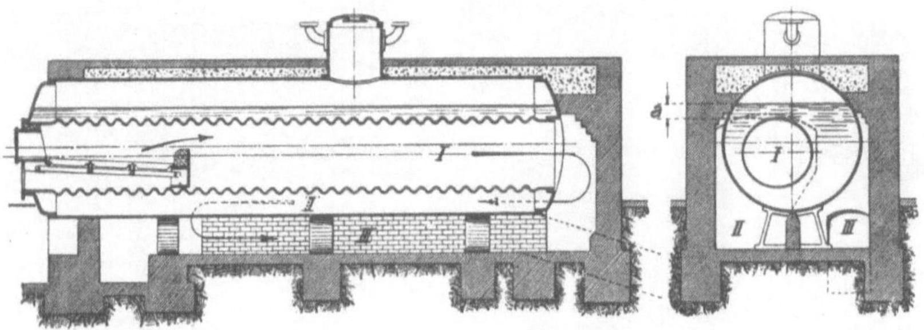

Abb. 46. Einflammrohrkessel.

Die Feuerung ist in der Regel als Innenfeuerung mit Planrost, selten als Vorfeuerung ausgeführt. Die Flammrohre bilden den ersten Zug und nehmen die schärfste Hitze auf. Dann kehren die Gase um und bespülen die eine Hälfte des Kesselmantels (zweiter Zug), gehen wieder nach vorn und bespülen die andere Hälfte des Kesselmantels (dritter Zug). Anstatt dieser gebräuchlichsten Einmauerung, die auch bei den in Abb. 46 und 47 dargestellten Kesseln angewendet ist, findet man auch, daß der zweite Zug aus zwei parallel geschalteten Seitenzügen besteht, während der dritte als Oberzug oder Unterzug ausgeführt ist.

Abb. 46 zeigt einen Einflammrohrkessel. Abb. 47 zeigt zwei gemeinsam eingemauerte, mit Überhitzern ausgerüstete Zweiflammrohrkessel größter Abmessungen (J. Piedboeuf). Der dem Dampfraum entnommene Kesseldampf wird bei der in Abb. 47 dargestellten Ausführung mit Hilfe des sogenannten Triole-Ventils (A. Sempell, München-Gladbach) entweder durch den Überhitzer oder geradeswegs in das Hauptdampfrohr geleitet. Wie aus der Abb. 48 erkenntlich ist, tritt der Kesseldampf bei a ein, und der Überhitzer liegt zwischen b_1 und b_2. Wenn die beiden Ventilspindeln die gezeichnete Stellung haben, ist der Überhitzer eingeschaltet; schraubt man beide Ventilspindeln auseinander, erhält der Überhitzer keinen Dampf. Ferner kann man Mischdampf herstellen und den Kessel gegen die Leitung und den Überhitzer absperren, ebenso die Leitung gegen Kessel und Überhitzer.

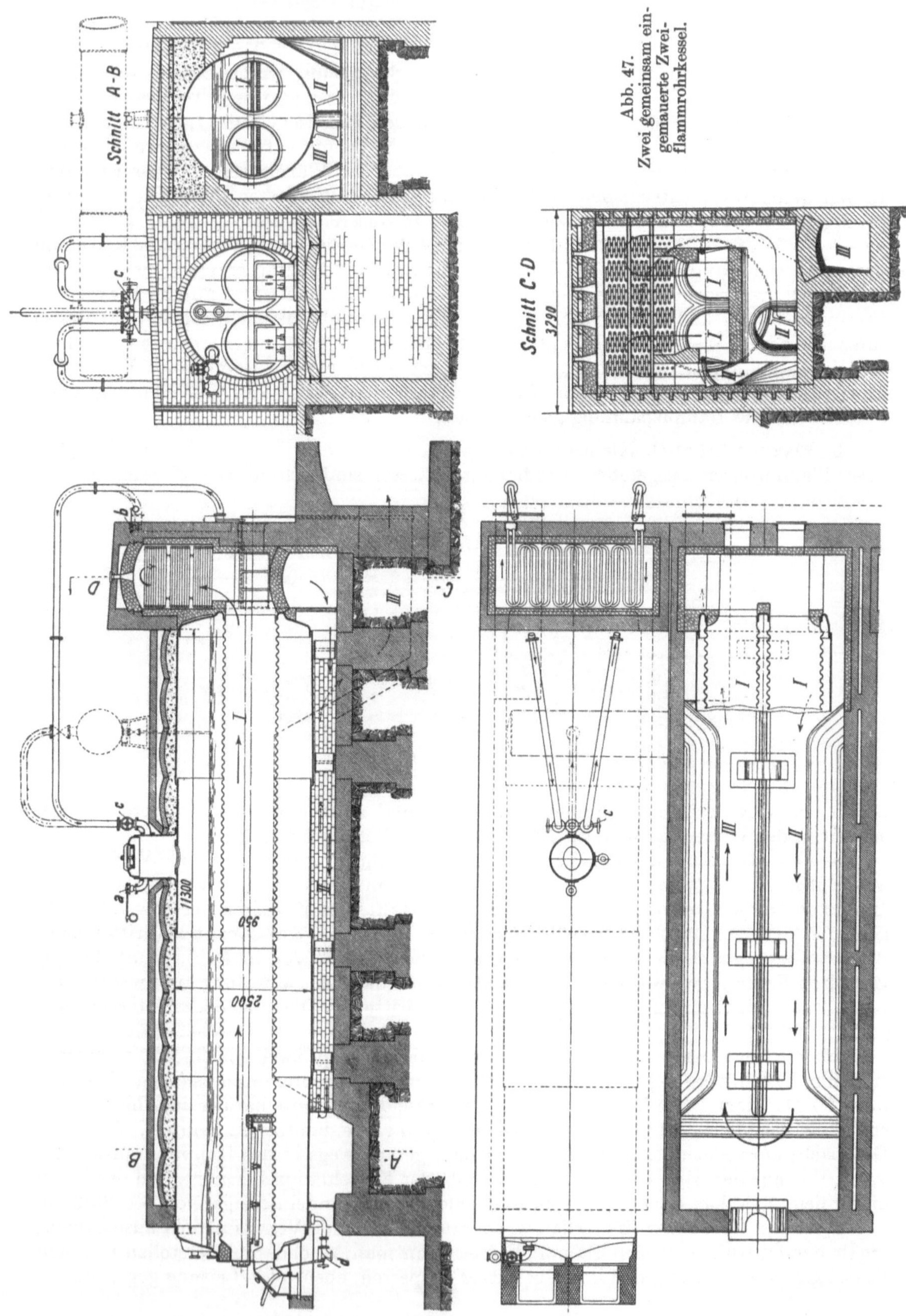

Abb. 47. Zwei gemeinsam eingemauerte Zweiflammrohrkessel.

Um an Grundfläche zu sparen, hat man auch Doppelflammrohrkessel gebaut, indem man zwei kürzere Flammrohrkessel übereinander setzt. Nur die unteren Flammrohre erhalten Feuerungen, weswegen die oberen Rohre Rauchrohre heißen.

Die stündliche Dampfleistung beträgt bei Einflammrohrkesseln 15 bis 25 kg/m² und bei Zweiflammrohrkesseln 16 bis 30 kg/m².

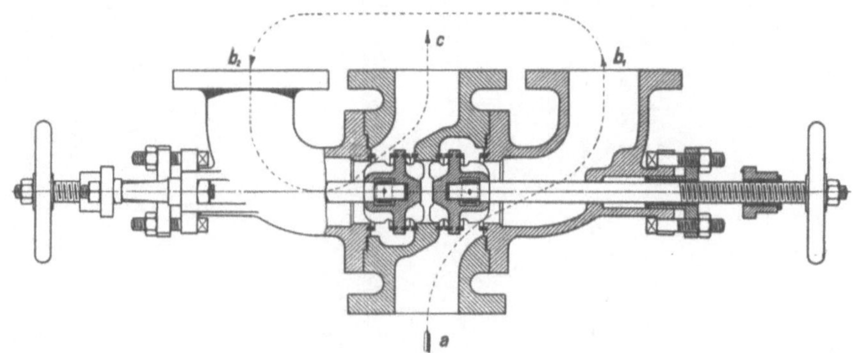

Abb. 48. Triole-Ventil.

44. Heiz- oder Feuerröhrenkessel. Bei den Heizröhrenkesseln geht das Feuer durch die Röhren und das Wasser umspült sie. Das Wasser ist in einem verhältnismäßig großen Kessel eingeschlossen, der bei hohem Druck dicke Wände erfordert und sehr schwer wird.

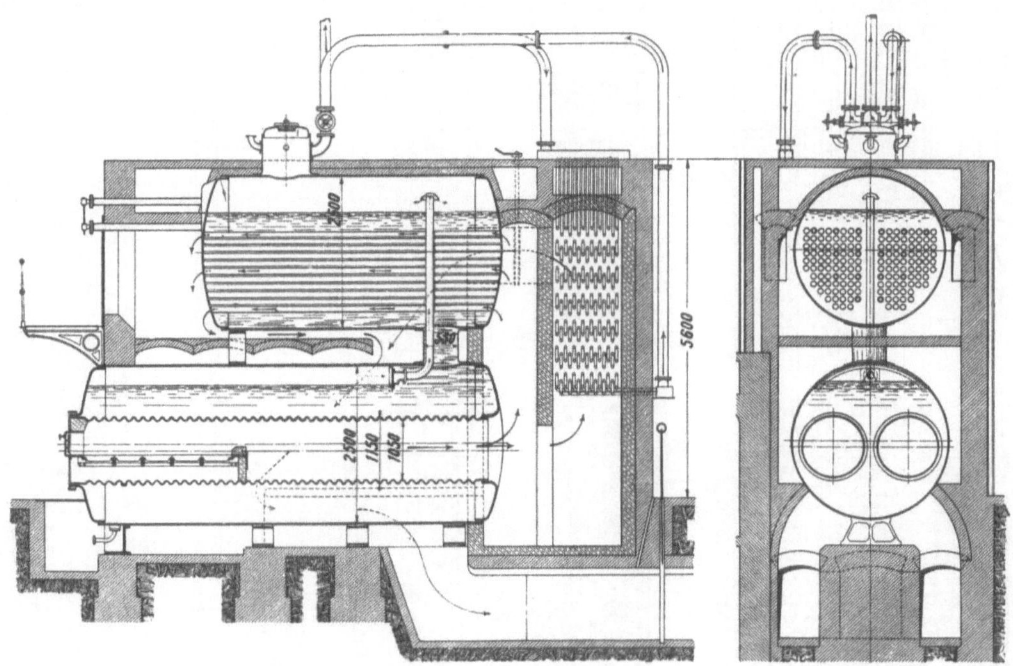

Abb. 49. Flammrohrheizröhrenkessel.

Reine Heizröhrenkessel werden kaum gebaut. Die in der Abb. 49 dargestellte Verbindung eines Flammrohrkessels mit darüber liegendem Heizröhrenkessel ist dagegen häufig ausgeführt worden. Ältere Bauarten hatten nur im Oberkessel einen Dampfraum. Der gezeichnete Doppelkessel dagegen (J. Piedboeuf) hat, wie alle neuen Ausführungen, sowohl im Oberkessel wie im Unterkessel einen Dampfraum, um mit Hilfe der über doppelt so großen Verdampfungsfläche möglichst trockenen Dampf zu liefern. Bei diesen Kesseln ist

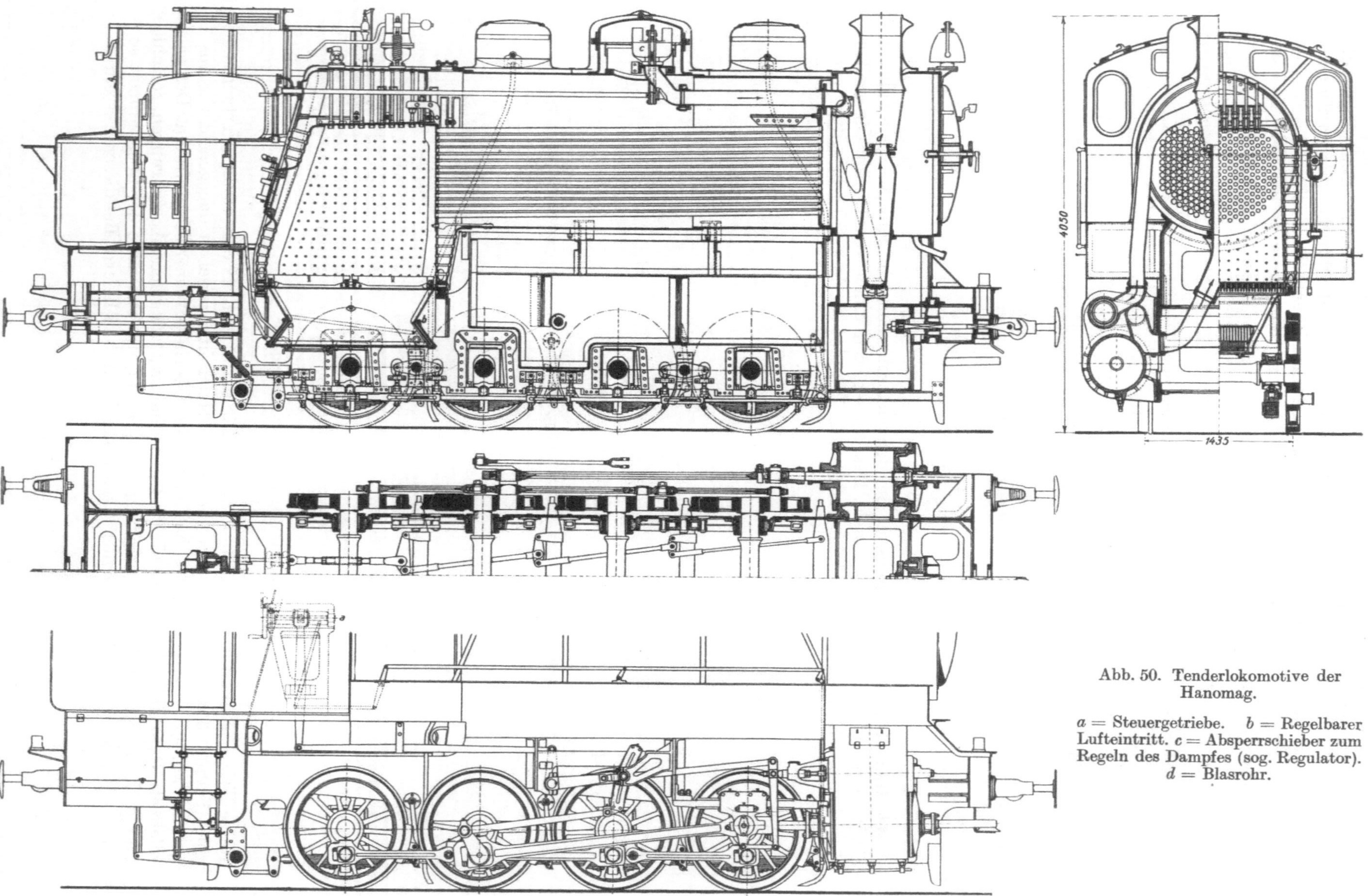

Abb. 50. Tenderlokomotive der Hanomag.

a = Steuergetriebe. b = Regelbarer Lufteintritt. c = Absperrschieber zum Regeln des Dampfes (sog. Regulator). d = Blasrohr.

die Rostfläche im Verhältnis zur Heizfläche klein, auch wenn man den Rost länger als 2 m macht. Es heißt also gute Kohle feuern, um die Heizfläche hinreichend auszunutzen.

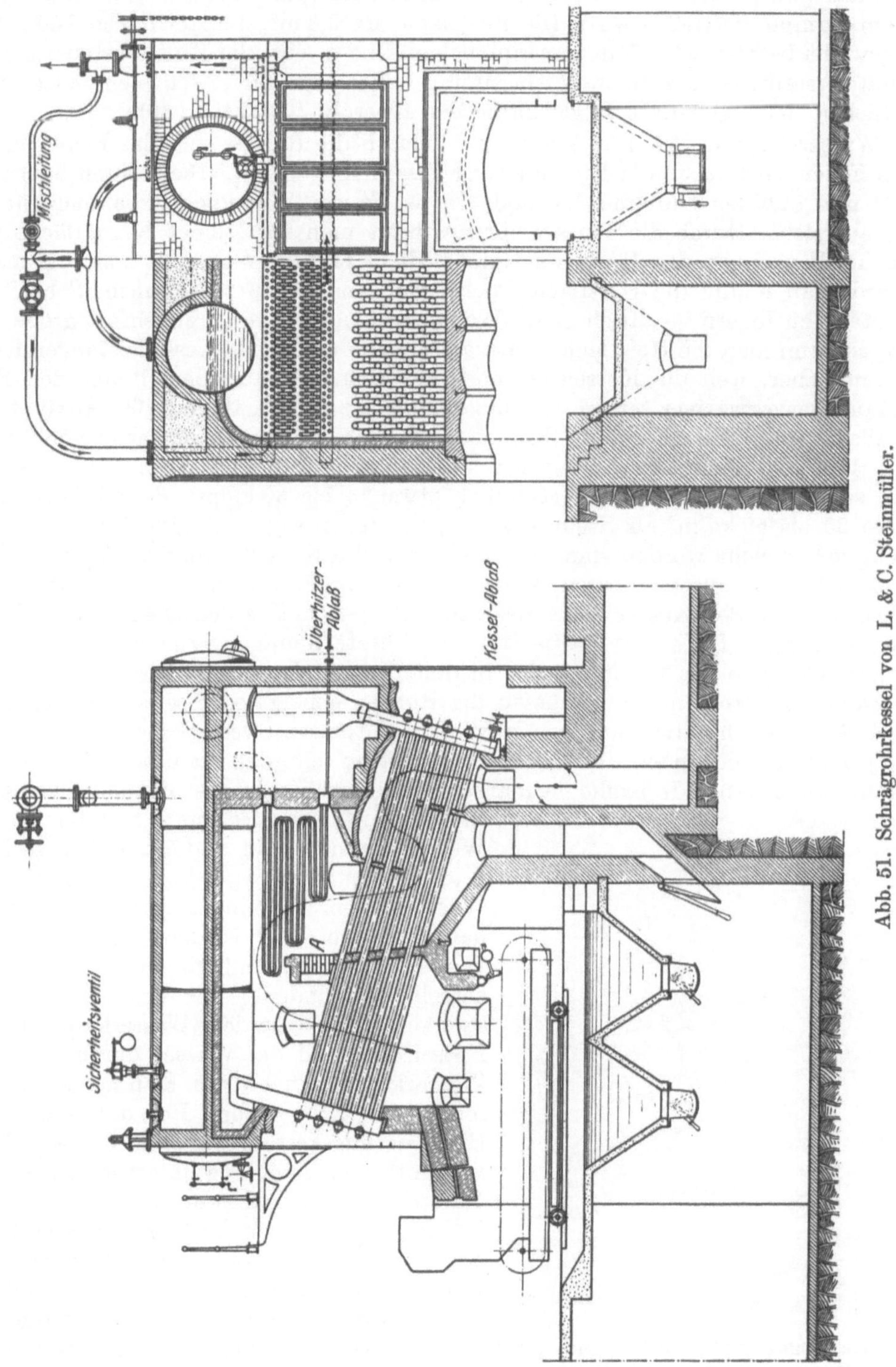

Abb. 51. Schrägrohrkessel von L. & C. Steinmüller.

In Verbindung mit einer Feuerbüchse werden die Heizröhrenkessel für Lokomotiv- und Lokomobilkessel verwendet. Lokomotivkessel haben kubische Feuerbüchsen aus Kupferblech. Die Wände der Feuerbüchse sind, damit sie dem Dampfdruck widerstehen, entweder versteift oder gegen die Kesselwände durch kupferne Stehbolzen verankert. Die Ausführung eines Lokomotivkessels ist aus der Abb. 50 (Hanomag) ersichtlich, die eine normalspurige Tenderlokomotive für Industriezwecke darstellt, welche mit gesättigtem Dampfe betrieben wird. Die Rostfläche ist 2,3 m², die Heizfläche 150 m², das Dienstgewicht beträgt 64 t. Mit dem Spindelgetriebe *a* wird die Kulissensteuerung (vgl. Ziffer 80) verstellt, bei *b* tritt die Verbrennungsluft in regelbarer Menge ein, *c* ist ein Absperrschieber, der sogenannte Regler, *d* ist das Blasrohr (vgl. Ziffer 40).

45. Wasserröhrenkessel. Das Wasser geht durch die Röhren und das Feuer umspült sie. Das Feuer wird durch die Einmauerung zusammengehalten. Die Röhren haben meistens 95 mm äußeren Durchmesser und 3½ bis 3¾ mm Wanddicke, die auch für hohe Drücke ausreicht. Durch die Wasserröhren schafft man auf kleiner Grundfläche große Heizfläche. Wenn man den Rost von Hand bedient und deswegen nur 2 m lang machen darf, wird man häufig die Heizfläche nicht genügend ausnutzen können. Schafft man — um stark zu feuern — durch einen Wanderrost oder einen Treppenrost große Rostflächen, so kann man die Heizfläche stark anstrengen und große Kesselleistungen herausholen, muß aber, weil die Kesselgase noch ziemlich heiß abziehen, hinter den Kessel einen Rauchgasvorwärmer setzen, der die Rauchgase bis annähernd 200° abkühlt. Derartige Wasserröhrenkessel, die in Einheiten bis 600 m² Kesselheizfläche gebräuchlich und bis 1000 m² Heizfläche ausgeführt sind, bilden in Kraftwerken die herrschende Bauart; sie leisten betriebsmäßig stündlich etwa 25 bis 30 kg/m² als Schrägrohrkessel und etwa 30 bis 50 kg/m² als Steilrohrkessel, bei denen sogar stündliche Leistungen bis zu 100 kg/m² erreicht worden sind. Je höher man die Kesselleistung treibt, um so eher treten örtliche Überanstrengungen, Wärmestauungen, Rohrausbeulungen usw. auf, um so wichtiger ist es, den Kessel so elastisch zu gestalten, daß er den Dehnungen durch die Wärme folgt, ferner für bestes Speisewasser und beste Reinigung zu sorgen.

Die Hauptmenge des Dampfes wird in den Wasserröhren entwickelt. Damit der erzeugte Dampf abströmen kann, müssen die Röhren geneigt oder senkrecht angeordnet sein. Da die Röhren selbst nur wenig Wasser enthalten, werden sie mit einem oder mehreren Kesseln verbunden; die Verbindung muß so sein, daß man die Röhren reinigen und auswechseln kann. Je nachdem man das Wasserröhrenbündel mit dem Kessel verbindet, unterscheidet man Schrägrohr- oder Wasserkammerkessel und Steilrohrkessel.

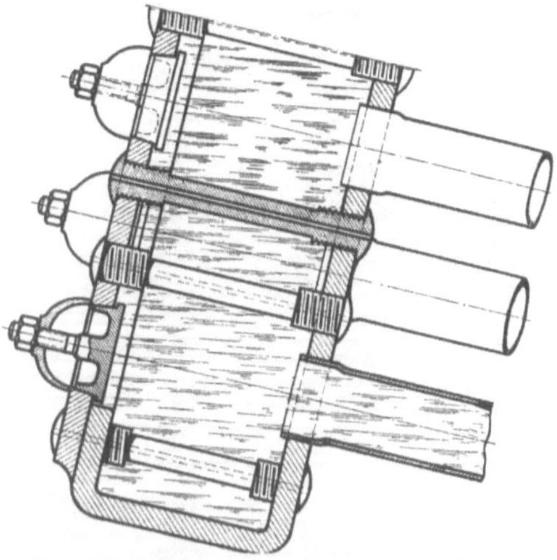

Abb. 52. Unterer Teil einer Wasserkammer.

Bei den Schrägrohrkesseln sind die Wasserröhren, die eine Neigung 1 : 5 bis 1 : 4 haben, durch eine vordere und eine hintere Wasserkammer mit einem oder zwei Oberkesseln verbunden. Der entwickelte Dampf steigt durch die vordere Wasserkammer in den Kessel, während das Wasser durch die hintere Wasserkammer nachtritt. Man macht die Röhren 5 bis 5,5 m lang. Bei den eigentlichen Hochleistungskesseln verwendet man Röhren von nur 4 m Länge, weil sonst der erzeugte Dampf so stark abströmen würde, daß die Röhren nicht mehr genügend Wasser führen. Abb. 51 zeigt den Aufbau der Wasserkammerkessel. Abb. 52 zeigt den unteren Teil einer Wasserkammer im Querschnitte. In die innere Wand, die sogenannte Rohrwand, sind die Wasserröhren eingesetzt. Die Bohrung ist einige Millimeter größer als die Röhren, und die Röhren werden eingewalzt. In der äußeren Wand sind in der Achse der Röhren Löcher, um die Röhren zu reinigen und auszuwechseln. Diese Löcher sind im Betrieb durch Verschlußdeckel geschlossen, die von innen eingesetzt werden, damit sie der Dampfdruck anpreßt. Die Verschlußdeckel werden durch längliche Löcher eingeführt, die zwischen den runden Löchern verteilt sind. Die Verschlußdeckel für die länglichen Löcher können von außen eingeführt

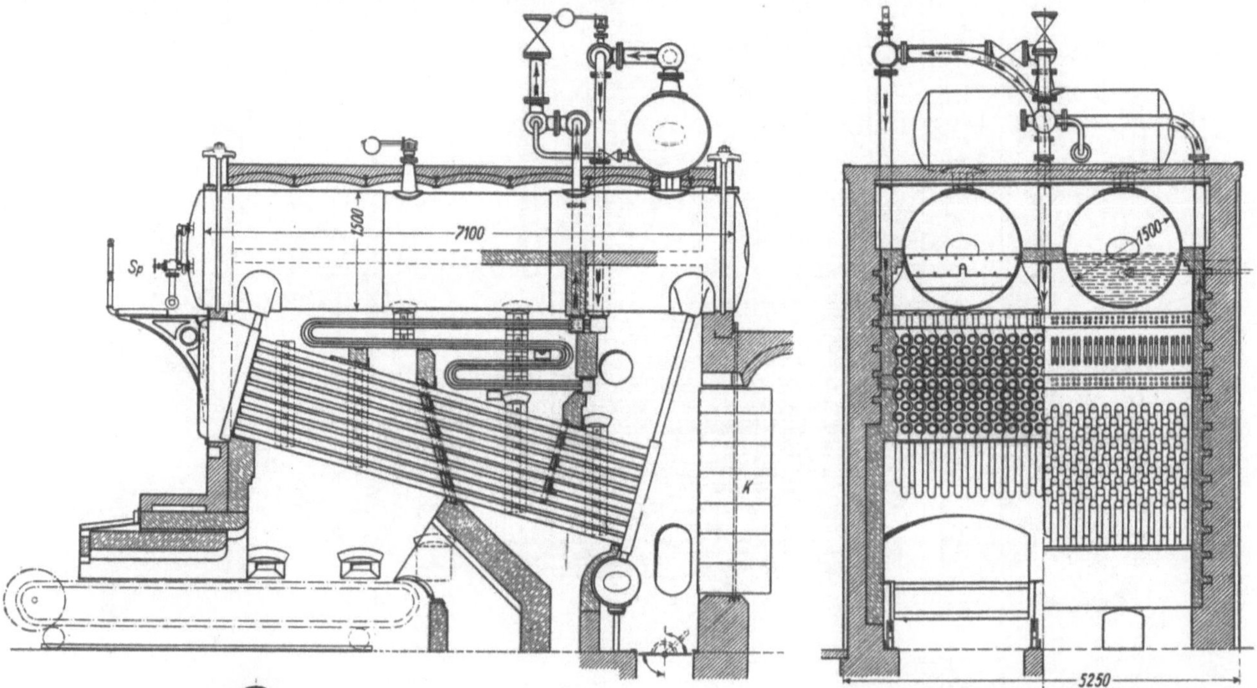

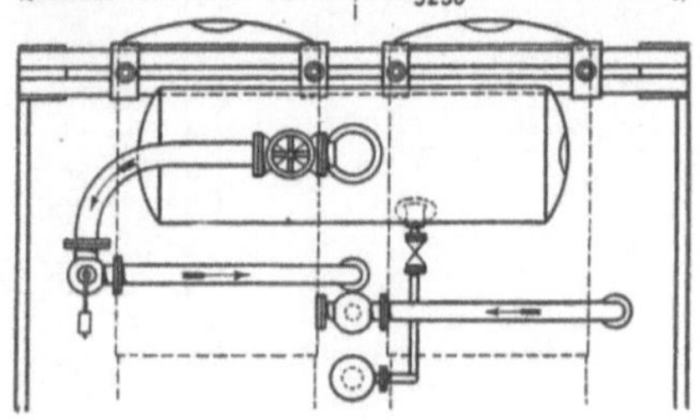

Abb. 53. Teilkammerkessel der Babcock-Werke.

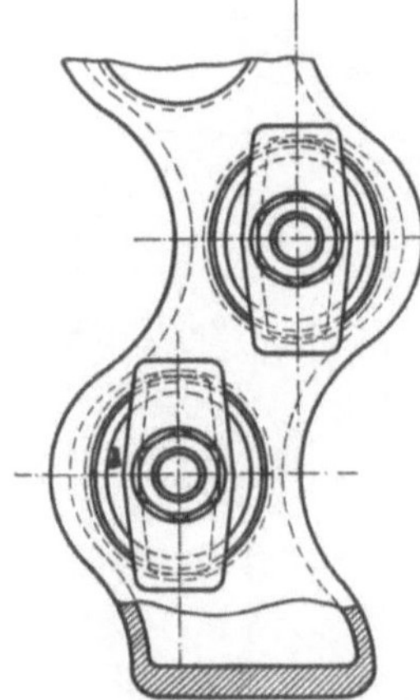

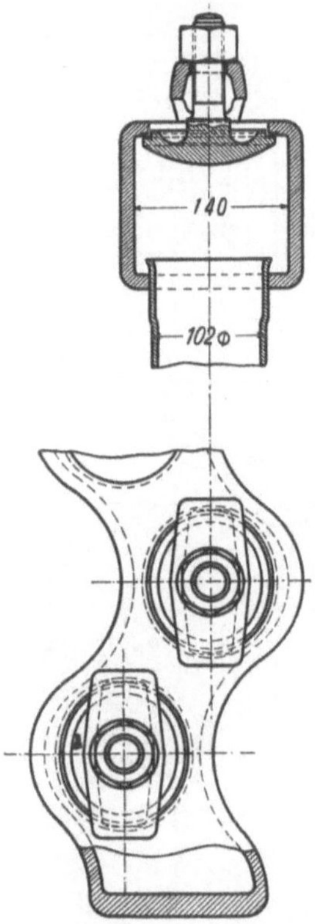

Abb. 54. Teilkammer des Babcock-Kessels.

werden, indem man den Deckel schmal durch die weite Öffnung des Loches führt. Die vordere und die hintere Wand der Wasserkammern sind gegeneinander durch Stehbolzen versteift. Das Blech zwischen ihnen, das Umlaufblech, wurde früher eingeschweißt. Im Zusammenhang mit den höher getriebenen Kesselleistungen haben sich aber Wasserkammerexplosionen ereignet, infolge deren die frühere Ausführungsart verboten worden ist. Eine sehr gute Lösung ist die in der Abb. 52 dargestellte Konstruktion der Firma L. & C. Steinmüller, bei der die Rohrwand der Wasserkammer so umgezogen ist, daß ein besonderes Umlaufblech nicht nötig ist.

In den Abb. 51 und 53 sind Schrägrohrkessel verschiedener Erbauer dargestellt. Abb. 51 zeigt einen Schrägrohrkessel von L. & C. Steinmüller, Gummersbach. Bei dem Schrägrohrkessel der Babcock-Werke Oberhausen, Abb. 53 sind die Wasserkammern in schmale schlangenförmige Kammern gegliedert, die mit den am Oberkessel angenieteten Querkammern durch eingewalzte Anschlußrohre verbunden sind. Abb. 54 zeigt Einzelheiten dieser den Babcock-Kessel kennzeichnenden Teilkammern, die nahtlos gezogen sind und die den Kesel elastisch machen.

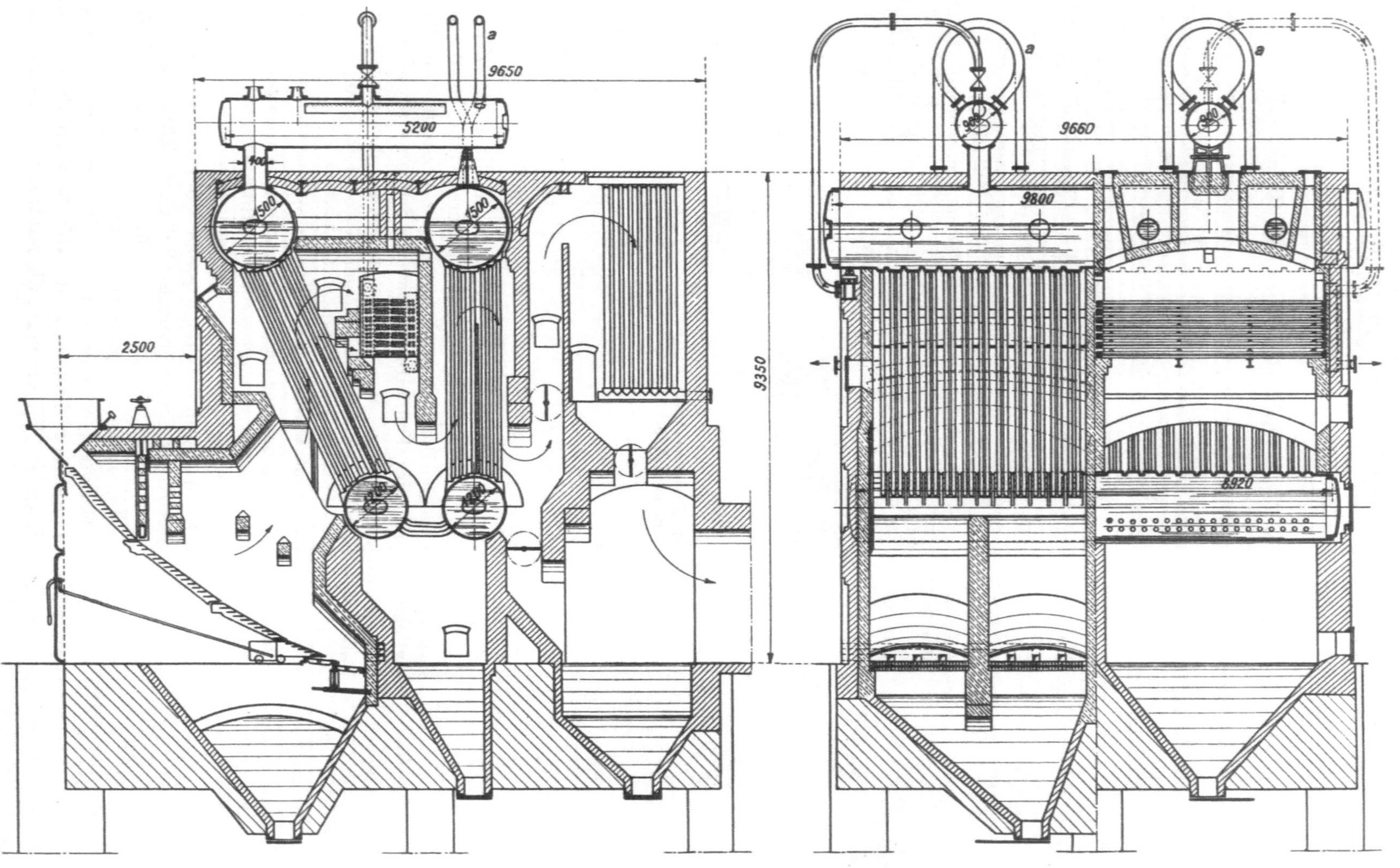

Abb. 55. Garbe-Zweibündelkessel der Düsseldorf-Ratinger Röhrenkesselfabrik vorm. Dürr & Co.

Neben den Schrägrohrkesseln mit Wasserkammern haben sich in den letzten Jahrzehnten die Steilrohrkessel entwickelt und werden insbesondere für große Leistungen viel angewendet. Ein oder mehrere Oberkessel werden mit einem oder mehreren Unterkesseln durch Wasserröhren von etwa 80 mm Durchm. und 3 mm Wanddicke verbunden. Die Oberkessel sind im Kesselgerüst gelagert, die Unterkessel hängen an den Röhren. Die Kessel müssen so groß sein, daß man in sie hinein kann, um die Röhren zu reinigen und auszuwechseln. Damit die Wasserröhren senkrecht in die Kessel einmünden, müssen sie gebogen sein; das ist unbequem beim Reinigen und Auswechseln, hat aber den Vorteil, daß der Kessel elastisch wird und den Dehnungen durch die Erhitzung folgt. Um

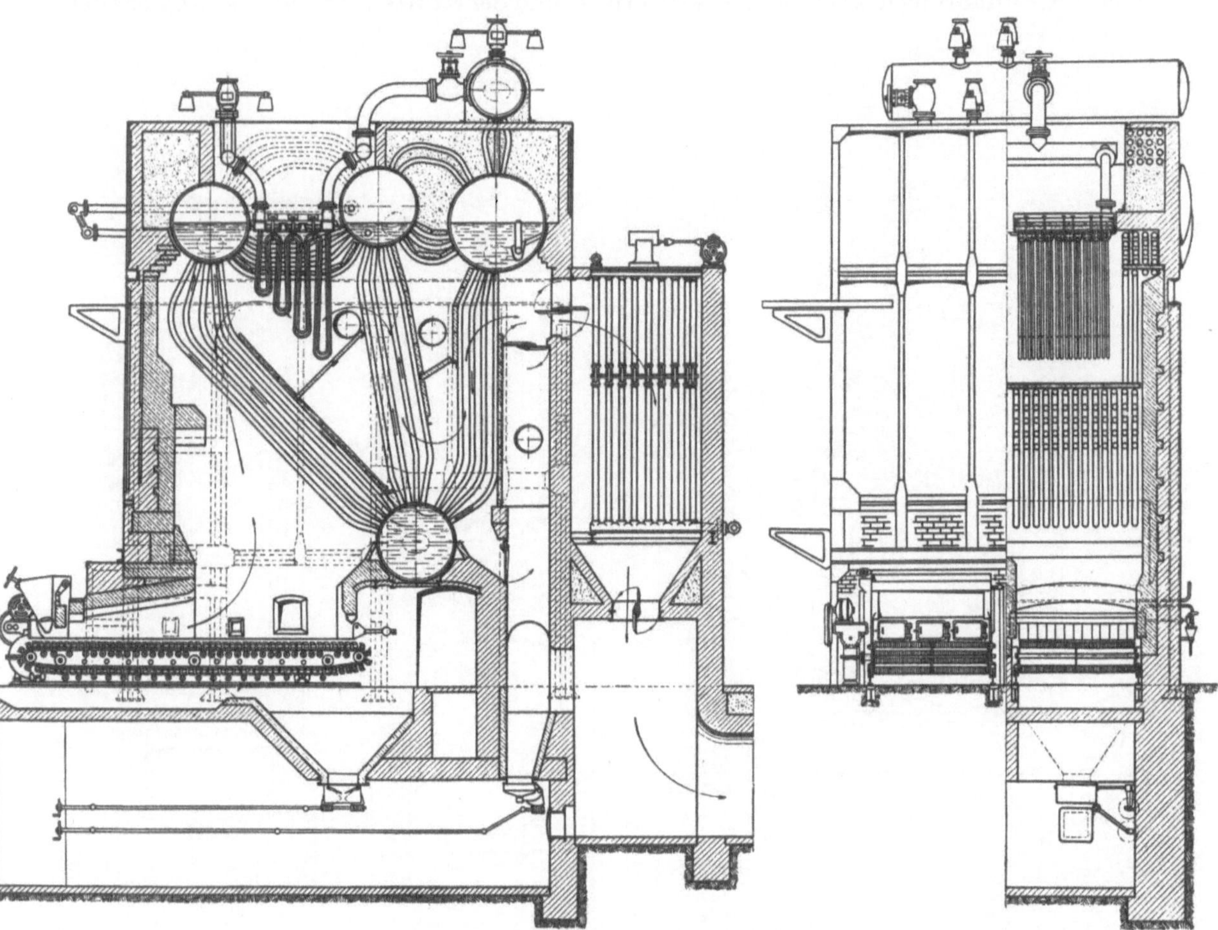

Abb. 56. Stirling-Kessel der Hanomag.

gerade Wasserröhren verwenden zu können, muß man das Kesselblech in der von Garbe angegebenen Art buckeln (Stufenplatte von Garbe, vgl. Abb. 55). Steilrohrkessel sind einfacher als Wasserkammerkessel, weil die Wasserkammern und die Rohrverschlüsse fehlen; die steilen Röhren lassen den entwickelten Dampf gut abströmen, und die Flugasche setzt sich auf den steilen Röhren weniger ab als auf den wenig geneigten Röhren der Schrägrohrkessel. Um Röhren auszuwechseln, muß man aber den Steilrohrkessel, weil man in den Kessel hinein muß, länger still legen als den Schrägrohrkessel.

Abb. 55 zeigt den weitverbreiteten Garbe-Kessel der Düsseldorf-Ratinger Röhrenkesselfabrik vorm. Dürr & Co. Der gezeichnete Zweibündelkessel hat 650 m² Kesselheizfläche, 169 m² Überhitzerheizfläche und 416 m² Ekonomiserheizfläche. Garbeplatte und Mantelblech sind bei dieser Ausführung aus einem Stücke angefertigt, so daß nur eine Längsnaht vorhanden ist, die man so legt, daß sie der scharfen Hitze entzogen ist. Die Röhren haben 76 mm Durchm. Damit der Kessel elastisch bleibt, sind die unteren Kessel durch gebogene Rohre verbunden, und bei den oberen Kesseln ist die Dampfverbindung ebenfalls elastisch. Abb. 56 zeigt den viel angewendeten Stirling-Kessel in der Ausführung der Hanomag. Es wird in den hinteren oberen Kessel gespeist, aus dem das Wasser in den Unterkessel niedersinkt, der zugleich als Schlammsammler dient. Alle Verbindungen zwischen den Kesseln sind durch gebogene Röhren hergestellt, so daß der Kessel große Elastizität besitzt. Abb. 57 zeigt den Burkhardt-Kessel von Petry-Dereux mit 2 sich kreuzenden Steigrohrbündeln und 2 Fallrohrbündeln. Die Einführung des Hochdruckdampfes und der Kohlenstaubfeuerung hat den

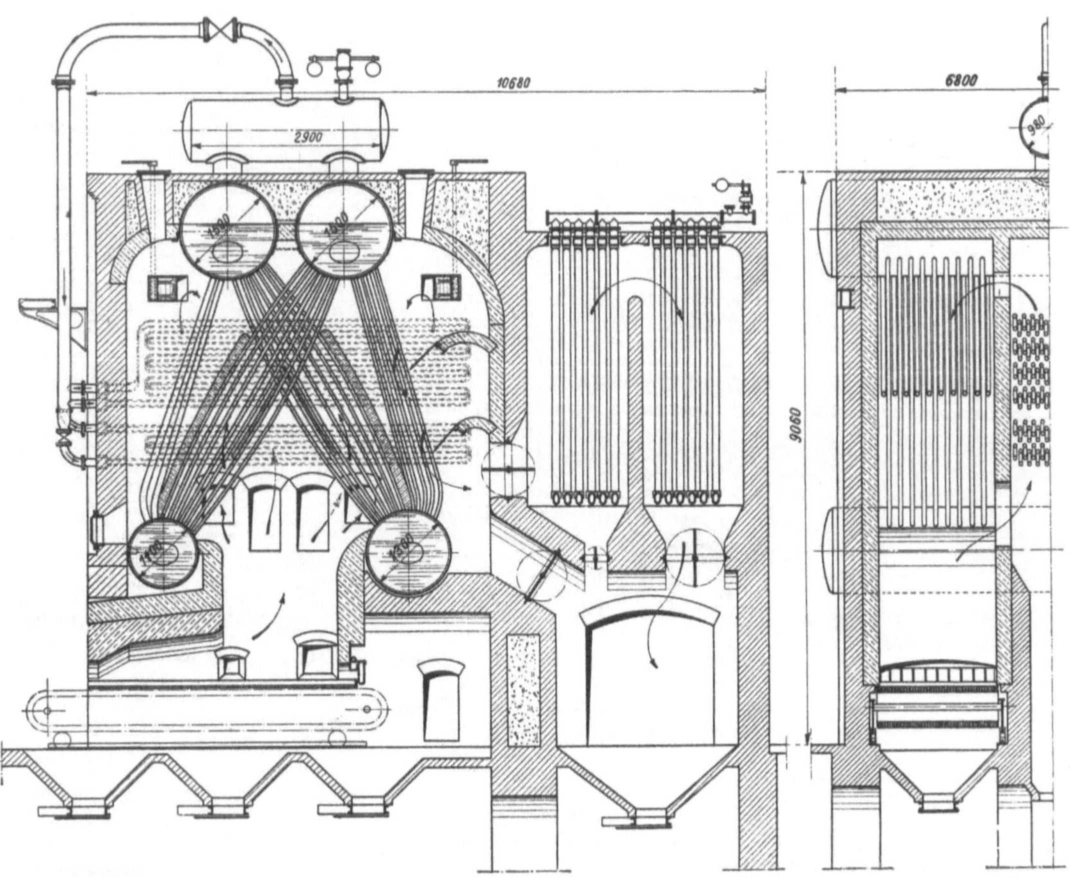

Abb. 57. Steilrohrkessel nach Burkhardt von Petry-Dereux.

Dampfkesselbau in den letzten Jahren in ganz neue Bahnen gelenkt. Kessel von 30 bis 40 at Betriebsdruck sind schon zahlreich ausgeführt worden und können heute als Norm gelten. Die für mittlere Drücke üblichen Bauarten der Teilkammerkessel und der Steilrohrkessel sind in ihrer Art auch für Hochdruck verwendbar, doch treten an Stelle der genieteten Trommeln geschweißte oder aus dem Vollen nahtlos geschmiedete Trommeln, die den höheren Drücken entsprechend eine größere Wandstärke besitzen. Eine viel weiter greifende Änderung bedingt die Kohlenstaubfeuerung. Kennzeichnend sind die großen Feuerräume, der Schutz der Brennkammern gegen übermäßige Temperaturen und besondere Schlackenroste. Die Feuerkammern machen den Hauptteil des ganzen Kessels aus. Man kann auf 1 m³ Kammerinhalt eine Leistung von 150000 bis 250000 kcal/h rechnen. Für einen Kessel von 1000 m² Heizfläche ergibt sich beispielsweise eine Brennkammer von etwa 225 m³. Der Schutz der Wände wird durch wasserdurchflossene Rohre erreicht, die zwecks besserer Wärmeübertragung meist als Flügelrohre (Flossenrohre) ausgebildet werden. Sie stehen mit dem eigentlichen Kessel in Verbindung, so daß die in ihnen auftretende starke Verdampfung nutzbar gemacht werden kann. Einer der wichtigsten Bestandteile, der die Kohlenstaubfeuerung überhaupt erst betriebsfähig macht, ist der Schlackenrost. Bei der hohen Verbrennungstemperatur würde die Schlacke flüssig ausfallen und nach dem Erkalten eine zusammenhängende, kaum zu entfernende Masse bilden. Man läßt daher die Schlacke auf den sogenannten Granulierrost (von Kühlwasser durchflossene Rohre) fallen, durch den sie plötzlich gekühlt und dadurch gekörnt wird. Der Granulierrost steht ebenso wie die Kühlrohre der Wände mit dem Kessel in Verbindung und stellt gleichfalls eine wirksame Heizfläche dar. Abb. 58 zeigt einen Steilrohrkessel von 1000 m² Heizfläche mit Kohlenstaubfeuerung, der von den Vereinigten Kesselwerken A.-G., Düsseldorf für die Zeche Matthias Stinnes 1/2 in Karnap bei Essen geliefert worden ist. Flügelrohre und Granulierrost sind mit ihren Verbindungen mit dem Kessel aus Aufriß und

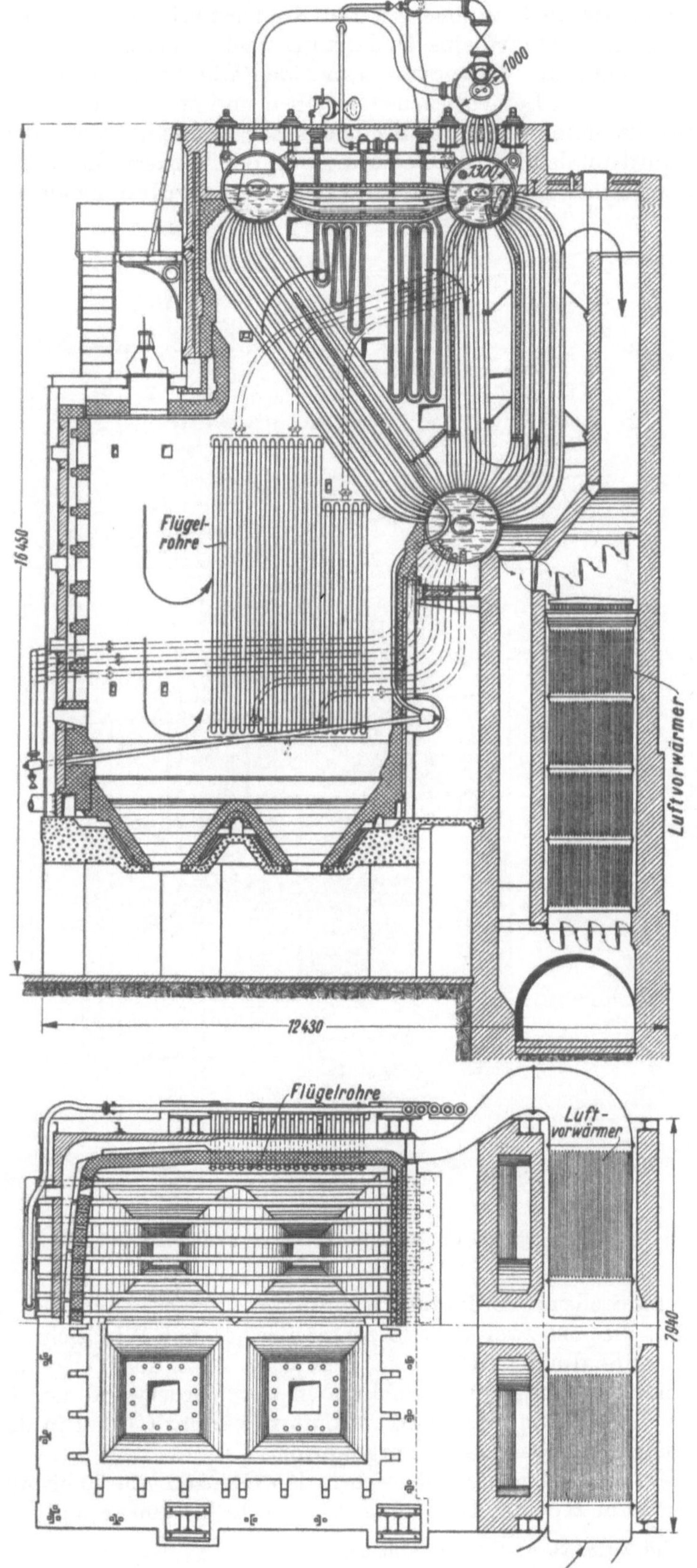

Abb. 58. Steilrohrkessel mit Kohlenstaubfeuerung der Vereinigten Kesselwerke A. G., Düsseldorf.

Grundriß deutlich zu ersehen. Der Kohlenstaub wird senkrecht nach unten eingeblasen. Die Flamme erfährt eine Umlenkung nach oben, strahlt Wärme an die Flügelrohre ab und umspült die Wasserröhren und den Überhitzer, worauf die Heizgase ihre restliche Wärme an den Luftvorwärmer abgeben und entweichen. Die vorgewärmte Luft streicht durch die Seitenwände der Brennkammer, diese kühlend und sich selbst weiter erhitzend, und wird schließlich der Feuerung von der Vorderwand aus als Sekundärluft zugesetzt. Aus Abb. 59 ist ein Steilrohrkessel mit Lopulco-Kohlenstaubfeuerung der Kohlenscheidungsgesellschaft m. b. H., Berlin, in Verbindung mit der Kohlenstaubaufbereitung[1] zu ersehen. Ein Hochleistungsteilkammerkessel mit Staubfeuerung der Babcockwerke, Oberhausen, ist in Abb. 60 dargestellt. Der Kessel hat 620 m² Heizfläche und erzeugt Dampf von 36 at und 425° C. Die Kesselheizfläche besteht aus 30 Teilkammern mit je 14 Rohren von 100 mm Außendurchmesser. Die Heizgase durchstreichen in einem Zuge zunächst die untere Gruppe der Siederohre, heizen die Überhitzerrohre und umspülen die obere Kesselrohrgruppe in zwei Zügen, da ihr Volumen durch die schnelle Wärmeabgabe stark vermindert wird. An den nahtlos geschweißten Oberkessel von 1200 mm Durchm. und 7700 mm Länge sind außer den Teilkammern auch die Wandstrahlungsrohre und der Granulierrost (*e*) angeschlossen. Der Dampf wird dem an höchster Stelle angeordneten Dampfsammler entnommen. Der Kessel hat eine eigene Mahlanlage, die aus zwei Ringwalzenmühlen (*b*) mit Windsichter (*c*)[2] besteht. Der Kohlenstaub wird durch 4 Düsen (*d*) mit etwa 30% der Verbrennungsluft eingeblasen. Die Sekundärluft tritt durch Schlitze in der Vorderwand der Brennkammer ein. Die gesamte Verbrennungsluft wird im Luftvorwärmer (*f*) und in den Kühlkanälen der Brennkammer auf etwa 250° C vorgewärmt.

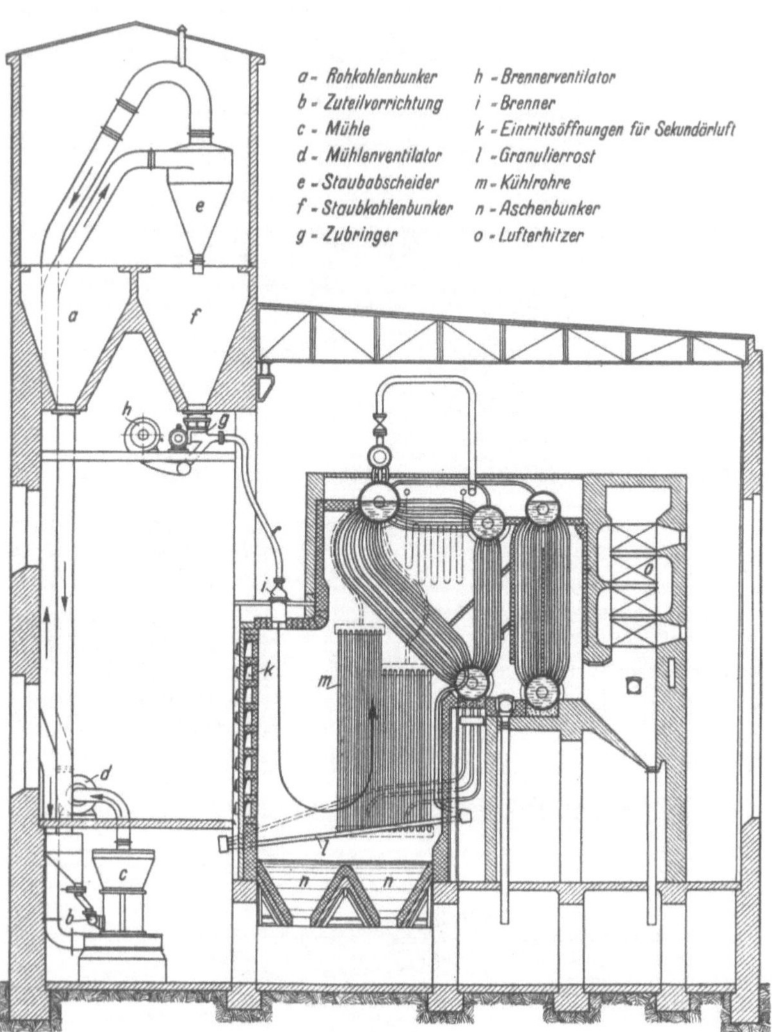

Abb. 59. Steilrohrkessel mit Lopulco-Feuerung und Einzelmahlanlage.

Geht man über die bisher normalen Grenzen von 30 bis 40 at des Hochdruckdampfes hinaus zum **Höchstdruckdampf** von 60 bis 100 at und mehr, so stellen diese hohen

[1] Vgl. Ziffer 53. [2] Vgl. Abb. 85.

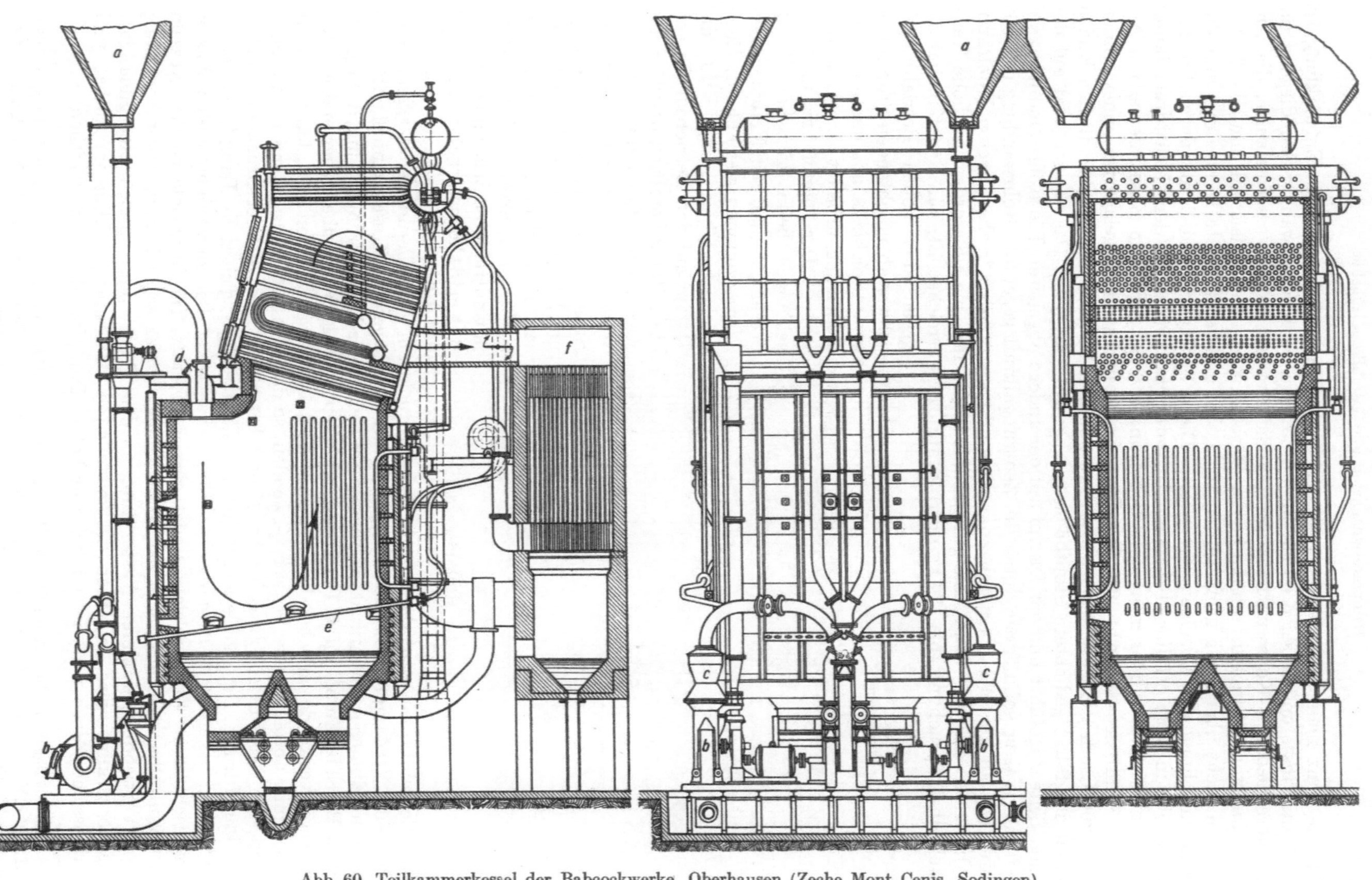

Abb. 60. Teilkammerkessel der Babcockwerke, Oberhausen (Zeche Mont Cenis, Sodingen).

Drücke ganz neue Anforderungen an die Kesselkonstruktionen[1]. Die Entwicklung ist noch im Flusse und es seien daher nur kurz einige Bauarten erwähnt. Grundlegend für die verschiedenen Konstruktionen ist die Sicherstellung des Wasserumlaufes, die Anwendung von Trommeln mit geringem Durchmesser aus Spezialstahl, um die Wandstärken nicht übermäßig groß werden zu lassen, und sorgfältigste Herstellung und Zusammenstellung der einzelnen Kesselteile. Diese Bedingungen sind nur durch Sonderkonstruktionen zu erfüllen, bei denen zu unterscheiden ist, ob der Höchstdruckdampf durch unmittelbare oder mittelbare Beheizung erzeugt wird. Ein Kessel der ersten Art ist der Atmoskessel (Abb. 61). Der Dampf wird in wagerecht gelagerten, umlaufenden ($n = 300$ Umdr.) Heizrohren (a) von etwa 300 mm Durchm. erzeugt, die an den Enden durch sorgfältig gedichtete Stopfbüchsen abgeschlossen sind. Das Wasser wird auf der einen Seite zugeführt und der Dampf auf der andern abgeleitet. Die Rohre sind nur zum Teil mit Wasser gefüllt, das durch die Zentrifugalkraft gegen die Rohrwandung gepreßt wird. Die an der Wand entstehenden Dampfblasen werden in den inneren Hohlraum gedrängt, so daß die Wand stets gut gekühlt bleibt und eine außerordentlich hohe Heizflächenbeanspruchung (bis 277 kg/m²h) gefahrlos zu erreichen ist. Ein Nachteil sind die gegen den hohen Betriebsdruck schwer abzudichtenden Stopfbüchsen. Gleichfalls mit unmittelbarer Beheizung arbeitet der Bensonkessel. Der Dampf wird in Rohrschlangen beim kritischen Druck erzeugt, so daß sein Volumen dem Wasservolumen gleichbleibt. Nach erfolgter Überhitzung wird der Dampf auf den Betriebsdruck von etwa 100 at herabgedrosselt. Beide Kessel sind durch ihren geringen Wasserinhalt gekennzeichnet. Ihr Speichervermögen ist daher gering, und Belastungsschwankungen müssen durch Feuerungsregelung ausgeglichen werden. — Von Kesseln mit mittelbarer Beheizung sind der Schmidthöchstdruckkessel und der Löfflerkessel zu erwähnen.

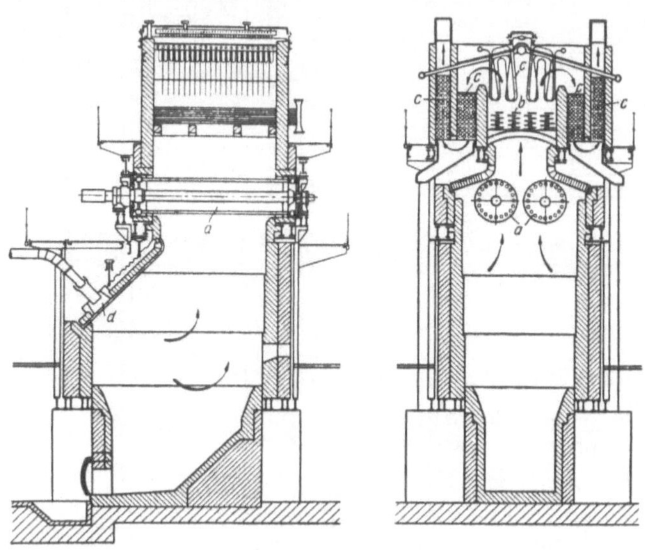

Abb. 61. Atmoskessel für Höchstdruckdampf[2].

Beim Schmidtkessel wird Dampf sehr hohen Druckes in der Feuerung selbst erzeugt und gibt seine Verdampfungswärme in einer außerhalb liegenden Kesseltrommel, die er in Heizrohrschlangen durchfließt, an Wasser ab, welches dadurch verdampft und den eigentlichen Betriebsdampf ergibt. Der Heizdampf dient nur als Wärmeüberträger und wird im Kreislauf verwendet. Da bei diesem Kreislauf kein Wasser verloren geht, kann man für die Füllung absolut reines Wasser verwenden, so daß Kesselsteinansatz und Korrosionen vermieden werden. Ein ausgeführter Kessel hat z. B. 110 at Betriebsdruck und 160 at Heizdampfdruck. Der Löfflerkessel hat als Wärmeträger gleichfalls Dampf, der hochüberhitzt der Verdampfertrommel zugeführt wird, wo er dem zu verdampfenden Wasser zugemischt wird. Ein Kreislauf findet also nicht statt. Im Gegensatz zu den Kesseln mit unmittelbarer Beheizung erreichen die Höchstdruckkessel mit mittelbarer Beheizung durch Verwendung größerer Wasserräume in den Verdampfertrommeln eine günstigere Speicherwirkung. Das Verfahren der mittelbaren Beheizung ist billig im Aufbau und betriebssicher, doch wird es erst bei sehr hohen Dampfdrücken wirtschaftlich.

[1] Einschlägige Literatur: Abendroth: Z.V. d. I. 1927, S. 657. Gleichmann: Z.V. d. I. 1928, S. 1037. Löffler: Z.V. d. I. 1928, S. 1353, 1503 und 1638. Praetorius: Wärmewirtschaft im Kesselhaus, S. 232. Dresden: Th. Steinkopff. [2] Aus Archiv für Wärmewirtschaft 1930, S. 6.

46. Das Einwalzen der Kesselröhren. Die Abb. 62 bis 64 zeigen sogenannte Rohrwalzen. Drei gehärtete Rollen *R* werden durch einen konischen Dorn *D* von innen gegen das einzuwalzende Rohr gepreßt; indem der Dorn *D* unter wiederholtem Nachpressen

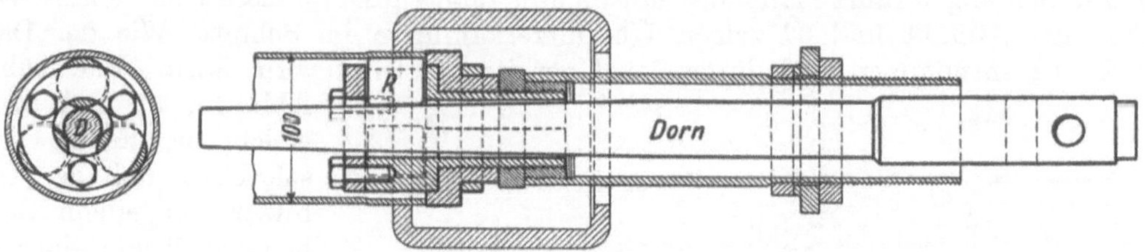

Abb. 62. Rohrwalze.

gedreht wird, wird das Rohr eingewalzt. Bei der in Abb. 62 dargestellten Rohrwalze wird das Rohr mit einem Hammer nachgetrieben, bei den beiden andern durch Gewinde.

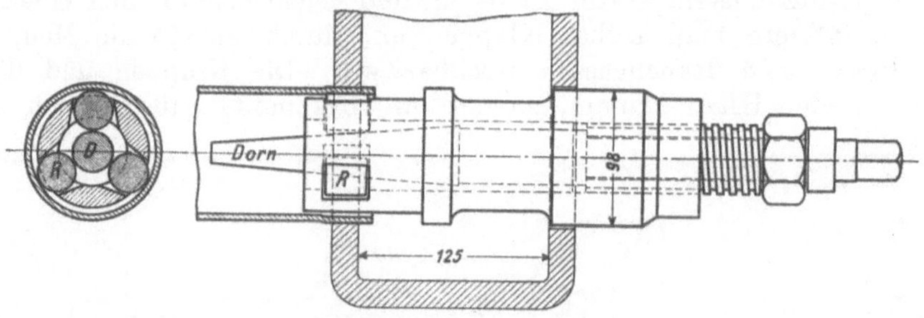

Abb. 63. Rohrwalze.

Gut eingewalzte Rohre sind durchaus sicher mit dem Kessel verbunden. Auch Flanschen werden auf Röhren durch Einwalzen befestigt, Abb. 64.

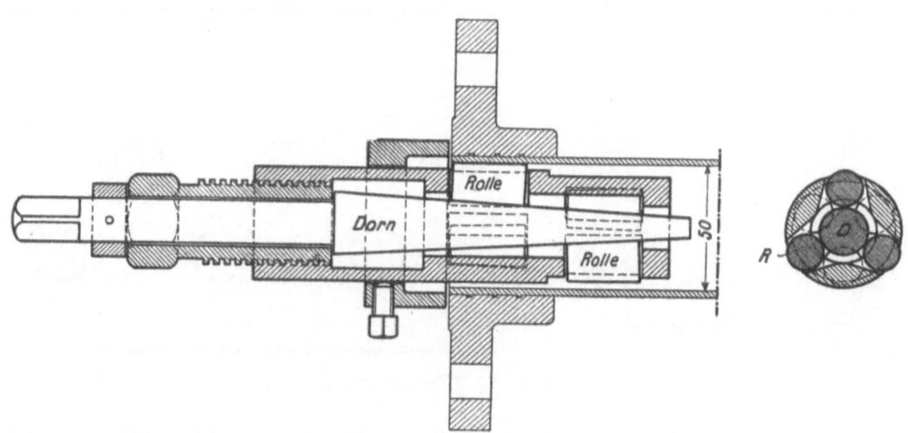

Abb. 64. Einwalzen eines Rohrflansches.

47. Dampfüberhitzer. Über Art und Bedeutung des überhitzten Wasserdampfes vgl. die Ziffern 1, 11 und 14. Der Überhitzer soll den Dampf nicht nur überhitzen, sondern auch trocknen. Das ist bei den heutigen hochbeanspruchten Kesseln besonders wichtig. Die grundsätzliche Anordnung des Überhitzers geht aus der Abb. 65 hervor. Auf dem Wege vom Kessel zur Maschine geht die Überhitzung zum Teil verloren. Wieviel, muß in jedem Falle besonders gerechnet werden. Vgl. Ziffer 54. Der Überhitzer, der heut zu jedem Kessel gehört, wird mit dem Kessel organisch verbunden, wie es die früheren Abbildungen von Flammrohr- und Röhrenkesseln zeigen. Man macht seine Heizfläche etwa

= ½ der Kesselheizfläche und setzt ihn hinter das erste Drittel der Kesselheizfläche, so daß er Rauchgase von etwa 600 bis 700° oder mehr empfängt. Der Überhitzer besteht aus rechteckigen Kammern, die durch stählerne Rohrschlangen miteinander verbunden sind. Die Schlangen führt man meist mit 38 mm äußerem Durchmesser und 3 mm Wandstärke aus. Abb. 66 und 67 zeigen Überhitzerkammern im Schnitt. Wie der Dampf dem Kessel entnommen und durch den Überhitzer geleitet wird, ist aus den früheren Abb. 47, 51 und 53 gut ersichtlich. Es ist vorgeschrieben, daß der Überhitzer mit einem Sicherheitsventil und einer Entwässerungsvorrichtung ausgerüstet ist. Beim Anheizen muß der Überhitzer mit Wasser gefüllt sein.

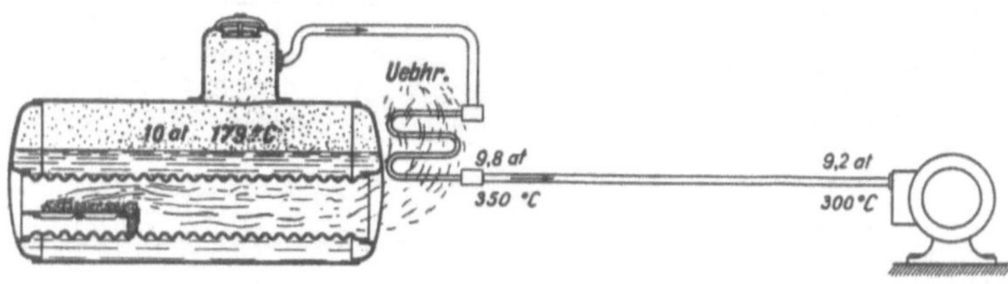

Abb. 65. Anordnung des Überhitzers.

Um die Überhitzungstemperatur zu regeln und gegebenenfalls den Überhitzer ganz auszuschalten, ordnete man früher Klappen an, durch welche die Menge der zum Überhitzer strömenden Rauchgase einstellbar war. Die Klappen und die Stangen werden aber in der Hitze krumm, so daß es vorkommt, daß sie sich nicht mehr verstellen lassen. Deshalb verzichtet man meist darauf, solche Klappen anzuordnen und legt den Kessel still, wenn der Überhitzer Schaden erlitten hat. Ergibt sich im Betriebe, daß der Überhitzer zu hoch überhitzt, kann man einen Teil der Rauchgase ablenken, indem man z. B. bei dem Kessel nach Abb. 51 bei A Steine aus dem Mauerwerk herausnimmt. Innerhalb enger Grenzen kann man die Heißdampftemperaturen dadurch herabsetzen, daß man dem überhitzten Dampf durch eine Mischleitung (vgl. Abb. 51 und 53), wie sie häufig an Kesseln angeordnet ist, gesättigten Dampf zuführt. Weil dann aber der Überhitzer von weniger Dampf durchströmt wird als vorher, so treten im Überhitzer selbst höhere Temperaturen auf als vorher, die den Überhitzer gefährden und die kühlende Wirkung des Sattdampfzusatzes zum Teil aufheben. Um die Heißdampftemperatur innerhalb weiterer Grenzen zu regeln, kühlt man entweder den überhitzten Dampf-

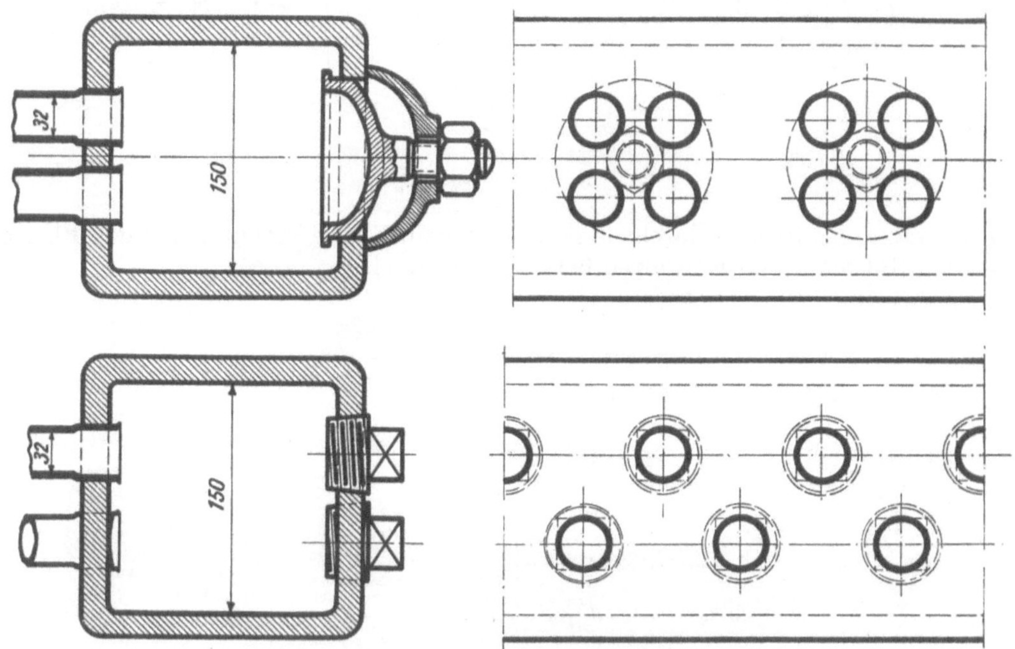

Abb. 66 und 67. Überhitzerkammern.

strom, indem man seine überschüssige Wärme in das Kesselwasser oder in das Speisewasser leitet, oder man führt dem Überhitzer zusätzlich mehr oder weniger Wasser zu, das er verdampfen und überhitzen muß.

Aus Abb. 68 ist die Heißdampfregelung der Babcockwerke, Oberhausen, ersichtlich. Der Regler wird aus einem im Wasserraum untergebrachten Kühler A gebildet, der einerseits durch die Leitung B mit dem Überhitzer und andererseits durch die Leitung C mit der Hauptdampfentnahme verbunden ist. Heiß- und Kühldampfleitung stehen durch ein Dreiwegemischventil D (aus den Schnittzeichnungen ersichtlich) in Verbindung. Je nach Einstellung des Mischventils wird Heißdampf niedrigster oder höchster oder einer beliebigen Zwischentemperatur erzielt. Der gesamte im Kessel erzeugte Dampf wird also stets durch den Überhitzer geleitet, so daß ein Ausglühen der Überhitzerrohre nicht eintreten kann. Wärmeverluste entstehen nicht, da die überschüssige Heißdampfwärme immer wieder durch den Kühler A an das Kesselwasser abgeführt wird.

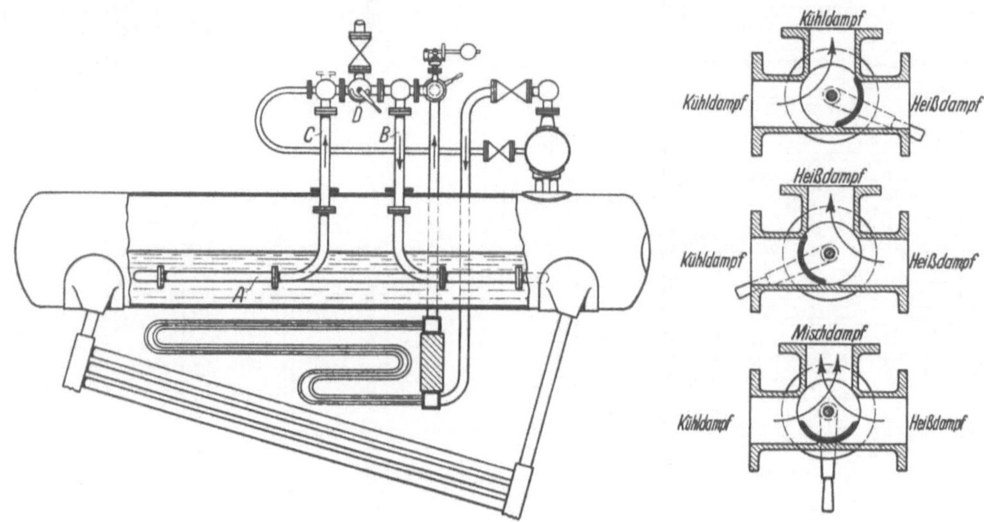

Abb. 68. Heißdampfregelung der Babcockwerke, Oberhausen.

48. Rauchgasvorwärmer (Ekonomiser). Der Rauchgasvorwärmer liegt hinter dem Kessel und wird von den abziehenden Kesselgasen umspült, während das Speisewasser durch seine Rohre in den Kessel gedrückt wird. Das Speisewasser soll mit mindestens 40^0 eintreten, damit sich an den Rohren des Vorwärmers kein Schwitzwasser bildet, das Korrosionen und Anfressungen veranlaßt. Wegen des größeren Temperaturunterschiedes kann man durch den Rauchgasvorwärmer die Rauchgase bis zu einer tieferen Temperatur herab ausnützen, als unter dem Kessel selbst. Die Heizfläche des Rauchgasvorwärmers ist also wirksamer, außerdem auch erheblich billiger als die Kesselheizfläche. Deshalb findet man bei modernen Kesseln eine verhältnismäßig kleine, hochbeanspruchte Kesselheizfläche und zum Ausgleich eine große Vorwärmerheizfläche, etwa ¾ so groß wie die Kesselheizfläche.

Schmiedeeiserne Vorwärmer haben sich nicht bewährt, weil sie wegen des im Speisewasser enthaltenen Sauerstoffes innen verrosten. Gußeiserne Vorwärmer dagegen haben sich gut bewährt und werden seit vielen Jahrzehnten in der ursprünglichen, von Green angegebenen Art gebaut. Abb. 69 zeigt als Beispiel einen von den Babcock-Werken gebauten Rauchgasvorwärmer. Er besteht aus insgesamt 192 stehenden Rohren. Je 8 Rohre sind oben und unten in ein Querrohr eingesetzt und bilden ein sogenanntes Register. Jedes Register hat unten einen Zuflußstutzen, oben einen Abflußstutzen. Die Register sind nebeneinander gestellt; ihre Zuflußstutzen sind an die unten liegende Zuflußleitung, ihre Abflußstutzen an die oben liegende Abflußleitung angeschlossen. In allen Rohren strömt also bei der dargestellten herrschenden Bauart das Wasser von unten nach oben. Der Zugänglichkeit wegen ist an der Seite ein Gang gelassen, der im Betriebe durch die Klappen *a* geschlossen ist, ferner sind die Register in 2 Gruppen aufgestellt, zwischen denen Abstand gelassen ist.

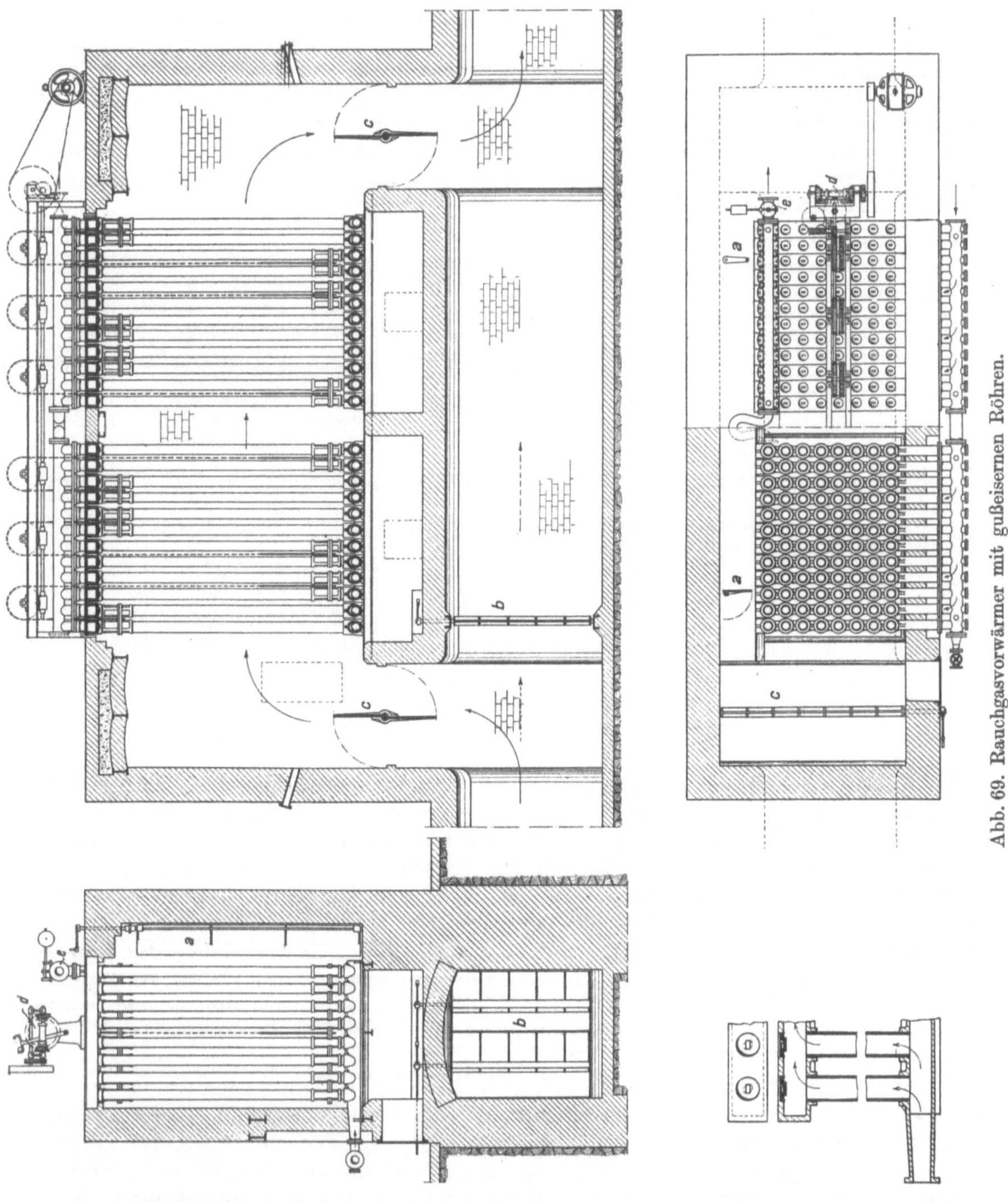

Abb. 69. Rauchgasvorwärmer mit gußeisernen Röhren.

Damit die Rohre frei von Flugasche bleiben, werden sie durch mechanisch bewegte Schaber abgekratzt, die umschichtig nach oben und nach unten bewegt werden. Abb. 70 (Steinmüller) veranschaulicht den Antrieb. Gegen Hubende wird der Hebel *a* umgeworfen und steuert um. Die Anordnung der Schaber zeigt Abb. 71 (Steinmüller).

Soll der Rauchgasvorwärmer ausgeschaltet werden, so sind die Rauchgase mittels der Klappen *b* und *c* durch den Umführungskanal abzuleiten.

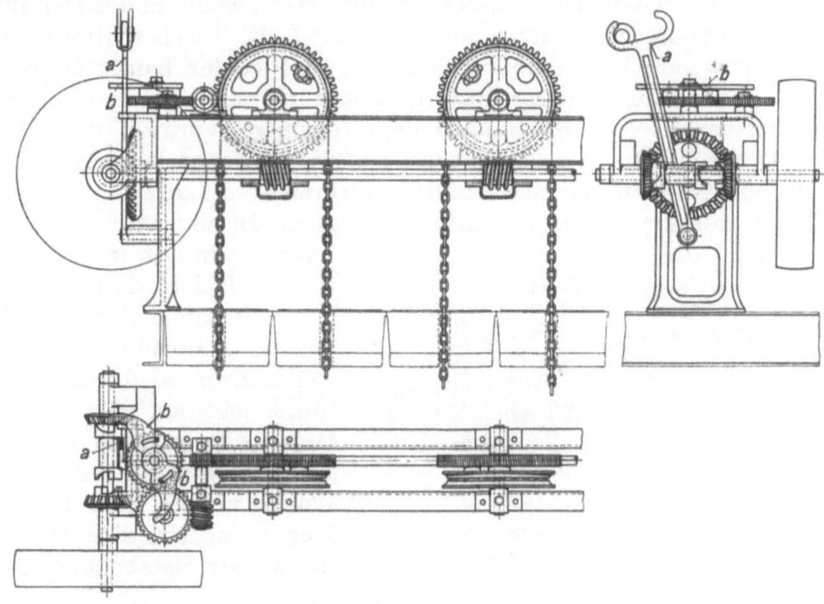

Abb. 70. Antrieb der Schaber eines Rauchgasvorwärmers.

49. Lufterhitzer. Hohe Dampfdrücke verteuern die Rauchgasvorwärmer und verringern ihre Betriebssicherheit. Man arbeitet dann günstiger mit Speisewasservorwärmung durch Anzapfdampf und nutzt die Abgaswärme zum Erhitzen der Verbrennungsluft aus. Die gebräuchlichen Lufterhitzer lassen sich nach ihrer Wirkungsweise in zwei Gruppen einteilen: Rekuperativerhitzer und Regenerativerhitzer. Rekuperativerhitzer arbeiten wie die Ekonomiser. Heizgas und Luft werden getrennt geführt; der Wärmeaustausch erfolgt durch die Trennungswand hindurch. Beim Röhrenlufterhitzer strömt die Luft durch Stahl- oder Gußeisenrohre, die von den Heizgasen um-

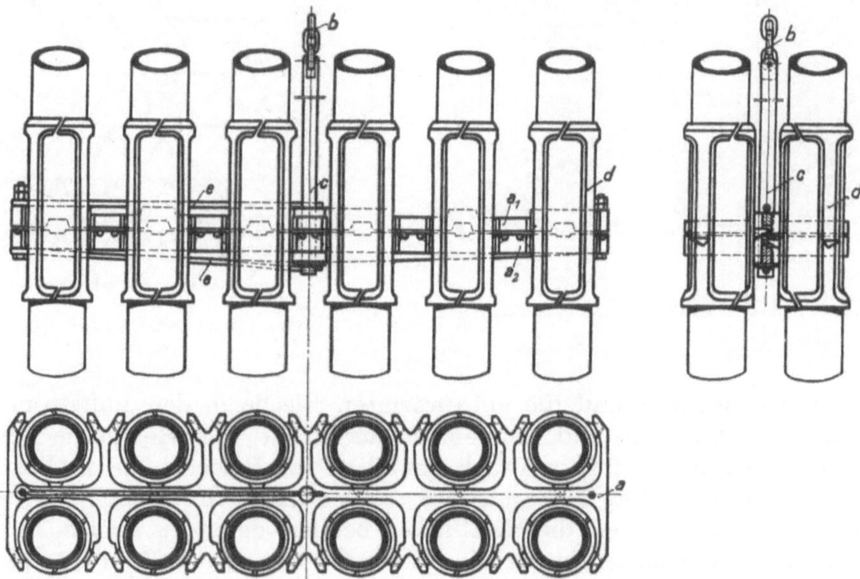

Abb. 71. Die Schaber eines Rauchgasvorwärmers.

spült werden. Der Platzbedarf dieser Erhitzer ist naturgemäß sehr groß. Günstiger ist in dieser Hinsicht der Platten- oder Taschenlufterhitzer. Er besteht aus schmalen Eisenblechtaschen, durch welche die Luft hindurchgeführt wird, während das Heizgas zwischen den Taschen durchströmt, meist im Kreuzstrom zur Luft. Taschenlufterhitzer zeichnen sich durch besonders gute Wärmeübertragung aus und werden häufig angewendet. Aus Abb. 58 und 59 ist der Einbau dieser Luftvorwärmer in den Kessel zu ersehen.

Die Regenerativerhitzer arbeiten nach dem Regenerativprinzip von Siemens. Ein Heizkörper wird zunächst durch die Rauchgase erwärmt und gibt dann die aufgespeicherte Wärme an die vorübergeführte Luft ab. Der verbreitetste Lufterhitzer dieser Art ist der in Abb. 72 dargestellte Ljungströmluftvorwärmer. In einem schmiedeeisernen Gehäuse dreht sich langsam ($n = 2$ bis 4) ein mit Heizblechen besetzter Rotor. Die abzukühlenden Rauchgase und die zu erhitzende Luft werden im Gegenstrom so durch den Rotor geführt, daß auf der einen Seite die Heizbleche erwärmt werden, und auf der andern Seite die aufgespeicherte Wärme auf die Luft übertragen wird. Durch das ständige Drehen werden fortgesetzt die abgekühlten Bleche in den heißen Rauchgasstrom und die aufgewärmten Bleche in den Luftstrom gebracht und dadurch konstante Gas- und Lufttemperatur erzielt. Die Heizfläche besteht aus dünnen stark gewellten (b) und schwach gewellten (a) Blechen, die in Paketform in den zwölf Sektoren des Rotors untergebracht werden (Abb. 73). Durch zwei Rußbläserrohre (in Abb. 72 links) können die Heizflächen bequem gereinigt werden.

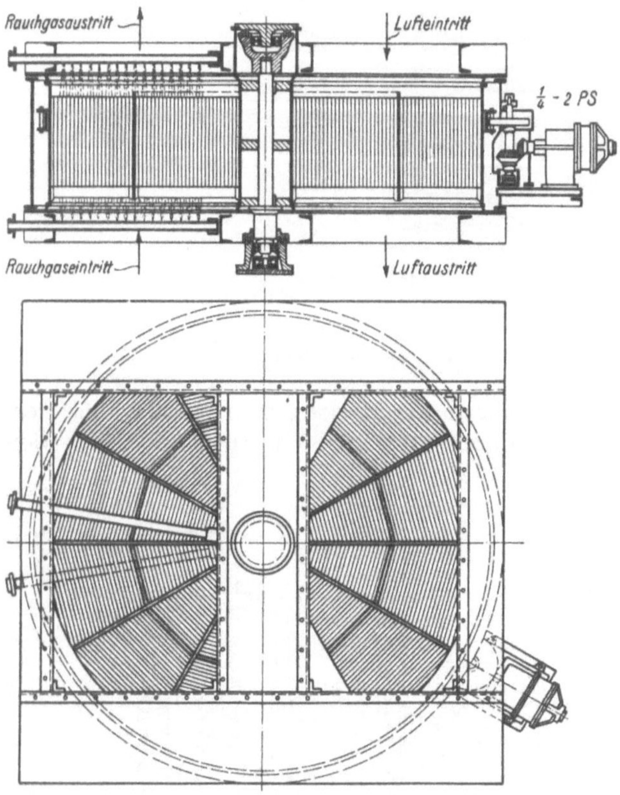

Abb. 72. Ljungströmluftvorwärmer[1].

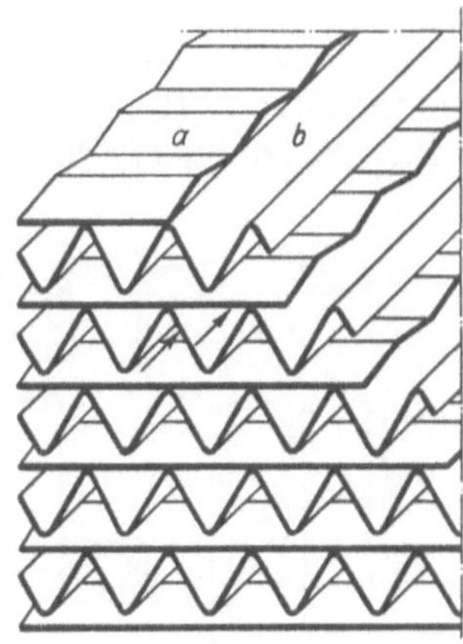

Abb. 73. Heizbleche des Ljungströmvorwärmers.

Bezüglich des Platzbedarfes ist der Ljungströmvorwärmer den Röhren- und Taschenerhitzern weit überlegen, wie ein Vergleich der früheren Abb. 58 und 59 mit der Abb. 74 zeigt, die einen gasgefeuerten Steilrohrkessel von 1000 m^2 Heizfläche mit Ljungströmvorwärmern, die hinter einen kleinen Ekonomiser geschaltet sind, darstellt (Vereinigte Kesselwerke A.-G., Düsseldorf). Einbau und Wirkungsweise sind aus der Zeichnung zu erkennen.

50. Die Kesselarmatur. Jeder Kessel muß gemäß den allgemeinen polizeilichen Bestimmungen für die Anlegung von Land-Dampfkesseln[2] mit Absperr- und Entleervorrich-

[1] Luftvorwärmer G. m. b. H., Berlin. [2] Vgl. Ziffer 25.

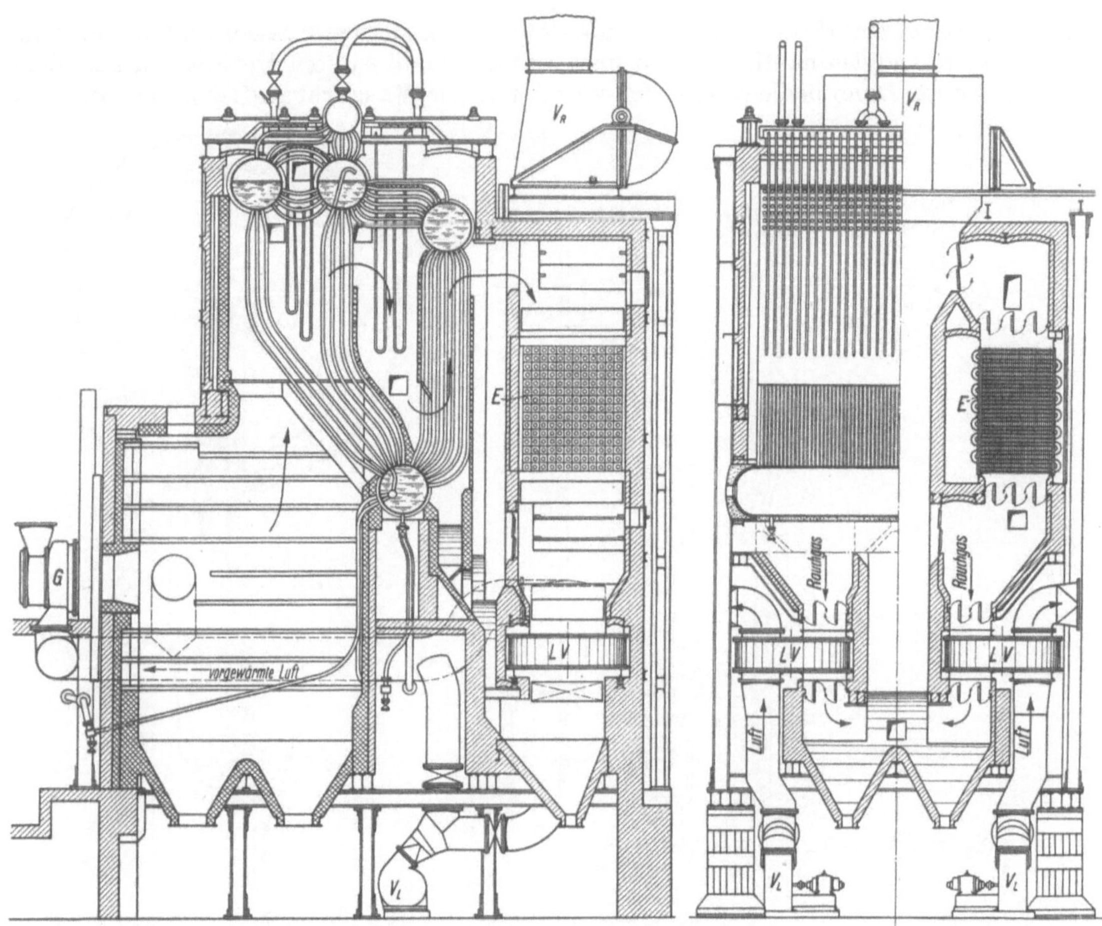

Abb. 74. Steilrohrkessel mit Ljungströmvorwärmern. *LV* Luftvorwärmer. *E* Ekonomiser. *G* Gasbrenner. V_L Luftventilator. V_R Rauchgasventilator.

tungen, zwei Wasserstandvorrichtungen, Manometer und Sicherheitsventil ausgerüstet sein. Ferner muß nahe am Kessel ein Rückschlagventil, das sogenannte Speiseventil angebracht sein, damit das Wasser nicht aus dem Kessel zurücktreten kann, und zwischen Kessel und Speiseventil muß ein Absperrventil sitzen, damit man das Speiseventil vom Kessel absperren und nachsehen oder nacharbeiten kann. Die vorgenannten Stücke gehören zur feinen Armatur.

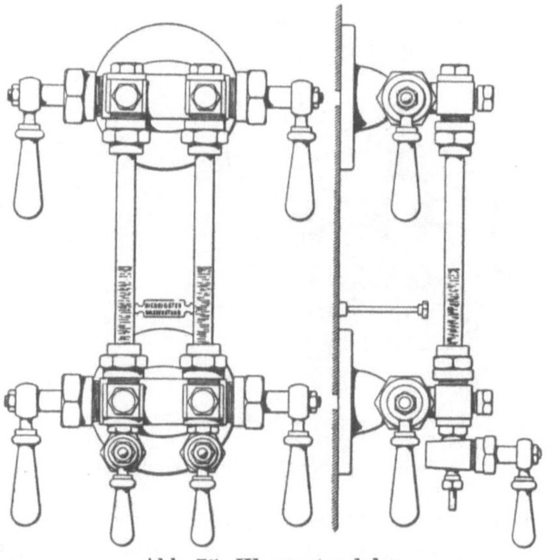

Abb. 75. Wasserstandglas.

Die eine Wasserstandvorrichtung muß ein Wasserstandglas sein, als zweite sind Probierhähne erlaubt, doch wählt man meist ebenfalls ein Wasserstandglas. Abb. 75 veranschaulicht die Einrichtung der Wasserstandgläser. Das Wasserstandglas ist mit dem Kessel verbunden, so daß das Wasser im Glase ebenso hoch steht wie im Kessel; an dem am Wasserstandglase angebrachten Zeiger kann man erkennen, wie hoch das Wasser im

Kessel über dem niedrigsten Wasserstande steht. Bei modernen Kesseln liegt das gewöhnliche Wasserstandglas häufig so hoch und verdeckt, daß es vom Heizerstand aus nicht zu erkennen ist. Dann bedient man sich vorteilhaft der Wasserstandfernanzeiger, die

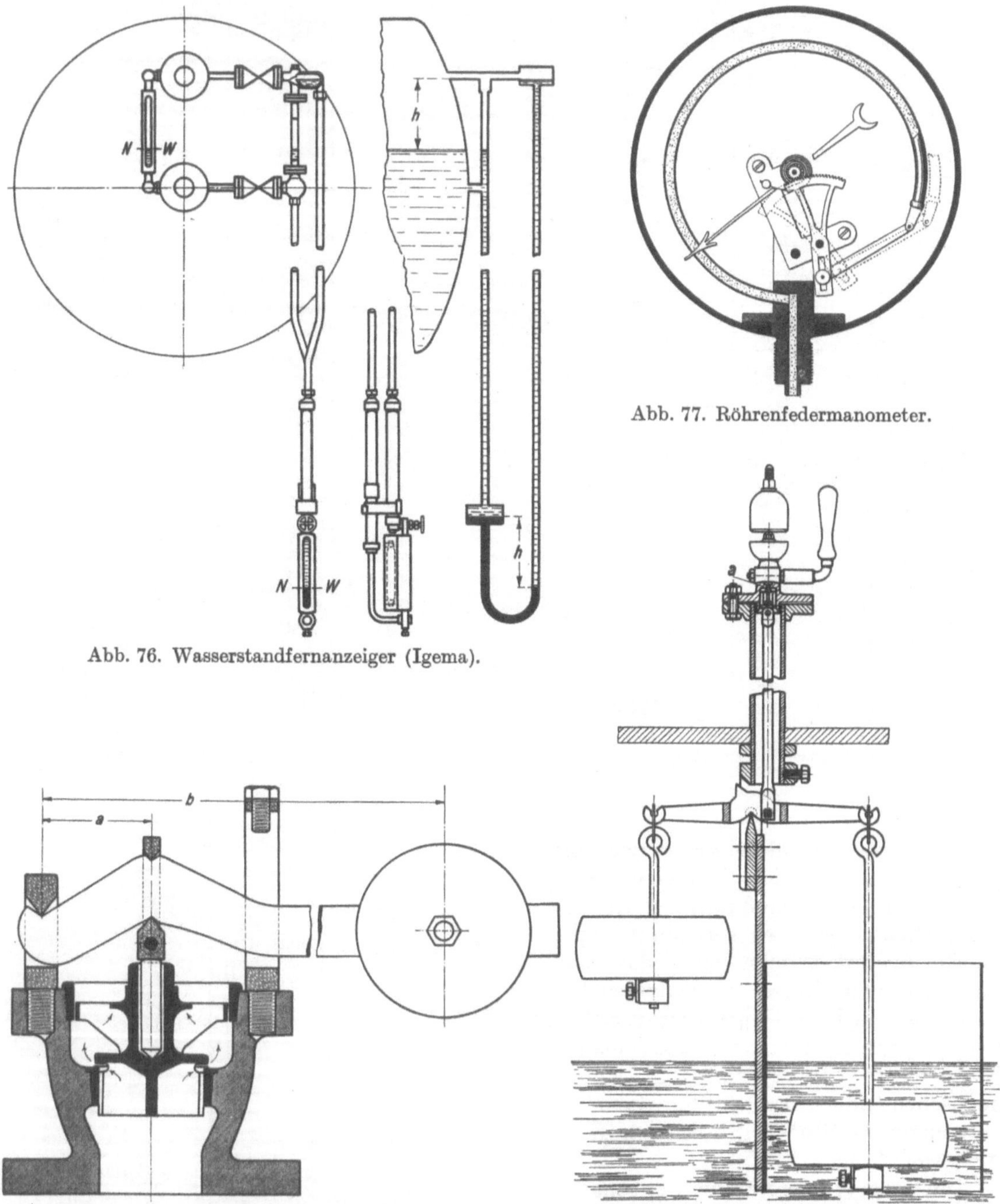

Abb. 76. Wasserstandfernanzeiger (Igema).

Abb. 77. Röhrenfedermanometer.

Abb. 78. Sicherheitshochhubventil.

Abb. 79. Alarmpfeife von Hannemann.

dem Heizer das Ablesen an beliebiger Stelle ermöglichen. Abb. 76 veranschaulicht Aufbau und Wirkungsweise des Igema-Wasserstandfernanzeigers[1]. Die Anzeige wird nur durch das Kesselwasser übertragen, welches in einem U-Rohr auf eine wasserunlösliche Anzeigeflüssigkeit wirkt. Ein Schenkel des U-Rohres steht direkt mit dem Wasserraum in Verbin-

[1] J. G. Merckens A.-G., Aachen.

dung, während sich der andere mit Kondensat füllt. Sinkt der Wasserstand im Kessel, so verschiebt sich die Anzeigeflüssigkeit so lange, bis der Gleichgewichtszustand wieder hergestellt ist. Der Höhenunterschied im Kessel kann also an der Anzeigeflüssigkeit abgelesen werden. — Weil das Kesselwasser wallt, spielt auch der Wasserspiegel im Glase. Bei jedem Wasserstandglase müssen die Hähne und Ventile so eingerichtet sein, daß man während

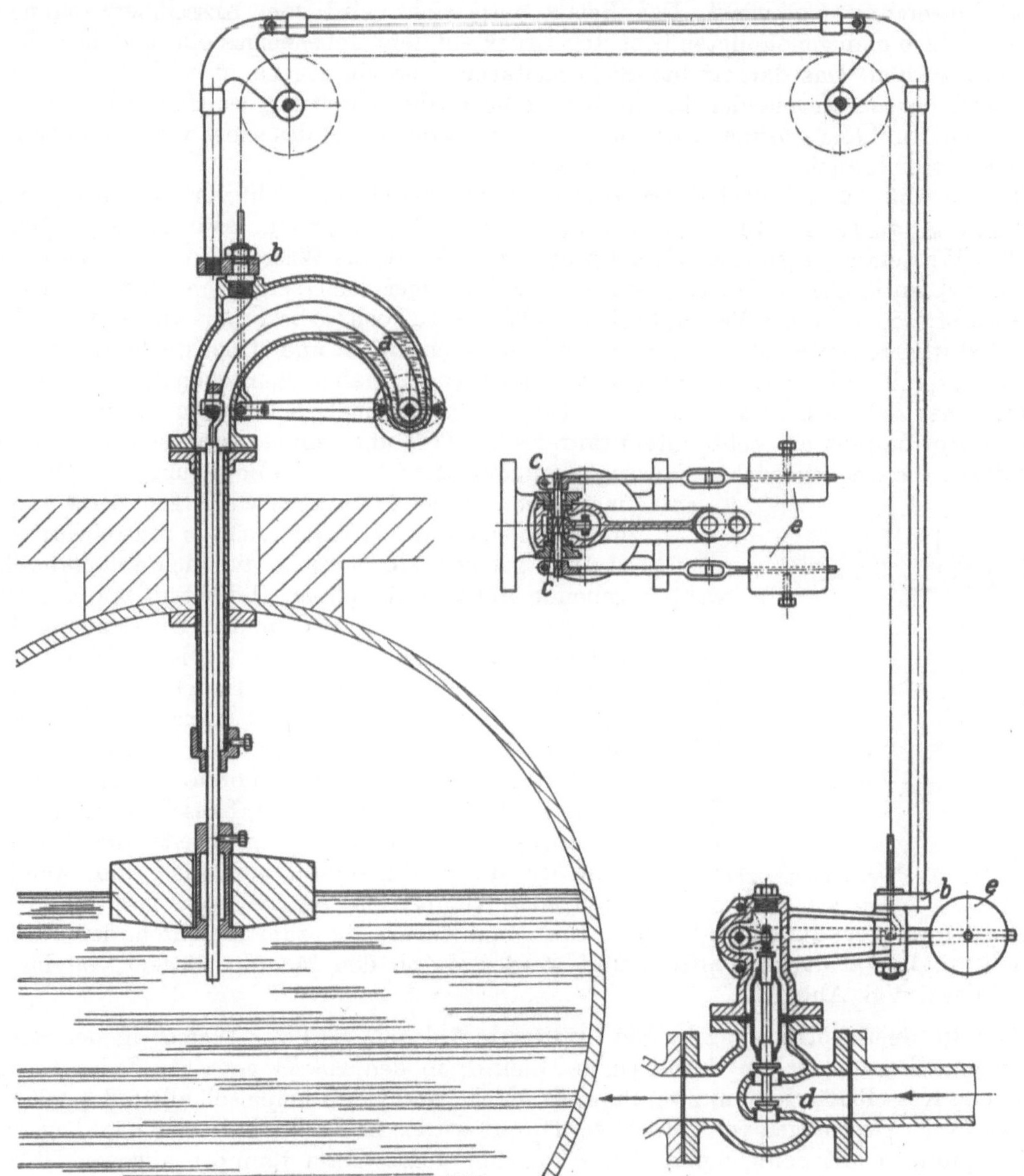

Abb. 80. Hannemannscher Speiseregler.

des Betriebes in gerader Richtung hindurchstoßen kann. Die Wasserstandvorrichtungen muß man in jeder Schicht abblasen, um sicher zu sein, daß sie sich nicht zugesetzt haben.

M a n o m e t e r werden als Rohrfedermanometer, Abb. 77, oder als Plattenfedermanometer ausgeführt. Die Manometer zeigen den Überdruck über die Atmosphäre an. Der höchst zulässige Kesselüberdruck ist am Manometer durch einen roten Strich markiert. Das Manometerrohr muß gekrümmt sein, so daß vor dem Manometer ein Wassersack entsteht, und das Manometer nicht vom heißen Dampf beaufschlagt wird. Im Manometerrohr ist ferner ein Dreiwegehahn anzubringen, der mit dem sogenannten Kontrollflansch ausgerüstet ist, einem 90 × 60 mm großen ovalen Flansche, an dem das Kontrollmanometer des Kesselprüfers angeschraubt wird. Beim Überschreiten des höchst zulässigen Kesselüberdruckes soll das *Sicherheitsventil* zu blasen beginnen. Auf dieses Ventil, Abb. 78, drückt von unten der Dampf, von oben das Belastungsgewicht, das mit der Hebelübersetzung b/a wirkt. Das Belastungsgewicht wird vom Kesselüberwachungsbeamten nach dem genehmigten höchsten Druck auf dem Hebel eingestellt, und darf nicht versetzt werden. Das dargestellte Sicherheitsventil ist ein sogenanntes Hochhubventil, das durch den ausströmenden Dampf bei mäßiger Überschreitung des Höchstdruckes bis zur vollen Hubhöhe geöffnet wird, und infolgedessen nur ⅓ des sonst vorgeschriebenen Querschnittes braucht.

In den Abb. 79 und 80 sind Armaturstücke dargestellt, die nicht vorgeschrieben sind. Die *Alarmpfeife* der Emil Hannemann G. m. b. H., Frohnau, Abb. 79, wirkt beim tiefsten Wasserstande sowohl wie beim höchsten. Sinkt das Wasser zu tief, so bekommt der rechte am längeren Hebelarm wirkende Schwimmer das Übergewicht und öffnet das zur Dampfpfeife führende Ventil. Steigt das Wasser zu hoch, so bekommt wiederum, da der linke Schwimmer entlastet wird, der rechte das Übergewicht und öffnet wieder das Ventil zur Dampfpfeife. Abb. 80 zeigt den selbsttätig wirkenden Hannemannschen *Speiseregler*. Durch einen Schwimmer wird das doppelsitzige Ventil d mehr oder weniger geöffnet. Der Schwimmer besteht aus gebranntem säurefestem Ton, und sein Gewicht ist zum größten Teil durch die Gegengewichte e ausgeglichen. Wichtig ist, wie die Bewegung des Schwimmers nach außen übertragen wird. Der Schwimmer hängt an einem Hebel, dessen Achsen in zwei Gummistulpen gelagert sind, welche die nach außen durchgehende Achse vollkommen abdichten, und ihr reibungsfreie Drehung gewähren. Die Übertragung der Schwimmerbewegung auf das Speiseventil ist aus der Abb. 80 ersichtlich. Der Hebel, mit dem das Speiseventil verbunden ist, ist ebenso gelagert wie der Hebel, an dem der Schwimmer hängt.

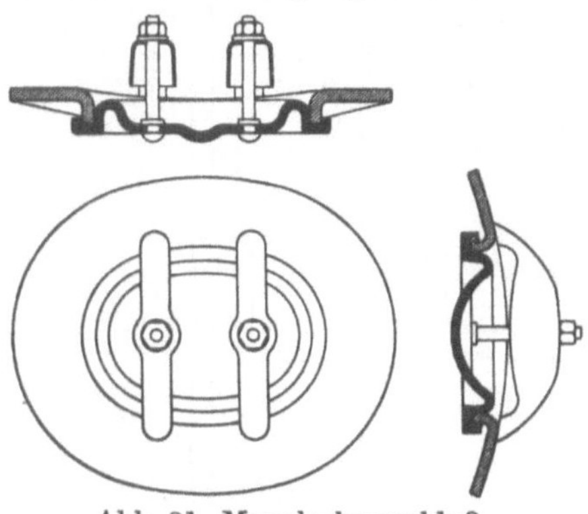

Abb. 81. Mannlochverschluß.

Zur *groben Armatur* gehören Feuergeschränk nebst Rost (vgl. Abschnitt IV), Kesselstühle, Rauchschieber und Mannlöcher. An Stelle der Rauchschieber, die häufig schwer beweglich sind, wendet man auch Klappen mit senkrechter Achse an, die in einem Kugellager aufgehängt sind. Die Mannlöcher, die zum Befahren der Kessel dienen, sind oval ausgeschnitten, und werden durch den Mannlochdeckel von innen geschlossen. Vgl. Abb. 81.

51. Die Speisevorrichtungen. Bei ortsfesten Anlagen wird das Wasser in der Regel durch eine Pumpe, selten durch einen Injektor in den Kessel gepreßt. Jeder Kessel oder jede Kesselbatterie muß zwei Pumpen haben, und jede Pumpe soll allein doppelt soviel zu fördern vermögen wie normal verdampft wird[1]. Es werden stehende oder liegende Kolbenpumpen mit Schwungrad sowie schwungradlose Dampfpumpen angewendet. In den letzten Jahren haben in zunehmendem Maße mehrstufige Kreiselpumpen als Speisepumpen Anwendung gefunden. Vorgewärmtes Speisewasser soll der Pumpe unter Druck zufließen. Überhaupt ist es zweckmäßig, die Pumpe tief zu setzen, wenn man den Zutritt von Luft zum reinen Speisewasser verhüten will. Abb. 82 zeigt die Anordnung einer Dampfstrahlpumpe, eines sogenannten Injektors. Wenn man den Injektor anstellt, strömt aus der Düse a Dampf in die sich verjüngende Düse b, in der ein Unterdruck entsteht, so daß Wasser angesaugt wird. Der Dampfwasserstrahl vermag zunächst nicht das nach dem

[1] Vgl. Ziffer 25.

Kessel öffnende Ventil *e* zu öffnen, sondern strömt durch das sogenannte Schlabberventil *d* und das Schlabberrohr in den Speisewasserbehälter. Je stärker aber der Injektor angestellt wird, um so stärker wird die Kraft des Dampfwasserstrahles, bis sich das Ventil *e* öffnet und der Injektor zu speisen beginnt.

52. Die Reinigung des Speisewassers. Die natürlich vorkommenden Wasser sind je nach ihrer Herkunft außerordentlich verschieden in ihrer Eignung, so daß es am Platze ist, sie chemisch zu untersuchen[1]. Wasser, die in erheblichem Maße Chlornatrium, Chlorkalzium oder Chlormagnesium enthalten, soll man nicht verwenden. Eisenhaltiges Wasser ist zu enteisenen. Großwasserraumkessel stellen geringere Ansprüche an die Güte des Speisewassers als Röhrenkessel. Für den erfolgreichen Betrieb der modernen hochbeanspruchten Röhrenkessel ist vorzügliches Speisewasser Bedingung. Da das in den Oberflächenkondensationen gewonnene Kondensat für die Kesselspeisung sehr geeignet ist — das von Kolbenmaschinen herrührende Kondensat muß allerdings gut entölt werden — so handelt es sich häufig nur darum, das Zusatzspeisewasser zu reinigen. Wenn der ganze Abdampf der Maschinen und Turbinen niedergeschlagen wird, kommt man mit einem Zusatz von 5 bis 10% aus, der die Verluste durch Undichtheiten usw. deckt.

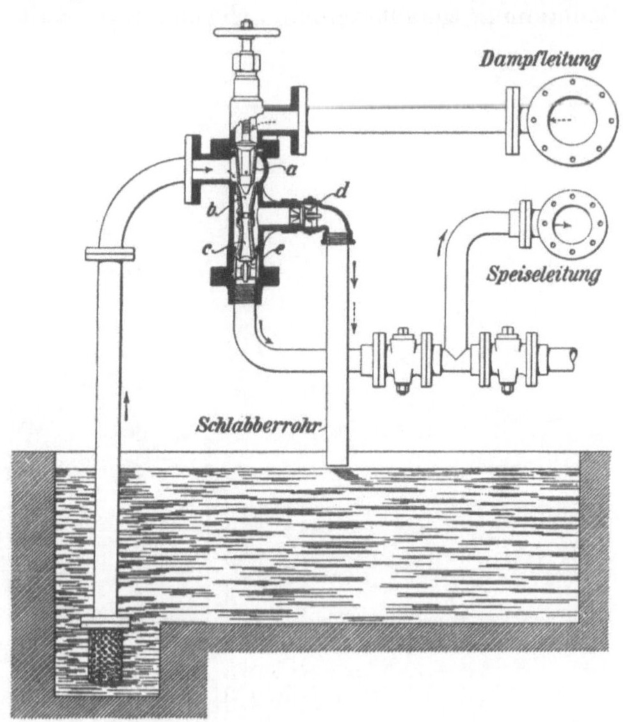

Abb. 82. Anordnung eines Injektors.

Mechanische, unlösliche Beimengungen werden durch Kies- oder Koksfilter abgeschieden. Die im rohen Wasser gelösten Kesselsteinbildner — es sind hauptsächlich Kalziumbikarbonat $Ca(HCO_3)_2$ oder doppeltkohlensaurer Kalk, ferner Magnesiumbikarbonat $Mg(HCO_3)_2$ oder doppeltkohlensaure Magnesia, schließlich schwefelsaurer Kalk $CaSO_4$ oder Gips — zerfallen im Kessel unter dem Einfluß der hohen Temperaturen und scheiden unlösliche Salze aus, die den Kesselstein bilden. Zweck der Reinigung ist, die Kesselsteinbildner, ehe sie in den Kessel gelangen, zu zerlegen und die unlöslichen Salze auszufällen. Das geschieht durch Zusatz von Chemikalien und Erwärmung des Wassers. Oder man gewinnt reines Speisewasser, indem man Rohwasser verdampft und destilliert. Da reines Wasser begierig Sauerstoff und Kohlensäure aufnimmt, die im Kessel Korrosionen verursachen, und zwar um so stärker, je reiner die Kesselflächen sind, ist das Wasser vor Gasaufnahme zu schützen oder von dem aufgenommenen Gase wieder zu befreien.

Die Menge der im Wasser gelösten Kesselsteinbildner, die sogenannte Härte des Wassers, wird in deutschen oder französischen Härtegraden angegeben. Ein deutscher Härtegrad bedeutet einen Gehalt von 1 Teil Kalziumoxyd CaO auf 100000 Teile Wasser. Ein französischer Härtegrad bedeutet einen Gehalt von 1 Teil kohlensaurem Kalk $CaCO_3$ auf 100000 Teile Wasser. Die anderen Härtebildner werden auf $CaCO_3$ umgerechnet. Ein deutscher Härtegrad = 1,79 französischen Härtegraden.

[1] Granitgebirge liefern weiches, reines Wasser, Kalkgebirge hartes Wasser; Wasser, das Gipsschichten durchsickert hat, ist besonders hart (siehe Spalckhaver, Schneiders, Rüster: Die Dampfkessel. Berlin: Julius Springer 1924).

Der Gehalt an Karbonaten heißt vorübergehende oder auskochbare Härte. Wenn man Wasser kocht, wird nämlich die überschüssige und die halbgebundene Kohlensäure ausgetrieben, und die Bikarbonate werden in Karbonate zurückverwandelt, die als Schlamm ausgefällt werden. Schwefelsaurer Kalk $CaSO_4$ (Gips) dagegen stellt bleibende

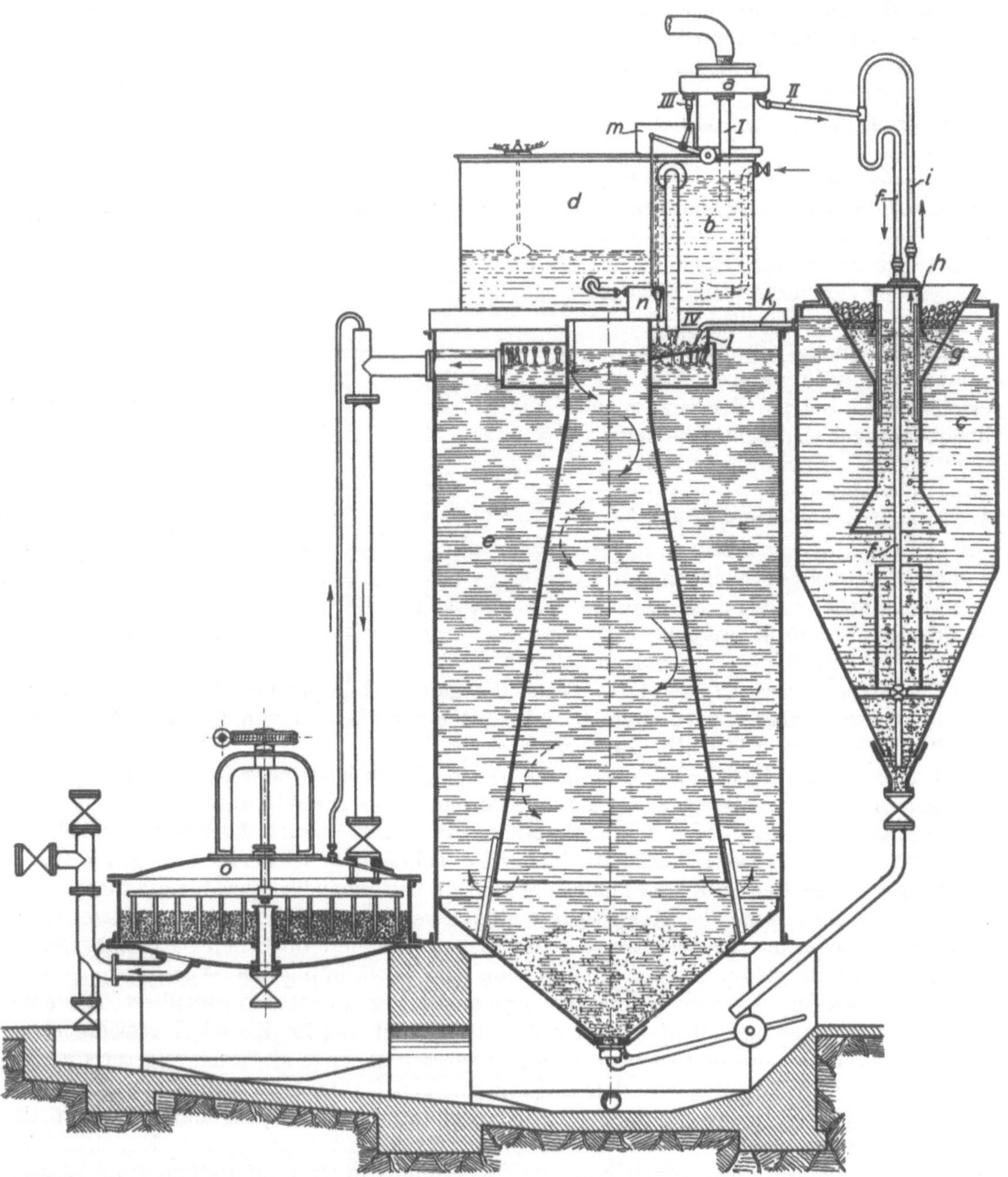

Abb. 83. Wasserreiniger von L. & C. Steinmüller.

Härte dar; Gips wird nicht durch Erwärmung des Wassers, sondern erst bei der Verdampfung des Wassers ausgeschieden und bildet einen harten Kesselstein.

Das verbreitetste chemische Reinigungsverfahren ist das Kalk-Soda-Verfahren, bei welchem dem rohen Wasser im Reiniger Ätzkalk in Form von Kalkwasser sowie Soda zugesetzt wird. Der zugesetzte Kalk reißt die im Wasser vorhandene freie und die an die

Bikarbonate halb gebundene Kohlensäure an sich, so daß die Karbonathärte als Schlamm gefällt, der Kalk selbst in Karbonat verwandelt und ebenfalls als Schlamm niedergeschlagen wird. Die zugesetzte Soda Na_2CO_3 zersetzt den schwefelsauren Kalk, wobei einfach kohlensaurer Kalk als Schlamm ausgeschieden wird, und schwefelsaures Natron (Glaubersalz) in Lösung geht. Damit sich überschüssige Soda nicht zu stark im Kessel anreichert, muß das Kesselwasser von Zeit zu Zeit abgelassen werden. Die bauliche Ausführung einer Kalk-Soda-Reinigung sei an dem in den Abb. 83 und 84 dargestellten Wasserreiniger von L. & C. Steinmüller veranschaulicht. Der Behälter *d* enthält Sodalösung, *c* ist der Kalksättiger. Der Kalk wird auf das Sieb des Fülltrichters aufgegeben, wird vom Wasser gelöscht und sinkt als Brei nieder. Die Zusätze von Kalk und Soda müssen je nach der Beschaffenheit des Rohwassers einstellbar sein, und das angestellte Mischungsverhältnis muß dauernd erhalten bleiben. Zu dem Zwecke wird das Rohwasser, das an der höchsten Stelle des Reinigers in den Behälter des Wasserverteilers einfließt, durch den Verteilungsüberlauf *a* in einstellbarem Verhältnis in drei Ströme *I*, *II* und *III* zerlegt. Der Hauptstrom *I* wird, damit die chemischen Reaktionen rascher und ergiebiger verlaufen, im Vorwärmer *b* durch Dampf vorgewärmt. Strom *II* wird, nachdem er durch das Rohr *i* kohlensäurefreie, im Kreislauf wirksame Luft empfangen hat, durch das Rohr *f* in den im unteren Trichter lagernden Kalkbrei geführt, der durch die mitgeführte Luft aufgelockert wird. Das mit Kalk gesättigte und wieder geklärte Wasser tritt als Kalkwasser durch das Rohr *k* aus dem Kalksättiger aus. Strom *III* steuert den Zusatz an Sodalösung, indem er über die im Behälter *m* befindliche Kippschale *p* geht (Abb. 84), die den im Behälter *n* befindlichen Meßbecher *q* hebt und senkt. Im Behälter *n*, dem die Sodalösung aus dem Behälter *d* zufließt, wird der Flüssigkeitsspiegel durch den Schwimmer *r* gehalten. Der Meßbecher *q* gießt in die Mischschale *l* aus, in die auch die Ströme *I*, *II* und *III* einmünden. In der Mischschale mischt sich also das Rohwasser mit den zugesetzten Chemikalien, und die Kesselsteinbildner scheiden sich in großen Flocken aus. Zum Klären des Wassers dient der Klärbehälter *e*, in dessen inneren Trichter das Wasser tangential eingeführt wird, worauf es langsam kreisend mit abnehmender Geschwindigkeit erst nach unten, dann nach oben zum Austritt fließt. Auf diesem Wege wird der Schlamm abgesetzt. Enthält das Wasser eine große Menge organischer Substanzen, ist es außerdem durch ein Quarzsandfilter (*o*) zu führen, wie es in Abb. 83 veranschaulicht ist. Das Filter kann, nachdem man einige Hähne umgestellt, in kurzer Zeit ausgewaschen werden, wobei der Filterkies mit einem Rechen durchgerührt wird. Neuerdings führt die Firma die Reiniger auch nach dem Rücklaufverfahren aus, indem von dem Schlammablaßstutzen her dauernd etwas Kesselwasser zum Reinigen rückgeführt wird, wodurch der Kessel praktisch schlammfrei wird und die im Kesselwasser überschüssigen Chemikalien wieder für die Wasserreinigung nutzbar gemacht werden. Auch brauchen die Kessel nunmehr nur in größeren Zeitabständen abgeblasen werden.

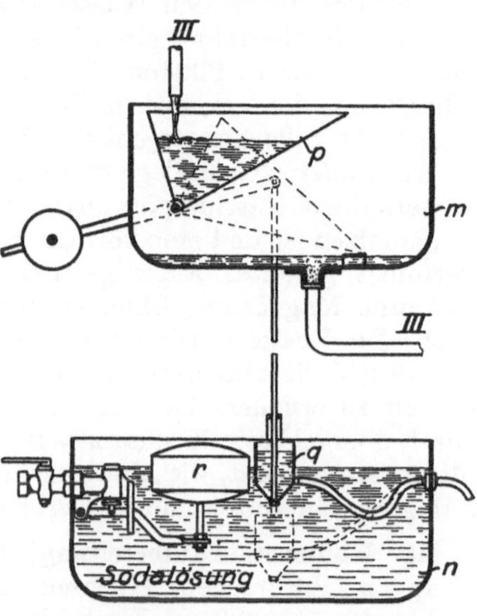

Abb. 84. Zumessung der Sodalösung beim Steinmüllerschen Wasserreiniger.

Beim Neckar-Regenerativverfahren (Carl Müller G. m. b. H., Stuttgart) wird nur Soda zugesetzt, die sowohl die doppeltkohlensauren Salze wie den schwefelsauren Kalk zersetzt. Weil Soda auf die doppeltkohlensauren Salze aber viel schwächer wirkt als Kalk, ist ein großer Überschuß an Soda nötig. Es entstehen einfachkohlensaure Salze, die als Schlamm niedergeschlagen werden, und doppeltkohlensaures Natron, das gelöst in den Kessel gelangt, bei der Erhitzung CO_2 abgibt und wieder zu Soda regeneriert wird. Indem man den Kesselschlamm fortlaufend dem Rohwasserbehälter zudrückt, hat man in diesem Soda überschüssig, braucht also nur soviel Soda zuzusetzen, wie für die Fällung des schwefelsauren Kalkes notwendig ist.

Bei dem thermisch-chemischen Reinigungsverfahren der Maschinenbau A.-G. Balcke wird die vorübergehende Härte ausgekocht, indem das Wasser längere Zeit, möglichst unter Ausnutzung von Abwärme, auf etwas über 100° erhitzt wird. Zuvor ist, um die bleibende Härte auszufällen, Soda oder Ätznatron zugesetzt worden, und die Reaktion geht in dem kochenden Wasser schnell und durchgreifend vor sich, so daß man mit geringem Sodaüberschuß ein sehr schwach alkalisches Speisewasser erhält. Indem das kochende Wasser an Platten, die im Kocher eingebaut sind, hoch und nieder geführt wird, gelingt es außerdem, alle im Wasser gelösten atmosphärischen Gase und die bei der Zerlegung der Bikarbonate entstandene Kohlensäure auszutreiben.

Auf anderer Grundlage wirkt das Permutitverfahren. Zur Enthärtung des Speisewassers dient Natriumpermutit[1], das aus Feldspat, Kaolin, Sand und Soda zusammengeschmolzen ist und eine körnige, poröse Masse bildet. Das Rohwasser wird durch ein mit Permutit gefülltes Filter geleitet, wobei das Permutit Natrium abgibt und dagegen Kalzium, Magnesium, Chlor aufnimmt, so daß das Speisewasser völlig enthärtet werden kann. Im Kessel werden aber erhebliche Mengen CO_2 frei und das Kesselwasser wird allmählich mit kohlensaurem und schwefelsaurem Natron angereichert, so daß es von Zeit zu Zeit zu erneuern ist. Hat das Permutit seinen Natriumgehalt ausgetauscht, wird es durch übergeleitete Kochsalzlösung regeneriert. Größere Anlagen werden mit 2 Permutitfiltern ausgerüstet, die abwechselnd im Betriebe sind. Nach Bedarf wird der Permutitreinigung ein Enteisener vorgeschaltet.

53. Kohlenstaubaufbereitung. Die Aufbereitung des Kohlenstaubes zerfällt in drei Gruppen: Vorbrechen, Trocknen und Mahlen. Das Vorbrechen ist nur bei grobstückiger Kohle von über 30 mm Kantenlänge erforderlich. Meist ist es überflüssig, wenn man die für andere Feuerungen minderwertige Feinkohle verwendet. — Feuchte Kohle (Steinkohle mit mehr als 3% und Braunkohle mit mehr als 12% Feuchtigkeitsgehalt) muß getrocknet werden, da sonst das Vermahlen große Schwierigkeiten bietet. Das Trocknen geschieht in Trommeltrocknern durch Feuerungsabgase oder durch Abdampf, falls dieser in genügender Menge vorhanden ist. Der Trockenprozeß verteuert die Aufbereitung, weshalb sich Kohle mit geringem Wassergehalt besonders gut eignet. Nach der Trocknung kann die Kohle noch durch Magnetabscheider von Eisenteilchen befreit werden. — Für das Mahlen kommen verschiedene Mühlentypen in Betracht. Für große Leistungen bedient man sich der Pendel-, Kugel-, Rohr- oder Ringwalzenmühlen[2]. In der Mühle wird die kleinstückige, oft schon ziemlich feinkörnige Kohle auf die erforderliche Korngröße vermahlen. Je feiner der Kohlenstaub ist, um so besser wird die Verbrennung, jedoch wird übermäßige Feinheit unwirtschaftlich, da die Mahlkosten zu hoch werden. Die Feinheit des Kohlenstaubes wird durch Siebe von bestimmter Maschenweite geprüft. Meist wird das Prüfsieb Nr. 70 mit $70 \cdot 70 = 4900$ Maschen auf 1 cm² angewendet. Der Feinheitsgrad wird durch den prozentualen Anteil der auf dem Siebe zurückbleibenden Kohle bestimmt. Die Feinheit des Kornes ist je nach der verwendeten Kohle zu bemessen. Gasarme Kohle wie Magerkohle muß feiner gemahlen werden als Gas- oder Fettkohle, um gleich günstige Verbrennung zu erzielen. Im Mittel soll der Rückstand beim 4900-Maschensieb 10% nicht übersteigen. Beim Mahlen wendet man einen gewissen Kreislauf an, indem man den zu groben Staub von dem fertigen Staub trennt und ihn zur Mühle zurückführt, wo er noch einmal gemahlen wird.

Für große Kraftwerke wählt man eine Zentralmahlanlage, welche den Staub für alle Kessel in einen oder mehrere Bunker liefert. Der Staub kann gespeichert werden, um bei etwaigen Betriebsstörungen eine Reserve zu haben. Die Beförderung des Staubes zu den Kesseln geschieht bei großen Entfernungen (bis zu 1000 m) durch Druckluft. Bei

---

[1] Durch die Permutit A. G., Berlin, beziehbar. [2] Vgl. de Huart: Bergbau 1929. S. 248.

kurzen Strecken benutzt man Schnecken oder Elevatoren zur Förderung. — Erhält jeder Kessel seine eigene Mühle, so spricht man von Einzelmahlanlagen. Sie stellen sich billiger als Zentralanlagen, bieten aber — ohne Zwischenschaltung eines Bunkers — keine Reserve bei Mühlenschäden, falls nicht die Möglichkeit besteht, die Mühle eines Reserve-

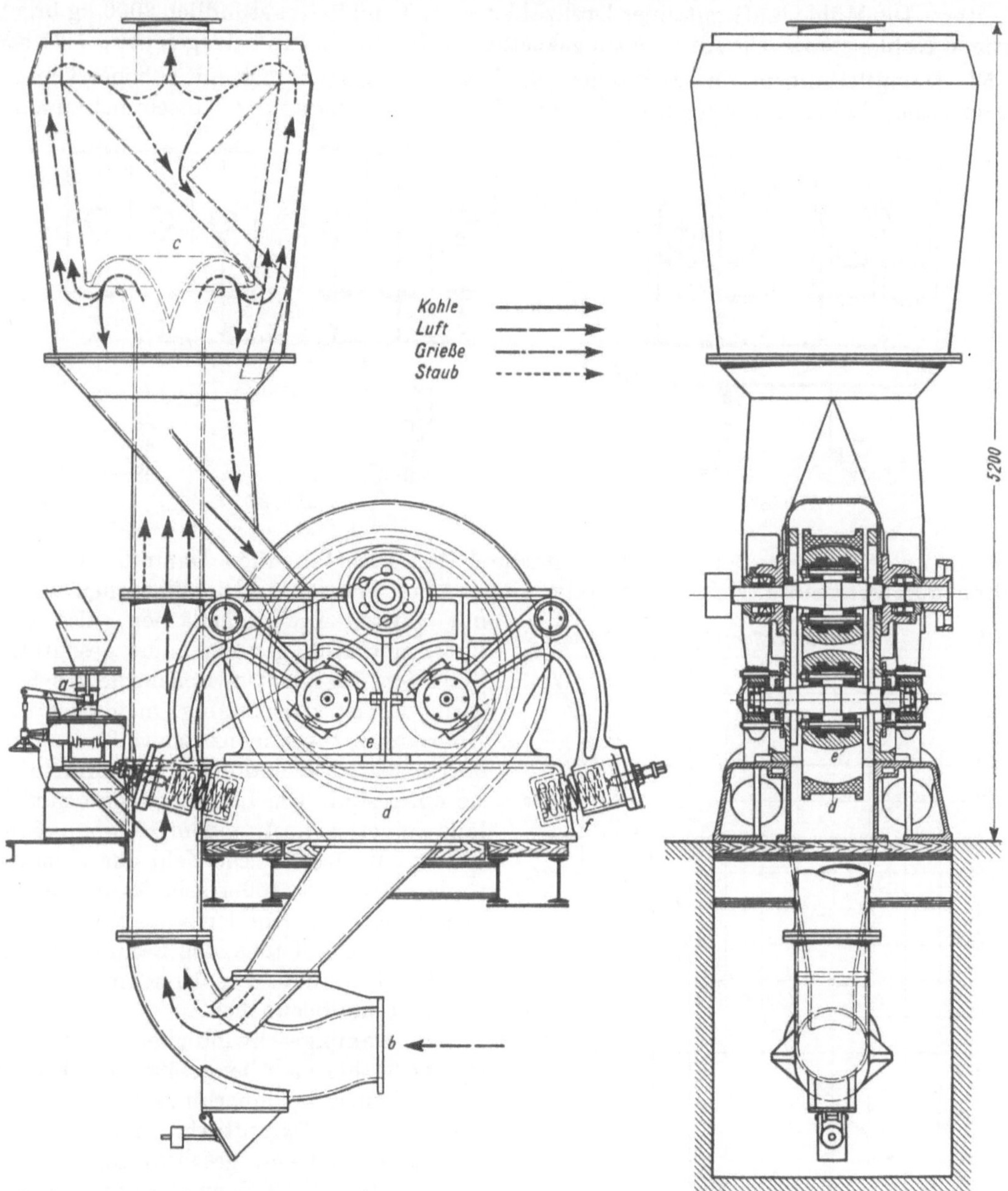

Abb. 85. Ringwalzenmühle mit Windsichter (Babcock).

kessels auf sämtliche anderen Kessel arbeiten zu lassen. In den früheren Abb. 59 und 60 sind Kessel mit Einzelmahlanlagen dargestellt. Die Mühle des Babcockkessels zeigt Abb. 85. Sie ist als Ringwalzenmühle mit Windsichter gebaut. Die Trocknung des Mahlgutes erfolgt in der Mahlanlage selbst durch den von einem Exhaustor erzeugten Luftstrom, der vorher im Luftvorwärmer erhitzt wird. Dieser bei *b* eintretende Luftstrom reißt die von der Telleraufgabe *a* zugeführte Kohle mit, die dann vom Windsichter *c* zur Mühle herabfällt. Die eigentliche Mühle besteht aus drei Walzen *e* und dem Ring *d*, gegen den die Walzen durch Federkraft gepreßt werden. Die zwischen Ring und Walzen zermahlene Kohle wird vom Luftstrom zum Windsichter geführt. Dort wird der fertige Staub von der noch zu groben Grieße getrennt, die wieder zur Mühle zurückfällt. Die Feinheit des Kornes ist durch den Luftstrom regelbar. Diese Sichtung ist durch die eingezeichneten Pfeile erläutert. Die Mühle läuft mit einer Drehzahl $n = 180$ und liefert stündlich 2000 kg brennfertigen Kohlenstaub. Die Aufbereitungskosten für 1000 kg Staub betragen etwa 1,25 RM.

54. Dampfleitungen. Die Leitungen sind so anzuordnen und mit Absperrventilen auszurüsten, daß man sich bei Störungen an der Leitung oder an den Kesseln helfen kann.

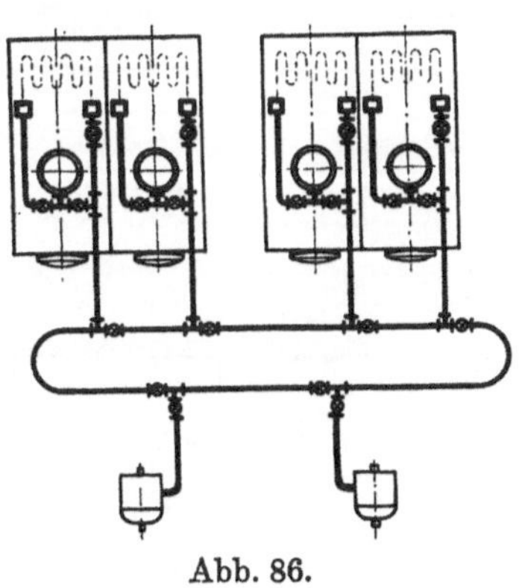

Abb. 86.

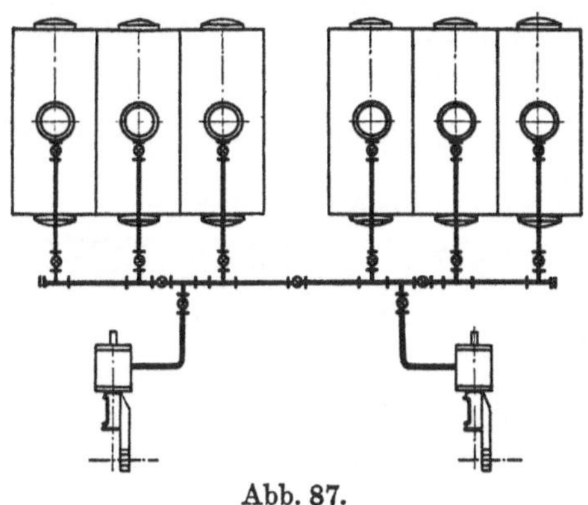

Abb. 87.

Abb. 86 und 87 zeigen Beispiele für einfache Fälle. Die stählernen Dampfleitungen erhalten aufgeschweißte, aufgenietete oder eingewalzte Flanschen. Die Flanschen werden mit glatten Dichtungsflächen, also ohne Feder und Nut, gegeneinander geschraubt. Zur Dichtung dient zwischengelegtes Klingerit. Es ist zweckmäßig, möglichst viele Rohrlängen zusammenzuschweißen und nur dort lösbare Verbindungen anzuordnen, wo sie nötig sind. Die Leitungen sind mit Gefälle zu verlegen. An jedem Steigpunkt sind sie zu entwässern. Die Zahl der Kondenstöpfe soll nicht größer sein als unumgänglich nötig. Die Kondenswasserableitungen sollen einem tiefstehenden Sammelbehälter zugeführt werden. Die Kondenstöpfe sind dauernd zu überwachen.

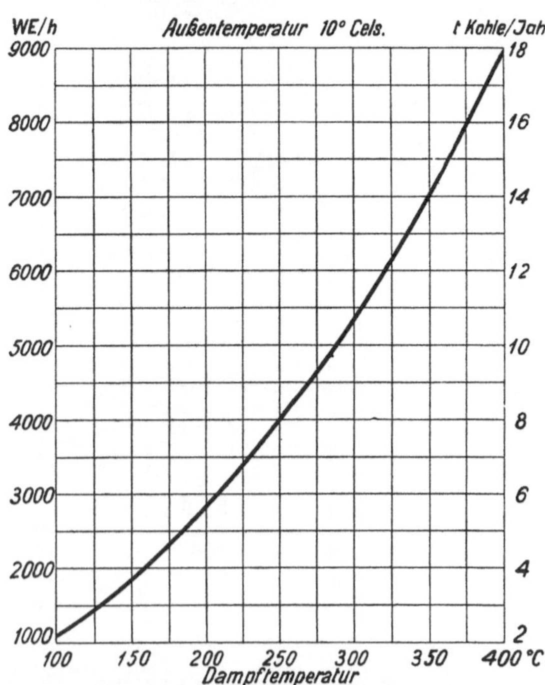

Abb. 88. Abkühlungsverlust für 1 m² nackter Rohroberfläche in kcal/h (WE/h) und in t Steinkohle für 1 Jahr bei 10° Außentemperatur.

Die Dampfgeschwindigkeit in den Leitungen wähle man bei gesättigtem Dampfe etwa 30 m/s, bei überhitztem Dampfe 40 bis 50 m/s. Bei Dampfturbinenanlagen kann man größere Dampfgeschwindigkeiten zulassen als bei Kolbenmaschinenanlagen, und man hat schon Geschwindigkeiten von 70 m/s und mehr angewendet. Diese Zahlen geben nur den ersten Anhalt. Insbesondere für längere Leitungen ist zu rechnen, welche Weite die wirtschaftlichste ist. Der Druckabfall ist nach Ziffer 58 zu berechnen; die Zahlentafel erleichtert diese Rechnung. Außer dem Druckabfall ist der Abkühlungsverlust von wesentlicher Bedeutung. Aus der Abb. 88 ist zu entnehmen, wieviel der Abkühlungsverlust für 1 m² nackter Rohroberfläche (oder für 1 m Leitung von

300 mm l. W.) beträgt. Der Verlust ist in kcal/h und in t Steinkohle für 1 Jahr angegeben. Bei letzterer Angabe ist angenommen, daß die Rohrleitung ununterbrochen unter Dampf steht. Die Flanschen sind besonders zu rechnen, ebenso die Ventile. Ein Flanschenpaar setzt man einem Meter Rohrlänge gleich. Ein Ventil nebst 2 Flanschenpaaren setzt man 2 bis 3 m Rohrlänge gleich. Durch gute Isolierung der Rohrleitung mit Kieselgur kann man die für die nackte Leitung angegebenen Wärmeverluste auf 1/6 bis 1/8 herunterdrücken. Die Dicke der Isolierung wähle man nach folgenden Angaben:

Rohrdurchmesser . . . . mm	100	200	300	400
Dicke der Isolierung . . . mm	40	50	60	70

VI. Berechnung von Rohrleitungen.

55. Der Zusammenhang zwischen Rohrquerschnitt, Durchflußgeschwindigkeit und Durchflußmenge. Ist F der Rohrquerschnitt, v (oder bei Gasen w) die Durchflußgeschwindigkeit, Q die Durchflußmenge in der Zeiteinheit, so ist

$$Q = F \cdot v\,,$$

$$v = \frac{Q}{F}\,,$$

$$F = \frac{Q}{v}\,.$$

Wird Q in m³/s gemessen, so ist v in m/s und F in m² zu messen. Wird Q in l/s gemessen, so ist v in dm/s und F in dm² zu messen usw.

Ändert sich der Querschnitt, so ändert sich auch die Geschwindigkeit. Für Flüssigkeiten gilt: $F_1 \cdot v_1 = F_2 \cdot v_2$. Für Gase, bei denen auch die Änderung des spezifischen Gewichtes γ zu berücksichtigen ist, gilt, indem man die Geschwindigkeit mit w bezeichnet: $F_1 \cdot w_1 \cdot \gamma_1 = F_2 \cdot w_2 \cdot \gamma_2$.

56. Allgemeines über den Druckverlust in Rohrleitungen durch Reibung. Es wird eine runde, gerade, glatte, wagerechte Leitung zugrunde gelegt. Zusätzliche Widerstände durch Rohrkrümmer, Ventile, Hähne, Schieber usw. werden berücksichtigt, indem man zur Leitungslänge entsprechende Zuschläge macht. Wenn die Leitung steigt oder fällt, so ist die entsprechende Abnahme oder Zunahme des Druckes besonders zu rechnen. Ebenso ist die sogenannte Geschwindigkeitshöhe gesondert zu rechnen, die zum Druckverlust durch Reibung hinzutritt. Bei langen Leitungen und mäßigen Geschwindigkeiten ist die Geschwindigkeitshöhe vollkommen zu vernachlässigen. Bei kurzen Leitungen und hohen Geschwindigkeiten ist sie unter Umständen ausschlaggebend.

Der Druckverlust nimmt im selben Verhältnis zu, wie die Leitungslänge und die Dichte des strömenden Stoffes. Ferner wächst der Druckverlust angenähert mit dem Quadrat der Geschwindigkeit. Von besonderer Bedeutung ist das Verhältnis des Umfanges u der Leitung zu ihrem Querschnitte F. Die Reibung findet nämlich an der Wandung der Rohrleitung statt, der treibende Druck wirkt aber auf den Querschnitt. Der Druckverlust ist proportional $\frac{u}{F}$ oder umgekehrt proportional dem Durchmesser d; $\left(\frac{u}{F} = \frac{d \cdot \pi}{d^2 \frac{\pi}{4}} = \frac{4}{d}\right)$. Je kleiner der Durchmesser, um so größer ist bei derselben Geschwindigkeit der Druckabfall. Grundsätzlich sind bei engen Leitungen erheblich niedrigere Geschwindigkeiten zu wählen als bei weiten Leitungen.

Obwohl der Druckverlust nicht genau quadratisch mit v zunimmt, sondern in geringerem Maße, ist es üblich, in die Formeln v^2 einzuführen, und dafür eine Korrektur durch veränderliche Koeffizienten (Beiwerte) anzubringen.

Zahlentafel 10.

Zusammenhang zwischen durch Reibung verursachtem Druckverlust h in m WS, stündlicher Durchflußwassermenge Q in m^3 und Wassergeschwindigkeit v in m/s. Die Zahlen für den Druckverlust gelten für 100 m glatter, gerader Rohrlänge.

v m/s	d mm	40	50	60	70	80	90	100	125	150	175	200	250	275	300	350	400	450	500	550	600
0,50	Q =	**2,26**	**3,53**	**5,08**	**6,93**	**9,04**	**11,43**	**14,13**	**22,08**	**31,80**	**43,30**	**56,55**	**88,35**	**107,00**	**127,00**	**173,00**	**226,00**	**286,00**	**353,00**	**425,00**	**507,00**
	h =	1,05	0,77	0,61	0,51	0,44	0,39	0,35	0,28	0,24	0,20	0,18	0,14	0,13	0,12	0,093	0,082	0,073	0,065	0,059	0,055
0,60	Q =	**2,71**	**4,24**	**6,10**	**8,32**	**10,86**	**13,76**	**16,92**	**26,50**	**38,20**	**51,90**	**67,80**	**105,60**	**128,00**	**152,00**	**208,00**	**272,00**	**344,00**	**421,00**	**510,00**	**608,00**
	h =	1,51	1,11	0,88	0,72	0,61	0,54	0,49	0,39	0,33	0,28	0,24	0,20	0,18	0,16	0,132	0,115	0,103	0,092	0,084	0,077
0,70	Q =	**3,17**	**4,95**	**7,10**	**9,66**	**12,67**	**16,05**	**19,72**	**30,95**	**44,50**	**60,60**	**78,70**	**123,80**	**150,00**	**178,00**	**242,00**	**315,00**	**400,00**	**494,00**	**596,00**	**708,00**
	h =	2,06	1,52	1,19	0,98	0,83	0,71	0,64	0,51	0,43	0,37	0,32	0,26	0,23	0,21	0,177	0,155	0,138	0,124	0,113	0,103
0,80	Q =	**3,62**	**5,65**	**8,10**	**11,05**	**14,70**	**18,33**	**22,60**	**35,40**	**50,90**	**69,40**	**90,40**	**141,00**	**171,00**	**204,00**	**277,00**	**380,00**	**457,00**	**565,00**	**684,00**	**813,00**
	h =	2,69	1,98	1,56	1,28	1,08	0,91	0,82	0,65	0,54	0,47	0,41	0,33	0,30	0,27	0,228	0,200	0,177	0,160	0,145	0,133
0,85	Q =	**3,86**	**6,00**	**8,62**	**11,78**	**15,40**	**19,47**	**24,00**	**37,50**	**54,10**	**73,60**	**96,10**	**150,00**	**182,00**	**216,00**	**295,00**	**393,00**	**486,00**	**600,00**	**725,00**	**863,00**
	h =	3,04	2,24	1,76	1,44	1,22	1,01	0,93	0,73	0,61	0,52	0,45	0,36	0,33	0,30	0,257	0,225	0,200	0,180	0,164	0,150
0,90	Q =	**4,07**	**6,36**	**9,16**	**12,43**	**16,27**	**20,60**	**25,45**	**39,75**	**57,30**	**77,80**	**101,50**	**159,00**	**193,00**	**228,00**	**312,00**	**406,00**	**515,00**	**635,00**	**766,00**	**914,00**
	h =	3,41	2,51	1,97	1,61	1,36	1,12	1,04	0,81	0,67	0,58	0,50	0,40	0,34	0,34	0,286	0,250	0,222	0,200	0,182	0,167
0,95	Q =	**4,30**	**6,70**	**9,67**	**13,15**	**17,18**	**21,75**	**26,90**	**41,95**	**60,00**	**82,40**	**107,70**	**168,00**	**204,00**	**242,00**	**329,00**	**428,00**	**544,00**	**670,00**	**810,00**	**964,00**
	h =	3,79	2,79	2,19	1,80	1,52	1,23	1,16	0,89	0,74	0,63	0,55	0,44	0,40	0,37	0,318	0,278	0,247	0,222	0,202	0,185
1,00	Q =	**4,52**	**7,03**	**10,10**	**13,80**	**18,60**	**22,90**	**28,23**	**44,20**	**63,60**	**86,85**	**112,90**	**176,00**	**214,00**	**255,00**	**346,00**	**450,00**	**572,00**	**705,00**	**853,00**	**1015,00**
	h =	4,20	3,10	2,43	1,99	1,68	1,35	1,28	0,98	0,81	0,70	0,61	0,49	0,44	0,41	0,350	0,306	0,272	0,245	0,222	0,204
1,05	Q =	**4,75**	**7,42**	**10,70**	**14,56**	**19,00**	**24,05**	**29,70**	**46,40**	**66,80**	**91,00**	**118,70**	**186,00**	**225,00**	**267,00**	**364,00**	**473,00**	**600,00**	**740,00**	**895,00**	**1066,00**
	h =	4,63	3,41	2,68	2,20	1,86	1,47	1,41	1,08	0,89	0,76	0,66	0,53	0,48	0,44	0,387	0,339	0,301	0,271	0,246	0,226
1,10	Q =	**4,98**	**7,77**	**11,20**	**15,23**	**19,90**	**25,20**	**31,10**	**48,60**	**70,10**	**95,40**	**124,50**	**194,00**	**236,00**	**280,00**	**383,00**	**496,00**	**628,00**	**775,00**	**938,00**	**1117,00**
	h =	5,09	3,75	2,94	2,41	2,04	1,60	1,55	1,19	0,96	0,82	0,72	0,58	0,52	0,48	0,424	0,371	0,330	0,297	0,270	0,248
1,15	Q =	**5,20**	**8,14**	**11,73**	**15,95**	**20,80**	**26,33**	**32,55**	**50,80**	**73,00**	**99,80**	**130,00**	**203,00**	**246,00**	**292,00**	**400,00**	**519,00**	**656,00**	**810,00**	**980,00**	**1168,00**
	h =	5,55	4,09	3,22	2,64	2,23	1,74	1,69	1,30	1,05	0,89	0,78	0,63	0,57	0,52	0,462	0,404	0,359	0,323	0,294	0,270
1,20	Q =	**5,43**	**8,48**	**12,22**	**16,62**	**21,70**	**27,52**	**33,95**	**53,00**	**76,40**	**104,00**	**136,00**	**212,00**	**256,00**	**306,00**	**417,00**	**542,00**	**684,00**	**846,00**	**1023,00**	**1219,00**
	h =	6,05	4,45	3,50	2,87	2,43	1,88	1,84	1,41	1,14	0,96	0,84	0,68	0,61	0,56	0,499	0,437	0,388	0,349	0,318	0,292
1,25	Q =	**5,66**	**8,82**	**12,75**	**17,30**	**22,60**	**28,65**	**35,40**	**55,20**	**79,25**	**108,40**	**142,00**	**221,00**	**267,00**	**318,00**	**434,00**	**565,00**	**712,00**	**882,00**	**1065,00**	**1270,00**
	h =	6,57	5,83	3,80	3,11	2,63	2,03	2,00	1,53	1,24	1,04	0,91	0,73	0,66	0,61	0,537	0,470	0,417	0,376	0,341	0,313
1,30	Q =	**5,90**	**9,20**	**15,50**	**17,90**	**24,70**	**30,00**	**36,70**	**57,00**	**82,70**	**113,00**	**148,00**	**228,00**	**277,00**	**330,00**	**451,00**	**603,00**	**760,00**	**941,00**	**1137,00**	**1357,00**
	h =	7,10	5,23	4,13	3,36	2,83	2,46	2,18	1,67	1,35	1,14	0,98	0,77	0,69	0,63	0,612	0,535	0,476	0,428	0,389	0,357
1,40	Q =	**6,30**	**9,90**	**16,70**	**19,30**	**26,60**	**32,00**	**39,50**	**61,50**	**89,00**	**122,00**	**158,00**	**246,00**	**300,00**	**354,00**	**486,00**	**641,00**	**808,00**	**1000,00**	**1209,00**	**1444,00**
	h =	8,15	6,01	4,74	3,87	3,27	2,84	2,50	1,92	1,55	1,35	1,12	0,80	0,80	0,72	0,687	0,601	0,534	0,481	0,437	0,401
1,50	Q =	**6,75**	**10,30**	**17,90**	**20,60**	**28,50**	**34,50**	**42,30**	**66,00**	**95,50**	**130,00**	**168,00**	**264,00**	**320,00**	**380,00**	**520,00**	**680,00**	**855,00**	**1060,00**	**1280,00**	**1530,00**
	h =	9,35	6,90	5,43	4,44	3,76	3,25	2,87	2,20	1,79	1,49	1,29	1,01	0,91	0,83	0,762	0,667	0,593	0,534	0,485	0,445
1,75	Q =	**7,90**	**12,30**	**20,90**	**24,20**	**33,25**	**40,25**	**49,25**	**77,00**	**110,00**	**152,00**	**197,00**	**307,00**	**372,00**	**442,00**	**605,00**	**790,00**	**1000,00**	**1235,00**	**1500,00**	**1780,00**
	h =	12,72	9,40	7,39	6,04	5,11	4,42	3,90	2,99	2,42	2,03	1,75	1,37	1,23	1,12	1,027	0,899	0,799	0,719	0,653	0,599
2,00	Q =	**9,00**	**14,05**	**23,80**	**27,60**	**38,00**	**46,00**	**56,50**	**88,00**	**127,00**	**173,00**	**225,00**	**352,00**	**428,00**	**500,00**	**690,00**	**905,00**	**1145,00**	**1410,00**	**1710,00**	**2040,00**
	h =	16,62	12,27	9,65	7,89	6,68	5,78	5,10	3,91	3,17	2,66	2,28	1,79	1,61	1,47	1,330	1,164	1,034	0,931	0,846	0,776

57. Druckverluste in Wasserleitungen. Es sei h der durch Reibung verursachte Druckverlust in m WS, d der lichte Rohrdurchmesser in m, l die Leitungslänge in m, v die Durchflußgeschwindigkeit[1] in m/s, Q die Durchflußmenge in m³/s, dann ist ungefähr:

$$h = 0{,}024 \frac{l \cdot v^2}{d \cdot 2g} \cdot \gamma = 0{,}00123 \frac{l \cdot v^2}{d}$$

oder, da

$$v^2 = \left(\frac{Q}{d^2 \frac{\pi}{4}}\right)^2: \qquad h = 0{,}002 \frac{l \cdot Q^2}{d^5}, \qquad d = \sqrt[5]{\frac{0{,}002 \cdot l \cdot Q^2}{h}}.$$

Der Druckverlust ist also unabhängig vom Wasserdruck. Es sind verschiedene Formeln und verschiedene Tabellen in Anwendung. Gebrauchte Leitungen weisen häufig mehrfach größere Verluste auf, weil die Rohrwände verkrustet sind, die Leitung also enger und rauher geworden ist. Zahlentafel 10 stammt von der Maschinenbau-A. G. Balcke. Sie gilt für 100 m Rohrlänge. Q ist in m³/h angegeben; der Druckverlust h in m WS.

Beispiele.

Durch eine 100 m lange Leitung von 0,5 m Durchmesser fließt Wasser mit 1,2 m/s. Wie groß ist der Druckverlust h? $h = \frac{0{,}00123 \cdot 100 \cdot 1{,}2^2}{0{,}5} = 0{,}356$ m. Die Tafel gibt 0,349 m Druckverlust an, zugleich ist der Tafel zu entnehmen, daß die stündliche Durchflußmenge = 846 m³ ist. — Durch eine 100 m lange Leitung von 80 mm, d. h. 0,08 m Durchmesser fließen stündlich 36 m³. Wie groß ist der Druckverlust? $Q = 0{,}01$ m³/s. $h = \frac{0{,}002 \cdot 100 \cdot 0{,}01^2}{0{,}08^5} = 6{,}11$ m. Aus der Tabelle entnimmt man, daß für eine stündliche Durchflußmenge von 38 m³ der Druckverlust 6,68 m und die Durchflußgeschwindigkeit = 2 m/s ist.

58. Druckverluste in Luft- und Dampfleitungen. Im folgenden ist l die Länge der glatten Leitung in m, w die Durchflußgeschwindigkeit in m/s, γ das spezifische Gewicht

Zahlentafel 11.

G kg/h	β
10	2,03
25	1,78
65	1,54
100	1,45
250	1,26
400	1,18
650	1,10
1000	1,03
2500	0,90
4000	0,84
6500	0,78
10000	0,73
15000	0,69
25000	0,64
40000	0,60
65000	0,56
100000	0,52

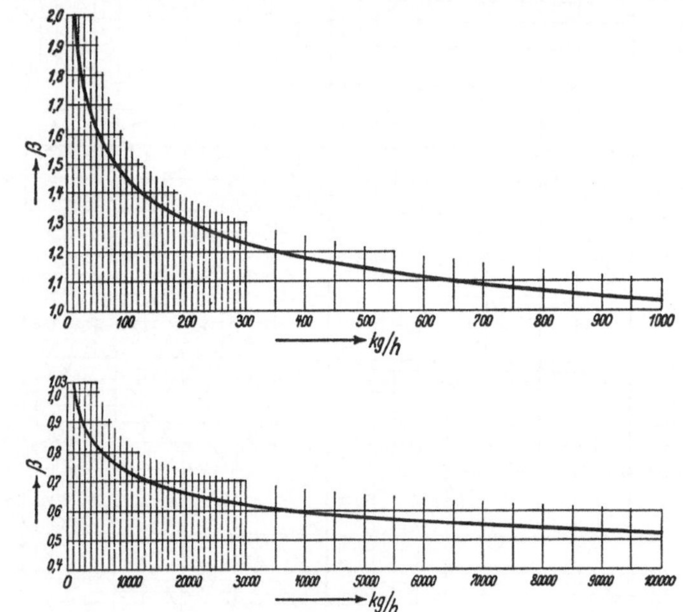

Abb. 89. Koeffizient β in Abhängigkeit vom stündlichen Durchflußgewicht.

in kg/m³, G das Gewicht der stündlichen Durchflußmenge in kg, d der Leitungsdurchmesser in Millimetern, β ein Koeffizient, der nach Fritzsche $= 2{,}86 : G^{0{,}148}$ ist, und im Mittel den Wert 1 hat[2]. β kann der Zahlentafel 11, sowie dem Diagramm Abb. 89 ent-

[1] Für Wasser wählt man $v = 1$ bis 2 m/s.

[2] Die Berechnung des Druckverlustes nach Fritzsche ist die übliche; doch verwendet die Praxis für Dampfleitungen auch Berechnungen, die um etwa die Hälfte höhere Werte ergeben.

nommen werden. Für γ ist nicht der Anfangswert, sondern gemäß dem zu erwartenden Druckabfall ein mittlerer Wert einzusetzen. Der Druckverlust ist sowohl in mm WS als auch in at angegeben.

$$\text{Druckverlust } h_{\text{mm WS}} = \frac{\beta \cdot \gamma \cdot l \cdot w^2}{d} \quad \text{oder}$$

$$\text{Druckverlust } \Delta p_{\text{at}} = \frac{\beta \cdot \gamma \cdot l \cdot w^2}{10000\, d} \quad \text{oder, da}$$

$$G = 3600 \cdot w \cdot f \cdot \gamma = 3600 \cdot w \cdot \left(\frac{d}{1000}\right)^2 \cdot \frac{\pi}{4} \cdot \gamma \quad \text{und}$$

$$w = \frac{4 \cdot G}{3600 \cdot \pi \cdot \gamma} \cdot \left(\frac{1000}{d}\right)^2:$$

$$\text{Druckverlust } \Delta p_{\text{at}} = \frac{12{,}5 \cdot \beta \cdot G^2 \cdot l}{\gamma \cdot d^5}, \quad \text{woraus folgt}$$

$$d = \sqrt[5]{\frac{12{,}5\, \beta \cdot G^2 \cdot l}{\gamma \cdot \Delta p_{\text{at}}}}.$$

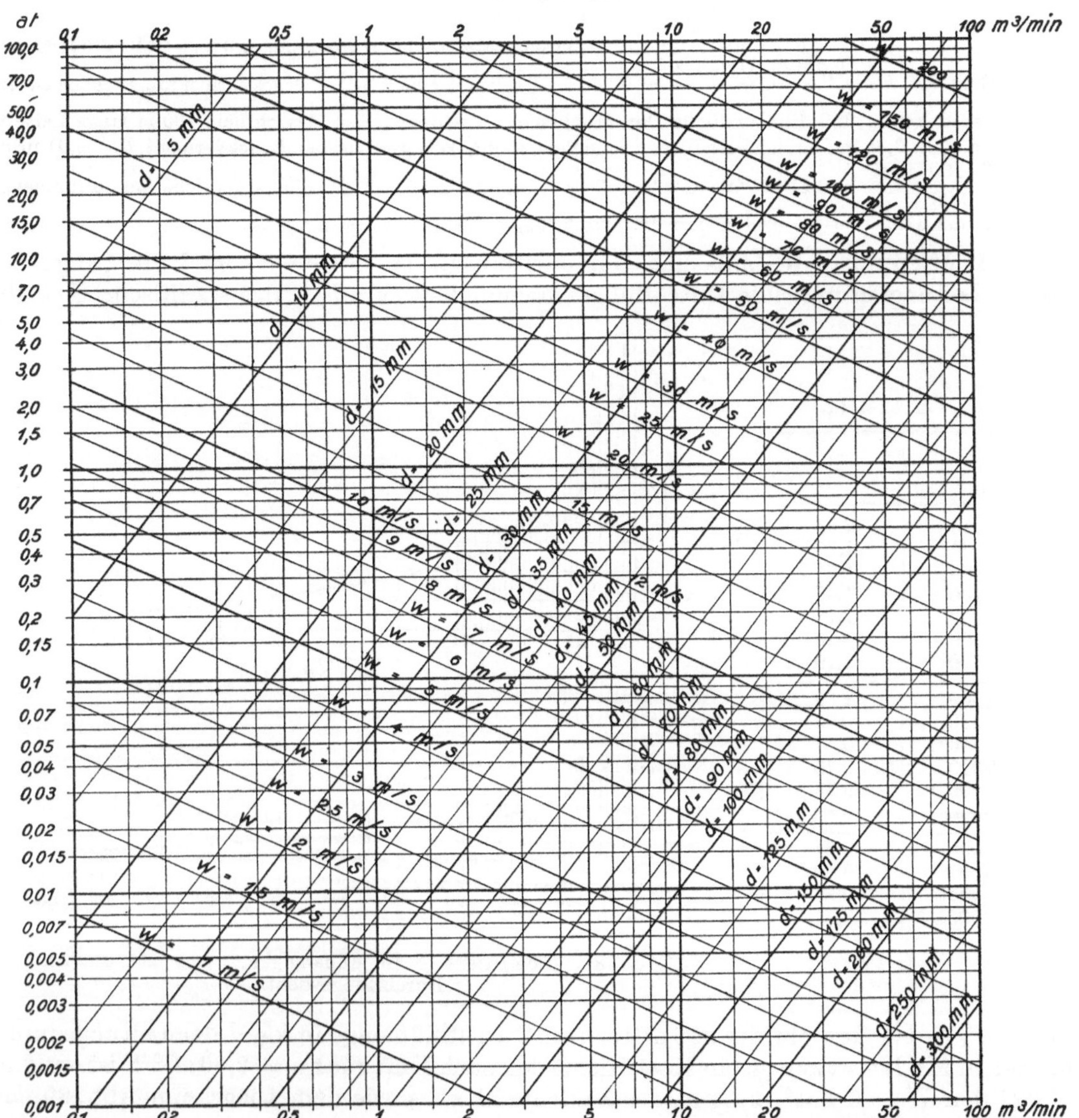

Abb. 90. Zusammenhang zwischen Druckverlust Δp in at, Strömungsgeschwindigkeit w in m/s, Rohrweite d in mm, minutlicher Ansaugmenge in m³ bezogen auf 1 at für Druckluft von 5 at mittlerem Überdruck und 7,2 kg/m³ spez. Gewicht. Die Zahlen für den Druckverlust gelten für 100 m glatter, gerader Rohrlänge.

Für glatt ausgemauerte Schächte oder glatte Eisenblechlutten von großem Durchmesser rechnet der Bergmann den Druckverlust der durchströmenden Wetter

$$h_{\text{mm WS}} = \frac{0{,}8 \cdot l \cdot w^2}{d_{\text{mm}}},$$

dem für $\gamma = 1{,}25$ ein Wert $\beta = 0{,}64$ entspricht.

Bei Dampfleitungen, für welche die Fritzschesche Formel auch gilt, rechnet man häufig auf Grund der früheren Versuche von Eberle mit $\beta = 1{,}05$.

Die Zahlentafeln 12 und 13 gelten für 100 m Leitungslänge. Sie sind unmittelbar anwendbar für Druckluft vom spezifischen Gewicht $\gamma = 7{,}2$, also für Druckluft z. B. von 5 at Überdruck oder 6 at absolutem Druck und etwa 25°. Die Durchflußmenge ist in der Zahlentafel 12 in kg/min, in der Zahlentafel 13 in kg/h angegeben. Außerdem ist auch die angesaugte Luftmenge, bezogen auf 1 at, in m³/min bzw. in m³/h angegeben. Sieht man von der Ansaugmenge ab, so gelten die Tafeln auch für Dampf vom spezifischen Gewicht 7,2. Gesättigter Wasserdampf von 14,5 at hat das spezifische Gewicht 7,2. Ändert sich γ, so sind die in den Zahlentafeln für die Geschwindigkeit und den Druckverlust angegebenen Werte mit $\frac{7{,}2}{\gamma}$ zu multiplizieren. Nimmt γ ab, d. h. werden Luft oder Dampf dünner, so steigen also Durchflußgeschwindigkeit und Druckverlust. Für $\gamma = 4{,}8$ z. B., d. h. für Druckluft von 4 ata oder für gesättigten Wasserdampf von 9,6 at oder überhitzten Dampf von 12,5 at und 300° werden Durchflußgeschwindigkeit und Druckverlust 1,5 mal so groß, wie in den Tafeln angegeben ist.

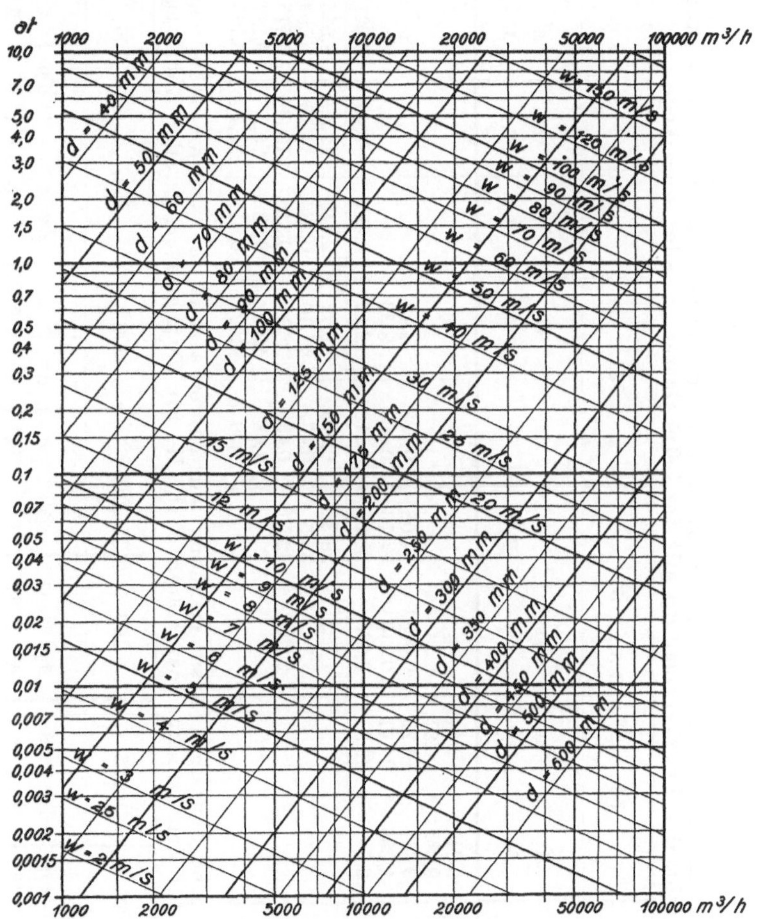

Abb. 91. Zusammenhang wie im Diagramm Abb. 90, jedoch für stündliche Ansaugmenge.

Zur Ergänzung der Zahlentafeln 12 und 13 dienen die in den Abb. 90 und 91 dargestellten Diagramme, die sich auf ein weiteres Gebiet erstrecken als die Zahlentafeln, und aus denen man ferner Zwischenwerte bequem entnehmen kann. Bei diesen Diagrammen sind logarithmische Koordinaten verwendet. Weil die dargestellten Zusammenhänge durch Exponentialgleichungen verbunden sind, sind die Linien für die Leitungsdurchmesser d und die Durchflußgeschwindigkeit w Geraden. Um die Anwendung der Diagramme zu erlernen, rechne man ein Zahlenbeispiel gemäß den Formeln und Zahlentafeln und verfolge es dann in den Diagrammen[1].

[1] Vgl. wegen der Diagramme sowohl wie wegen des ganzen behandelten Gebietes die sehr instruktiven Aufsätze von Hinz: Glückauf 1916, S. 997 und Glückauf 1920, S. 85.

Zahlentafel 12[1]. Zusammenhang zwischen Druckverlust Δp, Strömungsgeschwindigkeit w, Rohrweite d, minutlicher Durchflußmenge in kg oder Ansaugmenge in m³ für Druckluft von 5 at mittlerem Überdruck (6 ata mittlerem Druck) und 7,2 kg/m³ mittlerem spezifischem Gewicht. Der Druckverlust Δp gilt für 100 m glatter, gerader Rohrlänge.

Lichte Rohrweite d in mm		25		38		50		65		75		100		125	
Minutliche Durchfluß-menge kg	Minutliche Ansaug-menge m³	Δp at	w m/s	Δp at	w m/s	Δp at	w m/s	Δp at	w m/s	Δp at	w m/s	Δp at	w m/s	Δp at	w m/s
1,2	1	0,142	5,66	0,0172	2,44										
2,4	2	0,507	11,32	0,0621	4,87										
6	5	2,76	28,3	0,34	12,22	0,0087	7,08	0,023	4,18						
12	10			1,225	24,42	0,313	14,16	0,084	8,36						
18	15			2,7	36,8	0,663	21,21	0,178	12,55	0,087	9,43	0,021	5,3		
24	20					1,127	28,32	0,303	16,72	0,149	12,58	0,035	7,07		
30	25					1,74	35,5	0,43	21,10	0,225	15,72	0,053	8,84	0,018	5,67
36	30					2,35	42,5	0,63	25,1	0,315	18,86	0,075	10,6	0,025	6,79
48	40							1,08	33,4	0,53	25,2	0,127	14,14	0,042	9,05
60	50							1,69	42,0	0,81	31,4	0,193	17,68	0,063	11,34

Zahlentafel 13[1]. Die Zahlentafel 13 ergibt denselben Zusammenhang wie Zahlentafel 12, nur ist die stündliche Luftmenge angegeben. Die Zahlen für den Druckverlust gelten ebenfalls für 100 m glatter, gerader Rohrlänge.

Lichte Rohrweite d in mm		75		100		125		150		175		200		250		300		350		400	
Stündliche Durchfluß-menge kg	Stündliche Ansaug-menge m³	Δp at	w m/s	Δp at	m/s w	Δp at	w m/s	Δp at	w m/s	Δp at	w m/s	Δp at	w m/s	Δp at	w m/s	Δp at	w m/s	Δp at	w m/s	Δp at	w m/s
1200	1000	0,106	10,5	0,025	5,9	0,0082	3,77	0,0032	2,62												
2400	2000	0,383	21	0,091	11,8	0,029	7,54	0,012	5,24												
4800	4000	1,41	42	0,33	23,6	0,107	15,08	0,043	10,48	0,020	7,69	0,0102	5,88	0,0034	3,77						
7200	6000	2,95	63	0,70	35,4	0,227	22,62	0,091	15,72	0,042	11,54	0,022	8,82	0,0071	5,66						
9600	8000			1,18	47,2	0,39	30,2	0,150	20,5	0,072	15,38	0,036	11,76	0,012	7,54	0,0048	5,24				
12000	10000			1,8	59	0,59	38	0,235	26	0,108	19,22	0,055	14,70	0,018	9,43	0,0073	6,56				
18000	15000					1,22	56	0,49	39	0,231	28,9	0,118	22,08	0,038	14,15	0,015	9,83	0,0072	7,22		
24000	20000							0,85	52	0,382	38,4	0,200	29,40	0,066	18,86	0,026	13,12	0,0123	9,62		
30000	25000							1,28	66	0,585	48	0,30	37	0,098	23,6	0,039	16,38	0,0184	12,02	0,0095	9,22
36000	30000									0,82	58	0,42	44	0,138	28,3	0,056	19,66	0,0259	14,44	0,0133	11,06
48000	40000									1,45	77	0,72	59	0,237	38	0,096	26,2	0,0437	19,24	0,0225	14,76
60000	50000											1,1	74	0,36	47	0,146	32,8	0,0665	24,04	0,0343	18,44

[1] Über die Anwendbarkeit der Zahlentafeln 12 und 13 und der Diagramme Abb. 90 und 91 für andere Verhältnisse vgl. das in Ziffer 58 Gesagte.

Da die Formeln von Fritzsche und die auf diesen Formeln aufgebauten Zahlentafeln und Diagramme nur für mäßigen Druckabfall gelten, so ist bei der Anwendung der Formeln und Tafeln sinngemäß zu verfahren. Wenn man z. B. aus der Zahlentafel 13 entnimmt, daß in einer Leitung von 75 mm l. W. bei einem Durchgange von 7200 kg/h der Druckabfall für 100 m Leitungslänge = 2,95 at ist, so ist dieser Wert, weil die Formel nur für mäßigen Druckabfall gilt, nicht verwendbar; wohl kann man aber folgern, daß der Druckverlust für 10 m Leitungslänge etwa = 0,295 at ist. Ebenso ist zu verstehen, daß der Druckverlust im Diagramm Abb. 90 bis 100 at und im Diagramm Abb. 91 bis 10 at reicht. Überhaupt darf man nicht annehmen, daß man Strömungsverluste in Wasser- oder Dampf- oder Druckluftleitungen mit der Genauigkeit rechnen kann, mit der man elektrische Leitungen berechnet. Aber die Rechnung gibt uns den ersten Anhalt und schützt uns vor groben Fehlern.

Zahlentafel 14 schließlich gilt für 4 at Überdruck, mit welchem Drucke man in der Grube rechnet. Man kann ihr entnehmen, wieviel Kubikmeter Luft durch die Leitung strömen, wenn Leitungslänge und Druckabfall (0,1 at) gegeben sind[1].

Zahlentafel 14. Zulässige Luftmenge in m^3/min (bezogen auf atmosphärische Spannung) bei 4 at Überdruck = 5 at abs. und 0,1 at Druckabfall.

Rohrdurchmesser mm	Leitungslänge in m 150	200	300	400	500	600	700	800	900	1000	1250	1500
30	1	0,9	0,6	—	—	—	—	—	—	—	—	—
60	6,5	5,5	4,8	4,2	3,9	3	2,9	—	—	—	—	—
70	10	8,5	6,5	5,5	5	4,5	4	3,9	3,7	3	—	—
100	25	22	18	15	14	13	11	10	9,7	9,2	8,1	7,7
150	75	65	50	45	42	38	34	32	29	27	24	22
200	165	145	115	100	86	78	72	68	63	59	52	48
250	300	260	210	180	160	145	130	120	115	110	95	85
300	480	420	350	290	260	235	215	200	190	175	155	145
350	740	650	520	470	390	365	330	310	290	270	240	220

Beispiele.

1. Es werden stündlich 30000 kg oder 25000 m^3 Luft angesaugt und auf 5,1 at Überdruck, d. h. auf 6,1 at abs. komprimiert. Die Druckleitung hat 300 mm lichte Weite, ist bis zum Füllort 1200 m lang (einschl. der Zuschläge für Ventile, Krümmer usw.) und fällt 600 m ab. Wie groß ist der Leitungsdruck am Füllort? Aus dem Diagramm Abb. 89 wird $\beta = 0{,}62$ entnommen. Der anfängliche absolute Druck ist 6,1 at; im Mittel werde der Druck wegen der zu erwartenden Druckverluste = 6 at und $\gamma = 7{,}2$ gesetzt. w wird 16,38 m/s. Dann ist der Druckverlust $\varDelta\, p = \frac{0{,}62 \cdot 7{,}2 \cdot 1200 \cdot 267}{10000 \cdot 300} =$ rd. 0,48 at. In der Schachtleitung nimmt der Druck um $600 \cdot 7{,}2 = 4320$ mm WS oder 0,43 at zu, so daß der Druck am Füllort = 6,05 at abs. ist.

2. Ein 30pferdiger Druckluftmotor, der 60 m^3 angesaugte Luft für die PSh braucht, ist durch eine einschl. Zuschläge 120 m lange Leitung von 65 mm Durchmesser an das Leitungsnetz angeschlossen. Wie groß ist der Druckabfall, wenn in der 120 m langen Zuleitung der Druck im Mittel 5 at abs. ist? Der Motor braucht $60 \cdot 30 = 1800$ m^3/h oder 30 m^3/min. Laut Zahlentafel ist für Druckluft von 6 at abs. mittlerer Spannung der Druckabfall in einer Leitung von 65 mm Durchmesser und 100 m Länge = 0,63 at. Bei 120 m Leitungslänge und 5 at mittlerem Leitungsdruck ist der Druckabfall $= 0{,}63 \cdot \frac{120}{100} \cdot \frac{6}{5} = 0{,}91$ at.

3. Ein Hochdruckkompressor saugt stündlich 1800 m^3 Luft an und preßt sie auf 150 at. Die gepreßte Luft strömt durch eine einschl. Zuschläge 1000 m lange Leitung von 50 mm Durchmesser bis zur Lokomotivfüllstelle untertage. Die Leitung fällt insgesamt 600 m ab. Wie groß ist der Druck an der Füllstelle? $G = 2200$ kg/h. $\beta = 0{,}91$. $w = 1{,}7$ m/s. $\gamma = 180$ kg/m^3. Mithin ist der Druckabfall durch Reibung $\varDelta p_{at} = \frac{0{,}91 \cdot 180 \cdot 1000 \cdot 1{,}7^2}{10000 \cdot 50} = 0{,}95$ at. Der Druckgewinn durch das Gewicht der 600 m hohen Preßluftsäule beträgt $1{,}2 \cdot 150 \cdot 600 = 108000$ mm WS oder 10,8 at. Die Preßluft hat also unten ungefähr 10 at mehr Druck als oben.

4. Eine Dampfkesselbatterie von 1000 m^2 Heizfläche, die stündlich 30 kg/m^2 verdampft, erzeugt Dampf von 16 at und 330°. In der Dampfleitung ist mit einer mittleren Temperatur von 300° zu rechnen, so daß $\gamma = 6{,}2$ wird. Die Dampfleitung hat 150 mm Durchmesser und ist einschl. Zuschläge 80 m lang. Wie groß ist die Dampfgeschwindigkeit und der Druckabfall? Für $\gamma = 7{,}2$ und $G = 30000$ kg/h ist die Geschwindigkeit laut

[1] Vgl. Glückauf 1920, S. 603.

Zahlentafel 13 (S. 90) 66 m/s und der Druckabfall für 100 m = 1,28 at. Für $\gamma = 6{,}2$ wird die Geschwindigkeit $= \frac{66 \cdot 7{,}2}{6{,}2} = 77$ m/s; der Druckabfall für 80 m Leitungslänge wird $1{,}28 \cdot \frac{7{,}2}{6{,}2} \cdot \frac{80}{100} = 1{,}2$ at.

59. Gleichwertige Rohrlängen für Ventile, Krümmer usw. Die Druckverluste in Ventilen usw. rechnet man als proportional dem Quadrate der Geschwindigkeit. Man setzt bei Wasser den Druckverlust $h = \xi \cdot \frac{v^2}{2g}$ m WS. Bei Luft und Dampf setzt man den Druckverlust $\Delta p_{at} = \frac{1}{10000} \cdot \xi \cdot \frac{w^2}{2g} \cdot \gamma$. Nach Brabbée: Z.V.d.I. 1916 ist für Durchgangsventile $\xi = 7$, für Krümmer $\xi = 0{,}2$ usw. (vgl. Zahlentafel 15). Man berücksichtigt den Widerstand solcher Armaturstücke, indem man die gleichwertige Rohrlänge einsetzt. Zahlentafel 15[1] gibt für Druckluftleitungen die gleichwertigen Rohrlängen der Armaturstücke für verschiedene Rohrdurchmesser an. Bei großen Leitungen erscheinen nach vorstehender Rechnung Ventile ganz besonders ungünstig, ungünstiger als der Wirklichkeit entspricht. Im Druckluftbetriebe hat man heut in den großen Leitungen hauptsächlich Schieber; an den Enden der Leitungen, vor den Motoren usw. verwendet man Ventile.

Zahlentafel 15. Rohrlängen in m mit gleichem Druckverlust wie Armaturteile von Druckluftleitungen.

Lichte Rohrweite	Durchgangsventil	Eckventil	Schieber	Normalkrümmer	T-Stück
in mm	$\xi = 7$	$\xi = 3$	$\xi = 0{,}3$	$\xi = 0{,}2$	$\xi = 2$
50	15	7	0,7	0,4	4
75	25	11	1,1	0,7	7
100	35	15	1,5	1	10
150	60	25	2,5	1,7	17
200	85	35	3,5	2,4	24
300	140	60	6	4	40
400	200	85	8,5	6	60

VII. Allgemeines über Kolbenmaschinen.

60. Einfachwirkende und doppeltwirkende Zylinder. Bei einem einfachwirkenden Dampfzylinder wirkt der Dampf nur auf der einen Seite des Zylinders, die andere Seite ist offen. Läßt man den Dampf auch auf der anderen Zylinderseite wirken, so erhält man die doppelte Leistung. Wenn irgend möglich, wird man also doppeltwirkende Zylinder verwenden. Dampfmaschinen und Großgasmaschinen werden fast immer mit doppeltwirkenden Zylindern ausgeführt, kleine Verbrennungsmaschinen dagegen ausschließlich mit einfachwirkenden Zylindern. Eine Besonderheit bilden Zylinder mit einem Stufenkolben, der auf der einen Seite mit dem vollen Querschnitt, auf der andern nur mit einer Ringfläche von halbem oder noch kleinerem Querschnitte wirkt.

61. Ein- und mehrzylindrige Maschinen. Zwillings- und Drillingsanordnung. Tandemanordnung. Einzylindrige Kraftmaschinen haben den Nachteil, daß sie nicht in jeder Lage anspringen. Treibt man die Welle durch 2 Kurbeln an, die um 90° versetzt sind, oder durch 3 Kurbeln, die um 120° versetzt sind usw., so springt die Maschine in jeder Lage an und wird gleichmäßiger gedreht. Treibt man den Kolben von der Kurbelwelle aus an, wie es bei Pumpen geschieht, so versetzt man um des gleichmäßigen Ganges willen ebenfalls die Kurbeln. Sind die nebeneinander liegenden Zylinder gleich, so hat man Zwillingsanordnung oder Drillingsanordnung. Daß man gleiche Zylinder hintereinander setzt, kommt bei Großgasmaschinen häufig vor, die im Viertakt arbeiten. Man spricht dann von Tandem- oder Reihenanordnung. Die Zündungen werden dann so geschaltet, daß bei jedem Hube eine Zündung erfolgt.

62. Einstufige und mehrstufige Wirkung (Verbundwirkung). Bei Dampfmaschinen und Kolbenkompressoren unterscheidet man ein- und mehrstufige Wirkung. Mäßige

[1] Nach Hinz: Z. Preßluft 1921, S. 20.

Dampfdrücke nützt man in einem Zylinder aus. Bei hohen Dampfdrücken ist es aber zweckmäßig, den Dampf erst in einem kleinen Hochdruckzylinder auf einen Zwischendruck zu entspannen und dann den aus dem Hochdruckzylinder abströmenden Dampf in einem viel größeren Niederdruckzylinder weiter auszunützen. Hochdruckzylinder und Niederdruckzylinder können nebeneinander liegen (zweikurblige Verbundmaschine, Anordnung *II* in Abb. 92) oder hintereinander liegen (einkurblige oder Tandemverbundmaschine, Anordnung *IV*). Früher, ehe überhitzter Dampf angewendet wurde, wurden vielfach Dreifachexpansionsmaschinen gebaut. Anordnung *III* ist eine 3kurblige, Anordnung *VI* eine 2kurblige Dreifachexpansionsmaschine; letztere hat geteilten Niederdruckzylinder. Anordnung *V* ist eine Zwillingsverbundmaschine. Bei Kolbenkompressoren wird die Luft auf den häufig angewendeten Enddruck von 6 bis 7 at zweistufig komprimiert, erst im Niederdruck-, dann im Hochdruckzylinder. Bei Drücken von 150 bis 200 at ist 5stufige Kompression üblich. Ein grundsätzlicher Vorteil der mehrstufigen Wirkung ist, daß die großen Kolbenflächen nur niedrigen Druck bekommen und der hohe Druck nur auf kleine Kolbenflächen wirkt.

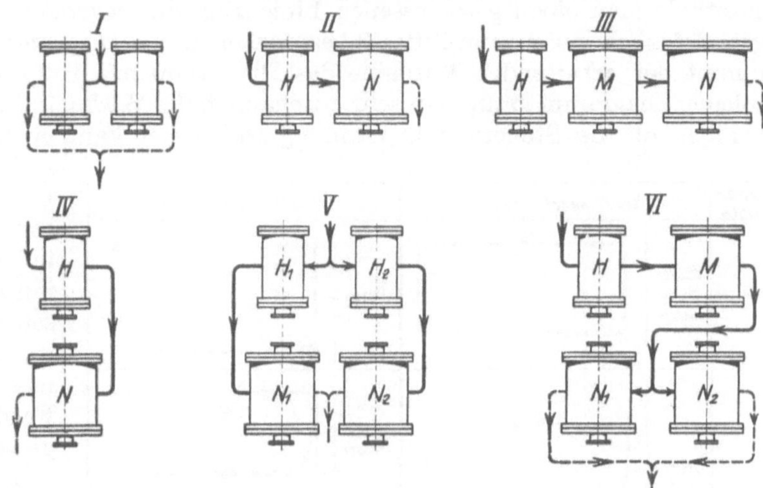

Abb. 92. Zylinderanordnungen von Kolbenmaschinen.

63. Hubraum. Schädlicher Raum. Verdichtungsraum. Hubraum ist Kolbenfläche × Hub. Wenn der Kolben einer Dampfmaschine oder eines Luftkompressors im Hub-

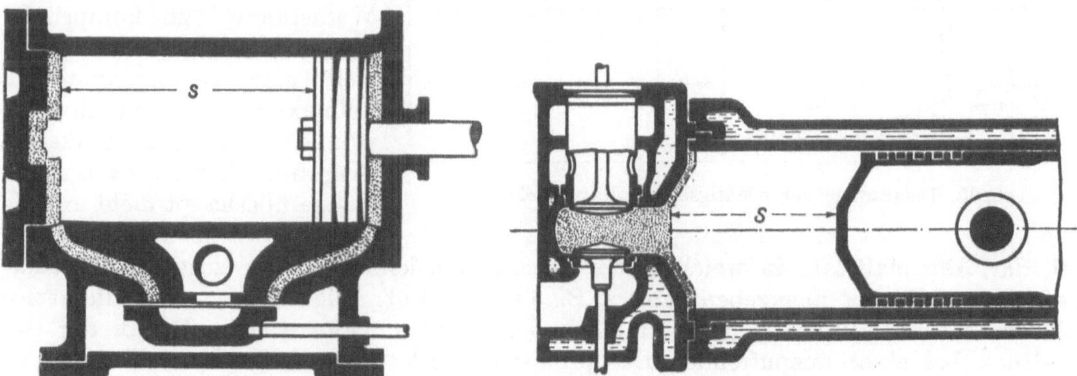

Abb. 93. Schädlicher Raum eines Dampfzylinders.

Abb. 94. Verdichtungsraum eines Gasmaschinenzylinders.

wechsel steht, so befindet sich zwischen ihm und dem Zylinderboden noch ein gewisser Raum. Dieser Raum nebst dem Raume bis zum abschließenden Schieber (vgl. Abb. 93) oder bis zu den abschließenden Ventilen heißt schädlicher Raum. Schädlich ist der Raum aber erst, wenn er zu groß ist. Die Größe des schädlichen Raumes wird in Prozenten des Hubraumes angegeben. Je nach der Art der Steuerung, der Größe der Zylinder, der Drehzahl der Maschine schwankt der schädliche Raum zwischen 3 und 15%. Der Inhalt des schädlichen Raumes arbeitet bei der Expansion und Kompression mit. Im

Gegensatz zu den Gasen und Dämpfen ist der schädliche Raum bei Flüssigkeiten unschädlich, da Expansion und Kompression fehlen.

Bei Verbrennungsmaschinen heißt der Raum hinter dem im Hubwechsel stehenden Kolben Verdichtungsraum (Abb. 94); dessen Größe ist danach zu bemessen, wie hoch man die Verdichtung treiben will.

64. Das Indikatordiagramm. Das Indizieren. Wird während eines Arbeitspieles der Druckverlauf im Zylinder über einer den Kolbenweg darstellenden Linie aufgetragen, so erhält man einen geschlossenen Linienzug, das sogenannte Indikatordiagramm, das grundsätzlich mit dem in Ziffer 8 besprochenen PV-Diagramm übereinstimmt. Man entnimmt der arbeitenden Maschine das Diagramm mit Hilfe des Indikators. Aus einem solchen Diagramm kann man sehr anschaulich die Wirkung der Maschine ersehen und erkennen, ob die Steuerung in Ordnung ist; ferner kann man den mittleren Druck im Zylinder bestimmen und auf Grund der Maschinenabmessungen und der Drehzahl die indizierte Leistung oder den indizierten Kraftbedarf der Maschine berechnen. In Abb. 95 ist für die wichtigsten Kolbenmaschinen die kennzeichnende Form ihrer Diagramme dargestellt. Es sind Kraft abgebende und Kraft verbrauchende Maschinen nebeneinandergestellt. So der Druckwassermotor neben die Kolbenpumpe und der Druckluftmotor neben den Luftkompressor und die Luftpumpe. Der Dampfmaschine fehlt der Partner, weil es keinen Zweck hätte, Wasserdampf zu komprimieren, ebenso der Gasmaschine, weil man selbstverständlich kein explosibles Gemisch komprimiert. Bei einem Indikatordiagramm kommt es auf die Länge überhaupt nicht an; die Länge stellt eben den Kolbenhub dar. Der Maßstab, in welchem der Druck verzeichnet ist, der sogenannte Federmaßstab, muß aber angegeben sein, z. B. 8 mm = 1 at. Wichtig ist ferner, die atmosphärische Linie zu verzeichnen, damit man erkennen kann, wie groß z. B. der Gegendruck bei einer auspuffenden Dampfmaschine ist, oder wie groß der Unterdruck beim Saughube einer Pumpe ist. Einen Überblick über die Höhe der auftretenden Drücke hat man sofort, wenn man im Diagramm außer der atmosphärischen Linie die Linie des absoluten Druckes Null verzeichnet.

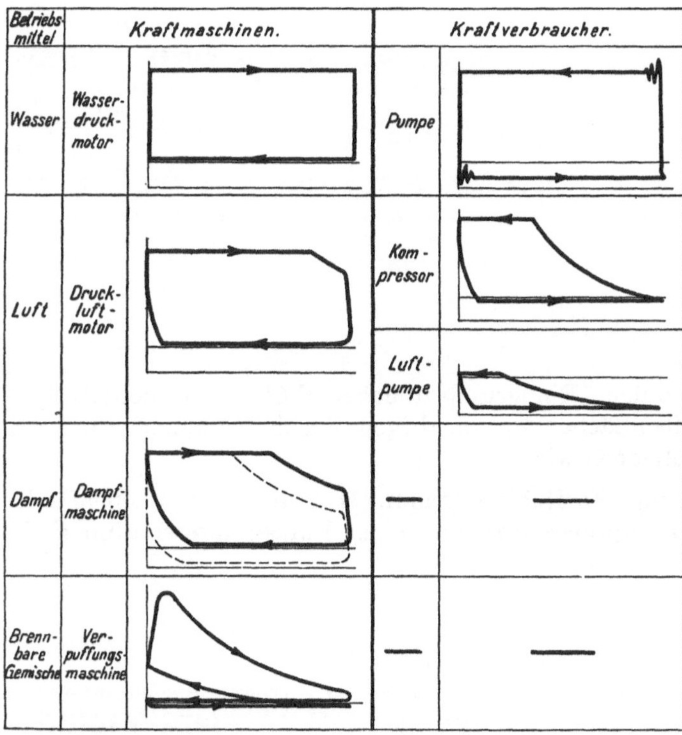

Abb. 95. Diagramme der wichtigsten Kolbenmaschinen.

Die Diagramme des Wasserdruckmotors und der Pumpe haben rechteckige Form, weil das Wasser nicht zusammendrückbar ist. Die übrigen Diagramme enthalten Kurven, die die Expansion und Kompression von Dampf oder Gas darstellen. Ein Kompressordiagramm ähnelt deswegen äußerlich einem Dampfmaschinendiagramm, tatsächlich ist es aber dem Pumpendiagramm verwandt.

Abb. 96 zeigt einen Indikator nebst Zubehör. Der Indikatorzylinder, der 20 mm Durchmesser hat, kann durch den Indikatorhahn, einen Dreiwegehahn, entweder mit der

Atmosphäre oder mit dem zu indizierenden Kraftmaschinen-, Pumpen- oder Kompressorzylinder verbunden werden. Die Indikatorfeder (*F*), die man, wie es gezeichnet ist, meist außerhalb des Indikatorzylinders anordnet, damit sie kalt bleibt, wählt man nach

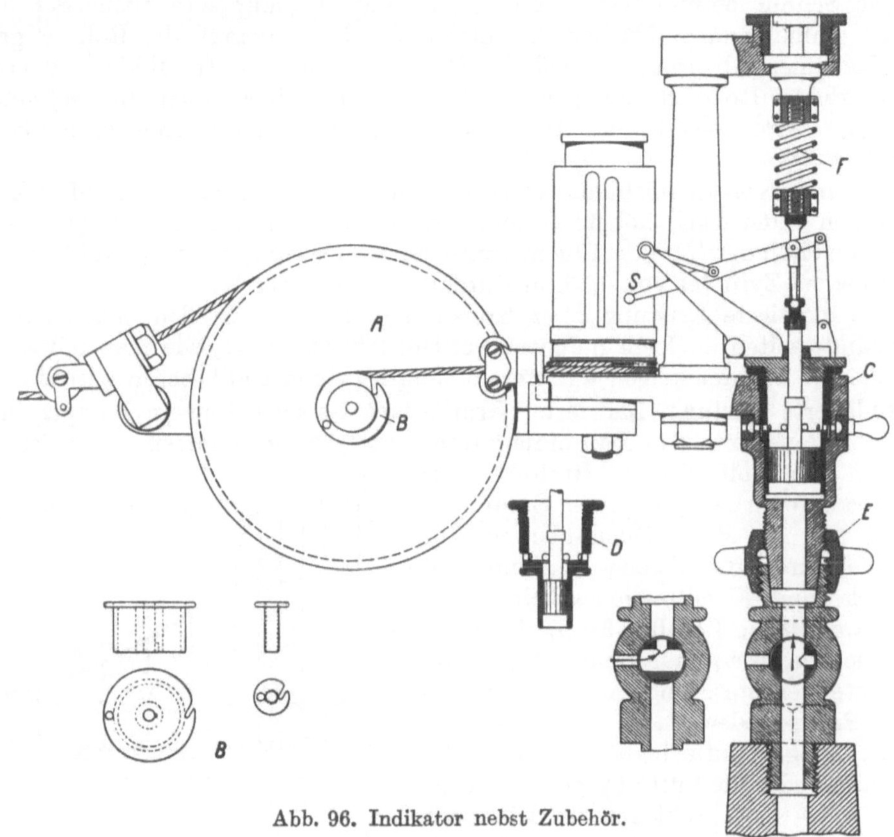

Abb. 96. Indikator nebst Zubehör.

den auftretenden höchsten Drücken. Der höchste Druck, für den eine Feder geeignet ist, ist auf ihr verzeichnet, ebenso der Federmaßstab. 8 kg 6 mm z. B. bedeutet, daß die

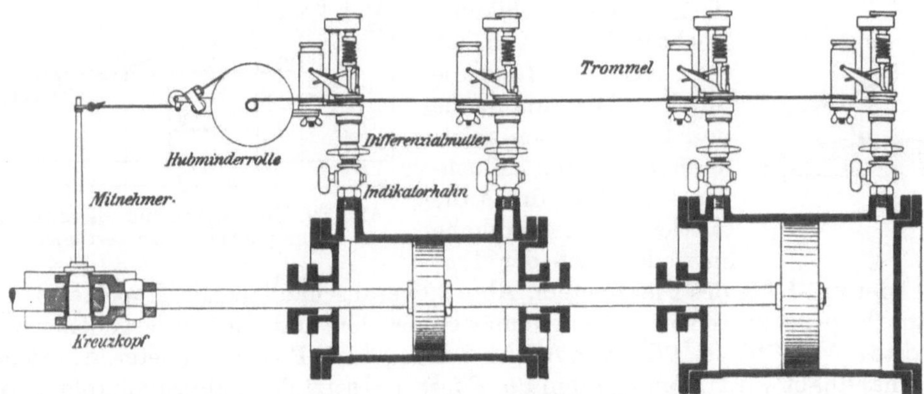

Abb. 97. Gemeinsamer Antrieb von vier hintereinander angeordneten Indikatoren.

Feder für 8 at höchsten Überdruck verwendbar ist, und daß im Diagramm 6 mm Höhe 1 kg/cm² Druck darstellen. Die Bewegung des Indikatorkolbens wird durch das Schreibzeug in vergrößertem Maßstabe auf das auf die Indikatortrommel gespannte Blatt übertragen. Die Indikatortrommel wird vom Kreuzkopf angetrieben, so daß sich das Indikatorblatt entsprechend wie der Kolben bewegt. In der Regel ist es nötig, in den Antrieb der Indikatortrommel eine Hubverminderung einzuschalten. Sehr gebräuchlich ist die in Abb. 96 dargestellte Hubminderrolle, deren große Scheibe A vom Kreuzkopfe aus durch eine Schnur bewegt wird, während die mit A gekuppelte kleine Scheibe B die Indikatortrommel treibt. Ist der Maschinenhub klein, so muß die Rolle B groß sein, ist der Maschinenhub groß, so muß die Rolle B klein sein. Im Bilde sind eine große und eine kleine Rolle B dargestellt. Bei großen Kolbenhüben und schnellem Maschinengange wird anstatt der Hubminderrolle zweckmäßig eine Hebelübersetzung eingeschaltet.

Beim 20 mm-Kolben reicht die stärkste Feder meist nur bis 15 at. Man kann aber mit derselben Feder 4mal höhere Drücke indizieren, indem man in den 20 mm-Zylinder einen kleinen Zylinder (D) von 10 mm Durchmesser einsetzt, oder 10mal höhere Drücke, wenn man einen Zylinder von 6,3 mm Durchmesser einsetzt.

Um die indizierte Leistung einer Kolbenmaschine festzustellen, müssen ihre sämtlichen Zylinderseiten zugleich indiziert werden. Abb. 97 zeigt, wie man mittels 1 Hubminderrolle die Trommeln von 4 hintereinanderliegenden Indikatoren antreibt.

65. Indizierte Leistung. Indizierter Kraftbedarf. Es sei bei einem Dampfzylinder auf der einen Zylinderseite das Dampfdiagramm, Abb. 98, entnommen, dann ist die vom Dampfe an den Kolben beim Hinhube übertragene absolute Arbeit gleich der Summe der Flächen I und II. Beim Rückhube muß der Kolben die durch die Fläche II dargestellte Gegendruck- und Kompressionsarbeit leisten. Die Diagrammfläche I stellt also die bei einem Arbeitspiele der Dampfmaschine auf der einen Zylinderseite geleistete indizierte Arbeit dar. Bei einer Pumpe oder einem Kompressor bedeutet die Diagrammfläche die vom Kolben an das Wasser oder die Luft abgegebene Arbeit. Schleifen im Diagramm bedeuten negative Arbeit, die von positiver abzuziehen ist. Verwandelt man die Diagrammfläche in ein gleichlanges Rechteck, vgl. Abb. 98, so ist dessen Höhe die mittlere Diagrammhöhe und bedeutet den mittleren indizierten Kolbendruck p_i. Man findet die mittlere Diagrammhöhe entweder nach der Trapezregel oder mit Hilfe des Planimeters. Abb. 99 veranschaulicht die Trapezregel. Um ein Diagramm bequem zu teilen, bedient man sich des dem Indikator beigegebenen verstellbaren Rostes. Abb. 100 zeigt das von Amsler angegebene Polarplanimeter, das folgendermaßen gehandhabt wird: Man legt den Pol P fest und setzt den Fahrstift F an irgendeinem Punkte der Diagrammlinie kräftig ein, so daß dieser Anfangspunkt genau markiert wird. Nachdem man am Nonius N die Anfangsstellung des Meßrades R abgelesen hat, umfährt man das Diagramm mit dem Fahrstift, bis man zu dem markierten Ausgangspunkte zurückgekehrt ist, worauf man die Endstellung des Meßrades abliest. Aus dem Unterschiede zwischen Anfang- und Endstellung ist nach dem am Planimeter vermerkten Maßstabe die Diagrammfläche zu berechnen. Das Zählrad Z braucht man nur bei großen Flächen.

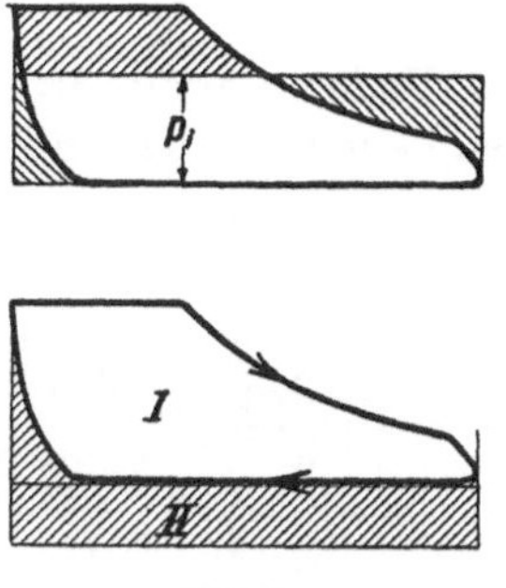

Abb. 98.

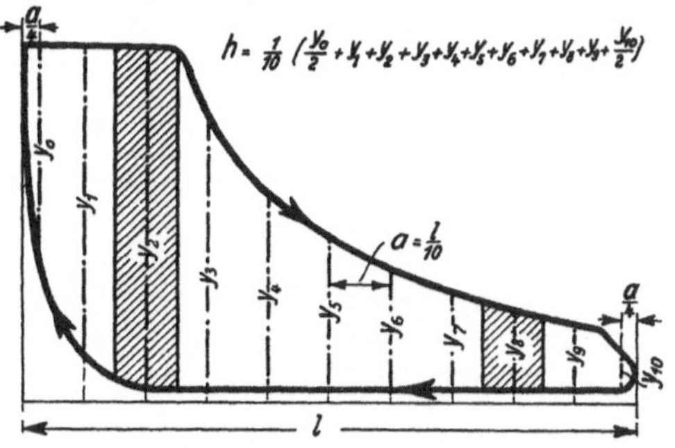

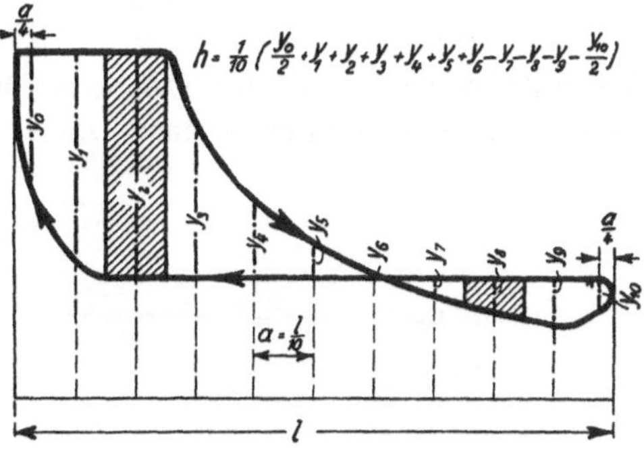

Abb. 99. Trapezregel, um die mittlere Diagrammhöhe h zu bestimmen.

Die mittlere Diagrammhöhe erhält man aus der Division der Diagrammfläche durch die Diagrammlänge.

Teilt man die mittlere Diagrammhöhe durch den Federmaßstab, so erhält man p_i. Kennt man Hub und Kolbenfläche des Zylinders, sowie die Drehzahl der Maschine, so kann man die „indizierte Leistung“ einer Dampfmaschine, Gasmaschine usw. oder den

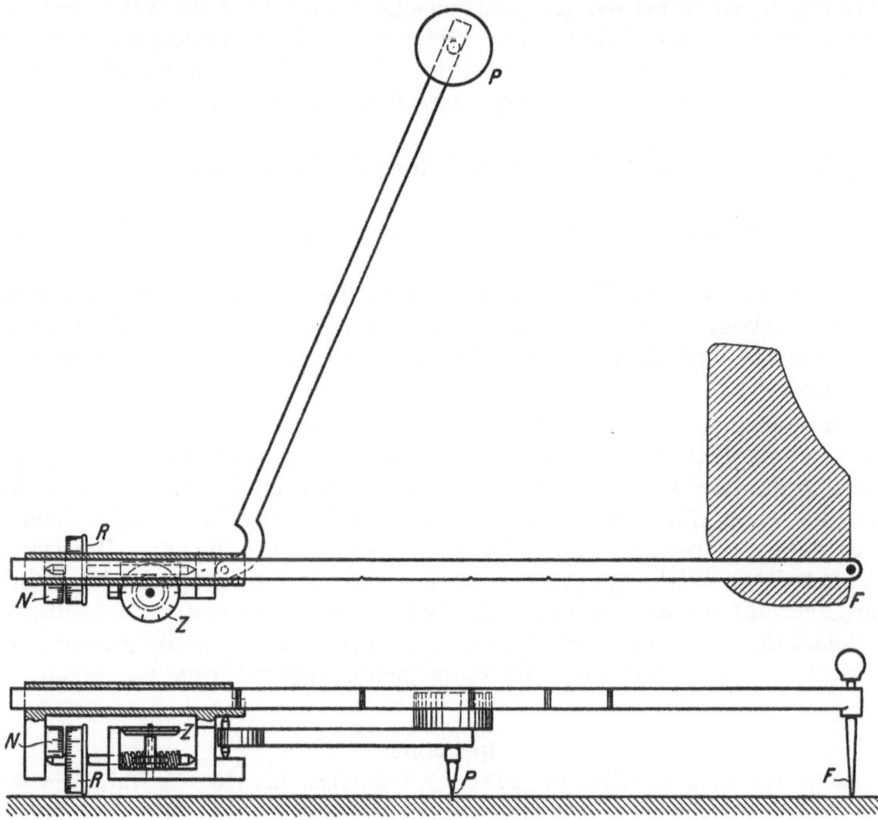

Abb. 100. Polarplanimeter.

„indizierten Kraftbedarf“ einer Pumpe, eines Kompressors usw. errechnen. Diese Maschinen arbeiten mit Ausnahme der Viertaktverbrennungsmaschine im Zweitakt, d. h. das Arbeitspiel auf jeder Zylinderseite vollzieht sich innerhalb zweier Hübe oder einer Umdrehung.

Ist p_i der mittlere indizierte Druck in kg/cm²,
f die wirksame Kolbenfläche in cm² (also nach Abzug des Querschnittes der durchgehenden Kolbenstange, der bei Dampfmaschinen etwa 2%, bei Großgasmaschinen etwa 5% des Zylinderquerschnitts beträgt),
s der Kolbenhub in m,
n die minutliche Drehzahl,

so ist die indizierte Leistung bzw. der indizierte Kraftbedarf jeder Kolbenseite

a) bei Zweitaktwirkung $N_i = \frac{p_i \cdot f \cdot s \cdot n}{60 \cdot 75}$ PS,

b) bei Viertaktwirkung $N_i = \frac{p_i \cdot f \cdot s \cdot n}{120 \cdot 75}$ PS.

Soll die Leistung in kW gerechnet werden, so ist durch 102 statt durch 75 zu teilen. Um die Leistung der ganzen Maschine zu berechnen, sind die Leistungen der einzelnen Zylinderseiten zu addieren. Vgl. die Beispiele in Ziffer 66.

66. Effektive Leistung. Effektiver Kraftbedarf. Mechanischer Wirkungsgrad. Änderung des Wirkungsgrades mit der Belastung der Maschine. Die an den Kolben einer Kraftmaschine vom Dampf oder beim Druckluftmotor von der Luft usw. übertragene Leistung ist an der Kurbelwelle nicht in voller Höhe abnehmbar, da am Kolben, in den Stopfbüchsen, in den Lagern usw. Reibungsverluste auftreten. Die „effektive Leistung“ oder die Nutzleistung N_e ist daher bei der Kraftmaschine kleiner als die indizierte Leistung N_i. Umgekehrt stellt bei einer Kolbenpumpe oder einem Kolbenkompressor die indizierte Leistung die Nutzleistung dar, und diese ist kleiner als die Antriebleistung oder der effektive Kraftbedarf N_e der Pumpe oder des Kompressors. Es ist

$\frac{N_e}{N_i} = \eta_m$ der mechanische Wirkungsgrad einer Kraftmaschine.

$\frac{N_i}{N_e} = \eta_m$ der mechanische Wirkungsgrad einer Pumpe oder eines Kompressors.

Wird eine Pumpe oder ein Kompressor unmittelbar von der Kolbenstange der Kraftmaschine angetrieben, so versteht man unter dem mechanischen Wirkungsgrade des Maschinensatzes das Verhältnis der indizierten Pumpenleistung zur indizierten Leistung der Kraftmaschine.

Solange die Arbeit je Kolbenhub dieselbe bleibt, ändert sich der mechanische Wirkungsgrad der Kolbenmaschine nicht. Ob z. B. ein von einer Dampfmaschine angetriebener Luftkompressor mit $n = 40$ oder mit $n = 80$ läuft, beeinflußt den mechanischen Wirkungsgrad nicht. Bei einer Maschine aber, die zwischen Leerlauf und voller Belastung ihre Drehzahl ungefähr beibehält, einer Dampfmaschine z. B., die eine Dynamo antreibt, wird der mechanische Wirkungsgrad um so niedriger, je schwächer die Maschine belastet wird. Beim Leerlauf ist der mechanische Wirkungsgrad = Null. Da erfahrungsgemäß bei voller Belastung die Reibungsverluste in der Maschine nur wenig größer sind als beim Leerlauf, so ist die Leerlaufleistung der maßgebende Anhalt für die Größe der Maschinenreibung.

Beispiele:

1. Eine einzylindrige Dampfmaschine von 600 mm Zyl.-Durchm. und 1100 mm Hub, deren durchgehende Kolbenstange vorn 90 mm, hinten 70 mm Durchm. hat, läuft mit $n = 120$, und es ist p_i vorn = 2,7 at, hinten = 2,6 at. Wieviel PS_i leistet die Maschine und wieviel PS_e bei $\eta_m = 92\%$? — Der wirksame Kolbenquerschnitt ist vorn 2764 cm², hinten 2789 cm². Die vordere Zylinderseite leistet $\frac{2764 \cdot 2{,}7 \cdot 1{,}1 \cdot 120}{60 \cdot 75} = 219\ PS_i$, die hintere Zylinderseite leistet $\frac{2789 \cdot 2{,}6 \cdot 1{,}1 \cdot 120}{60 \cdot 75} = 212{,}4\ PS_i$. Zusammen werden 431,4 PS_i oder $431{,}4 \cdot 0{,}92 = 397\ PS_e$ geleistet.

2. Es soll überschlagen werden, wieviel PS_e eine Zwillingsfördermaschine von 950 mm Zyl.-Durchm. und 1600 mm Hub bei $n = 50$ und $\eta_m = 90\%$ leistet, wenn auf allen 4 Zylinderseiten $p_i = 3$ at ist. — Indem man 2% für den Querschnitt der durchgehenden Kolbenstangen absetzt, wird der wirksame Kolbenquerschnitt = 6946 cm². Dann ist $N_i = 4 \cdot \frac{6946 \cdot 3 \cdot 1{,}6 \cdot 50}{60 \cdot 75} = 1476$ PS und $N_e = 0{,}9 \cdot 1476 = 1328$ PS.

3. Eine Großgasmaschine indiziere bei Leerlauf 400 PS und bei voller Belastung 2600 PS. Wieviel PS_e leistet die Maschine bei voller Belastung, und wie groß ist η_m bei voller, ¾, ½ und ¼ Last, wenn die Reibung in der Maschine dieselbe bleibt wie beim Leerlauf? — Die Gasmaschine leistet $2600 - 400 = 2200\ PS_e$. Bei voller Last ist $\eta_m = \frac{2200}{2600} = 84{,}7\%$, bei ¾ Last ist $\eta_m = \frac{1650}{1650 + 400} = 80{,}5\%$, bei ½ Last ist $\eta_m = \frac{1100}{1100 + 400} = 73{,}3\%$ und bei ¼ Last ist $\eta_m = \frac{550}{550 + 400} = 57{,}9\%$.

4. Eine doppeltwirkende Pumpe von 80 mm Plungerdurchmesser und 600 mm Hub erzeugt Preßwasser von 300 at Druck. Wieviel kW beträgt der Kraftbedarf der Pumpe, die 92% mechanischen Wirkungsgrad hat, bei $n = 90$, und wieviel kW nimmt der Elektromotor auf, wenn er einschließlich des zwischengeschalteten Rädergetriebes 85% Wirkungsgrad hat? — Der Kraftbedarf der Pumpe ist $= \frac{N_i}{\eta_m} = 2 \cdot \frac{300 \cdot 50 \cdot 0{,}6 \cdot 90}{0{,}92 \cdot 60 \cdot 102} = 300$ kW und der Motor nimmt $\frac{300}{0{,}85} = 353$ kW auf.

5. Eine Dampfwasserhaltung hebt minutlich 6 m^3 auf 600 m. Die antreibende Dampfmaschine indiziert 890 PS. Wie groß ist der Gesamtwirkungsgrad der Wasserhaltungsanlage, d. h. das Verhältnis der in gehobenem Wasser gemessenen Leistung der Anlage zur indizierten Leistung der Dampfmaschine? — Wenn das Wasser das spezifische Gewicht $\gamma = 1$ hat, sind 6 m^3/min = 100 kg/s. Die Nutzleistung der Anlage, gemessen in gehobenem Wasser, ist $= \frac{100 \cdot 600}{75} = 800$ PS; mithin ist der Gesamtwirkungsgrad $= \frac{800}{890} = 89{,}9\%$.

67. Der Kurbeltrieb. Das Schwungrad. Um durch den hin- und hergehenden Kolben einer Kraftmaschine eine Welle zu drehen oder umgekehrt von einer z. B. mittels Elektromotors gedrehten Welle den Kolben einer Pumpe oder eines Kompressors zu bewegen, ist der Kurbeltrieb das einfachste und beste Mittel. Durch den Kurbeltrieb wird der Kolbenhub genau begrenzt und der Kolben wird erst beschleunigt, dann verzögert, während die Kurbelwelle gleichförmig umläuft. Läuft der Kurbelzapfen mit der Geschwindigkeit v, so ist die Kolbengeschwindigkeit (bei unendlich langer Pleuelstange) $= v \cdot \sin \alpha$, worin α der Winkel ist, den die Kurbel mit der Kolbenbahn bildet. Schlägt man einen Halbkreis, dessen Radius gleich der Geschwindigkeit v des Kurbelzapfens ist, Abb. 101,

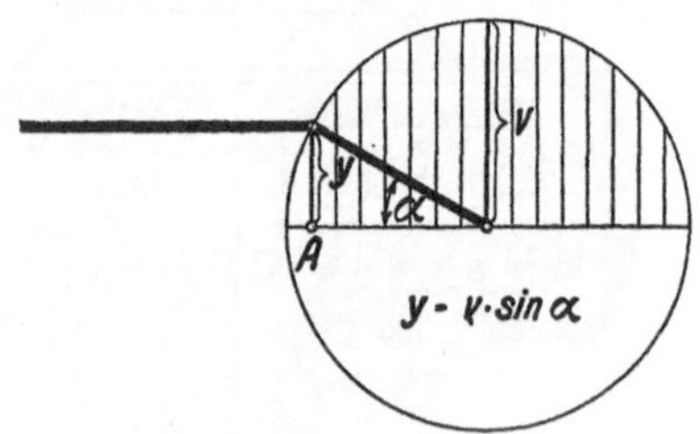

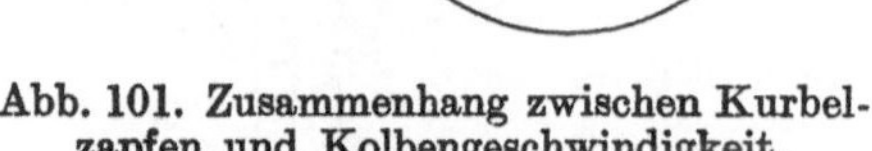

Abb. 101. Zusammenhang zwischen Kurbelzapfen und Kolbengeschwindigkeit.

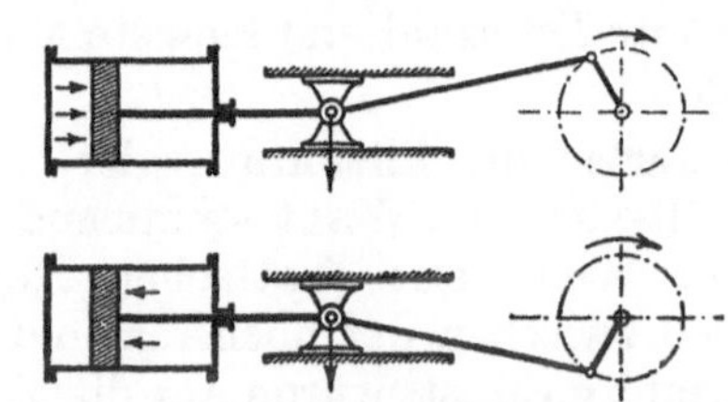

Abb. 102. Rechtslaufende Dampfmaschine.

so ist $y = v \cdot \sin \alpha$ die Kolbengeschwindigkeit bei dem jeweiligen Kurbelwinkel α oder der jeweiligen Kolbenstellung A. Die mittlere Kolbengeschwindigkeit c ist $= \frac{v}{1{,}57}$. Das Drehmoment, das der Kolben auf die Kurbel ausübt, ist ungefähr in der Hubmitte am größten, im Hubwechsel, in der „Totlage" der Kurbel = Null. Eine einkurblige Kraftmaschine braucht daher ein Schwungrad, um über den toten Punkt hinwegzukommen.

Für eine Kraftmaschine, die nur in einem Sinne umlaufen soll, wählt man gemäß Abb. 102 den Umlaufsinn so, daß der Kreuzkopfdruck nach unten gerichtet ist, und spricht dann von Rechtslauf. Handelt es sich umgekehrt darum, einen Pumpenkolben von der Kurbelwelle anzutreiben, dann muß die Maschine im entgegengesetzten Sinne umlaufen, damit der Kreuzkopfdruck nach unten gerichtet ist.

Es war oben gesagt, daß das Schwungrad bei einer einkurbligen Maschine die Maschine über den toten Punkt zu bringen habe. Abgesehen davon hat das Schwungrad überhaupt die Aufgabe, die Ungleichförmigkeit der Drehung auf ein zulässiges Maß herabzusetzen. Bei einer einzylindrigen doppeltwirkenden Dampfmaschine z. B. wiederholt sich bei jedem Hube folgender Vorgang: Im ersten Teile überträgt der noch mit voller Spannung wirkende Dampf durch den Kolben mehr Arbeit an die Kurbelwelle, als von dieser abgenommen wird, während im zweiten Teile des Hubes der entspannte Dampf weniger Arbeit verrichtet als abgenommen wird. Den Ausgleich bewirkt das Schwungrad, das zuerst durch die überschüssige Energiezufuhr beschleunigt wird und dann, die aufgenommene Arbeit wieder abgebend, in der Geschwindigkeit zurückfällt. Bei Maschinen mit mehreren gegeneinander versetzen Kurbeln braucht man ein kleineres Schwungrad als bei einer einkurbligen Maschine.

VIII. Die Reglung der Kraftmaschinen.

68. Einführung. Es überwiegt die Aufgabe, die Drehzahl der Kraftmaschine annähernd gleich zu halten. In diesem Abschnitt ist nur diese Regelung auf gleichbleibende Drehzahl besprochen, während Reglungen besonderer Art, z. B. die Reglung der Luftkompressoren auf gleichbleibenden Druck oder die Reglung von Fördermaschinen, bei den genannten Maschinen behandelt werden. Ferner sind im folgenden nur Fliehkraftregler besprochen, während die nur ausnahmsweise angewendete Durchflußreglung bei den Fahrtreglern der Fördermaschinen dargestellt ist. Fliehkraftregler werden als Muffenregler und als Achsenregler ausgeführt. Hier sind immer Muffenregler zugrunde gelegt, während Achsenregler bei den Dampfmaschinensteuerungen besprochen werden.

Jede Reglung vollzieht sich entweder statisch (stetig) oder astatisch (unstet). Die Geschwindigkeitsreglung wird fast immer statisch ausgeführt, derart, daß bei ansteigender Geschwindigkeit die Kraftzufuhr zur Maschine stetig verkleinert wird, so daß zur niedrigsten Muffenlage kleinste Drehzahl und größte Maschinenkraft, zur höchsten Muffenlage größte Drehzahl und kleinste Maschinenkraft gehört.

69. Bauarten der Fliehkraftregler. Abb. 103 zeigt den ältesten von Watt stammenden Fliehkraftregler. Weil beim Wattschen Regler der Unterschied zwischen der höchsten und niedrigsten Drehzahl groß ist, wurde aur die Muffe eine Belastungshülse gesetzt (Porter), ferner wurden die Stangen gekreuzt (Kley) und andere Änderungen vorgenommen. In der neueren Zeit werden an Stelle der reinen Gewichtregler überwiegend

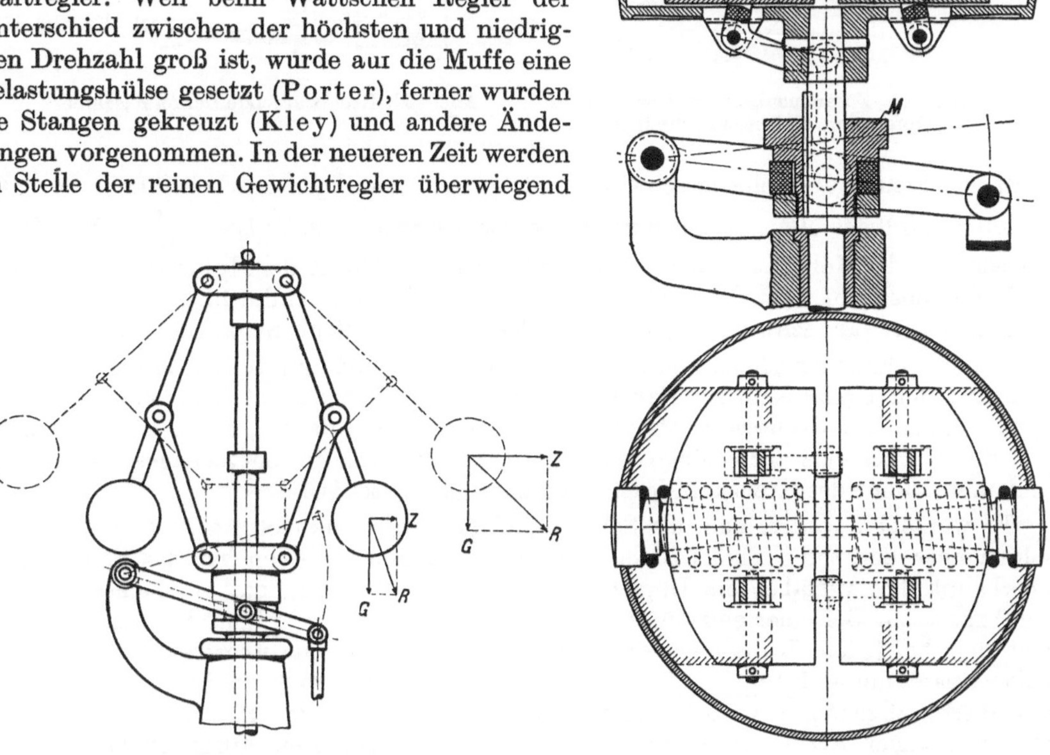

Abb. 103. Gewichtregler (Watt).

Abb. 104. Federregler.

Federregler gebaut. Abb. 104 zeigt als Beispiel einen Regler der Fa. Hartung, Kuhn & Cie., Düsseldorf. Die infolge der Fliehkraft auseinanderstrebenden Schwungmassen beginnen auszuschlagen, wenn die Fliehkraft die Kraft der Belastungsfedern überwiegt. Damit der Regler statisch ist, muß die Kraft der Belastungsfedern so zunehmen, daß die Schwungmassen zu ihrem weiteren Ausschlage immer höhere Drehzahlen brauchen. Mit den Schwungmassen ist die Reglermuffe verbunden, so daß sie steigt, wenn die Schwungmassen ausschlagen. Die Bewegung der Reglermuffe wird mit Hilfe eines Gleitringes auf den Reglerhebel übertragen, der die Steuerung verstellt, so daß bei zunehmender Drehzahl die Kraftzufuhr von Höchst auf Null herabgemindert wird.

70. Die Hubdrehzahllinie der Regler. Stabilitätsgrad. Unempfindlichkeit. Ungleichförmigkeit. Der Charakter des Reglers, d. h. wie sich der Muffenhub mit der Drehzahl ändert, ergibt sich aus der Hubdrehzahllinie. Abb. 105 zeigt die Hubdrehzahllinien für drei kennzeichnende Fälle. Die obere Linie gilt für Reglung auf annähernd gleichbleibende Drehzahl, wobei der Regler schwach statisch sein soll. Der Regler spielt zwischen $n = 195$ und $n = 205$, und der Unterschied zwischen n_{max} und n_{min} ist $\frac{10}{200}$ oder 5% der mittleren Drehzahl. Die untere Linie gilt für stark statische Reglung, wie man sie bei Fördermaschinen braucht, um von kleinster bis zu größter Geschwindigkeit zu regeln[1]. Die mittlere gebrochene Linie findet man bei Leistungsreglern für Kolbenkompressoren und Pumpen. Im ersten Hubteile ist der Regler stark statisch, um die Drehzahl und damit die Förderleistung des Kompressors innerhalb weiter Grenzen einstellen zu können. Im zweiten Hubteile, dem sogenannten Sicherheitshube, ist der Regler schwach statisch, damit er im Falle der Not, z. B. beim Bruche der Druckleitung, unter geringer Steigerung der Drehzahl die Kraftzufuhr ganz abstellt. Für einen astatischen Regler wäre die Hubdrehzahllinie eine Senkrechte; die Muffe würde nicht stetig verstellt werden, sondern aus der einen in die andere Endlage springen. Rein astatische Regler sind unbrauchbar; man kann sich wohl der Astasie stark nähern und spricht dann von pseudo-astatischer Reglung.

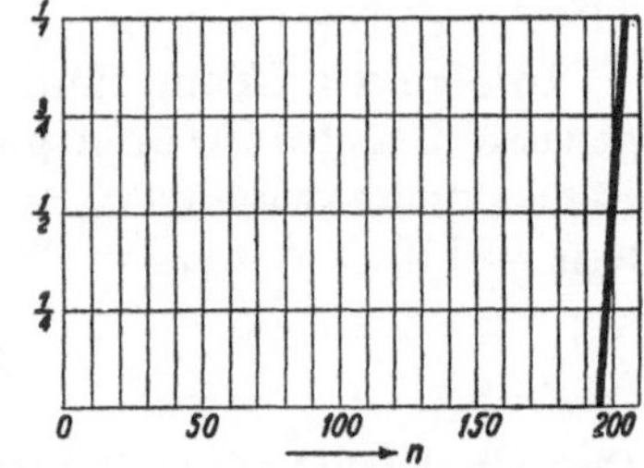

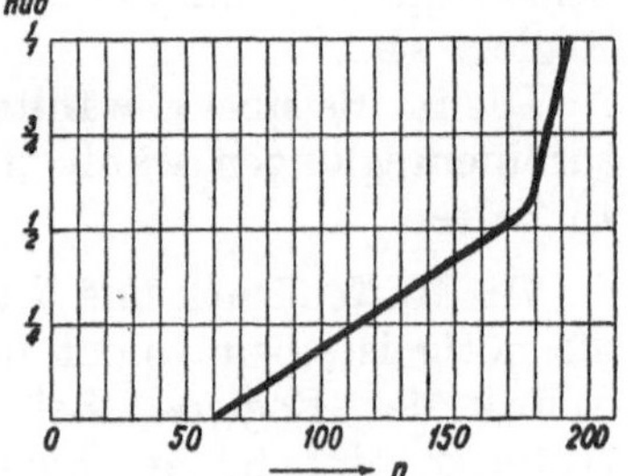

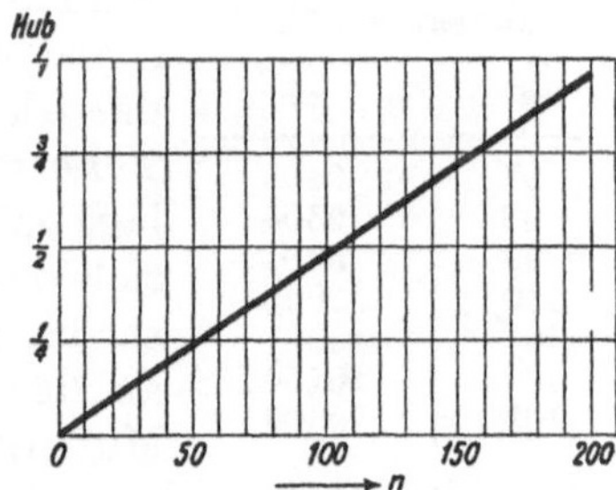

Abb. 105. Hubdrehzahllinien verschiedener Art.

Inwieweit ein Regler statisch ist, läßt der Stabilitätsgrad erkennen. In dem in Abb. 106 dargestellten Beispiel stellt die stark ausgezogene Linie den Idealfall dar, in dem die Reglung ohne Reibung verläuft. Der Regler wirkt zwischen $n_u = 180$ und $n_o = 220$. Dafür ist der Stabilitätsgrad

$$\sigma = \frac{n_o - n_u}{n_{mittel}} = \frac{220 - 180}{200} = 20\%.$$

Ist der Stabilitätsgrad groß, so ist der Regler stark statisch, für den Stabilitätsgrad Null besteht Astasie, während ein negativer Stabilitätsgrad einen unbrauchbaren, labilen Regler kennzeichnet, dessen Ausschlag mit abnehmender Drehzahl zunimmt.

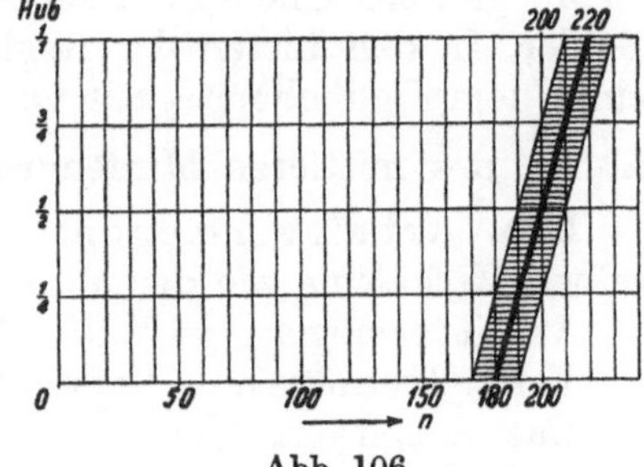

Abb. 106.

Die tatsächliche Reglung ist von der ideellen unterschieden. Sie besitzt eine gewisse Unempfindlichkeit, weil die eigene Reibung des Reglers und die Widerstände bei der Verstellung der Steuerung zu überwinden sind. Infolgedessen wird der Regler, der auf einem Punkte der idealen Hubdrehzahllinie arbeitet, nicht sofort ausschlagen, wenn die Drehzahl steigt oder fällt. In unserem Beispiel ist angenommen, daß die Drehzahl um 10 steigen oder fallen, d. h. sich um $\pm$ 5% ändern muß, ehe die Reglermuffe beginnt sich zu heben oder zu senken. Die Reglung wirkt also nicht auf der idealen Hub-

[1] Vgl. Ziffer 161.

drehzahllinie, sondern in der schraffierten Zone. Es ist der Unempfindlichkeitsgrad

$$\varepsilon = \frac{10 + 10}{200} = 10\%.$$

Infolge der Unempfindlichkeit ergibt sich im Zusammenhang mit der Stabilität eine gewisse Ungleichförmigkeit der Reglung. In der schraffierten Zone arbeitet der Regler nicht zwischen $n_u = 180$ und $n_o = 220$, sondern in dem größeren Bereich zwischen $n_{\min} = 170$ und $n_{\max} = 230$. Daher ist der Ungleichförmigkeitsgrad

$$\delta = \frac{n_{\max} - n_{\min}}{n_{\text{mittel}}} = \frac{230 - 170}{200} = 30\%.$$

Der Ungleichförmigkeitsgrad ist gleich der Summe von Stabilitäts- und Unempfindlichkeitsgrad. Von dem Ungleichförmigkeitsgrad hängt die Reglungsfähigkeit eines Reglers ab.

Die im Beispiel gewählten Zahlen für δ und ε sind verhältnismäßig hoch. Bei Dampfturbinenreglungen wählt man $\delta = 4$ bis 5% und sucht ε möglichst klein, unter ½% zu halten.

71. Muffendruck und Verstellkraft. Arbeitsvermögen und Verstellvermögen. Die Kraft, die nötig ist, beim nicht umlaufenden Regler die Muffe hochzuhalten, heißt Muffendruck des Reglers. Bei den meisten Reglern nimmt der Muffendruck, wenn die Muffe in eine höhere Lage geht, zu; man legt dann den mittleren Muffendruck zugrunde. Wenn der Regler umläuft und die Schwungmassen ausschlagen, hält die Fliehkraft der Schwungmassen dem Muffendruck das Gleichgewicht. Man spürt aber die Verstellkraft des Reglers, wenn man die Muffe festhält und die Drehzahl über die zur Muffenlage gehörige Drehzahl steigert oder sie unter diese herabsetzt. Weil sich die Fliehkraft mit dem Quadrate der Geschwindigkeit ändert, so entsteht für je 1% Änderung der Drehzahl nach oben oder unten an der festgehaltenen Muffe eine Verstellkraft P, die $\approx 2\%$ des Muffendruckes ist. (Vgl. nebenstehende Zahlentafel 16). Ein Unempfindlichkeitsgrad $\varepsilon = 2\%$ bedeutet aber ebenfalls, daß sich die Drehzahl um $\pm 1\%$ ändern muß, damit die Muffe im einen oder anderen Sinne ausschlägt. Es besteht also folgender Zusammenhang zwischen dem Muffendruck E, der Verstellkraft P und dem Unempfindlichkeitsgrad ε:

Zahlentafel 16.

n	n^2
97	9409
98	9604
99	9801
100	10000
101	10201
102	10404
103	10609

$$P = \varepsilon E.$$

Je größere Unempfindlichkeit man zuläßt, um so größere Verstellkraft äußert der Regler. In den Listen der Reglerfirmen wird eine Drehzahländerung von $\pm 2\%$, d. h. ein Unempfindlichkeitsgrad von 4% zugrunde gelegt; die angegebene Verstellkraft ist also $\frac{1}{25}$ des mittleren Muffendruckes.

Das Arbeitvermögen und das Verstellvermögen des Reglers stehen im selben Verhältnis wie der Muffendruck und die Verstellkraft.

Arbeitvermögen = Muffendruck × Hub,
Verstellvermögen = Verstellkraft × Hub.

Das Arbeitvermögen oder das Verstellvermögen, das in mmkg angegeben wird, ist ein Maß der Stärke des Reglers. Wünscht man, was meist der Fall ist, einen kleineren Unempfindlichkeitsgrad als den in den Listen der Reglerfirmen für die Berechnung des Verstellvermögens zugrunde gelegten von 4%, so muß man einen entsprechend stärkeren Regler wählen.

72. Indirekt wirkende Regler. Wo es darauf ankommt, sehr große Verstellkräfte auszuüben oder sehr empfindlich zu regeln, wählt man indirekte Reglung. Bei der indirekten Reglung wird dem Fliehkraftregler ein Hilfszylinder vorgespannt, der zweckmäßig mit Drucköl betrieben wird. Abb. 107 zeigt ein Beispiel. Der Fliehkraftregler a

hat nunmehr nur den Schieber *b* des Hilfszylinders *c* zu verstellen. Dessen Kolben *d*, der sich entsprechend bewegt wie die Reglermuffe, verstellt dann die Steuerung der Kraftmaschine, z. B. das Drosselventil *e* einer Dampfturbine, so daß mehr oder weniger Dampf zuströmt. Der Reglerhebel ist an einem Ende (*A*) mit der Reglermuffe verbunden, mit dem andern (*C*) ist er an der Kolbenstange des Hilfszylinders angelenkt; vom Punkte *B* aus wird der Schieber *b* bewegt. Bei direkter Wirkung hätte der Reglerhebel im Punkte *B* seinen festen Drehpunkt. Auch bei indirekter Wirkung stellt *B* den Drehpunkt des Reglerhebels dar. Der Punkt *B* schlägt zwar nebst dem mit ihm verbundenen Schieber *b* während des Reglungsvorganges ein wenig nach oben und nach unten aus, wird aber immer wieder in die Mittellage zurückgeführt. Eben dazu ist das Ende *C* des Reglerhebels an die Kolbenstange des Hilfszylinders angelenkt. Man verfolge einen Reglungsvorgang: Bei steigender Drehzahl steigt die Reglermuffe und zieht den Steuerschieber *b* aus seiner Mittellage nach oben. Infolgedessen empfängt die obere Seite des Hilfszylinders Drucköl und der Hilfskolben wird nach unten getrieben, jedoch nur so weit, bis der vom Hilfskolben mitgenommene Steuerschieber *b* wieder in seine Mittellage zurückgeführt ist und die Stellung des Hilfskolbens wieder der Stellung der Reglermuffe entspricht[1].

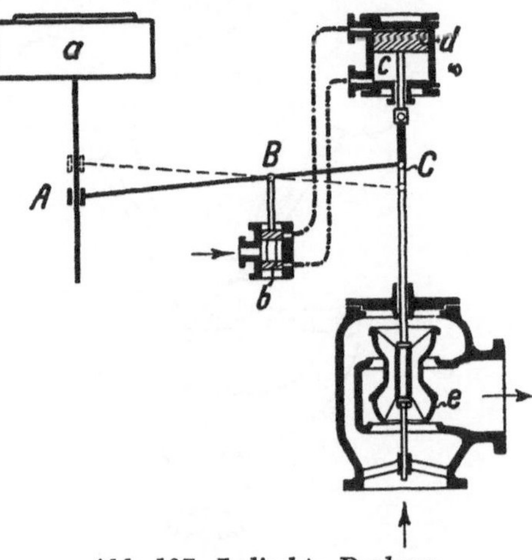

Abb. 107. Indirekte Reglung.

73. Einstellbarkeit der Reglung auf veränderliche Umlaufzahl. Häufig liegt das Bedürfnis vor, die Drehzahl einer Kraftmaschine höher oder niedriger einzustellen, z. B. bei den Antriebsmaschinen von Pumpen, Kompressoren, Ventilatoren oder von Drehstromdynamos. Für diese Aufgabe hat man zwei Lösungen. Entweder wird die Reglermuffe zusätzlich mehr oder weniger belastet, wobei der ganze Muffenhub für die Verstellung der Steuerung von voller Kraft auf Null verfügbar ist, oder man trifft die Anordnung so, daß der Regler von vornherein zwischen der gewünschten niedrigsten und höchsten Umlaufzahl, z. B. zwischen $n = 150$ und $n = 200$ spielt, dabei aber die Steuerung von voller Kraft auf Null mit einem Bruchteil des Muffenhubes verstellt. Indem man das Verbindungsglied zwischen Reglerhebel und Steuerung verlängert oder verkürzt, kann man den Regler im einen oder anderen Teile seines Reglungsbereiches wirken lassen.

Die Abb. 108 und 109 veranschaulichen, wie man entweder durch ein auf dem Reglerhebel verschiebbares Laufgewicht oder durch eine sogenannte Federwaage die Muffe zusätzlich mehr oder weniger belastet. Je stärker man die Muffe belastet, um so höhere Drehzahl stellt man ein; denn um so schneller muß der Regler laufen, damit die Fliehkraft der Schwungmassen dem vergrößerten Muffendruck das Gleichgewicht hält. Schiebt man also das Laufgewicht *a* nach rechts oder spannt man die Feder *b* stärker, steigt die Drehzahl der Kraftmaschine. Dem Vorteil dieser Anordnung, daß der ganze Muffenhub für die Verstellung der Steuerung ausgenützt wird, steht der Nachteil gegenüber, daß an der Reglermuffe, sofern sie nicht auf Kugeln läuft, starke Reibung auftritt und die Empfindlichkeit des Reglers wegen der erhöhten Reibung der Muffe am Laufkeile leidet.

Abb. 110 veranschaulicht an einem Zahlenbeispiele die zu zweit genannte Anordnung, bei der die Reglung ohne zusätzliche Muffenbelastung auf veränderliche Drehzahl ein-

[1] Vgl. das in Ziffer 153 über die Dampfsteuerung der Fördermaschine Gesagte. Anstatt daß der Fördermaschinist mit seinem Steuerhebel die Fördermaschinensteuerung unmittelbar verstellt, verstellt er nur den Schieber eines Hilfszylinders. Durch die „Rückführung" des Steuerschiebers wird erreicht, daß die Steuerung der Fördermaschine dem Steuerhebel so folgt, als wurde sie direkt von ihm bewegt.

stellbar ist. Zur untersten Muffenlage gehört $n = 370$, zur obersten $n = 430$. Um den mit der Steuerung der Kraftmaschine verbundenen Hebel a aus seiner Lage A (größte Kraft) auf kleinste Kraft umzulegen, werde nur der dritte Teil des Muffenhubes ge-

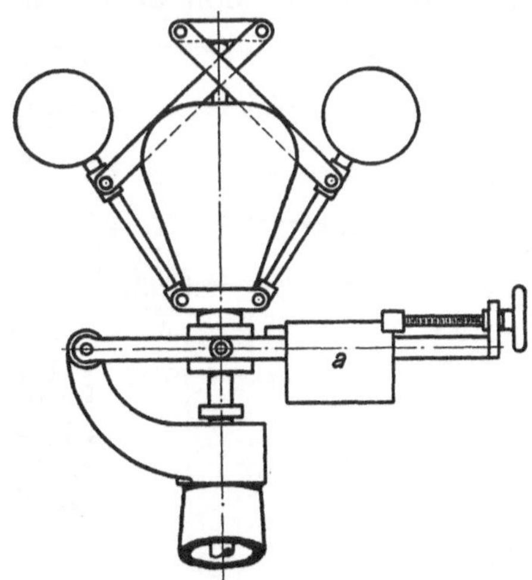

Abb. 108. Regler, dessen Drehzahl durch Verschieben eines Laufgewichtes verändert wird.

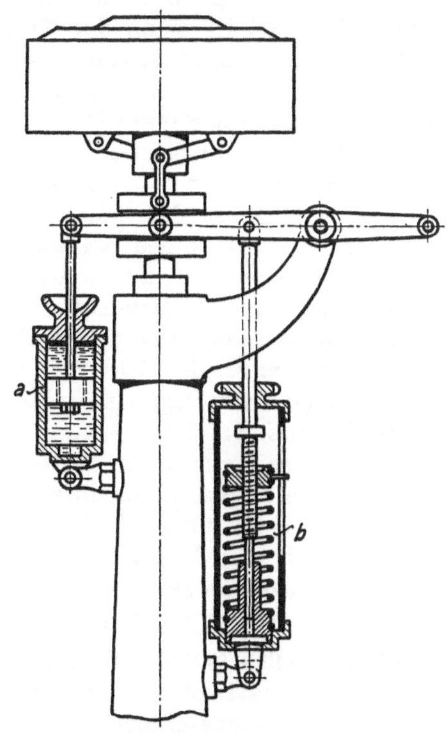

Abb. 109. Regler mit Federwaage und Ölkatarakt.

braucht. Wenn die Verbindung zwischen Reglerhebel b und Steuerungshebel a die gezeichnete Länge IA hat, wirkt also der Regler zwischen I und II oder zwischen $n = 370$ und $n = 390$, d. h. mit ungefähr 5% Ungleichförmigkeitsgrad. Verlängert man die Verbindung zwischen a und b durch Drehen am Handrade (rechtes und linkes Gewinde!), daß sie $= II\,A$ wird, so wirkt der Regler zwischen $n = 390$ und 410, macht man sie $= III\,A$, so wirkt der Regler zwischen $n = 410$ und $n = 430$. Weil in unserem Beispiel nur der dritte Teil des Hubes für die Verstellung der Steuerung ausgenützt ist, muß der Regler selbstverständlich dreimal stärker sein, als wenn man nach dem zuerst betrachteten Verfahren regeln würde. Ferner ist klar, daß man bei einer Reglung nach Abb. 110 nicht mehr an der Muffenlage erkennen kann, ob die Maschine stark oder schwach belastet ist, wohl aber an der Lage des die Steuerung verstellenden Hebels a.

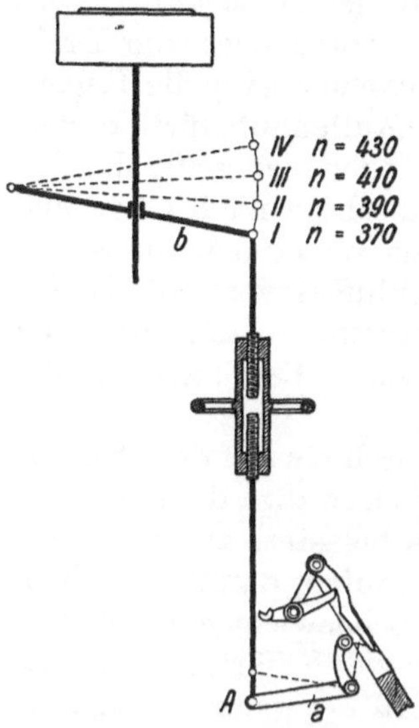

Abb. 110. Reglung mit veränderlicher Drehzahl.

Anordnungen der beschriebenen Art findet man bei Reglern für die Antriebmaschinen von Drehstrommaschinen.

74. Leistungsregler. Leistungsregler werden bei den Antriebmaschinen von Kolbenpumpen und -kompressoren sowie von Ventilatoren angewendet, um deren Förderleistung verschieden groß einzustellen, indem man den Regler der Antriebmaschine auf verschieden große Drehzahl einstellt. Es handelt sich im Grunde um dieselbe Reglungsaufgabe, die im vorigen Abschnitt betrachtet ist.

Weit verbreitet ist der Leistungsregler von Stumpf, Abb. **111**, dessen Wirkung durch Abb. **112** veranschaulicht ist. Dadurch, daß man die Verbindung zwischen dem Reglerhebel und dem die Steuerung der Dampfmaschine verstellenden Hebel mittels des Handrades verlängert oder verkürzt, stellt man verschiedene Drehzahlen ein, wie es im vorhergehenden Abschnitte dargelegt war. Die eingestellte Drehzahl wird aber meist nur unter großen Schwankungen gehalten. Zwar, wenn die antreibende Dampfmaschine Dampf von gleichbleibendem Drucke empfängt, und die Pumpe oder der Kompressor gegen gleichbleibenden Druck zu fördern hat, braucht die Dampfmaschine immer dieselbe Füllung. Trifft aber hoher Dampfdruck mit niedrigem Pumpen- oder Kompressordruck zusammen, so muß die Füllung erheblich kleiner sein als normal; treffen umgekehrt niedriger Dampfdruck und hoher Pumpen- oder Kompressordruck zusammen, so muß die Füllung erheblich größer sein als normal. Die in Abb. 112 verzeichneten Dampfdiagramme veranschaulichen, in welchem Maße etwa praktisch die einzustellende Füllung

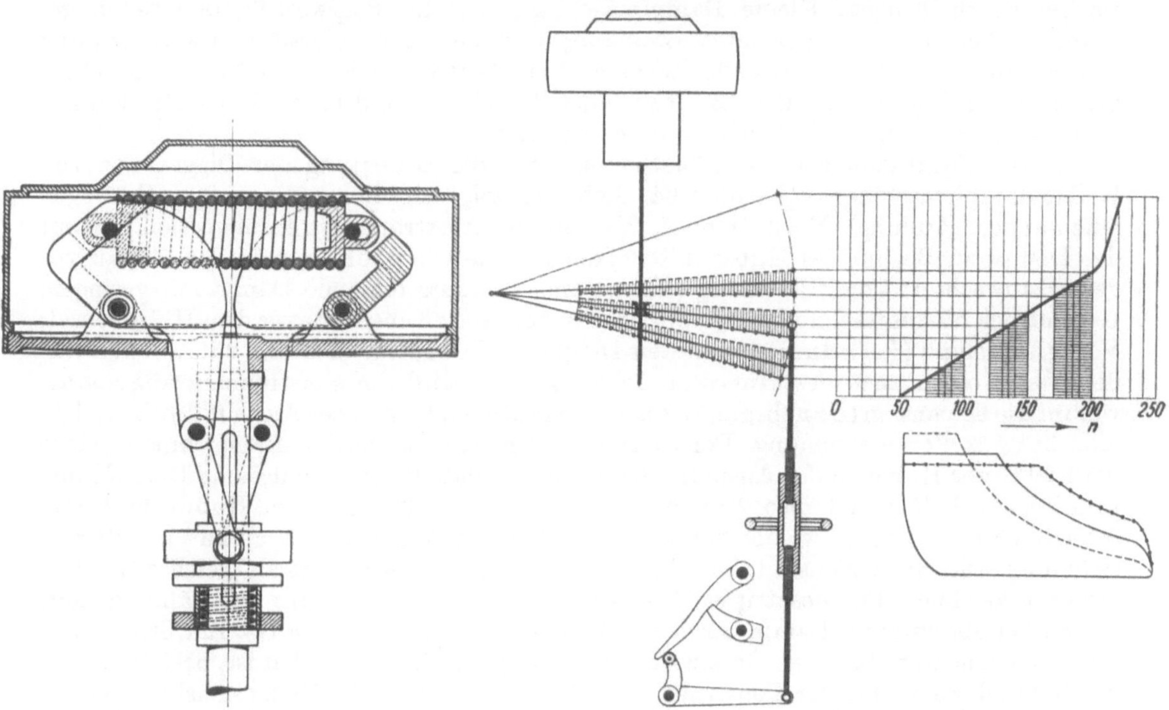

Abb. 111. Leistungsregler von Stumpf.

Abb. 112. Wirkungsweise eines Leistungsreglers.

der Dampfmaschine schwankt. Braucht nun der Regler, um diese Füllungsänderung einzustellen, den im Bilde schraffiert angedeuteten Hubteil, so ergibt sich aus der Übertragung auf die Hubdrehzahllinie die entsprechende Schwankung der eingestellten Drehzahl. Damit im Notfalle, z. B. bei einem Bruche der Druckleitung der Pumpe oder des Kompressors, die Dampfzufuhr bei mäßiger Erhöhung der Drehzahl abgestellt wird, schließt sich an den unteren stark statischen Hub der nahezu astatische Sicherheitshub. Der Sicherheitshub kann auch statisch sein, wenn der Leistungsregler so stark ist, daß er mit einem kleinen Bruchteile des Muffenhubes die Steuerung von Voll auf Null verstellt. Zugleich hält ein solcher starker Regler die eingestellte Drehzahl annähernd gleichmäßig.

Anstatt den Leistungsregler von Hand auf verschiedene Drehzahlen einzustellen, kann man dies bei einem Luftkompressor einem Kolben übertragen, der unter dem Druck der erzeugten Druckluft steht. Vgl. Ziffer 201.

IX. Die Dampfmaschinen.

75. Überblick. Unter Dampfmaschinen sind Kolbendampfmaschinen verstanden im Gegensatz zu Dampfturbinen. Durch die Einführung der elektrischen Kraftübertragung und die Verwendung von Dampfturbinen zum Antriebe der großen Stromerzeuger hat die Dampfmaschine viel von ihrer früheren überragenden Bedeutung verloren. Sie herrscht als Lokomotivmaschine, Fördermaschine, Schiffsmaschine. Die konstruktive Entwicklung der Dampfmaschine ist seit Jahrzehnten abgeschlossen. Auf dem Gebiete der Dampfmaschinensteuerungen ist eine außerordentliche Arbeit geleistet worden, die heute zum Teil vergessen ist. Man denke an die sehr sinnreichen Steuerungen der Gestängewasserhaltungen. Kleine Dampfmaschinen sind im Bergwerksbetrieb selten geworden, aber ihre grundlegenden Steuerungen findet man in den Druckluftmotoren wieder, die unter Tage verwendet werden. Für Dynamoantrieb sind Dampfmaschinen bis zu 6000 PS gebaut worden; Kehrwalzenzugmaschinen sind bis zu 20000 PS, Fördermaschinen bis 3000 PS und mehr ausgeführt worden.

76. Das Diagramm der Dampfmaschine. Über die Bedeutung der Diagramme von Kolbendampfmaschinen vgl. Ziffer 64. Abb. 113 zeigt ein Dampfdiagramm. Es folgen aufeinander: Füllung (Einströmung), Expansion, Ausströmung, Kompression. Damit der Dampf zu Beginn des Hubes mit vollem Drucke wirkt, öffnet man den Einlaß vor dem Hubwechsel: Voreinströmung (*VE*). Damit der ausströmende Dampf mit geringem Gegendruck hinausgeschoben wird, öffnet man den Auslaß ebenfalls vor dem Hubwechsel: Vorausströmung (*VA*). Im betrachteten Diagramm beträgt die Füllung 25%, d. h. nachdem der Kolben 25% des Hubes zurückgelegt hat, wird die Einströmung abgesperrt, worauf die Expansion (*Exp*) beginnt. 8% vor dem Hubende wird der Auspuff geöffnet, d. h. man hat 8% Vorausströmung. Der rückgehende Kolben treibt den Dampf hinaus; doch wird 20% vor Hubende der Auspuff geschlossen, so daß der eingeschlossene Dampf komprimiert wird. Man hat also 20% Kompression (*Ko*). Etwa 1% vor Hubwechsel wird schließlich der Zylinder wieder für den Frischdampf geöffnet, d. h. man hat 1% Voreinströmung. Die Expansionslinie sowohl wie die Kompressionslinie ist als gleichseitige Hyperbel gezeichnet. Für gesättigten Wasserdampf trifft das ungefähr zu, während diese Linien bei überhitztem Dampf steiler verlaufen (vgl. darüber Ziffer 11). Ein Zusammenhang mit dem Mariotteschen Gesetze, das für Dämpfe nicht anwendbar ist, besteht selbstverständlich nicht. Bei der Konstruktion und bei der Prüfung der Expansionslinie und der Kompressionslinie ist der schädliche Raum[1] des Dampfzylinders zu berücksichtigen,

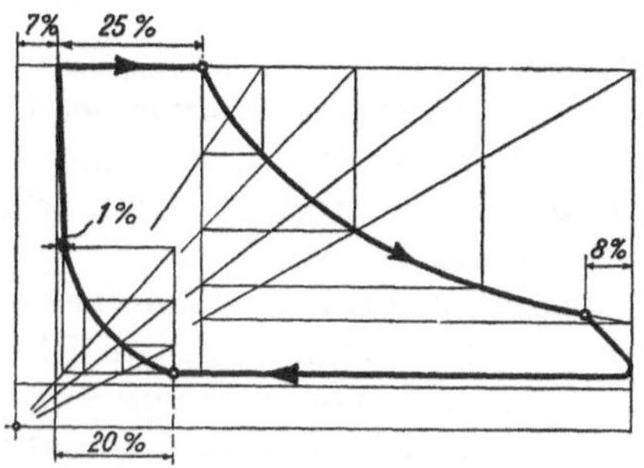

Abb. 113. Auspuffdampfdiagramm.

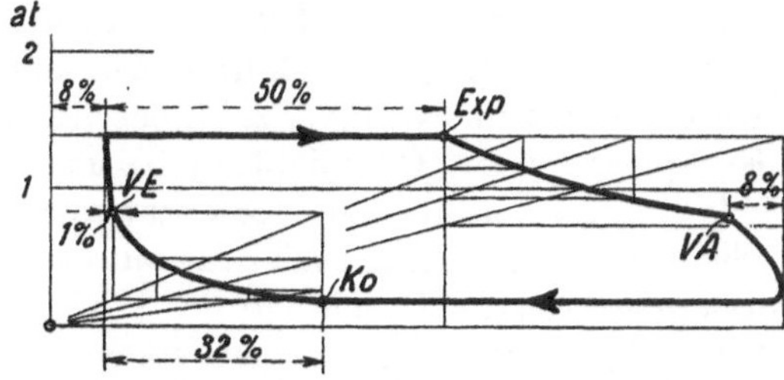

Abb. 114. Kondensationsdampfdiagramm.

dessen Inhalt mitarbeitet. Um die Hyperbeln zu zeichnen, rechnet man entweder einzelne Punkte oder wendet die in der Abb. 113 dargestellte Konstruktion an[2]. Während Abb. 113 das Diagramm einer Auspuffmaschine ist, ist Abb. 114 das Diagramm eines Niederdruckzylinders mit Kondensation. Weil bei der Kondensationsmaschine niedrig gespannter

[1] Vgl. Ziffer 63.

[2] Bei der von Dipl.-Ing. C. Herbst im „Bohrhammer“ 1924, S. 263 angegebenen Hyperbelkonstruktion sind Punkt- und Umhüllungskonstruktion vereinigt, wodurch die Hyperbel bequemer zeichenbar ist.

Dampf komprimiert wird, so läßt man die Kompression früh beginnen, um ausreichende Kompression zu erhalten. Der Konstrukteur zeichnet das Diagramm, um die Gestaltung und Wirkung der Steuerung sowie die zu erwartende Leistung der Maschine beurteilen zu können. Der im Betriebe befindlichen Dampfmaschine wird das Diagramm mit Hilfe des Indikators (vgl. Ziffer **64**) entnommen, um ihre Arbeitsweise zu prüfen und ihre indizierte Leistung zu bestimmen (vgl. Ziffer **65**).

77. Drosselreglung. Füllungsreglung. Soll die Maschine mehr leisten, braucht sie mehr Dampf; sinkt ihre Belastung, so ist die Dampfzufuhr zu vermindern. Bei der Drosselreglung, Abb. **115**, wird in die Steuerung nicht eingegriffen, so daß die Dampfverteilung, insbesondere die Füllung ungeändert bleibt. Bei abnehmender Belastung wird aber der Dampfdruck durch Drosseln herabgesetzt, so daß die Maschine dünneren Dampf empfängt und trotz gleichbleibender Füllung weniger Dampf braucht. Die Drosselreglung ist einfach, aber unwirtschaftlich, weil die Expansionsfähigkeit des Dampfes nicht ausgenützt wird, und der volle Dampfdruck nur bei höchster Leistung angewendet wird. An Hand des *is*-Diagramms (vgl. Ziffer **13**) kann man bequem beurteilen, was im einzelnen Falle das Drosseln wirtschaftlich bedeutet. Ohne weiteres erkennt man, daß Drosseln beim Auspuffbetrieb ungünstiger ist als beim Kondensationsbetrieb.

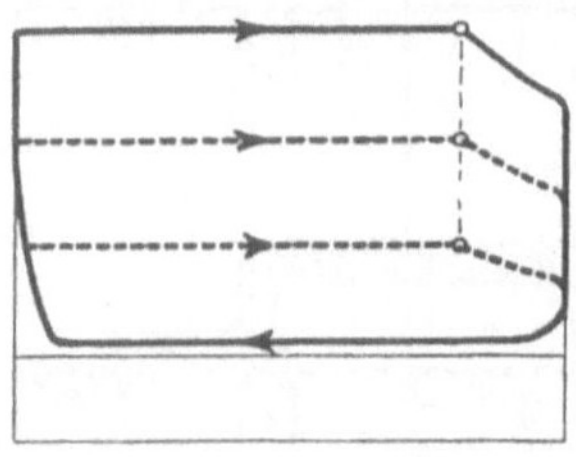

Abb. 115. Drosselreglung.

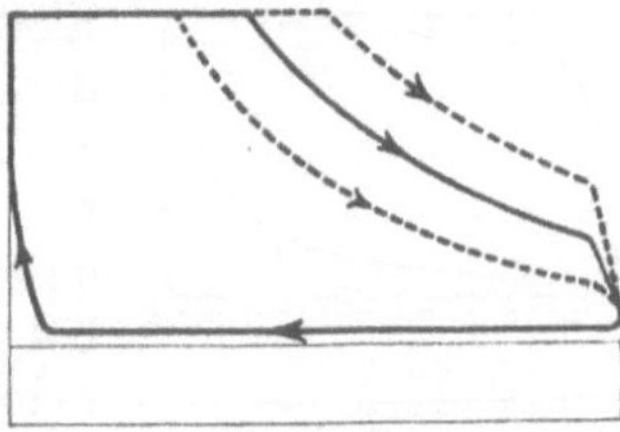

Abb. 116. Füllungsreglung.

Im Gegensatz zur Drosselreglung wird bei der Füllungsreglung in die Steuerung eingegriffen. Je kleiner die Belastung der Dampfmaschine wird, um so kleinere Füllung wird eingestellt, um so besser wird die Expansionsfähigkeit des Dampfes ausgenutzt. Bei der Füllungsreglung ist zwar die Steuerung nicht so einfach wie bei der Drosselreglung, aber die Maschine arbeitet wirtschaftlicher. Man bemißt die Maschine so, daß sie bei normaler Leistung mäßige Füllung hat und den Dampf gut ausnützt. Dann ist sie imstande, eine beträchtliche Überlastung zu ertragen, indem die Füllung vergrößert wird, ohne daß die Kräfte im Triebwerk zunehmen. Denselben Unterschied: Drosselreglung und Füllungsreglung werden wir bei der Dampfturbine und den Druckluftmotoren wiederfinden. Bei den Verbunddampfmaschinen wird nur die Füllung des Hochdruckzylinders geregelt; nur in besonderen Fällen, wie bei den Fördermaschinen, wird sowohl die Hochdruck- wie die Niederdruckfüllung geändert.

78. Die einfache Schiebersteuerung. Das Wesen der Dampfmaschinensteuerungen sei an der einfachsten Steuerung, der Muschelschiebersteuerung, erläutert. Abb. **117**

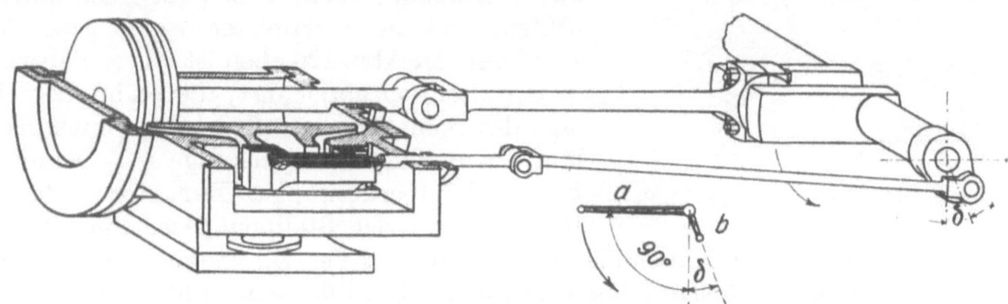

Abb. 117. Muschelschiebersteuerung.

zeigt einen aufgeschnittenen Zylinder mit Muschelschiebersteuerung. Der frische Dampf tritt in den den Schieber umschließenden Schieberkasten; der Abdampf strömt durch die Muschel des Schiebers zum Auspuff. Die beiden äußeren Kanten der Schieberlappen steuern den Eintritt des Dampfes auf der einen und auf der andern Zylinderseite, die inneren den Austritt. An Stelle der dargestellten „äußeren" Einströmung wird auch „innere" Einströmung angewendet; vorläufig sei aber immer äußere Einströmung zugrunde gelegt. Wenn der Schieber keine „Überdeckungen" hat, d. h. wenn die Schieberlappen ebenso lang sind, wie die Kanäle breit sind, dann muß beim Hubbeginn des Kolbens der Schieber genau in seiner Mittellage stehen; geht dann der Kolben nach rechts, muß der Schieber ebenfalls nach rechts ausschlagen und die Kanäle öffnen, den einen für den Eintritt, den andern für den Auspuff des Dampfes. Wenn dann der Kolben über die Hubmitte hinaus ist, muß der Schieber wieder in seine Mittellage zurückgehen und die Kanäle schließen. Beim Rückgange des Kolbens muß der Schieber in derselben Weise nach links ausschlagen. Man sieht ein, daß bei der Dampfmaschine die den Schieber antreibende Kurbel der Maschinenkurbel voreilen muß, und zwar bei dem Schieber ohne Überdeckungen um 90°.

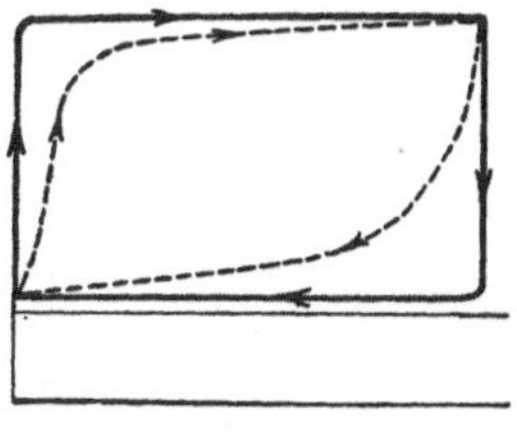

Abb. 118.

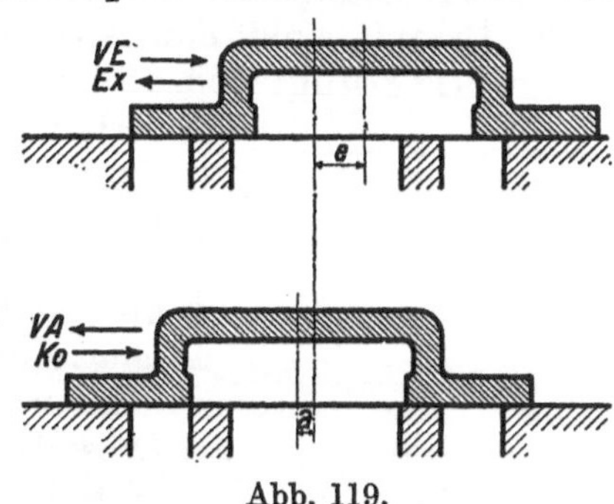

Abb. 119.

Die mit einem Schieber ohne Überdeckungen erzeugte Dampfverteilung ist gekennzeichnet durch volle Füllung sowie durch fehlende Voreinströmung, Vorausströmung und Kompression. Bei sehr langsamem Gange der Maschine hätte das Diagramm die Form eines Rechteckes. Bei der betriebsmäßigen Geschwindigkeit wird aber, wie es Abb. 118 zeigt, das Diagramm verzerrt, weil der Dampf im Hubwechsel schlecht in den Zylinder hinein und heraus kann. Steuerungen dieser Art sind schlecht. Man hat sie im Bergbau als Wechselschiebersteuerungen bei Drucklufthaspeln (vgl. Ziffer 219). Um Voreinströmung, Expansion, Vorausströmung und Kompression zu erhalten, muß der Schieber mit Überdeckungen ausgeführt werden. Die Schieberlappen müssen länger sein als die Kanäle breit sind, um so länger, je kleiner die Füllung sein soll. Man unterscheidet Einlaßüberdeckungen (e) und Auslaßüberdeckungen (a). Der Schieber ist, vgl. Abb. 119, aus seiner Mittellage um e zu verschieben, damit er beginnt, den Einlaß zu öffnen, und um a, damit er beginnt, den Auslaß zu öffnen. In Abb. 120 oben ist ein Schieberlappen in der Stellung gezeichnet, die er bei der Mittellage des Schiebers hat. Es ist die Schieberlappenlänge $l =$ Einlaßüberdeckung $e +$ Kanalbreite $k +$ Auslaßüberdeckung a. Darunter ist der Schieberlappen in der Stellung gezeichnet, die er zu Beginn des Kolbenhubes haben muß, nämlich so, daß der Einströmkanal schon etwas geöffnet ist, d. h. daß Voreinströmung vorhanden ist. In der Abb. 120 unten ist schließlich der Schieberlappen in der Stellung gezeichnet, die er am Ende des Kolbenhubes oder zu Beginn des Rückhubes einnehmen muß, nämlich so, daß der Auslaß weit geöffnet ist. Bei einem Schieber mit Überdeckungen muß die Schieberkurbel der Maschinenkurbel um mehr als 90° voreilen. Der 90° übersteigende Winkel heißt kurz Voreilwinkel und wird mit δ bezeichnet. Je größer die Überdeckungen im Verhältnis zur Kanalbreite sind, um so größer muß δ sein.

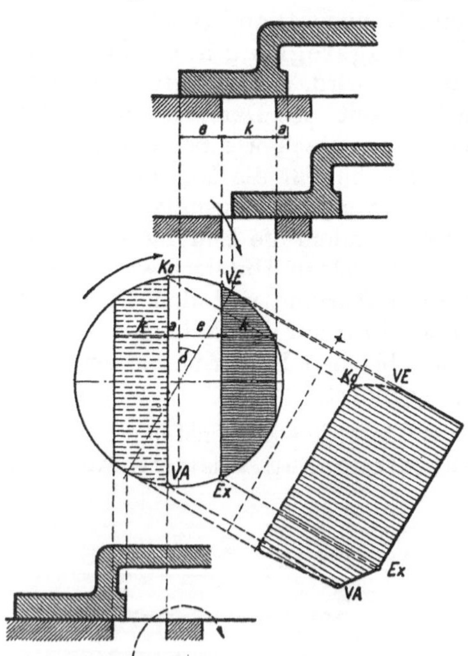

Abb. 120. Schieberdiagramm von Müller.

Um die Wirkung des Schiebers genauer zu verfolgen, dient das in der Abb. 120 enthaltene Schieberdiagramm von **Müller**. In diesem bedeutet der Kreis den Weg des den Schieber antreibenden Kurbelzapfens. Im Schieberkurbelkreise sind der Einlaßkanal k nebst der Einlaßüberdeckung e und der Auslaßkanal k nebst der Auslaßüberdeckung a eingezeichnet. Die Maschinenkurbel steht wagerecht; die Schieberkurbel eilt ihr um $90^0 + \delta$ vor. Das entstehende Dampfdiagramm wird über einer Parallele zur Schieberkurbel verzeichnet. Die vier kennzeichnenden Punkte der Dampfverteilung: VE, Ex, VA und Ko findet man in der dargestellten Weise durch Projizieren.

Bei der **Schieberellipse**, Abb. 121, sind die dem Müllerschen Schieberdiagramm entnommenen Schieberausschläge über der Kolbenweglinie aufgetragen. Die Schieberüberdeckungen sind als Parallelen zur Kolbenweglinie im entsprechenden Abstande eingetragen. Aus der Schieberellipse ist zu entnehmen, wie der Schieber öffnet und schließt.

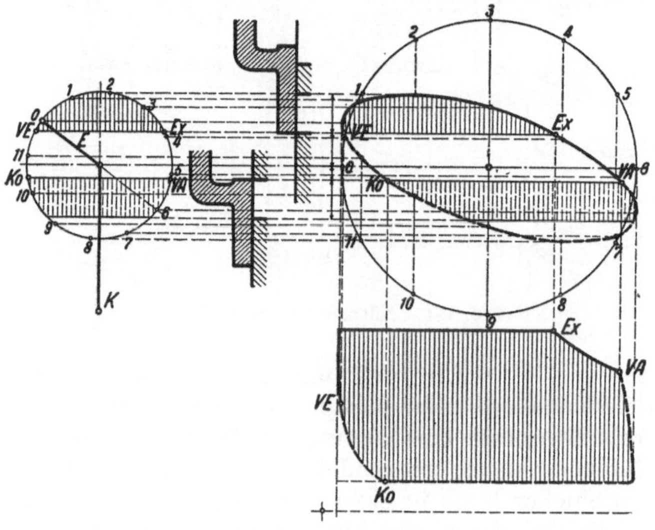

Abb. 121. Schieberellipse.

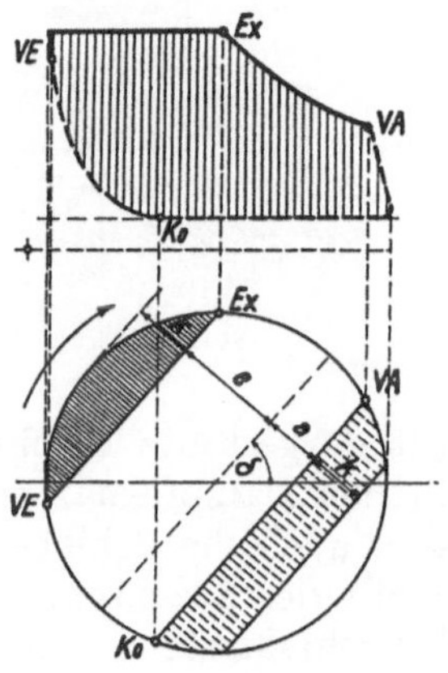

Abb. 122. Schieberdiagramm.

Während mittels des in Abb. 120 dargestellten Schieberdiagramms die sich für eine vorhandene Steuerung ergebende Dampfverteilung bestimmt wird, dient umgekehrt das in Abb. 122 dargestellte Schieberdiagramm dazu, für ein gegebenes Dampfdiagramm die entsprechende Steuerung festzulegen. Da man die lineare Voreilung meist 1 % macht und der Beginn der Expansion gegeben ist, liegt also die Linie $VE - Ex$ fest und damit der Voreilwinkel δ sowie die Einlaßüberdeckung e. Die Auslaßüberdeckung ist nach der erforderlichen Vorausströmung zu wählen; damit ist zugleich die Kompression festgelegt. (Je größer übrigens die Expansion, um so größer auch der Voreilwinkel, um so größer auch die Kompression.) Um die Abmessungen der Steuerungen festzulegen, hat man aus der anzunehmenden Dampfgeschwindigkeit den Kanalquerschnitt, und nach der anzunehmenden Höhe des Kanals die Kanalbreite k zu bestimmen. Die gezeichnete Kanalbreite verglichen mit der wirklichen bedeutet den Maßstab der Zeichnung, wodurch die übrigen Größen: Schieberhub, Auslaß- und Einlaßüberdeckung bestimmt sind. Je schneller also die Maschine läuft, um so breiter müssen die Kanäle werden, um so größer fällt die Steuerung aus. Die dargestellten Schieberdiagramme gelten übrigens genau nur für unendliche Schieber- und Pleuelstangenlänge. Für endliche Stangenlängen ist eine Korrektur erforderlich.

Aus dem dargelegten Zusammenhange erkennt man zweierlei: 1. solange der Antrieb des Schiebers ungeändert bleibt, bleibt auch die Dampfverteilung ungeändert, 2. um mit der dargestellten einfachen Schiebersteuerung kleine Füllungen zu erzielen, braucht man großen Voreilwinkel, sehr große Schieberüberdeckungen und sehr große Schieberhübe.

Es gibt aber ein einfaches Mittel, mit der einfachen Schiebersteuerung sowohl von großer Füllung herab auf kleine zu regeln, wie mit kleinen Überdeckungen kleine Füllungen zu erzielen. Abb. 123 veranschaulicht das. Wenn man die ganze Kanalbreite k ausnützt, sind die dargestellten Überdeckungen klein, und man bekommt große Füllung, wobei der Voreilwinkel δ klein sein muß. Wenn man aber den Schieberantrieb ändert, so daß δ vergrößert und der Schieberhub verkleinert wird, derart, daß der Kanal nicht mehr ganz, sondern nur das kleine Stück k_1 geöffnet wird, dann sind dieselben Schieberüberdeckungen im Verhältnis zur geringen Kanaleröffnung k_1 groß und man erhält kleinere Füllungen. Darauf beruhen die im folgenden besprochenen Kulissensteuerungen und die später bei den Ventilsteuerungen besprochenen Steuerungen, bei denen das antreibende Exzenter durch einen Achsenregler verstellt wird.

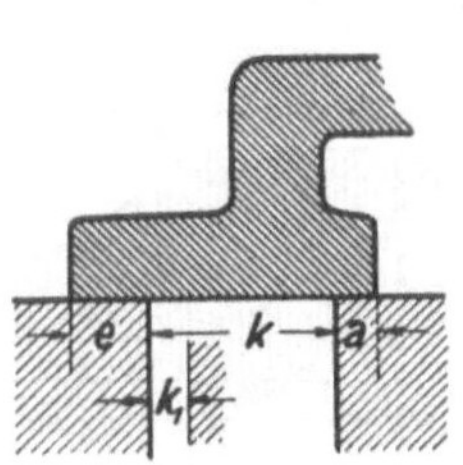

Abb. 123.

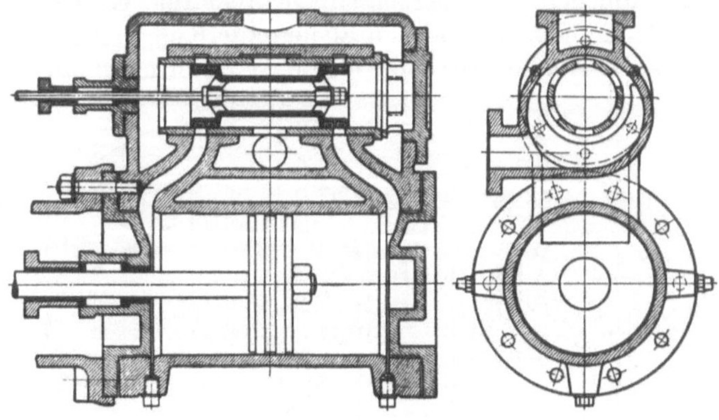
Abb. 124. Kolbenschiebersteuerung.

Die dargestellte Flachschiebersteuerung ist einfach und hält dicht, da der Schieber durch den Dampfdruck gegen den Schieberspiegel gepreßt wird. Aus demselben Grunde ist aber auch die Schieberreibung groß. Die beste Entlastung erhält man, wenn man an Stelle des Flachschiebers einen Kolbenschieber verwendet. Die Abb. 124 zeigt eine Kolbenschiebersteuerung. Der Kolbenschieber läuft in einer durchbrochenen Schieberbüchse, deren Durchbrechungen zu den Kanälen des Dampfzylinders führen. Der Kolbenschieber steuert genau wie der Flachschieber; es ist aber zu berücksichtigen, daß sich beim Kolbenschieber ein erheblich größerer schädlicher Raum ergibt als beim Flachschieber.

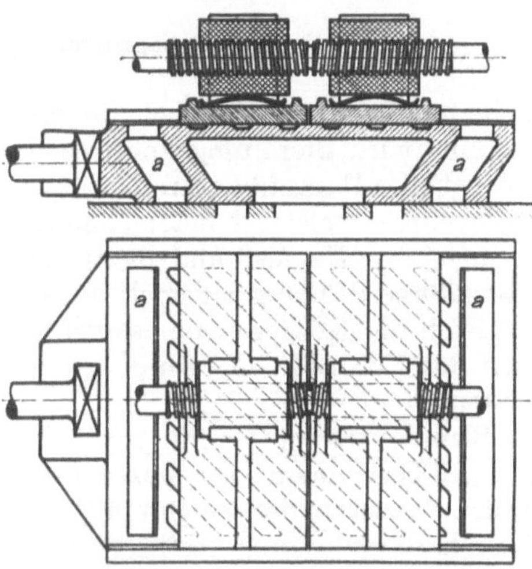

Abb. 125. Doppelschiebersteuerung von Meyer.

79. Doppelschiebersteuerungen. Bei den Doppelschiebersteuerungen hat man einen G r u n d s c h i e b e r, der nicht verstellbar ist, und der unveränderlich Voreinströmung, Vorausströmung und Kompression steuert. Außerdem ist durch den Grundschieber die größte Füllung festgelegt, die aber durch einen zweiten, einstellbaren Schieber, den E x p a n s i o n s s c h i e b e r, bis auf Null verringert werden kann. Abb. 125 stellt die Doppelschiebersteuerung von M e y e r dar[1]. Der Grundschieber, der auf dem Schieberspiegel des Zylinders läuft, wirkt wie ein einfacher Muschelschieber; nur muß der eintretende Dampf erst durch die Kanäle a des Grundschiebers hindurch. Diese Kanäle a werden nun von dem auf dem Rücken des Grundschiebers laufenden Expansionsschieber, der bei dem Meyerschen Schieber aus zwei durch Rechts- und Linksgewinde auseinander und zueinander stellbaren Schieber-

[1] Aus D u b b e l: Kolbendampfmaschinen und Dampfturbinen.

platten besteht, später oder früher geschlossen. Die größte Füllung erhält man, wenn die Expansionsschieberplatten zusammengeschraubt sind, die kleinste Füllung, wenn sie weit auseinander geschraubt sind.

Die Schieberplatten werden in der Regel nur von Hand verstellt. Bei älteren unterirdischen Dampfwasserhaltungen findet man die Meyer-Steuerung noch.

Die in Abb. 126[1] dargestellte Doppelschiebersteuerung von Rider stimmt mit der Meyer-Steuerung in der Wirkung überein, hat aber den Vorteil, daß der Expansionsschieber bequem durch den Regler der Dampfmaschine verstellbar ist, weswegen die Rider-Steuerung eine ausgedehnte Anwendung gefunden hat. Bei der Rider-Steuerung ist der Rücken des Grundschiebers hohl und die Kanäle a treten schräg aus. Der gewölbte, trapezförmig begrenzte Expansionsschieber läuft in der Höhlung des Grundschiebers und ist drehbar, so daß er mit einer größeren oder kleineren Breite wirkt. In letzterem Falle bleiben die Kanäle a am längsten offen, und man hat die größte Füllung.

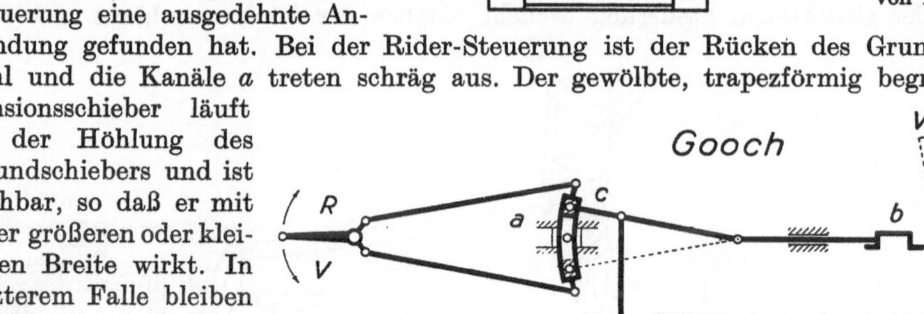

Abb. 126. Doppelschiebersteuerung von Rider.

Beide Steuerungen sind auch häufig als Kolbenschiebersteuerungen ausgeführt worden.

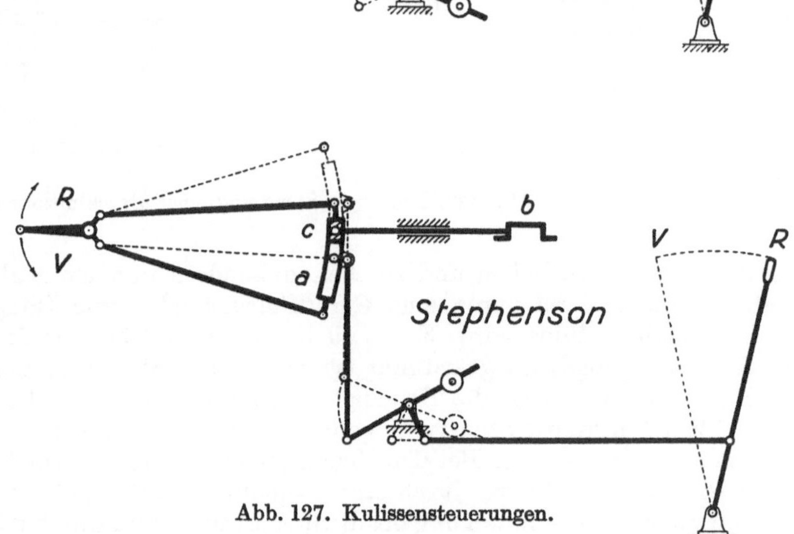

Abb. 127. Kulissensteuerungen.

80. Kulissensteuerungen. Bei den Kulissensteuerungen handelt es sich um zwei Aufgaben: Einmal soll mittels einfachen Schiebers die Füllung zwischen Null und nahezu voller Füllung eingestellt werden, dann soll die Maschine umgesteuert werden. Kulissensteuerungen werden angewendet bei Lokomotiven, Kehrwalzenzugmaschinen, Fördermaschinen, Förderhaspeln usw. Die älteste und einfachste Kulissensteuerung ist die in der schematischen Abb. 127 dargestellte Stephensonsche Steuerung, die ursprünglich für Lokomotiven bestimmt war und im Bergbau ausgedehnte Anwendung bei Förderhaspeln und kleineren Fördermaschinen gefunden hat. Auf der Kurbelwelle sind zwei Exzenter aufgekeilt: ein Vorwärtsexzenter V und ein Rückwärtsexzenter R. Die Exzenterstangen

[1] Aus Dubbel: Kolbendampfmaschinen und Dampfturbinen.

sind mit einer Kulisse oder einem Schleifbogen *a* verbunden. Die Kulisse macht eine hin- und hergehende und zugleich schwingende Bewegung. Von der Kulisse wird der Schieber *b* mittels Kulissensteines *c* angetrieben. Hat der Kulissenstein die gezeichnete Lage, so empfängt der Schieber seine Bewegung hauptsächlich vom Rückwärtsexzenter, und man hat Rückwärtsfahrt mit größter Füllung. Hebt der Maschinist, indem er den Steuerhebel aus der Rückwärtslage in die Vorwärtslage legt, die Kulisse in die andere Endlage, so empfängt der Schieber seine Bewegung hauptsächlich vom Vorwärtsexzenter, und man hat Vorwärtsfahrt mit größter Füllung. In den Zwischenlagen hat man verkleinerte Füllung; in der Mittellage ist die Füllung Null. Wenn der Kulissenstein nämlich nicht an einem Ende der Kulisse angreift, sondern nach der Mitte zu verschoben wird, wird der Schieberhub verkleinert, und der Voreilwinkel vergrößert. Indem dann der Schieber den Kanal nicht mehr voll öffnet, erzielt man, wie es in Ziff. 77 und durch Abb. 123 dargelegt war, mit ungeändertem Schieber kleinere Füllung. Wegen der konstruktiven Ausbildung der Stephensonschen Steuerung vgl. die Ziffern 219 und 224.

Der Stephensonschen Steuerung ähnlich ist die ebenfalls in Abb. 127 schematisch dargestellte Kulissensteuerung von Gooch, die bei großen Fördermaschinen angewendet wird. Bei der Goochschen Steuerung braucht nämlich der Fördermaschinist nicht die

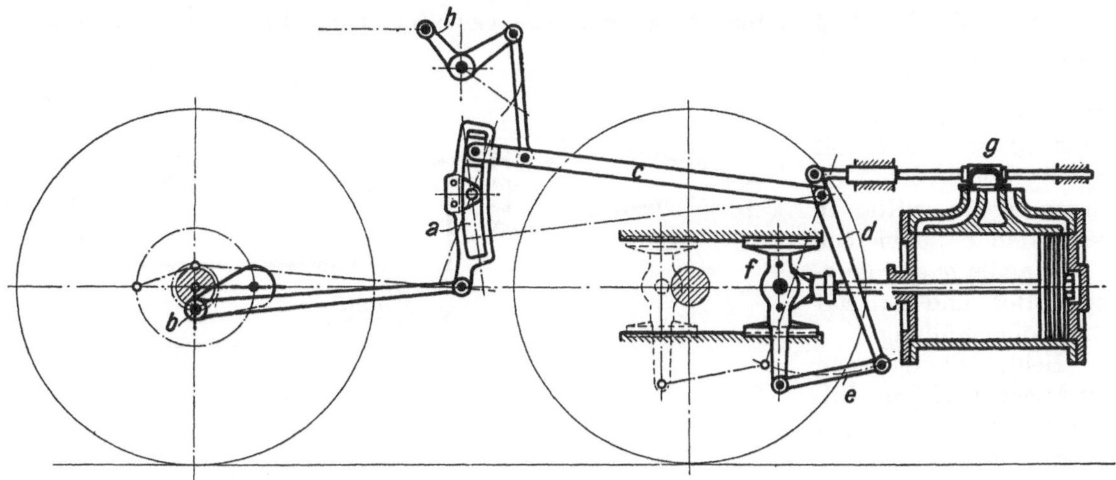

Abb. 128. Heusinger-Steuerung einer Druckluftlokomotive.

schwere Kulisse zu heben und zu senken, sondern nur den Kulissenstein nebst Stange, während die Kulisse durch eine Geradführung oder eine Hänge- oder Stützstange in gleicher Höhe geführt wird. Es ist zu beachten, daß bei der Steuerung von Gooch die Kulisse entgegengesetzt gekrümmt ist wie bei der Steuerung von Stephenson.

Bei Lokomotiven ist die Heusinger-Steuerung außerordentlich verbreitet. Die in der Abb. 128 dargestellte Steuerung gehört zu der in Ziffer 213 dargestellten Druckluftlokomotive von Borsig. Bei der Heusinger-Steuerung schwingt die Kulisse (*a*) um eine feste Drehachse und wird durch eine Gegenkurbel (*b*) angetrieben, die der Hauptkurbel um 90° nacheilt. Die Bewegung des Kulissensteines wird durch die Stange *c* auf den Drehpunkt der Schwinge *d* übertragen, deren langer unterer Arm mittels Lenkers *e* vom Kreuzkopf angetrieben wird, während der kürzere obere Arm den Schieber *g* bewegt. Um umzusteuern, ist die Stange *c* nebst dem Kulissenstein nach der entgegengesetzten Kulissenseite zu legen. Aus der früheren Abb. 50 ist die Anordnung der Heusinger-Steuerung bei einer Dampflokomotive ersichtlich.

Statt einen Schieber anzutreiben, kann man, wie das bei der Fördermaschine ausgeführt wird, durch die Kulissensteuerung vier Ventile bewegen. Die vier Ventile entsprechen den vier steuernden Kanten des Schiebers. Vgl. Abb. 298.

81. Ventilsteuerungen. Die größeren liegenden Dampfmaschinen werden in der Regel mit Ventilsteuerung ausgerüstet. Die Dampfmaschinenventile werden immer als entlastete Doppelsitzventile ausgeführt. Meist werden sogenannte Rohrventile verwendet, Abb. 129; bei älteren Fördermaschinen und Wasserhaltungen findet man Glockenventile, Abb. 130. Der Dampfdruck über dem Ventil ist meist erheblich höher als der Dampfdruck unter dem Ventil, so daß große Kräfte erforderlich wären, ein nicht entlastetes Ventil anzuheben. Bei den dargestellten Doppelsitzventilen wirkt der auf dem Ventile lastende Überdruck unausgeglichen nur auf die beiden schmalen Sitzflächen, so daß eine weitgehende Entlastung erreicht ist, und die Ventile durch verhältnismäßig kleine Kräfte anzuheben sind. Weil die Doppelsitzventile dem durchströmenden Dampfe zwei Durchflußspalte öffnen, brauchen sie nur halb so großen Hub wie einsitzige Ventile. In der Regel

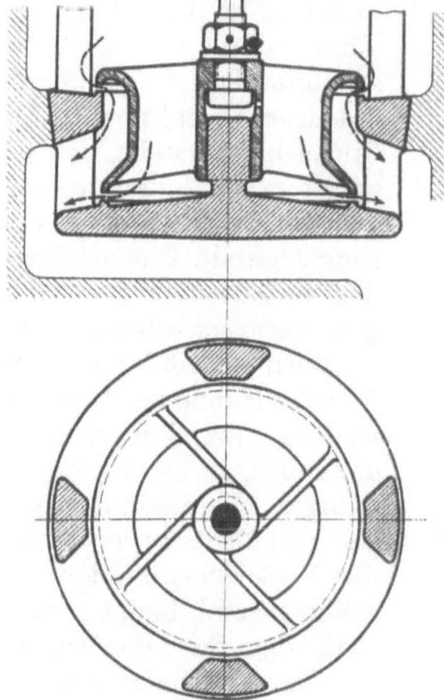

Abb. 129. Rohrventil.

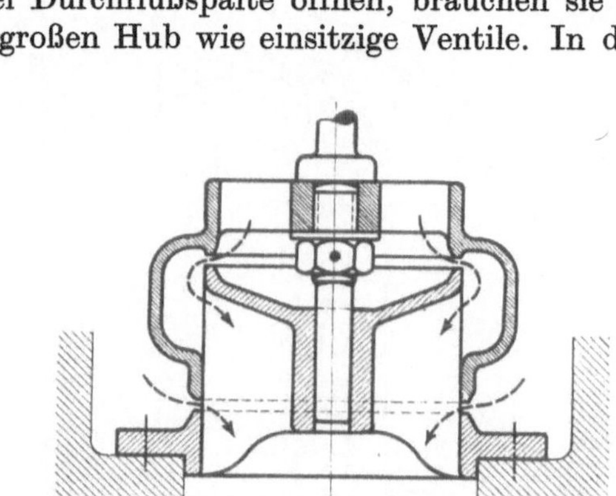

Abb. 130. Glockenventil.

werden die Einlaßventile oben, die Auslaßventile unten angeordnet. Abb. 131 veranschaulicht einen Heißdampfzylinder mit Ventilsteuerung in der Ausführung der Hannoverschen Maschinenbau A. G. vorm. Egestorff (Hanomag). Im Gegensatz zur Schiebersteuerung haben bei der normalen Ventilsteuerung eintretender und austretender Dampf getrennte Wege. Das ist für die Dampfersparnis wichtig, denn so wird vermieden, daß durch die Kanalwandung der eintretende Dampf gekühlt, der austretende geheizt wird.

Bei liegenden Maschinen werden die Ventile mittels Exzenter oder unrunder Scheiben von einer neben dem Zylinder liegenden Steuerwelle bewegt, die von der Kurbelwelle durch Kegelräder angetrieben wird. Bei Fördermaschinen treten an Stelle der unrunden Scheiben sogenannte Knaggen, die nicht nur in radialer, sondern auch in axialer Richtung profiliert sind. Daß man bei Fördermaschinen die Ventile auch durch eine Kulissensteuerung bewegt und dabei dieselbe Wirkung bekommt, wie bei einer Kulissenschiebersteuerung, war schon in Ziffer 80 erwähnt. Näheres über die Fördermaschinensteuerungen ist den Ziffern 151 und 152 zu entnehmen.

Immer werden die Ventile durch die Steuerung zwangläufig angehoben, aber durch eine Feder geschlossen. Es besteht die Möglichkeit, daß ein Ventil „hängen bleibt“, wenn die Kraft der Ventilbelastungsfeder nicht imstande ist, zufällige Hemmungen zu überwinden, die z. B. infolge übermäßiger Reibung in der Stopfbüchse der Ventilstange auftreten können. Die Auslaßventile bleiben bei der Schließbewegung immer im Zusammenhange mit der Steuerung, so daß sie nicht schneller geschlossen werden können, als der Steuerbewegung entspricht. Dasselbe gilt für die Einlaßventile der sogenannten zwangläufigen Ventilsteuerungen. Bei den Einlaßventilen der sogenannten auslösenden oder ausklinkenden Ventilsteuerungen wird aber, um die Einströmung zu beenden, die Verbindng zwischen Steuerung und Einlaßventil gelöst oder ausgeklinkt, worauf das Einlaßventil durch seine Feder ungehemmt von der Steuerung auf seinen Sitz getrieben wird. Damit das Einlaßventil nicht zu hart aufschlägt, sind Puffer nötig (vgl. Abb. 132).

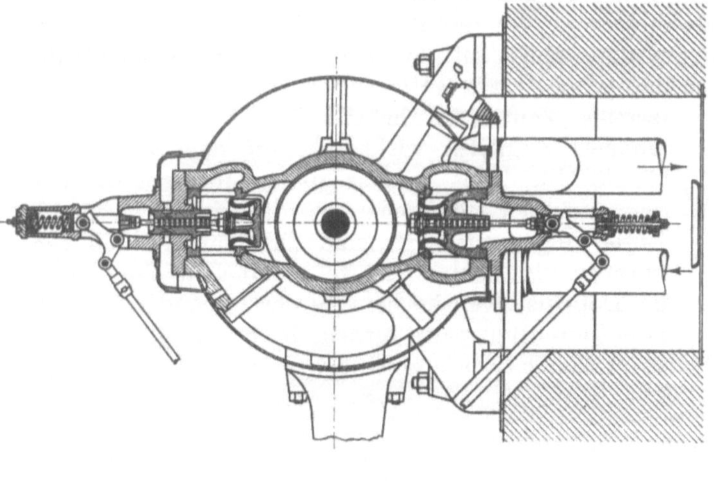

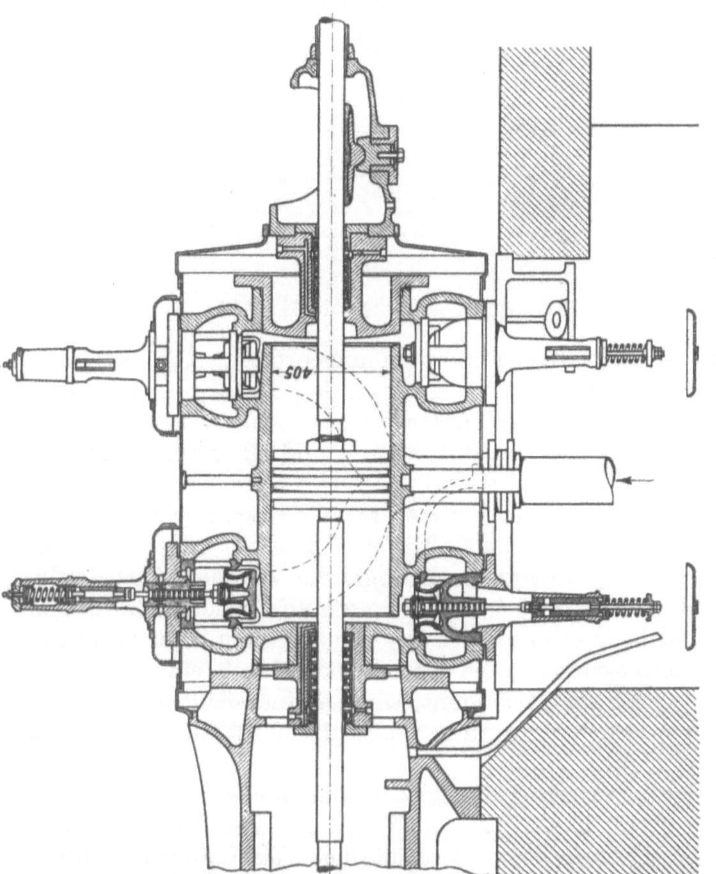

Abb. 131. Heißdampfzylinder mit Ventilsteuerung (Hanomag).

Der Regler der Dampfmaschine wirkt nur auf die Einlaßventile, und zwar bei zwangläufigen Steuerungen, indem er Gelenkpunkte der Steuerung verstellt, und bei auslösenden, indem er das auslösende Glied der Steuerung verstellt. Die im folgenden dargestellten Steuerungen veranschaulichen das.

Bei den Heißdampfzylindern der Hanomag, Abb. 131, ist die Lentz-Steuerung angewendet, die zu den zwangläufigen Ventilsteuerungen gehört. Die Ventile werden durch Schwingdaumen angehoben und bleiben während der Schließbewegung bis zum Aufsitzen mit den Schwingdaumen in Verbindung. Die Schwingdaumen der Einlaßventile machen aber nicht immer dieselbe Bewegung, sondern ihr Antrieb wird durch einen auf der Steuerwelle sitzenden Achsenregler beeinflußt, derart, daß bei Entlastung der Dampfmaschine der Ausschlag der Schwingdaumen verkleinert, die Voreilung vergrößert wird[1]. Auch die später zu besprechenden Knaggensteuerungen der Fördermaschinen sind in dem Sinne zwangläufig, daß die Schlußbewegung aller Ventile durch die Form der Knagge bestimmt ist. Als Beispiel einer auslösenden Ventilsteuerung ist in Abb. 132 die auslösende Collmann-Steuerung in der Ausführung von Schüchtermann & Kremer, Dortmund, wiedergegeben. Der Ventilhebel H wird durch die Klinke K mitgenommen und das Einlaßventil wird angehoben solange, bis

[1] Vgl. Ziffer 78.

die Klinke K durch den Daumen D abgestreift wird. Das geschieht früher oder später, je nachdem, wie der Regler der Dampfmaschine den Daumen D einstellt. Damit das Einlaßventil nicht hängen bleiben kann, faßt der rechte Arm des Ventilhebels H in den Schlitz der Klinke K, so daß das Ventil von der Steuerung zwangläufig nieder-

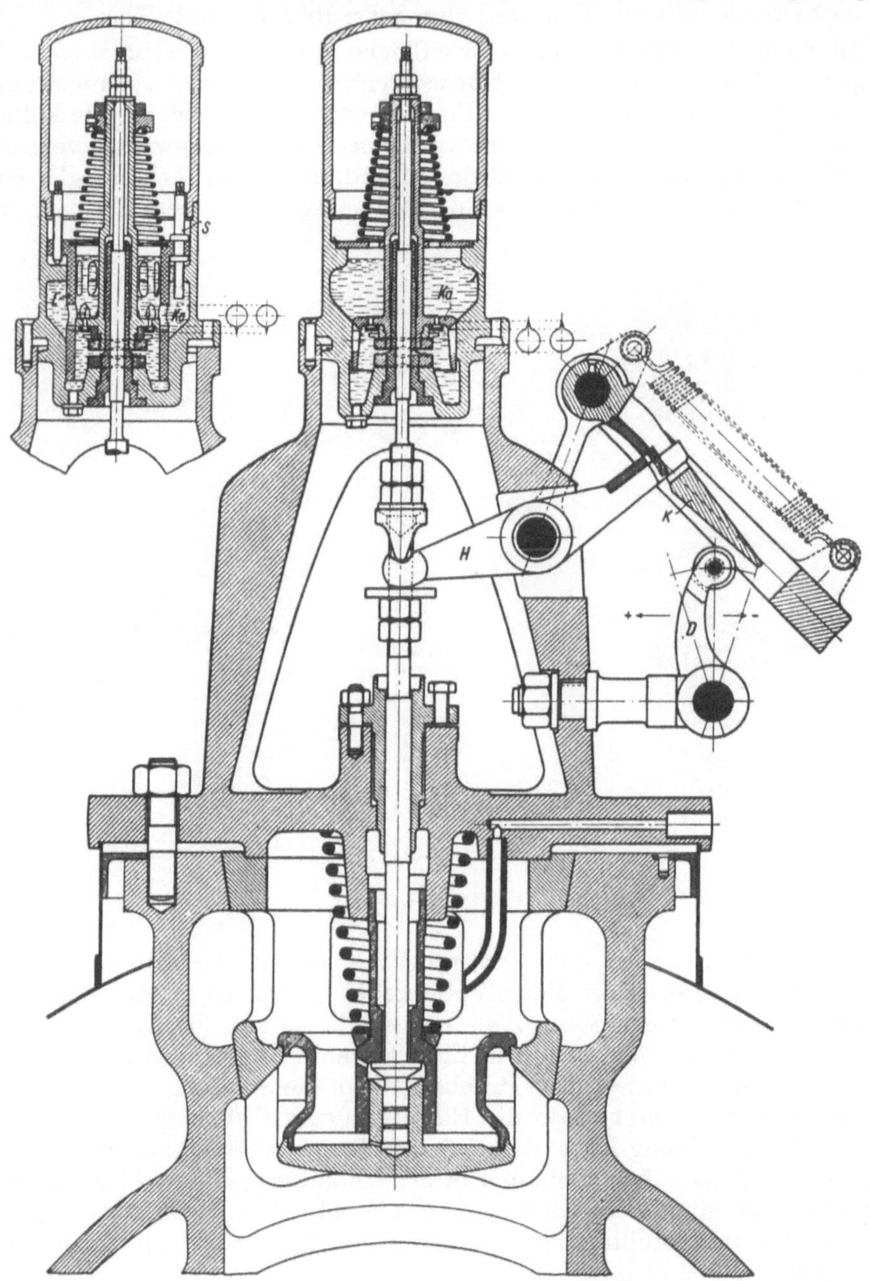

Abb. 132. Auslösende Collmann-Steuerung.

getrieben wird, falls die Belastungsfedern des Ventils nicht ausreichen. Um das Einlaßventil beim Aufsetzen abzufangen, ist ein Ölpuffer angeordnet. Wenn das Einlaßventil angehoben wird, wird es durch den Ölpuffer nicht gehemmt, da das Öl durch ein sich öffnendes ringförmiges Rückschlagventil und Überströmschlitze überströmt. Wenn das Einlaßventil aber geschlossen wird, schließt sich das Rückschlagventil und das Öl muß durch die sich immer mehr verengenden Überströmschlitze übertreten, so daß der Aufschlag des Ventiles stark gedämpft wird. Die Überströmschlitze sind so geformt, daß immer der Raum über und der Raum unter dem Kataraktkolben miteinander verbunden sind. Der über dem Einlaßventil gezeichnete Ölpuffer ist nicht nachstellbar; bei dem links daneben gezeichneten Puffer dagegen ist der die Überströmöffnungen enthaltende Einsatz E mittels der Schrauben S verstellbar.

82. Mit einem Achsenregler verbundene Steuerungen. Man verbindet sowohl Schiebersteuerungen wie Ventilsteuerungen mit Achsenreglern. Der Achsenregler wirkt unmittelbar auf den Antrieb des Schiebers oder des Einlaßventils derart, daß, um die Füllung zu verringern, der Schieber- oder Ventilhub verkleinert, der Voreilwinkel vergrößert wird. Es kann hier nicht auf die verschiedenen Anordnungen der Achsenregler eingegangen werden, sondern es kann nur das Wesen der Achsenregler an einem Beispiele veranschau-

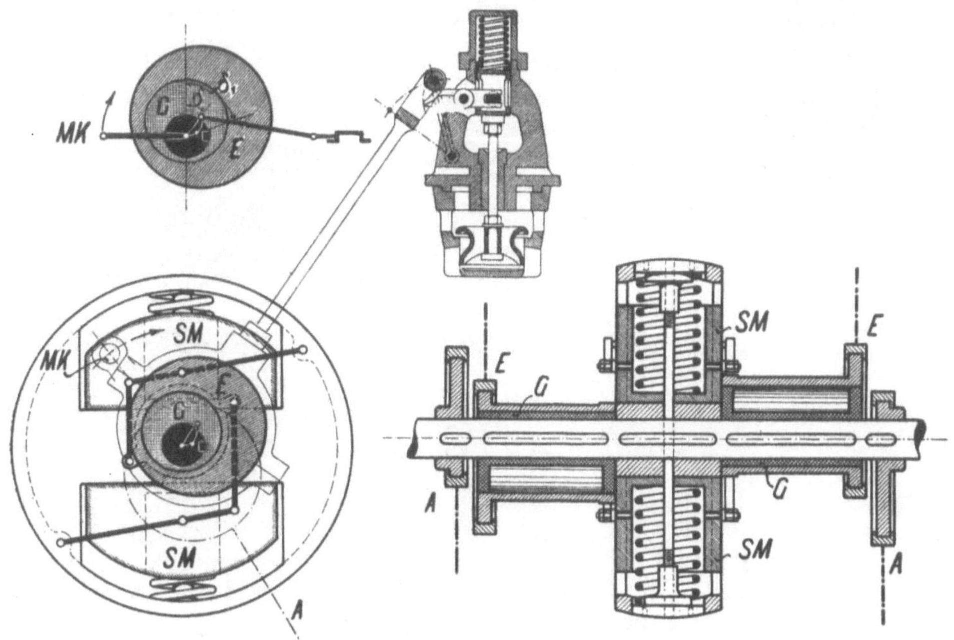

Abb. 133. Ventilsteuerung mit Achsenregler.

licht werden. Abb. 133 zeigt den Achsenregler eines von der Maschinenfabrik Moeller, Brackwede, für das Bochumer Bergschulmuseum gelieferten Dampfzylinders. Die Auslaßexzenter A sind auf der Steuerwelle festgekeilt, so daß die Auslaßventile immer in derselben Weise bewegt werden. Die Einlaßexzenter E dagegen sind auf den auf der Steuerwelle verkeilten Exzentern G drehbar. Wenn die Schwungmassen SM des Achsenreglers ausschlagen, verdrehen sie die Einlaßexzenter E über den festen Exzentern G, so daß, wie die Abbildung lehrt, der Hub der Exzenterstange kleiner wird, der Voreilwinkel aber von δ bis auf δ_1 zunimmt. In der Abbildung ist sowohl die Verbindung des Achsenreglers mit einer Schiebersteuerung wie mit einer Ventilsteuerung angedeutet. Die in Abb. 131 dargestellte Ventilsteuerung von Lentz ist mit einem Achsenregler, Bauart Lentz, verbunden.

83. Steuerungen mit Auspuffschlitzen. Gleichstromdampfmaschinen[1]. Man kann gemäß Abb. 134 die Auslaßventile durch Auspuffschlitze in der Zylinderwandung ersetzen, die durch den Kolben gesteuert werden. Dann wird aber der Kolben und mit ihm der Zylinder außergewöhnlich lang; denn es muß die Kolbenlänge l gleich der Hublänge s sein, vermindert um die Schlitzbreite b. Ist die Schlitzbreite $= 10\%$ des Kolbenhubes, so wird die Vorausströmung 10%, die Ausströmung beträgt ebenfalls 10%, und die Kompression

[1] Vgl. Z.V.d.I. 1910, S. 1890; 1914, S. 728.

beträgt 90%, ist also sehr groß. Damit die Kompressionsendspannung den Anfangsdruck des Dampfes nicht übersteigt, muß die Kompressionsanfangsspannung gering sein; die dargestellte Schlitzsteuerung für den Auslaß kommt also in der Regel nur bei Einzylindermaschinen mit Kondensation in Betracht. Gegen zufällige, gefährlich hohe Kompressionsdrucke muß man sich durch Sicherheitsventile schützen. Bei Auspuffbetrieb sind schädliche Räume von beträchtlicher Größe zuzuschalten. Weil der Dampf den Zylinder in gleichbleibender Richtung durchströmt, spricht Professor Stumpf von der Gleichstromwirkung des Dampfes, der es zum Teil zuzuschreiben ist, daß die einzylindrige Gleichstromdampfmaschine im Dampfverbrauch der Verbundmaschine ebenbürtig zu erachten ist.

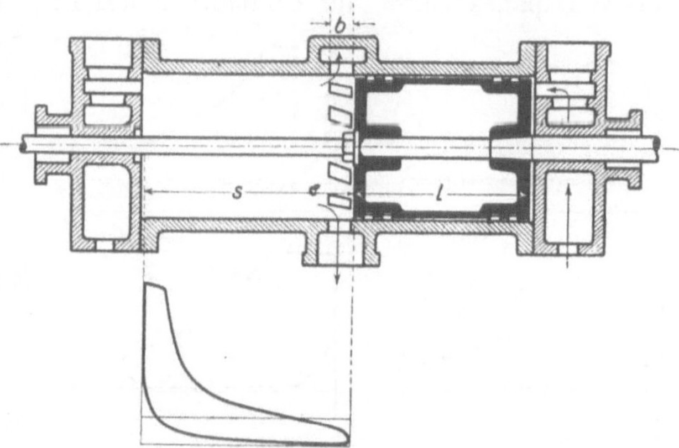

Abb. 134. Steuerung mit Auspuffschlitzen. Gleichstromdampfmaschine.

Um die übermäßig große Kompression zu vermeiden, sowie normale Kolbenbreite und normale Zylinder leicht zu erhalten, steuert man den Auspuffschlitz durch ein Ventil, wobei man etwa 60% Kompression erhält. Die Kompression wird noch weiter durch die in Abb. 135 dargestellte Anordnung vermindert, die von der Deutschen Maschinenfabrik A. G. (Demag) nach dem Patent Hunger für Walzenzugmaschinen ausgeführt wird. Es sind zwei Auslaßschlitze, die durch Ventile gesteuert werden, vorhanden. Jeder der beiden Auslaßschlitze ist nur halb so groß wie sonst der eine. Wenn der Kolben beim Expansionshub die erste Schlitzreihe überschleift, ist das zugehörige Auslaßventil noch geschlossen; es wird erst geöffnet, wenn der Kolben die zweite Schlitzreihe überschleift, deren Auslaßventil noch geöffnet ist.

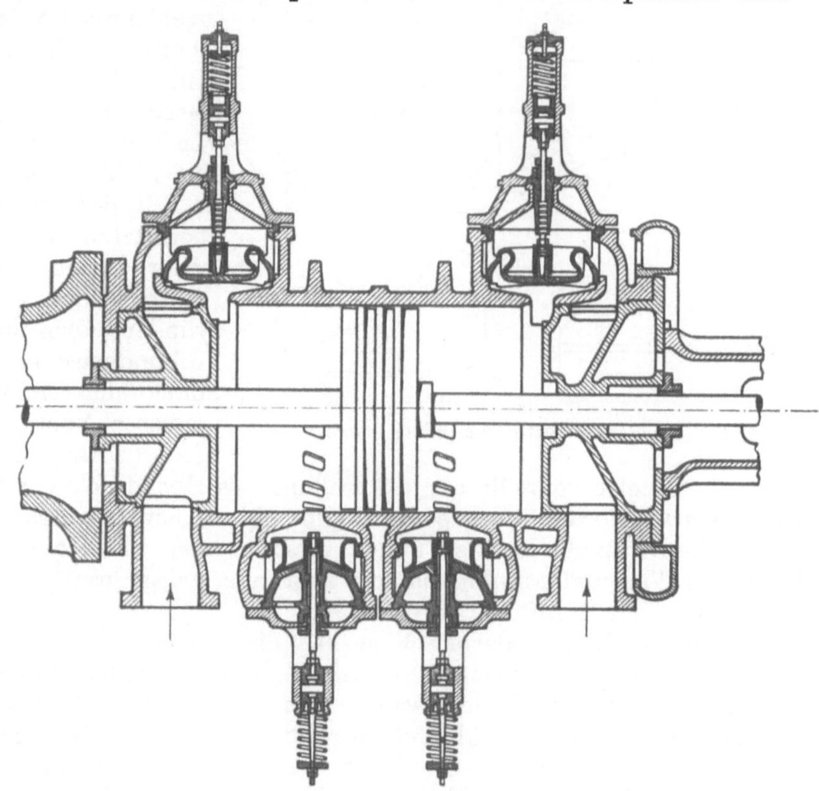
Abb. 135. Gleichstromdampfmaschine mit zwei durch Ventile gesteuerten Auslaßschlitzen.

84. Fehlerhafte Dampfverteilung. In der Abb. 136 sind Diagramme enthalten, die Beispiele fehlerhafter Dampfverteilung darstellen. Diagramm *a* zeigt, daß das Einlaßventil zu spät geöffnet ist, Diagramm *b*, daß die Voreinströmung zu groß gewesen ist. Diagramm *c* läßt verspäteten Auslaß erkennen, Diagramm *d* zu große Vorausströmung. Diagramm *e* zeigt zu hohe Kompression. Beim

Diagramm *f* fällt die Expansionslinie zu steil ab und unterschreitet die atmosphärische Linie; es ist das Auslaßventil, die Stoffbüchse oder der Dampfkolben undicht gewesen. Die Diagramme *g* zeigen ungleiche Füllung auf beiden Zylinderseiten. Im Diagramm *h* deutet die obere Expansionslinie auf Undichtheit des Einlaßventiles, die untere auf Undichtheit des Auslaßventiles. Bei den Diagrammen *i* und *j* handelt es sich um Indizierfehler: beim Diagramme *i* hat der Indikatorkolben oben angestoßen, weil die Feder zu schwach war, beim Diagramm *j* hat die Trommel angestoßen.

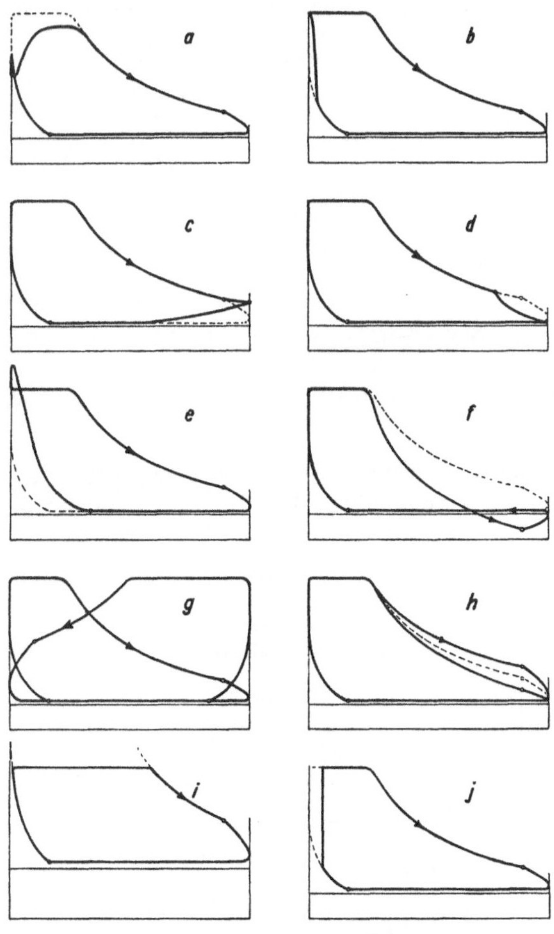

Abb. 136. Fehlerhafte Dampfdiagramme.

85. Verbunddampfmaschinen. Wie in Ziffer 62 allgemein besprochen, ist es zweckmäßig, hochgespannten Dampf stufenweise auszunützen, indem man den Dampf erst in einem kleinen Hochdruckzylinder, dann in einem mehrfach größeren Niederdruckzylinder arbeiten läßt. Weil der Hochdruckzylinder nicht jeweilig soviel Dampf ausstößt, wie der Niederdruckzylinder entnimmt, wird zwischen Hochdruck- und Niederdruckzylinder ein sogenannter Aufnehmer (Receiver) geschaltet. Außer den Maschinen mit zweistufiger Expansion, die kurzweg Verbundmaschinen heißen, hat man Dreifach- und Vierfachexpansionsmaschinen, die hier aber nicht besprochen werden sollen, weil sie seit der allgemeinen Einführung des überhitzten Dampfes nicht mehr die frühere Bedeutung haben.

Hochdruckzylinder und Niederdruckzylinder haben ihre eigne Steuerung. Bei Verbundmaschinen, die immer im selben Sinne umlaufen, die z. B. Dynamos, Kompressoren, Ventilatoren antreiben, hat der Niederdruckzylinder gleichbleibende Füllung; der Regler verstellt nur die Füllung des Hochdruckzylinders. Bei den umsteuerbaren Verbundförder- oder Walzenzugmaschinen usw. wird sowohl am Hochdruck- wie am Niederdruckzylinder die Füllung verstellt. Hier sollen nur die in einem Sinne umlaufenden Verbunddampfmaschinen zugrunde gelegt werden. Wegen Verbundfördermaschinen sei auf Ziffer 154 verwiesen.

Gegen die Einzylindermaschine hat die Verbundmaschine den Vorteil, daß sich Temperatur- und Druckgefälle auf zwei Zylinder verteilen, so daß die Abkühlungs- und die Lässigkeitsverluste kleiner werden. Ferner ist vorteilhaft, daß der hohe Druck nur im kleinen Zylinder wirkt, während im großen nur der niedrige Druck wirkt, so daß das Triebwerk kleinere Kräfte empfängt. Für den Vergleich mit der Einzylindermaschine ist der Begriff „reduzierte Füllung" wichtig. Unter „reduzierter Füllung" versteht man bei einer Verbundmaschine die auf den Niederdruckzylinder bezogene Füllung des Hochdruckzylinders. Beträgt die wirkliche Hochdruckfüllung z. B. 18 %, und ist der Niederdruckzylinder 3 mal größer als der Hochdruckzylinder, so ist die reduzierte Füllung = 6 %. Eine Verbundmaschine ist annähernd so stark wie eine Einzylindermaschine, deren Zylinder so groß ist wie der Niederdruckzylinder der Verbundmaschine, und dessen Füllung gleich der reduzierten Füllung der Verbundmaschine ist.

Wenn man eine Verbunddampfmaschine indiziert, kann man die Diagramme nicht ohne weiteres miteinander vergleichen; denn für die Diagramme gelten verschiedene Federmaßstäbe, und der Hochdruckzylinder hat viel kleineren Querschnitt als der Niederdruckzylinder. Man kann aber die Diagramme auf gleichen Federmaßstab umzeichnen, ferner das Niederdruckdiagramm in demselben Verhältnis auseinanderziehen, wie der Niederdruckzylinder größer ist als der Hochdruckzylinder. Dann sind Hochdruck- und Niederdruckdiagramm unmittelbar miteinander vergleichbar, ebenso mit dem Diagramme einer Einzylindermaschine, deren Zylinder gleich dem Niederdruckzylinder der Verbundmaschine ist. Abb. 137 veranschaulicht das.

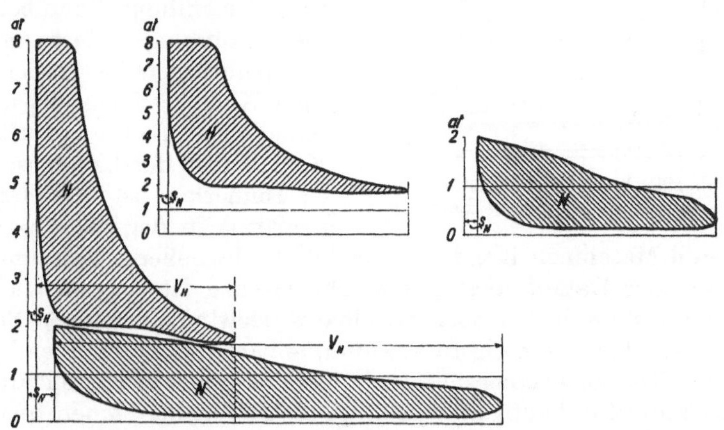

Abb. 137. Diagramme einer Verbunddampfmaschine, vergleichbar umgezeichnet.

Die Größe des Aufnehmerdruckes hängt davon ab, wie groß die Füllung im Hochdruckzylinder ist, und wie groß sie im Niederdruckzylinder ist. Sind beide Füllungen gleich, so wird sich der (absolute) Aufnehmerdruck zum (absoluten) Anfangsdruck im Hochdruckzylinder etwa wie das Volumen des Hochdruckzylinders zu dem des Niederdruckzylinders verhalten. Weil der Regler aber nur auf die Einlaßsteuerung des Hochdruckzylinders wirkt, wird die Hochdruckfüllung je nach der Belastung sehr verschieden von der Niederdruckfüllung sein, und der Aufnehmerdruck wird entsprechend schwanken. Abb. 138 veranschaulicht das. Wenn die Hochdruckfüllung abnimmt, fällt der Aufnehmerdruck, wenn die Hochdruckfüllung zunimmt, steigt der Aufnehmerdruck. Die Belastungsschwankungen werden also fast allein vom Niederdruckzylinder getragen. In diesem Zusammenhange ist ferner klar, daß die Verbundmaschine bei weitem nicht so überlastungsfähig ist, wie die Einzylindermaschine. Denn wenn man beim Zylinderverhältnis 1 : 3 dem Hochdruckzylinder volle Füllung gibt, so bedeutet das bei der entsprechenden Einzylindermaschine nur ein Drittel Füllung. Im vorhergehenden war gesagt, daß die Verbundmaschine annähernd so stark ist wie eine Einzylindermaschine, deren Zylinder gleich dem Niederdruckzylinder der Verbundmaschine ist. Das gilt also nur für normale, wirtschaftliche Füllungen, während bei sehr großen Füllungen die Einzylindermaschine etwa doppelt so stark ist wie die Verbundmaschine mit gleich großem Niederdruckzylinder.

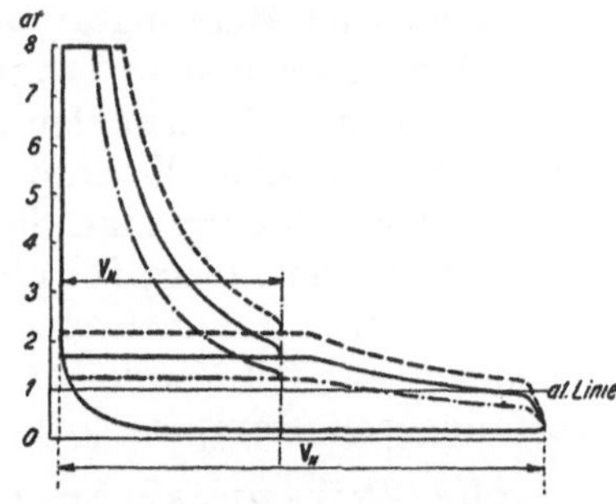

Abb. 138. Verhalten einer Verbunddampfmaschine bei veränderlicher Belastung.

86. Betrieb der Dampfmaschine mit überhitztem Dampf. Wegen der wirtschaftlichen Bedeutung des überhitzten Dampfes vgl. Ziffer 13 und Ziffer 88. Weil die Expansionslinie des überhitzten Dampfes steiler als die des gesättigten Dampfes abfällt, ist bei überhitztem Dampf größere Füllung nötig als bei gesättigtem, die aber weniger wiegt. Die Maschine muß für den Betrieb mit überhitztem Dampf gebaut sein, muß den stärkeren Wärmedehnungen folgen können, geeignete Dichtungen haben und vorzüglich geschmiert werden. Es ist zweckmäßlg, Thermometer anzuordnen, um die Eintrittstemperatur des Dampfes zu messen. Ventilsteuerungen sind bei überhitztem Dampfe bewährt; ebenso Kolbenschiebersteuerungen, wenn sie gut geschmiert werden.

87. Auspuffbetrieb und Betrieb mit Kondensation. Wegen der Dampfersparnis, die theoretisch durch Kondensation des Dampfes erzielbar ist, vgl. Ziffer 13, wegen der praktischen Dampfersparnis vgl. Ziffer 88. Wegen der Ausführung der Kondensationsanlagen siehe Abschnitt X. Abb. 139 zeigt ein Diagramm für Auspuffbetrieb und, gestrichelt, ein gleich großes für Kondensationsbetrieb. Beim letzteren ist die Füllung erheblich kleiner als beim Auspuffdiagramm; die tatsächliche Dampfersparnis entspricht aber bei weitem nicht der Verringerung der Füllung. Denn beim Kondensationsbetrieb sind die Abkühlungsverluste im Zylinder wegen des großen Temperaturgefälles größer; ferner ist wegen der niedrigen Kompressionsendspannung mehr Dampf nötig, den schädlichen Raum aufzufüllen, und schließlich ist der Kraftbedarf der Kondensation zu decken.

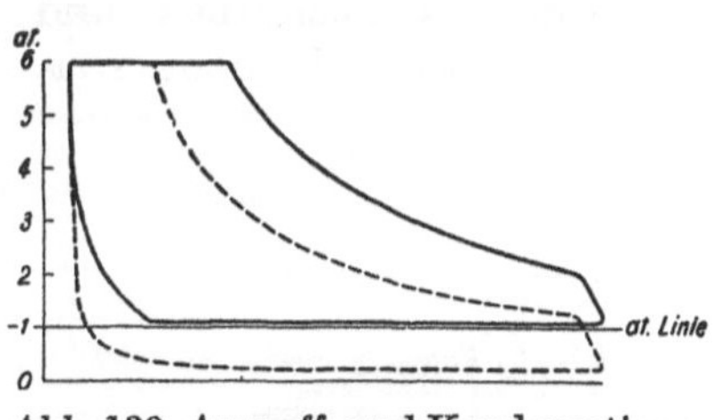

Abb. 139. Auspuff- und Kondensationsdiagramm für gleiche Leistung.

Immerhin ist die tatsächlich erzielbare Dampfersparnis in der Regel so groß, daß sich bei allen größeren Maschinen Kondensation lohnt. Je höheres Vakuum man erzeugt, um so besser wird der Dampf ausgenützt. Die Grenze ist da, wo die Zunahme der Anlage- und Betriebskosten den noch erzielbaren Gewinn übersteigt. Bei Kolbenmaschinen liegt das wirtschaftlich günstigste Vakuum, je nach den besonderen Verhältnissen zwischen 80 und 90%. Dampfturbinen nützen hohes Vakuum viel vorteilhafter aus als Kolbenmaschinen; deshalb ist es häufig zweckmäßig, die Kolbenmaschinen, anstatt sie an eine Kondensation anzuschließen, mit einer Dampfturbine zu verbinden, die den Abdampf der Kolbenmaschine verarbeitet. Vgl. Ziffer 112.

Wo Kolbenmaschinen abwechselnd mit Auspuff und mit Kondensation betrieben werden, ist es angebracht, die Auslaßsteuerung so einzurichten, daß sie den Auslaß beim Kondensationsbetrieb viel früher als beim Auspuffbetrieb schließt, um genügend hohe Kompressionsendspannung zu bekommen.

88. Die Ausnützung der Wärme in der Dampfmaschine. Der thermische und der thermodynamische Wirkungsgrad der Dampfmaschine. Der Dampfverbrauch einer Dampfmaschine ist nicht dem Diagramm zu entnehmen, sondern durch Versuch festzustellen. Es ist üblich, bei Dampfmaschinen den Dampfverbrauch, den thermischen und den thermodynamischen Wirkungsgrad auf die indizierte Leistung oder direkt auf die kWh zu beziehen. Bezieht man diese Werte auf die effektive Leistung, so ist es ausdrücklich anzugeben. Bei Dampfturbinen ist es umgekehrt üblich, den Dampfverbrauch, den thermischen und den thermodynamischen Wirkungsgrad auf die effektive Leistung zu beziehen, was bei Vergleichen zu beobachten ist. Sind für die Erzeugung des für 1 PS_ih verbrauchten Dampfes Q_i kcal aufzuwenden, so ist, da 1 PSh = 632 kcal, der thermische Wirkungsgrad der Dampfmaschine $\eta_t = \frac{632}{Q_i}$. Die Erzeugungswärme des Dampfes wird berechnet, indem man entweder die Speisewassertemperatur = Null ansetzt, oder die wirkliche Speisewassertemperatur zugrunde legt, deren Höhe anzugeben ist. Wie hoch der thermische Wirkungsgrad einer Dampfmaschine ist, hat unmittelbar nur Bedeutung für den Vergleich mit anderen Dampfkraftmaschinen. Denn für den Vergleich mit anderen Wärmekraftmaschinen, z. B. mit Gasmaschinen oder Diesel-Maschinen, muß man den Wärmeverbrauch der ganzen Dampfkraftanlage, d. h. der Dampfmaschine einschließlich des Dampfkessels und der Dampfleitung zugrunde legen. In der Zahlentafel 17 ist z. B. der niedrigste Wärmeverbrauch einer Dampfmaschine für 1 PS_ih mit 3000 kcal angegeben. Unter Berücksichtigung des mechanischen Wirkungsgrades der Dampfmaschine, sowie der Wirkungsgrade von Dampfkessel und Dampfleitung kommt man für 1 PS_eh auf mindestens 4000 kcal.

Den thermodynamischen Wirkungsgrad der Dampfmaschine erhält man, indem man den Dampfverbrauch einer verlustlosen Maschine, bei welcher der Dampf vollständig bis auf den Gegendruck expandiert, das Diagramm also eine Spitze bildet, mit dem wirklichen Dampfverbrauch vergleicht. Um den Dampfverbrauch der verlustlosen Maschine zu berechnen, ermittelt man zunächst mit Hilfe des *is*-Diagrammes für Wasserdampf (Abb. 18) das adiabatische Wärmegefälle, indem man von dem Punkte, der den Anfangszustand des Dampfes darstellt, senkrecht bis auf die Linie des Enddruckes geht[1]. Ist das Wärmegefälle z. B. 211 kcal, so ist der Dampfverbrauch der verlustlosen Dampfmaschine $= \frac{632}{211} = 3$ kg/PS$_i$h. Ist der wirkliche Dampfverbrauch $= 4{,}2$ kg/PS$_i$h, so ist der thermodynamische Wirkungsgrad der Dampfmaschine $= \frac{3}{4{,}2} = 71{,}5\,\%$. Der thermodynamische Wirkungsgrad ist an sich kein Maßstab für die Güte der Dampfmaschine. Denn die Auspuffmaschine hat höheren thermodynamischen Wirkungsgrad als die Kondensationsmaschine. Bei gleichen Dampfverhältnissen nützt aber die Maschine mit höherem thermodynamischem Wirkungsgrade den Dampf besser aus. Die Zahlentafel 17 gibt eine Übersicht über den bei besten Maschinen verschiedener Art unter günstigster Belastung gefundenen Dampf- und Wärmeverbrauch, sowie den thermischen und thermodynamischen Wirkungsgrad. Der Zahlentafel 18 ist zu entnehmen, wie sich der Dampfverbrauch mit der Füllung ändert.

Zahlentafel 17[2]. Übersicht über den Dampf- und Wärmeverbrauch bester Dampfmaschinen, sowie deren thermischen und thermodynamischen Wirkungsgrad.

Art der Dampfmaschine			Einströmspannung at	Dampfverbrauch kg/PS$_i$h	Wärmeverbrauch kcal/PS$_i$h	Thermischer Wirkungsgrad	Thermodynamischer Wirkungsgrad
Einzylindermaschinen	Auspuff	gesättigter Dampf	10—12	10—8,5	6700—5700	0,095—0,110	0,645—0,716
		300—350° Überhitzung		7,25—6	5300—4500	0,119—0,140	0,768—0,810
	Kondensation	gesättigter Dampf	8—10	7,5—6,5*	5000—4000	0,127—0,158	0,520—0,575
		300—350° Überhitzung	10—12	5,2—4,5*	3800—3400	0,166—0,186	0,636—0,674
Verbundmaschinen	Kondensation	gesättigter Dampf	8—12	7,5—5,5	5000—3700	0,127—0,172	0,520—0,665
		270° Überhitzung		6—4,8	4300—3400	0,147—0,184	0,591—0,695
		300—350° Überhitzung		6—4,2	3660—3200	0,173—0,199	0,682—0,722
Dreifachexpansionsmaschinen	Kondensation	gesättigter Dampf	12—15	6—5,1	4000—3400	0,158—0,185	0,606—0,680
		270° Überhitzung		5—4,5	3600—3200	0,177—0,197	0,667—0,717
		300—350° Überhitzung		4,5—4	3300—3000	0,192—0,209	0,714—0,735

Zahlentafel 18. Dampfverbrauch großer Dampfmaschinen in kg/PS$_i$h.

a) Einzylindermaschine mit Auspuff. Dampfdruck 12 at.

Füllung	%	10	15	20	25	30
Dampf gesättigt	kg	9,0	8,8	9,1	9,5	9,9
„ auf 260° überhitzt	„	7,5	7,3	7,4	7,7	8,1
„ „ 300° „	„	6,9	6,7	6,8	7,1	7,5

b) Einzylindermaschine mit Kondensation. Dampfdruck 9—10 at.

Füllung	%	7	10	15	20
Dampf gesättigt	kg	7,4	7,6	7,9	8,3
„ auf 260° überhitzt	„	6,0	5,9	6,1	6,4
„ „ 300° „	„	5,4	5,3	5,5	5,9

c) Verbundmaschine mit Kondensation. Dampfdruck 11—12 at.

Füllung im Hochdruckzylinder	%	15	20	25	30	35
Dampf gesättigt	kg	5,8	5,6	5,8	6,0	6,3
„ auf 260° überhitzt	„	4,9	4,7	4,8	5,0	5,3
„ auf 300°	„	4,5	4,3	4,4	4,5	4,8

[1] Vgl. Ziffer 14. [2] Aus der Hütte Bd. 2, S. 412.

* Die niedrigeren Zahlen sind nur bei Gleichstrom-Dampfmaschinen erreicht worden.

89. Leistungsversuche an Kolbendampfmaschinen. Bisher galten die Normen für Leistungsversuche an Dampfkesseln und Dampfmaschinen, die 1899 vom Verein deutscher Ingenieure, dem Internationalen Verbande der Dampfkesselüberwachungsvereine und vom Vereine Deutscher Maschinenbauanstalten aufgestellt worden sind. Inzwischen sind durch den Verein deutscher Ingenieure neue Regeln für Abnahmeversuche an Dampfanlagen aufgestellt worden. Aus den Regeln für Abnahmeversuche an Kolbendampfmaschinen seien im folgenden einige Angaben gemacht[1]:

Unter der Leistung einer Dampfmaschine ist, wenn nichts anderes angegeben ist, die Nutzleistung an der Welle zu verstehen. Der für die PSh angegebene Dampfverbrauch bezieht sich aber, wenn nichts anderes angegeben ist, auf die indizierte Leistung. Der für die kWh angegebene Dampfverbrauch von Kolbendampfmaschinen, die Dynamos antreiben, gilt für die elektrische Leistung an den Klemmen. Die Leistung einer direkt angetriebenen Erregermaschine gilt jedoch nicht als Nutzleistung, und bei fremder Erregung ist die Erregerleistung von der Klemmenleistung der Dynamo abzuziehen. Der Dampfverbrauch dampfangetriebener Hilfsmaschinen gehört zu dem auf die Nutzleistung bezogenen Gesamtverbrauch.

In erster Linie ist die Leistung der Dampfmaschine festzustellen, sei es die indizierte, die elektrische oder die Nutzleistung, und der Dampfverbrauch für die PSh oder kWh zu bestimmen. Zu letztgenanntem Zwecke wird entweder das Speisewasser gewogen, oder es wird, wenn der Abdampf in einem Oberflächenkondensator niedergeschlagen wird, das Kondensat gewogen, oder es wird der Dampf durch Dampfmesser oder Düsen gemessen, die unter den Versuchsbedingungen geeicht sind. Bei Kondensatmessungen muß der Kondensator dicht sein, und es darf kein Kondensat von der Wasserstrahlluftpumpe mitgenommen werden; andernfalls sind die Fehler, wenn es möglich ist, zu berücksichtigen (vgl. Ziffer 109). Versuche zur Bestimmung des Dampfverbrauches sollen bei Kondensatmessung mindestens eine Stunde, bei Speisewassermessung 6 Stunden dauern. Ist die Leistung durchaus gleichförmig, kann die Versuchsdauer bei Speisewassermessung auf 4 Stunden beschränkt werden. Die Versuche sollen nicht eher beginnen, bis in der Dampfmaschine und dem Meßgeräte Beharrungszustand eingetreten ist. Das Niederschlagwasser aus Leitungen, das durch Wasserabscheider auszuscheiden ist, ist zu messen und von der gemessenen Speisewassermenge abzuziehen; dagegen gehört das Niederschlagwasser aus Mantel-, Deckel- und Aufnehmerheizungen zum Dampfverbrauch der Maschine.

Wird der Dampfverbrauch durch Messung des Speisewassers bestimmt, so gilt die Zusage noch erfüllt, wenn der durch einen 5—6stündigen Versuch ermittelte Dampfverbrauch um 2,5% vom zugesicherten abweicht. Bei kurzen Versuchen sind größere Abweichungen zulässig, ebenso bei stärkeren Schwankungen des Dampfdruckes und der Dampftemperatur. Wird der Dampfverbrauch durch Kondensatmessung festgestellt, so gilt ein Spiel nur bei stärkeren Schwankungen von Dampfdruck und -temperatur; wird Dampf durch geeichte Dampfmesser oder Düsen gemessen, so gilt ein Spiel von 5%.

X. Die Kondensation des Abdampfes von Dampfmaschinen und Dampfturbinen[2]. Wasserrückkühlanlagen.

90. Zweck und Anordnung der Kondensationsanlagen. Kühlwasserbedarf. Der Hauptzweck einer Kondensationsanlage ist, den Dampf unter niedrigem Druck zu verflüssigen, damit der Dampf nicht gegen den Druck der Atmosphäre, sondern gegen den niedrigen Kondensatordruck ausströmt, und sein Expansionsvermögen weitgehend ausgenützt wird.

[1] Vgl. auch Ziffer 32.

[2] Über die Kondensation von Dämpfen in thermodynamischem Zusammenhange siehe die Ziffern 2, 11 und 14. Vgl. ferner Ziffer 87.

Wo es allein auf den durch die Kondensation erzielbaren Kraftgewinn oder die erzielbare Dampfersparnis ankommt, wird die Kondensation als Misch- oder Einspritzkondensation ausgeführt, bei welcher der niederzuschlagende Dampf unmittelbar mit dem Kühlwasser gemischt und von ihm aufgenommen wird. Der zweite ebenfalls wichtige, aber nicht immer geforderte Zweck der Kondensation ist die Wiedergewinnung des Speisewassers. Wenn der niedergeschlagene Dampf, das Kondensat, wieder gespeist werden soll, darf der Dampf nicht mit dem Kühlwasser in Berührung kommen, sondern die Kühlwirkung muß vom Kühlwasser an den Dampf durch trennende Kühlflächen hindurch übertragen werden. Das geschieht in den Oberflächenkondensationen. Oberflächenkondensationen sind außerordentlich verbreitet. Für hochbeanspruchte Kessel ist gutes Speisewasser Vorbedingung, und reines Kondensat ist das beste Speisewasser. Abdampf von Kolbenmaschinen muß erst entölt werden, bevor er niedergeschlagen wird; jedoch ist vollkommene Entölung nicht möglich. Abdampf von Dampfturbinen liefert reines Kondensat. Da das Kondensat bei Berührung mit der Luft gierig Sauerstoff aufnimmt, der am Kessel Verrostungen verursacht, ist es wichtig, das Kondensat gasfrei zu erhalten (Gasschutz!). Die frühere Abb. 24 zeigt innerhalb der schematischen Darstellung einer Dampfkraftanlage eine Oberflächenkondensation nebst den zugehörigen Pumpen und dem in der Regel erforderlichen Kühlwerk für die Rückkühlung des Kühlwassers.

Der Druck im Kondensator hängt davon ab, wie tief man den Dampf abkühlt. Nach der Tabelle der gesättigten Wasserdämpfe gehört zu 45^0 Dampftemperatur der Dampfdruck 0,1 at, zu 36^0 der Druck 0,06 at, zu 29^0 der Druck 0,04 at. Die sich aus der Dampftemperatur ergebenden Zahlen für den Kondensatordruck stellen aber nur den bei der jeweiligen Temperatur überhaupt erreichbaren niedrigsten Kondensatordruck dar. Der tatsächliche Kondensatordruck ist höher. Es dringt nämlich immer sowohl durch Undichtheiten wie mit dem Dampf Luft in den Kondensator, und deren Teildruck addiert sich zum Teildruck des Dampfes: Kondensatordruck = Dampfdruck + Luftdruck. Der Teildruck der Luft ist bei guten Kondensatoren gering; er hängt davon ab, wie dicht die Anlage ist und in welchem Maße die Luftpumpe wirkt. Die Luftpumpe ist ein unentbehrlicher Bestandteil jeder Kondensation; pumpt man die ständig eindringende Luft nicht ab, versagt die Kondensation.

Obgleich für die Ausnützung des Dampfes der absolute Kondensatordruck maßgebend ist, ist es gebräuchlicher, an Stelle des absoluten Kondensatordruckes den Unterdruck im Kondensator gegen die Atmosphäre anzugeben. Man kann nämlich den Unterdruck (oder die Luftleere oder das Vakuum) eines Kondensators bequemer messen als den absoluten Druck, z. B. mit einem Federvakuummeter, das den Unterdruck in cm Quecksilbersäule oder in Prozenten angibt, wobei 100% Vakuum = 76 cm QS Unterdruck. Weil bei gleichbleibendem Kondensatordruck der Unterdruck ebenso schwankt, wie der Barometerstand schwankt, so täuscht die alleinige Messung des Unterdruckes. Das ist bei Kolbenmaschinen weniger bedeutsam, weil man bei ihnen höchstens 85 bis 90% Vakuum braucht, ist aber bei Dampfturbinen wohl zu berücksichtigen, bei denen man 92 bis 96% Vakuum und mehr hat.

Beispiel: Der mit dem Barometer gemessene Luftdruck sei 78 cm. Der mit einem Quecksilbervakuummeter gemessene Unterdruck im Kondensator sei 72 cm. Mithin ist der Kondensatordruck $p = 78 - 72 = 6$ cm Quecksilbersäule oder 0,081 at, und das tatsächliche Vakuum, bezogen auf 76 cm Barometerstand, beträgt $\frac{76-6}{76} = 92{,}2\%$.

Ohne Berücksichtigung des Barometerstandes würde man das Vakuum höher werten, nämlich $= \frac{72}{76} = 94{,}8\%$, und dasselbe zu hohe Vakuum würde ein nach Prozenten geteiltes Vakuummeter angeben. Bei niedrigem Barometerstande erscheint umgekehrt das allein mit dem Vakuummeter gemessene Vakuum zu niedrig. Bei der Angabe des Vakuums in Prozenten ist anzugeben, ob man das Vakuum auf 76 cm Barometerstand, oder auf den jeweiligen Barometerstand oder auf 1 at = 73,6 cm bezieht. Letzteres erscheint am bequemsten, weil dann z. B. 80% Vakuum genau 0,2 at Kondensatordruck bedeuten. Abb. 140 zeigt ein Quecksilbervakuummeter in Verbindung mit einem Barometer. Der Kondensatordruck läßt sich mit Berücksichtigung des Barometerstandes in einfacher Weise dadurch bestimmen, daß man den Nullpunkt des Meßschiebers auf den Barometerstand einstellt und die Differenz zwischen Barometerstand und Vakuummeterstand abliest.

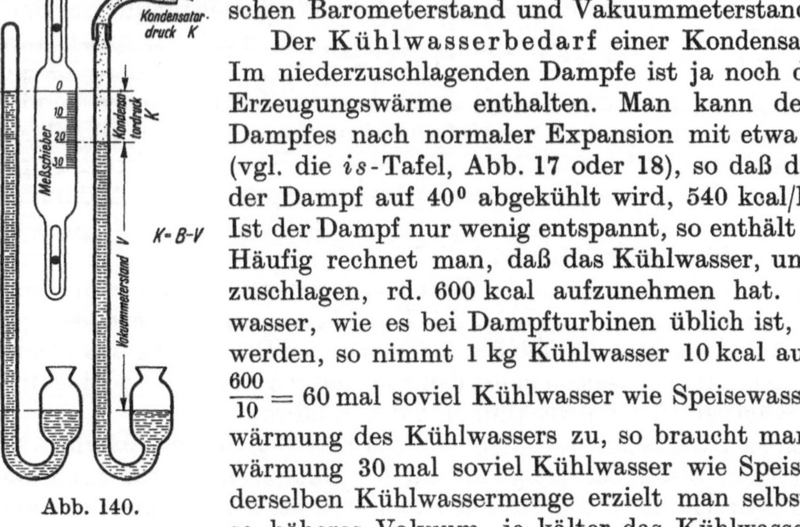

Abb. 140.

Der **Kühlwasserbedarf** einer Kondensation ist beträchtlich. Im niederzuschlagenden Dampfe ist ja noch der größte Teil seiner Erzeugungswärme enthalten. Man kann den Wärmeinhalt des Dampfes nach normaler Expansion mit etwa 580 kcal/kg ansetzen (vgl. die *is*-Tafel, Abb. 17 oder 18), so daß das Kühlwasser, wenn der Dampf auf 40° abgekühlt wird, 540 kcal/kg aufzunehmen hat. Ist der Dampf nur wenig entspannt, so enthält er weit über 600 kcal. Häufig rechnet man, daß das Kühlwasser, um 1 kg Dampf niederzuschlagen, rd. 600 kcal aufzunehmen hat. Soll nun das Kühlwasser, wie es bei Dampfturbinen üblich ist, nur um 10° erwärmt werden, so nimmt 1 kg Kühlwasser 10 kcal auf, und man braucht $\frac{600}{10} = 60$ mal soviel Kühlwasser wie Speisewasser. Läßt man 15° Erwärmung des Kühlwassers zu, so braucht man 40 mal, bei 20° Erwärmung 30 mal soviel Kühlwasser wie Speisewasser. Mit ein und derselben Kühlwassermenge erzielt man selbstverständlich ein um so höheres Vakuum, je kälter das Kühlwasser ist; bei der Mischkondensation braucht man für dieselbe Kühlwirkung weniger Wasser als bei der Oberflächenkondensation, bei der für den Wärmedurchgang durch die Kühlfläche ein Temperaturgefälle von 5° und mehr erforderlich ist. Abb. 141 zeigt auf Grund von Versuchen[1] an einer Dampfturbinenoberflächenkondensation, wie sich die Luftleere mit der Kühlwassermenge und der Kühlwassereintrittstemperatur ändert. Die günstigsten Verhältnisse hat man, wenn man z. B. aus einem Flusse dauernd frisches Kühlwasser entnehmen kann. Abb. 142 zeigt, wie sich bei einem an einem Kanal gelegenen Dampfturbinenkraftwerke im Laufe eines Jahres Kühlwassereintrittstemperatur und erzeugte Luftleere verhalten haben. Die Luftleere war in den kalten Monaten 98%, in den heißen 93%. Im Jahresdurchschnitt kann man bei frischem Kühlwasser die Eintrittstemperatur mit 13° und die erzeugte Luftleere mit 96% annehmen. Das frische Kühlwasser wird dem Flusse durch eine Heberleitung entnommen, so daß die Kühlwasserpumpe nur die Strömungswiderstände zu überwinden hat. Daß frisches Kühlwasser zur Verfügung steht, ist aber — abgesehen von Schiffsanlagen,

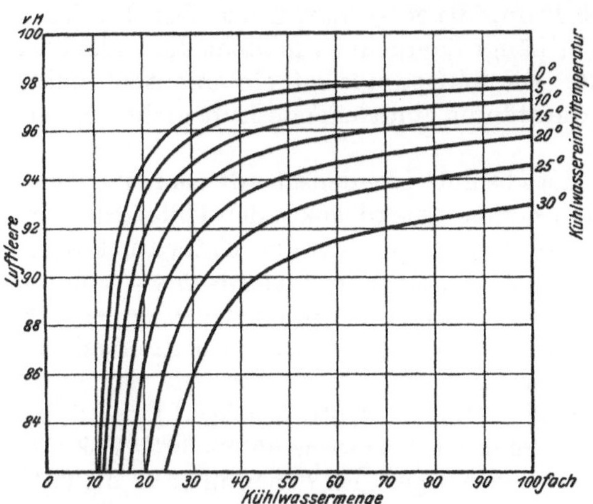

Abb. 141. Erzeugte Luftleere in Abhängigkeit von der Kühlwassermenge und -Eintrittstemperatur.

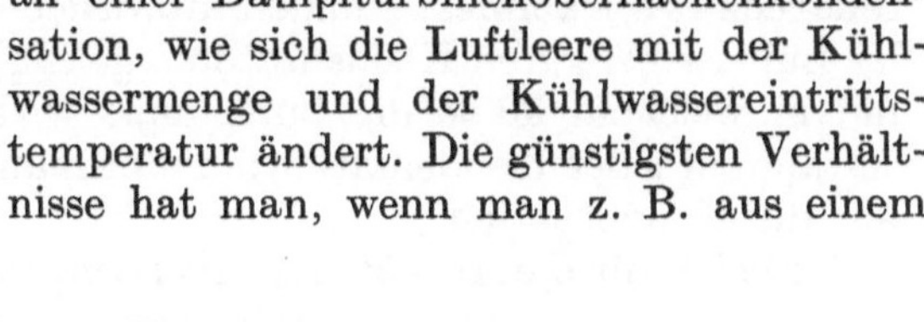

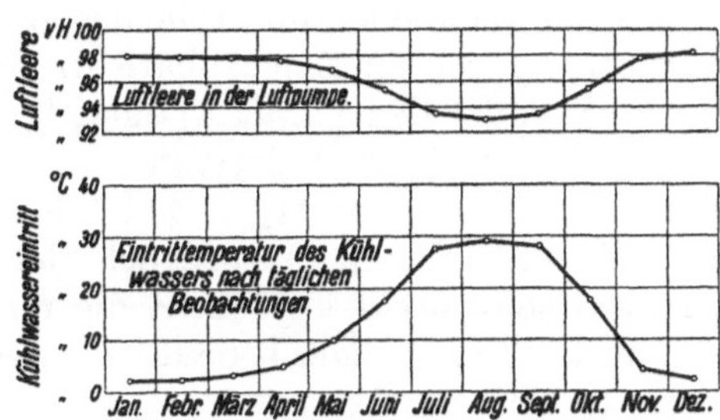

Abb. 142.

[1] Guilleaume: Die Wärmeausnützung neuerer Dampfkraftwerke. Z.V. d. I. 1915, S. 301.

Anlagen an Flüssen — selten; meist muß das Kühlwasser im Kreislauf verwendet und durch ein Kühlwerk rückgekühlt werden.

Dann ist bei uns im Jahresmittel die Eintrittstemperatur des rückgekühlten Wassers 27° und die erzeugte Luftleere etwa 92%. Ferner ist der Kraftbedarf der Kondensation erheblich höher, weil das Kühlwasser auf den Kühlturm zu heben ist. Dampfturbinenkondensationen mit Rückkühlanlagen haben einen gesamten Kraftbedarf von etwa 3% der vollen Turbinenleistung, während Kondensationen, die mit frischem Kühlwasser arbeiten, nur 1½ bis 2% brauchen.

Welchen Einfluß die Höhe des Vakuums auf die Dampfersparnis hat, ist sehr verschieden zu beurteilen, je nachdem, ob es sich um Kolbenmaschinen oder Dampfturbinen handelt. Bei Kolbenmaschinen ergibt sich je nach den besonderen Verhältnissen bald eine zwischen 80 und 90% liegende Grenze für die Höhe des Vakuums, die zu überschreiten unwirtschaftlich ist, weil der Mehraufwand für die Anlage und die Erhöhung der Betriebskosten den Gewinn aufzehren. Bei Dampfturbinen aber, in denen der Dampf beinahe bis zur Kondensatorspannung Arbeit verrichtend expandiert, erstrebt man sehr hohes Vakuum. Man rechnet, daß eine Erhöhung des Vakuums um 1% eine Ersparnis an Frischdampf von 1,6% bedeutet, sofern die Dampfturbine so gebaut ist, daß sie das höhere Vakuum auszunützen vermag.

Ursprünglich baute man nur Einzelkondensationen. Das waren Einspritzkondensationen, die mit der Dampfmaschine, deren Dampf sie niederschlugen, konstruktiv verbunden waren und unter oder über Flur aufgestellt wurden. Bei großen Anlagen mit vielen Kolbenmaschinen baute man dann Zentralkondensationen, denen man den Dampf der einzelnen Maschinen durch eine gemeinsame Vakuumleitung zuführte. Bei Dampfturbinen dagegen ist man wieder zur Einzelkondensation zurückgekehrt. Um den Dampf auf kürzestem Wege zur Kondensation zu führen, legt man den Kondensator unter die Dampfturbine.

91. Misch- oder Einspritzkondensationen. Abb. 143 (Balcke) zeigt die älteste und einfachste Form einer Mischkondensation. Kondensator, Warmwasserpumpe und Luft-

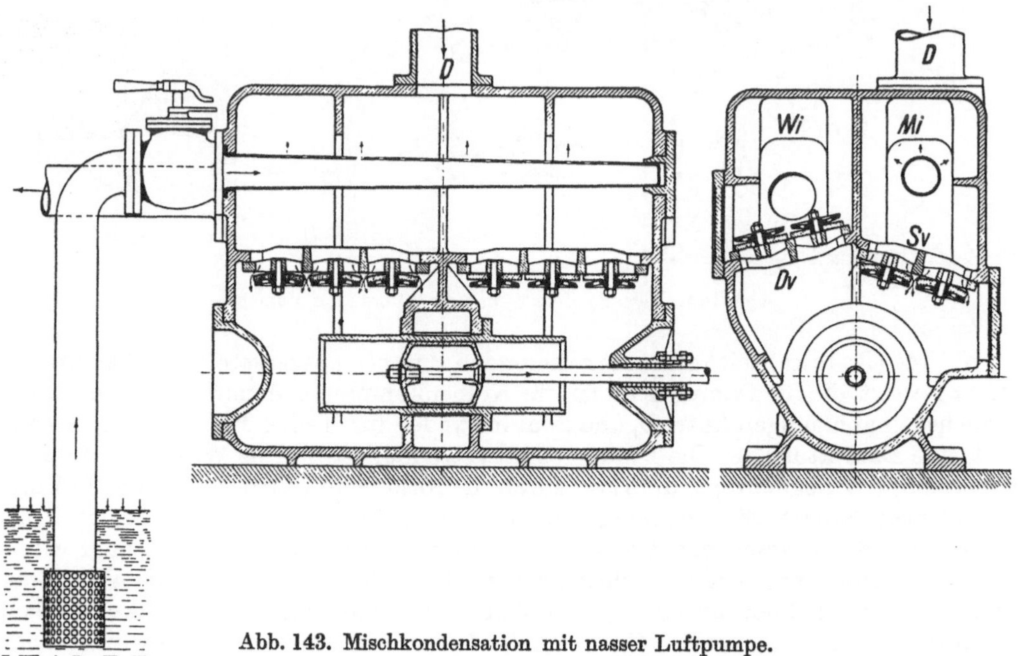

Abb. 143. Mischkondensation mit nasser Luftpumpe.

pumpe sind konstruktiv vereinigt, und die Pumpe wird unmittelbar von der Dampfmaschine angetrieben, deren Dampf niedergeschlagen werden soll. Der Abdampf tritt durch die Leitung D in den Mischraum Mi, in den das Kühlwasser, der Menge nach durch einen Drosselhahn einstellbar, durch die Atmosphäre hineingedrückt und durch ein oben siebartig durchlöchertes Rohr dem Abdampf entgegengespritzt wird. Das warm gewordene Kühlwasser nebst dem Kondensat, sowie die durch Undichtheiten und mit dem Kühlwasser eingedrungene Luft ist aus dem Kondensator in die Atmosphäre zu pumpen. Das tut die im Unterteil des Maschinenkörpers angeordnete Luftpumpe, die mit Kolben und Laufbüchse aus Rotguß ausgerüstet ist. Sie heißt, weil sie sowohl Wasser als Luft pumpt, nasse Luftpumpe. Ihr Hubvolumen ist 4 bis 5mal größer, als es für die Förderung des Wassers allein erforderlich wäre. Infolgedessen saugt die Pumpe durch die Saugventile Sv außer dem Wasser ein mehrfach größeres Volumen Dampfluftgemisch an und drückt es durch die Druckventile in den Windkessel Wi und durch die anschließende Druckleitung in die Atmosphäre. Die Ventile sind mit Gummiklappen ausgerüstet.

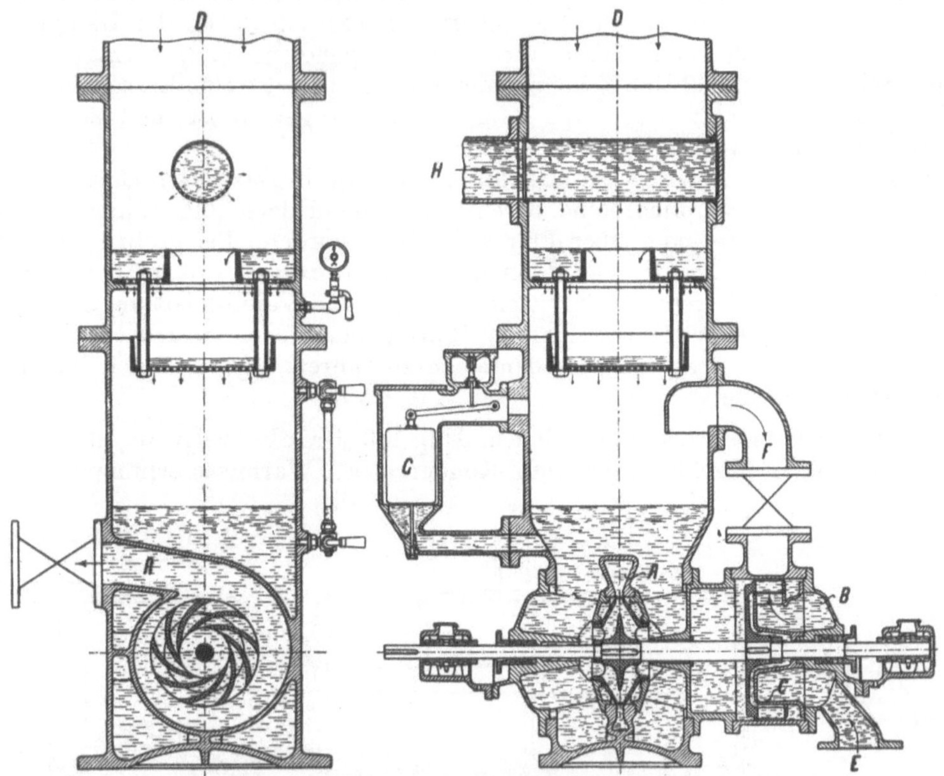

Abb. 144. Mischkondensation mit rotierenden Pumpen.

Abb. 144 (Balcke) zeigt eine mit rotierenden Pumpen ausgerüstete Mischkondensation neuerer Bauart, die für Dampfturbinen, für Kolbenkompressoren usw. angewendet worden ist. Sie hat unabhängigen Antrieb, und zwar entweder durch einen Elektromotor oder durch eine kleine Dampfturbine. Die Pumpen sind getrennt; das warme Wasser wird durch die Kreiselpumpe A abgepumpt, die Luft durch die rotierende Luftpumpe C der in Ziffer 94 besprochenen Bauart Westinghouse-Leblanc. Der Abdampf tritt oben ein und mischt sich mit dem Kühlwasser, das durch das Vakuum des Kondensators angesaugt wird und durch eine Brause sowie über mehrere Überfälle niederrieselt. Sollte die Warmwasserpumpe versagen, so hebt das ansteigende Wasser den Schwimmer G des Vakuumbrechers, der dann ein Lufteinlaßventil öffnet, infolgedessen das Vakuum verschwindet und der Wasserzufluß aufhört. Die Luft wird oberhalb des Wasserspiegels durch das Rohr F abgesaugt und der Luftpumpe zugeführt. Abb. 145 zeigt den Kondensator einer Mischkondensation neuerer Bauart der MAN. Das Kühlwasser strömt durch eine doppelte

Ringdüse ein, fällt gegen konzentrische Leitflächen und rieselt über mehrfache Einbauten nieder. Der Dampf schlägt sich an den entstehenden konzentrischen Wasserschleiern nieder. Neben dem Kondensator sind die zur Kondensation gehörigen Pumpen nebst Zubehör aufgestellt, nämlich eine Warmwasserpumpe und eine zweite Pumpe, die einer die Luft aus dem Kondensator absaugenden Wasserstrahldüse das Betriebswasser zudrückt (vgl. Ziffer 94).

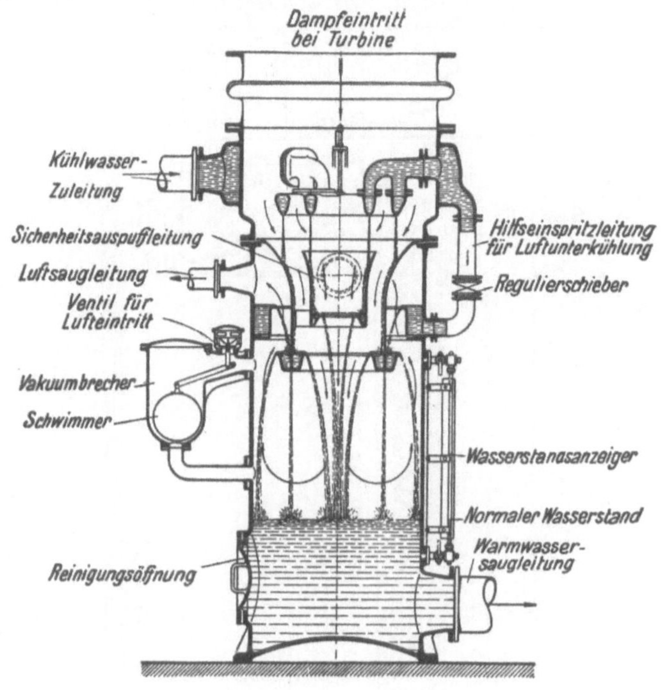

Abb. 145. Mischkondensator (MAN).

Abb. 146 (B a l c k e) stellt schematisch eine sogenannte Gegenstrommischkondensation mit hochliegendem Kondensator dar, welche von W e i ß angegeben worden ist, und die sich insbesondere für Walzenzugmaschinen und Fördermaschinen bewährt hat. Das Kühlwasser wird in den Kondensator hineingepumpt und fließt dem Dampf entgegen. Die Luft wird an der kältesten Stelle des Kondensators abgesaugt, wo sie, weil dort ihr Teildruck am größten ist, am dichtesten ist. Der Abdampf wird, ehe er in den Kondensator tritt, entölt. Der Kondensator liegt so hoch, daß das Ölwasser und das warme Kühlwasser nebst dem Kondensat durch den Druck der Flüssigkeitssäule, vermehrt um den Kondensatordruck in die Atmosphäre austreten. Liegt das Kühlwerk tief, so kann ihm das warme Wasser mit eignem Gefälle zulaufen; andernfalls ist eine weitere Pumpe nötig, um das warme Wasser auf den Kühlturm zu pumpen. Die Luft wird durch eine rotierende Pumpe abgepumpt (vgl. Ziffer 94).

92. Oberflächenkondensationen. Wie die Oberflächenkondensation in ein Dampfkraftwerk eingegliedert ist, war in der früheren Abb. 24 dargestellt. Der O b e r f l ä c h e n - k o n d e n s a t o r (Abb. 147) selbst ist ein Kessel, der von vielen Messingrohren durchzogen ist, die etwa 25 mm lichten Durchmesser und ¾ oder 1 mm Wanddicke haben. Diese Messingröhren, die vom Kühlwasser durchflossen werden, liegen in den starken Stirnwänden des Kessels und sind gegen das Kühlwasser durch Stopfbüchsen oder durch Gummiringe abgedichtet, oder sie sind nur eingewalzt. Meist werden die Kühlrohre noch durch eine Mittelwand abgestützt. Die Rohrleitungen für den Zufluß und den Abfluß des Kühlwassers münden entweder in besondern Wasserkammern, oder sie sind unmittelbar an den Deckeln der Kondensatoren befestigt. In letztgenanntem Falle muß man also die Kühlwasserleitung lösen, wenn man die Deckel entfernt, um die Kühlrohre zu reinigen. Man führt das Kühlwasser in 2 oder 3 oder 4 Wegen durch den Kondensator, was man durch entsprechende Scheidewände in den Deckeln oder Wasserkammern erreicht. Die Kondensatoren werden meist liegend angeordnet; stehende Kondensatoren können oben offen sein, wenn das Wasser mit Gefälle zum Kühlwerk abfließen kann.

Die Abb. 148 zeigt schematisch einen Oberflächenkondensator der MAN besonderer Bauart, die für schmutziges Kühlwasser bestimmt ist. Das Kühlwasser macht 4 Wege. Der Zufluß sowohl wie der Abfluß des Kühlwassers ist gegabelt und jeder Strang ist durch eine Drosselklappe abstellbar. Schließt man die Drosselklappe a, so sind die Rohrgruppen V und VI gegen den Kühlwasserstrom gesperrt; die Rohrgruppen I und II werden dafür stärker gespült als gewöhnlich. Schließt man Drosselklappe b, so werden die Rohrgruppen V und VI stärker gespült usw. Man will durch diese Anordnung (Patent Hülsmeyer), bei dem man also im Betriebe immer ein Viertel der Rohre stärker spülen kann, den Schmutz

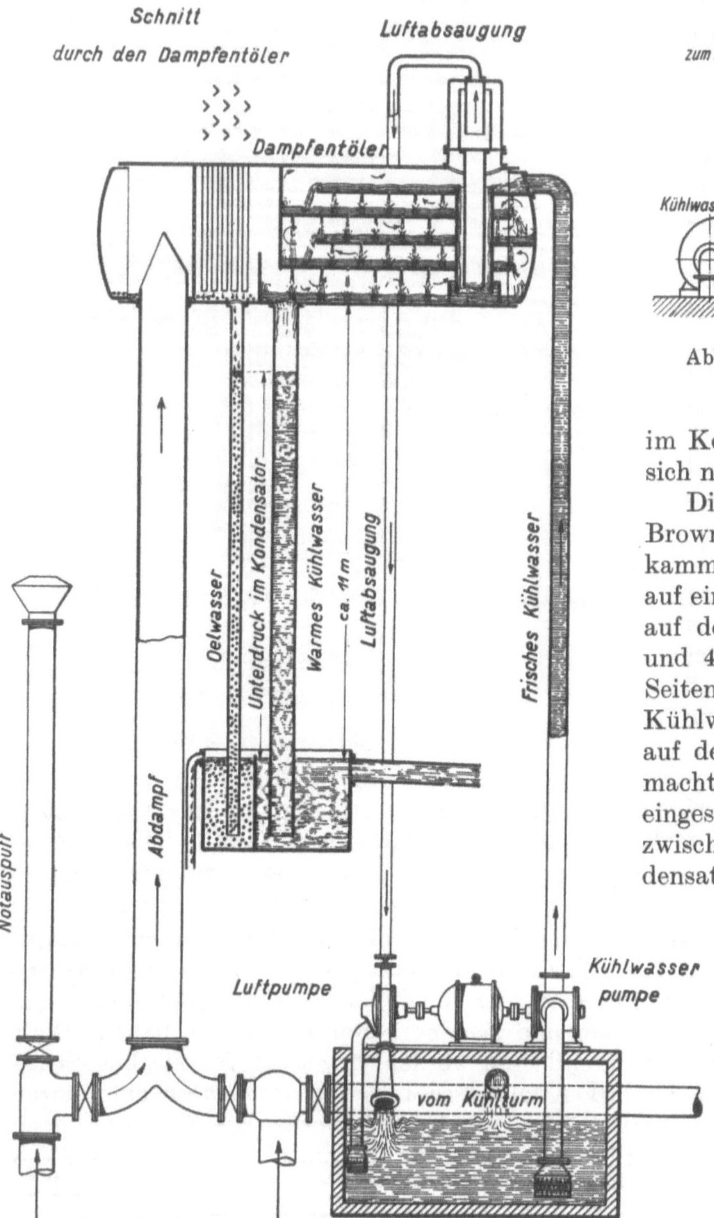

Abb. 146. Gegenstrommischkondensation mit hochliegendem Kondensator.

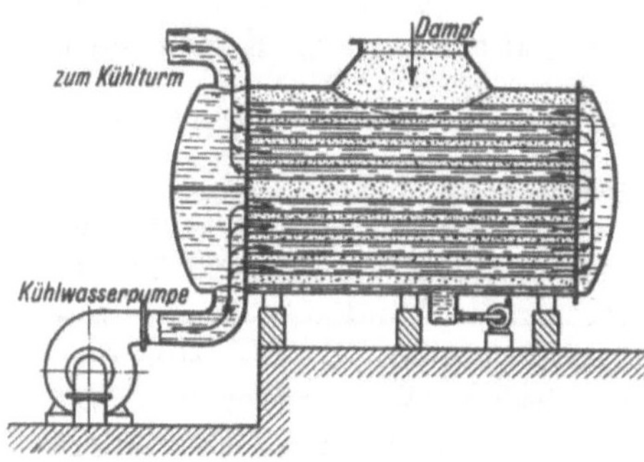

Abb. 147. Schema eines Oberflächenkondensators.

im Kondensator fortreißen, damit er sich nicht ansetzt.

Die Oberflächenkondensatoren von Brown, Boveri & Co. sind mit Wasserkammern ausgerüstet, entweder nur auf einer Seite, wobei das Kühlwasser auf derselben Seite zu- und abfließt und 4 Wege macht, oder auf beiden Seiten, wie in Abb. 149, wobei das Kühlwasser auf der einen Seite zu, auf der andern abfließt und 3 Wege macht. Die Kühlrohre sind V-förmig eingesetzt, damit der Dampf bequem zwischen die Rohre tritt. Der Kondensator wird als sogenannter Dauerbetriebskondensator so ausgeführt, daß die Wasserkammern durch eine senkrechte Wand geteilt sind, und der Kondensator in bezug auf den Kühlwasserstrom in zwei parallele Hälften geschieden ist, deren jede ihren eigenen Kühlwasserzufluß und -abfluß hat. Sperrt man auf der einen Hälfte den Kühlwasserstrom ab, so kann man die Halbdeckel dieser Hälfte umklappen und die eine Kühlrohrhälfte chemisch (mit 3%iger Salzsäure) oder mit Bürsten reinigen, während die andere Kondensatorhälfte im Betriebe bleibt. Alle Kühlrohre werden von Dampf umspült; der Dampf strömt aber hauptsächlich nach den vom Wasser durchströmten Rohren, an denen er sich niederschlägt. Die Kondensatorwirkung ist herabgesetzt, aber weniger als auf die Hälfte; das Vakuum läßt 2 bis 3% nach.

Es ist üblich, die Kühlrohre der liegenden Kondensatoren in wagerechten, gegeneinander versetzten Reihen anzuordnen. Dabei fällt das an den oberen Rohren gebildete Kondensat senkrecht auf die darunter liegenden Rohre und hüllt sie ein. Infolgedessen ist der Wärmeübergang geringer, als wenn der Dampf unmittelbar die Rohre berührt.

Die Maschinenbau A. G. Balcke verwendet deshalb neuerdings die Bauart Ginabat[1] (Abb. 150), bei der die Kühlrohre so angerodnet sind, daß sie von dem herabfallenden

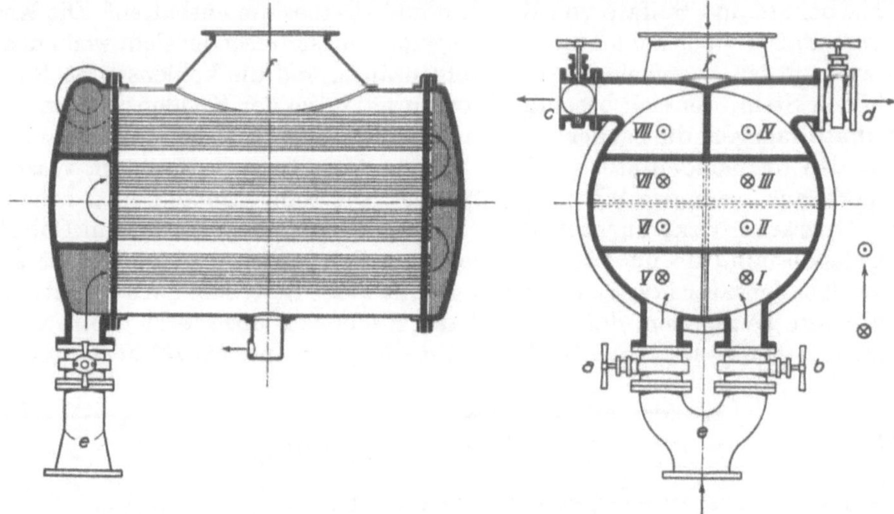

Abb. 148. Oberflächenkondensator Bauart Hülsmeyer (MAN).

Kondensat tangential getroffen werden. Das hat zur Folge, daß die Kühlrohre nur zu einem Viertel vom Kondensat eingehüllt werden. Gleichzeitig wird dadurch die Ablaufgeschwindigkeit des Kondensats vergrößert. Durch besondere Ablaufbleche wird das Kondensat so geleitet, daß es mit andern Kühlrohrgruppen gar nicht in Berührung kommt. Der Dampf trifft hauptsächlich die kondensatfreien Rohrflächen, so daß der Wärmeübergang besonders wirkungsvoll ist. Einen weiteren Vorteil bietet die Anordnung der einzelnen Kühlrohrgruppen, die infolge ihrer geringen Dicke in der Strömungsrichtung dem Dampfstrom nur geringen Widerstand bieten.

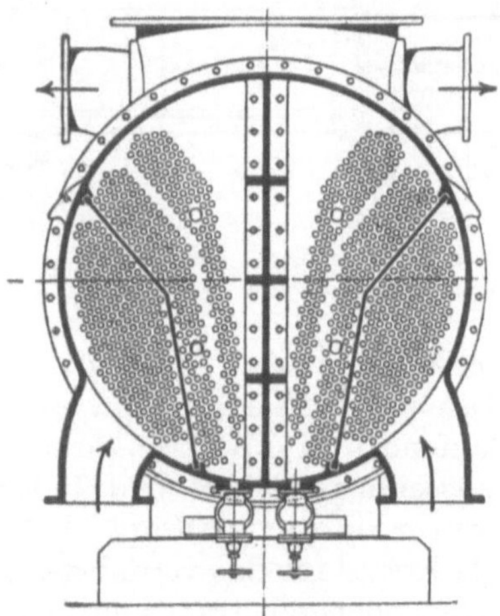

Abb. 149. Dauerbetriebskondensator der BBC.

Außer den im vorigen dargestellten Kesselkondensatoren, bei denen das Kühlwasser durch die Kühlrohre fließt, hat man auch Oberflächenkondensatoren, bei denen der niederzuschlagende Dampf durch Kühlrohrschlangen strömt. Die Kühlschlangen werden durch das Kühlwasser berieselt, wobei man wegen der auftretenden kräftigen Verdunstungswirkung verhältnismäßig wenig Kühlwasser braucht. Solche „Berieselungskondensatoren“ findet man insbesondere bei Kälteerzeugungsanlagen. Vgl. Abschnitt XXIV.

93. Die Reinigung der Oberflächenkondensatoren. Im Laufe der Zeit verkrusten die Kühlrohre durch Stein- und Schmutzansatz. Infolge des verschlechterten Wärmeüberganges sinkt die Kühlleistung des Kondensators, das Vakuum geht herab und der Dampfverbrauch steigt erheblich. Es ist dann nötig, den Kondensator zu reinigen, indem man den Steinansatz aus den Kühlrohren mechanisch (mittels schabender Bürsten oder durch Ausbohren) oder chemisch (mittels stark verdünnter Salzsäure) entfernt. Die Reinigung muß sehr vorsichtig vorgenommen werden, damit die dünnwandigen messingnen Rohre nicht mehr, als unvermeidbar ist, leiden.

[1] Vgl. Z.V. d. I. 1924, S. 1121.

Um überhaupt den Steinansatz in den Kondensatorrohren zu verhüten, baut die Maschinenbau-A.-G. Balcke „Impfanlagen“, die bei Kondensationen, deren Kühlwasser rückgekühlt wird, angewendet werden, und in denen dem Zusatzkühlwasser[1] verdünnte Salzsäure beigemischt wird. Im rohen Wasser sind als Steinbildner hauptsächlich Karbonate und Sulfate von Kalzium und Magnesium enthalten[2]. Die Karbonate sind im Wasser als doppeltkohlensaure Salze gelöst; diese zersetzen sich, wenn das Wasser erwärmt wird, unter Ausscheidung von Kohlensäure, und die kohlensauren Salze fallen aus und bilden Stein, der sich besonders dort ansetzt, wo der Kondensator am heißesten ist. Die Sulfate dagegen, die bei der Verdampfung des Wassers als Kesselstein ausscheiden, bleiben bei den im Kondensator in Frage kommenden Temperaturen im Wasser gelöst und fallen erst aus, wenn das Wasser gesättigt ist. Die beim „Impfen“ dem rohen Wasser zugesetzte Salzsäure wirkt nur auf die Karbonate und verwandelt sie in Chlorkalzium und Chlormagnesium, die im Wasser außerordentlich löslich sind und nicht ausfallen, wenn sie im Kondensator erwärmt werden. Damit nicht freie Salzsäure auftritt, wird nur so viel Salzsäure beigegeben, daß ein Rest der Karbonate unzersetzt bleibt. Damit sich das umlaufende Kühlwasser mit Sulfaten und Chloriden nur bis zu einem gewissen un-

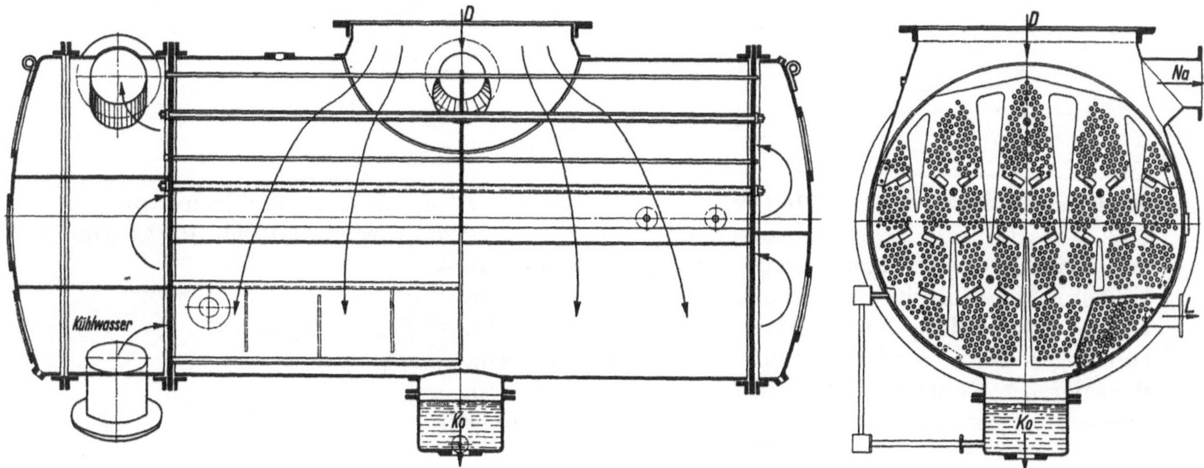

Abb. 150. Liegender Querstromkondensator (Bauart Ginabat).

schädlichen Grade anreichert, wird dem Kühlwasser mehr Wasser zugesetzt, als verdunstet. Das verdunstende Kühlwasser läßt ja seinen Gehalt an Sulfaten und Chloriden im umlaufenden Kühlwasser zurück, so daß es im Verhältnis zum frisch zufließenden Rohwasser angereichert wird. Indem man aber vom umlaufenden, etwas angereicherten Kühlwasser ein wenig abzapft, hält man die Anreicherung in gewissen Grenzen. Man rechnet als Ersatz für das verdunstende Wasser 1,5% der umlaufenden, das 60fache der Speisewassermenge betragenden Kühlwassermenge, setzt aber 2,5%, d. h. 1% mehr zu, welch überschüssige Menge abzuzapfen ist.

Abb. 151 zeigt die Impfanlage schematisch. Das zuzusetzende Rohwasser fließt aus dem Behälter *a*, dessen Überflutung der Schwimmer *b* verhindert, durch die Düse *c* in die Mischvorrichtung *d*. Die Salzsäure wird aus der Vorratflasche in die Druckbirne *f* gefüllt und aus dieser mittels Druckluft in den hochstehenden Anrichtebehälter *h* gedrückt, wo sie mit Wasser verdünnt wird. Die verdünnte Salzsäure fließt in den Behälter *i*, in welchem der Säurestand durch ein Schwimmerventil gehalten wird, und von hier zum Heberbehälter *k*. Es ist nun die Salzsäure im richtigen Verhältnis zum zuströmenden Rohwasser zuzusetzen. Das wird erreicht, indem das Heberrohr *l*, das die Salzsäure zusetzt, mit dem Schwimmer *m* im Rohwasserbehälter verbunden ist und so gehoben und gesenkt wird, daß das Mischungsverhältnis erhalten bleibt. Rohwasser und verdünnte Salzsäure

[1] Vgl. Ziffer 96. [2] Vgl. das über die Reinigung des Speisewassers Gesagte, Ziffer 52.

mischen sich im Mischbehälter *d* und dem darunter liegenden Rieselwerk, das die sich bildende Kohlensäure abscheidet. Die abgeschiedene Kohlensäure wird durch einen Ventilator abgesaugt. Das geimpfte Wasser fließt zum Kühlwasserbehälter. Das überschüssig zugesetzte Wasser wird bei *A* abgezogen. Bleibt das Rohwasser aus, so fällt der Schwimmer *m* und der Säurezufluß wird abgesperrt. Im Strom des geimpften Wassers liegen die Elektroden einer elektrischen Alarmvorrichtung, die wirkt, wenn freie Säure im Wasser auftritt und die Leitfähigkeit des Wassers erhöht.

94. Die Pumpen der Kondensationen. Bei jeder Kondensation ist das warme Kühlwasser abzuführen und kaltes zuzuführen, ferner ist das Kondensat und die in die Kondensation eingedrungene Luft abzupumpen, und schließlich ist bei Kolbenmaschinenanlagen, deren Abdampf entölt werden muß, das Ölwasser abzupumpen. Bei kleinen

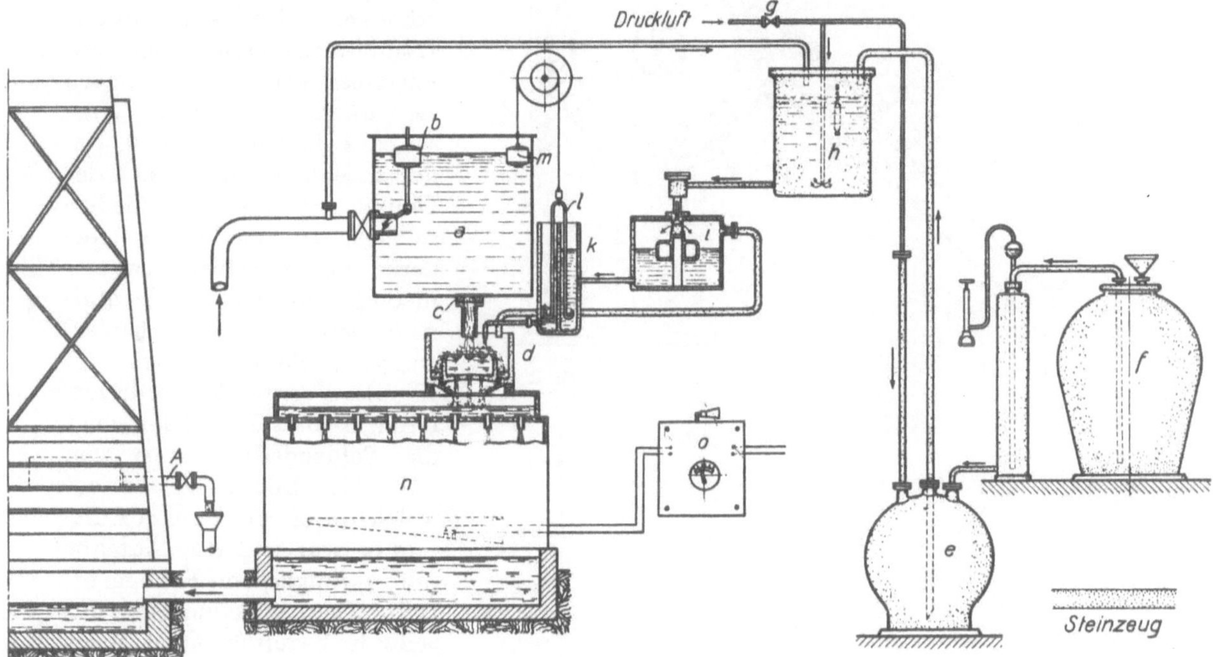

Abb. 151. Kühlwasserimpfanlage (Balcke).

Mischkondensationen verzichtet man darauf, den Abdampf zu entölen. Bei der in der Abb. 143 dargestellten Mischkondensation einfachster Art mit nasser Luftpumpe pumpt ein und dieselbe Pumpe sowohl das warme Kühlwasser wie das Kondensat und die Luft ab. Bei Oberflächenkondensationen braucht man dafür immer drei Pumpen: die Kühlwasserpumpe, die das Kühlwasser durch den Kondensator pumpt, eine besondere Luftpumpe und eine besondere Kondensatpumpe. Als vierte Pumpe tritt, wenn Abdampf von Kolbenmaschinen niedergeschlagen wird, die Ölwasserpumpe hinzu.

Ursprünglich verwandte man nur Kolbenpumpen. Bei den Luftpumpen, die das Dampfluftgemisch von Kondensatorspannung in die Atmosphäre drücken, handelt es sich um hohe Verdichtungen, 1:10 und mehr, je nach dem Vakuum. Um bei trockenen Kolbenluftpumpen trotzdem hohen volumetrischen Wirkungsgrad[1] zu erhalten, werden die Steuerungen mit Druckausgleich ausgeführt, derart, daß bei Hubbeginn die im schädlichen Raume der einen Zylinderseite befindliche Luft von atmosphärischer Spannung zur andern Seite überströmt, so daß der Anfangsdruck der Kompression wesentlich erhöht wird. Allerdings wird dadurch auch der Kraftverbrauch wesentlich höher. Auch zweistufige Kompression wird angewendet.

[1] Vgl. Ziffer 185.

Durch die schnelle Einführung der Dampfturbinen erhielt die Entwicklung der Kondensation, die für die Dampfturbine von besonderer Bedeutung ist, einen mächtigen Anstoß. Es hieß, hohes Vakuum und große Pumpenleistungen auf kleinem Raume unterbringen. Die Aufgabe wurde gelöst, indem die Luftpumpe als rotierende oder als Strahlpumpe ausgebildet wurde und Kühlwasser-, Kondensat- und gegebenenfalls Ölwasserpumpe als Kreiselpumpen ausgeführt wurden, die nebst der rotierenden Luftpumpe gemeinsam durch einen Elektromotor oder durch eine Hilfsdampfturbine angetrieben werden.

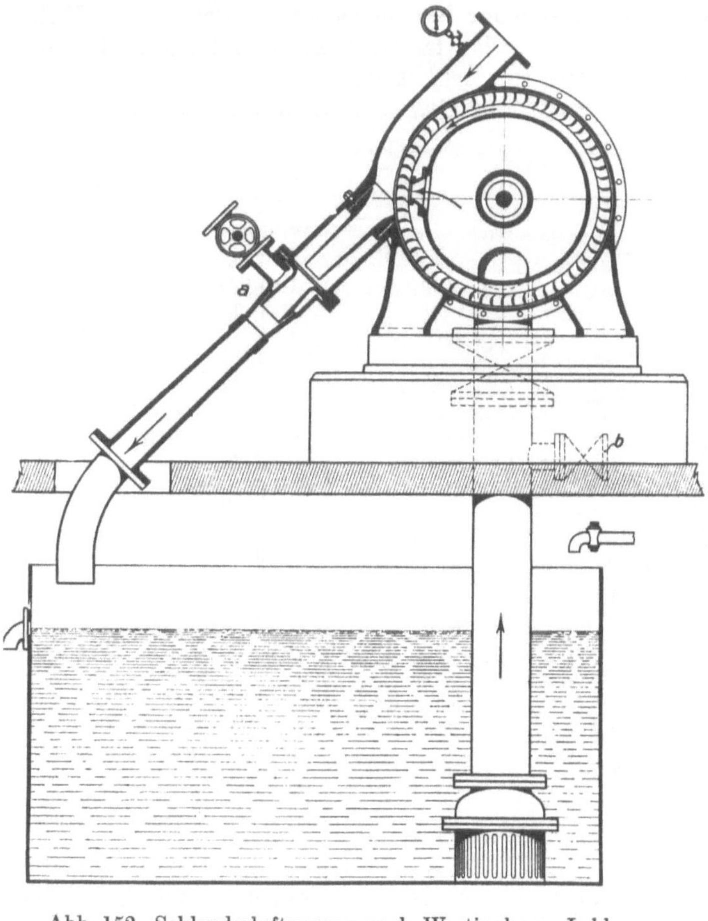

Abb. 152. Schleuderluftpumpe nach Westinghouse-Leblanc.

Die rotierenden Luftpumpen können selbstverständlich das sehr dünne Dampfluftgemisch nicht unmittelbar verdichten, sondern sie wirken mit Hilfe von Wasser, das sie ansaugen und wieder abschleudern. Da sich der Dampf am Wasser niederschlägt, ist nur Luft zu fördern; die im Schleuderwasser niedergeschlagene Dampfmenge geht mit dem Schleuderwasser, sofern es nicht im Kreislauf verwendet wird, verloren. Abb. 152 (Balcke) zeigt die Schleuderluftpumpe von Westinghouse-Leblanc, welche die erste rotierende Luftpumpe war und ihre Aufgabe mit vorzüglichem Erfolge erfüllt. Das Schleuderrad, das teilweise beaufschlagt ist, saugt das Schleuderwasser aus einem Behälter an und wirft es durch einen ejektorartigen Rohrstrang wieder in diesen zurück. Weil sich das Schleuderwasser erwärmt, läßt man dauernd etwas warmes Wasser ab- und kaltes zufließen. Die Wirkung der Luftpumpe ist teils Ejektorwirkung, teils beruht sie darauf, daß das Wasser scheibenartig abgeworfen wird, und die vor dem Rade stehende Luft zwischen den Scheiben eingeschlossen und mitgenommen wird. Beim Anlassen wird Vakuum durch Dampf (*a*) oder Druckwasser (*b*) erzeugt. Der Saugkorb hat Fußventil.

Aus der Abb. 153, welche die Pumpenanlage einer Kondensation von Brown, Boveri & Co. darstellt, ist die Anordnung einer Wasserstrahlluftpumpe zu ersehen. Das Druckwasser für die Strahlpumpe wird von einer besonderen Pumpe *d* geliefert, die aus der Kühlwasserpumpe *c* vorgepreßtes Wasser entnimmt. *f* ist die Kondensatpumpe. Die MAN, auch die Maschinenfabrik A. G. Balcke verwendet Wasserstrahlpumpen nach P. H. Müller, deren Betriebswasser meist der Kühlwasserpumpe entnommen werden kann. In den letzten Jahren sind in zunehmendem Maße Dampfstrahlluftpumpen eingeführt. Abb. 154 zeigt die Dampfstrahlpumpe der Maschinenbau A. G. Balcke. Sie besteht aus zwei hintereinander geschalteten Strahlapparaten, die auf einem mit einem Vorwärmer kombinierten Zwischenkondensator angeordnet sind. Die Verdichtung der

Luft ist zweistufig. Der durch die Düse des ersten Strahlapparates strömende Dampf verdichtet die mitgerissene Luft auf einen noch unter der äußeren Atmosphäre liegenden Druck. Der zweite Strahlapparat verdichtet die vorverdichtete Luft auf den Enddruck.

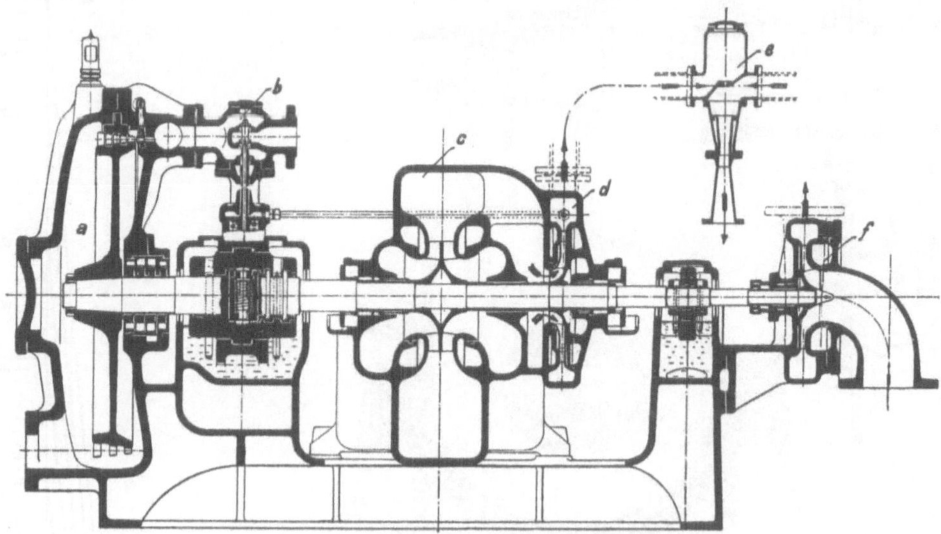

Abb. 153. Kondensationspumpenanlage (BBC).

Der Dampf des Dampfluftgemisches der ersten Stufe wird vorher im Zwischenkondensator niedergeschlagen, um der zweiten Stufe nur die Luft zuzuführen und sie dadurch zu entlasten. Das Dampfluftgemisch der zweiten Stufe wird zur Ausnutzung der noch vorhandenen Dampfwärme durch den Vorwärmer geleitet.

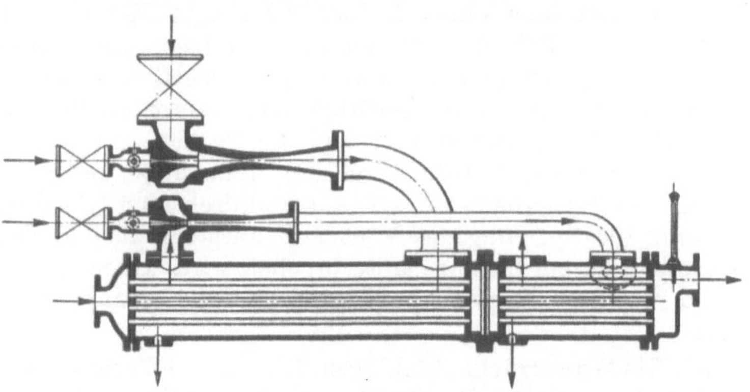

Abb. 154. Dampfstrahlluftpumpe (Balcke).

95. Der Antrieb der rotierenden Kondensationspumpen. Bei Frischdampfturbinen erfordert der Kondensationsantrieb 3% und mehr der vollen Turbinenleistung, bei Abdampfturbinen über doppelt so viel. In Frage kommen elektrischer Antrieb und Antrieb durch eine Hilfsturbine. Der elektrische Antrieb ist an und für sich vorteilhafter, weil er wirtschaftlicher ist, und weil man eine für die Konstruktion der Pumpen günstige Drehzahl wählen kann; aber er versagt, wenn der Strom ausbleibt. Deshalb ist trotz der Unwirtschaftlichkeit der Antrieb durch eine Hilfsturbine häufiger, die ihren Abdampf in den Niederdruckteil der Hauptturbine auspuffen läßt, der entsprechend der nicht unerheblichen zusätzlichen Dampfmenge zu bemessen ist. Da dieser Abdampf die Hauptturbine, wenn sie schwach belastet ist, zu stark treiben würde, so muß er gegebenenfalls durch eine selbsttätige Umschaltung in die Kondensation oder ins Freie geleitet werden. Brown, Boveri & Co. bauen gemischten Antrieb durch Elektromotor und Hilfsturbine mit selbsttätiger Umschaltung. Weil für die Hilfsturbine eine viel höhere Drehzahl zweckmäßig ist, als für die Pumpen, ist man dazu übergegangen, die Pumpen durch eine sehr schnell laufende Hilfsturbine mittels Räderübersetzung anzutreiben.

Die Hilfsturbine wird in der Regel durch einen Fliehkraftregler geregelt. Brown, Boveri & Co. regeln auf gleichbleibenden Druck vor der Wasserdüse. Dieser Druck wird

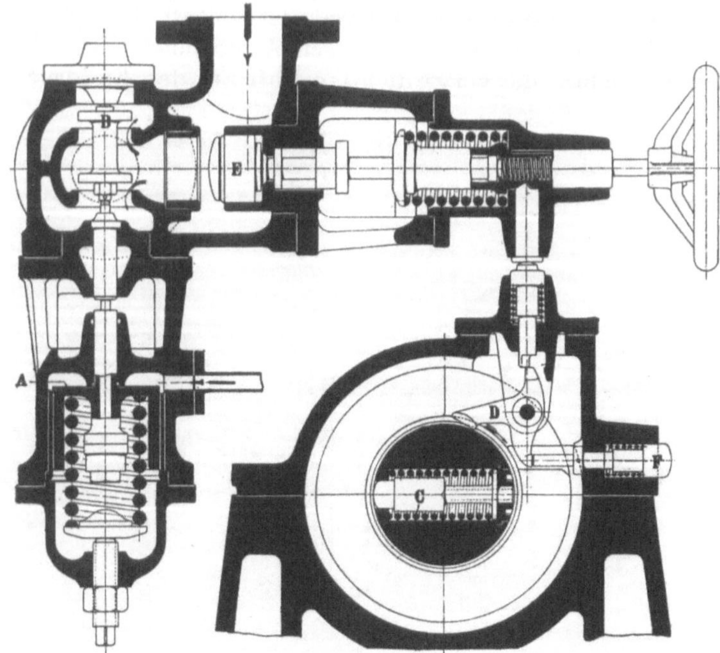

Abb. 155. Reglung der die Kondensationspumpen antreibenden Hilfsturbine (BBC).

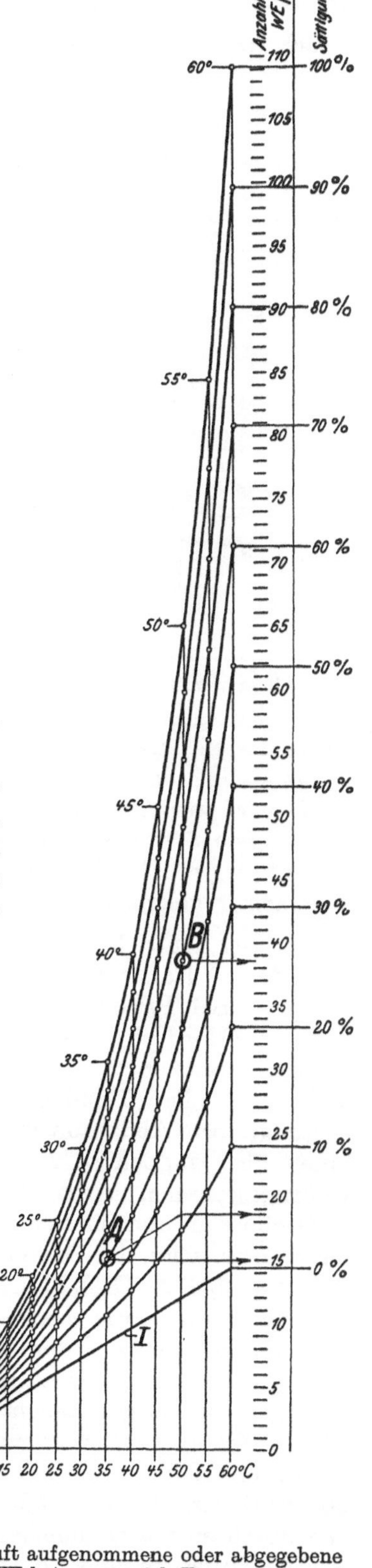

Abb. 156. Von der Luft aufgenommene oder abgegebene Wärme in kcal/kg (WE/kg), wenn sich Temperatur und Sättigungszustand der Luft ändern.

der das Strahlwasser erzeugenden Pumpe *d* (Abb. 153) entnommen und über einen Kolben oder eine Membran *A* (Abb. 155) geleitet, die auf der anderen Seite durch eine Feder belastet ist und das Dampfeinlaßventil *B* verstellt, so daß bei fallendem Wasserdruck das Dampfeinlaßventil mehr Dampf einströmen läßt und die Turbine auf höhere Drehzahl getrieben wird. Wird die Drehzahl zu hoch, so schlägt der Sicherheitsregler[1] *C* aus und dreht den Hebel *D*, wodurch die Sperrung des Ventils *E* ausgeklinkt und die Dampfzufuhr zur Turbine unterbrochen wird. In derselben Weise werden übrigens die Turbokesselspeisepumpen geregelt.

96. Die Wasserrückkühlanlagen. Obwohl die Verwendung frischen Wassers für die Kondensationen viel vorteilhafter ist[2] — bei Damfpturbinenoberflächenkondensationen erreicht man 4 % höheres Vakuum und braucht für den Antrieb der Kondensationspumpen nur die halbe Kraft, was beides zusammen 7 bis 8 % Dampfersparnis bedingt — ist man in der Regel gezwungen, das Kühlwasser im Kreislauf zu verwenden und durch ein Kühlwerk rückzukühlen. Zu diesem Zweck läßt man das warme Wasser ein Gradierwerk niederrieseln und durchlüftet es. Bei der Kühlung laufen zwei Vorgänge nebeneinander. Einmal kühlt die Luft, wenn sie kälter als das Wasser ist, unmittel-

[1] Vgl. Ziffer 100. [2] Vgl. Ziffer 88.

bar, indem sie entsprechend ihrer spezifischen Wärme $c_p = 0{,}24$ und entsprechend ihrer Temperaturzunahme Wärme aufnimmt. Hauptsächlich wirkt aber die Verdunstungs-

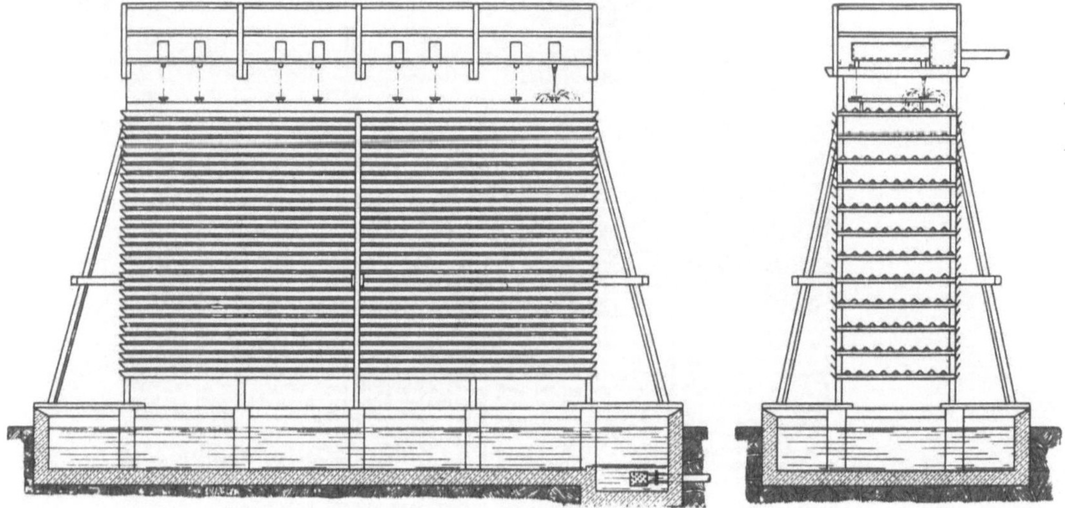

Abb. 157. Offenes Gradierwerk.

kühlung, indem die Verdunstung des Wassers durch den kräftigen Luftzug außerordentlich gesteigert wird. Der entstehende Wasserdampf und die an ihn gebundene Wärme wird von der Luft aufgenommen, solange bis sie gesättigt ist. Man rechnet, daß die Verdunstung an der Kühlwirkung im Sommer mit durchschnittlich 90%, im Winter mit durchschnittlich 60% beteiligt ist.

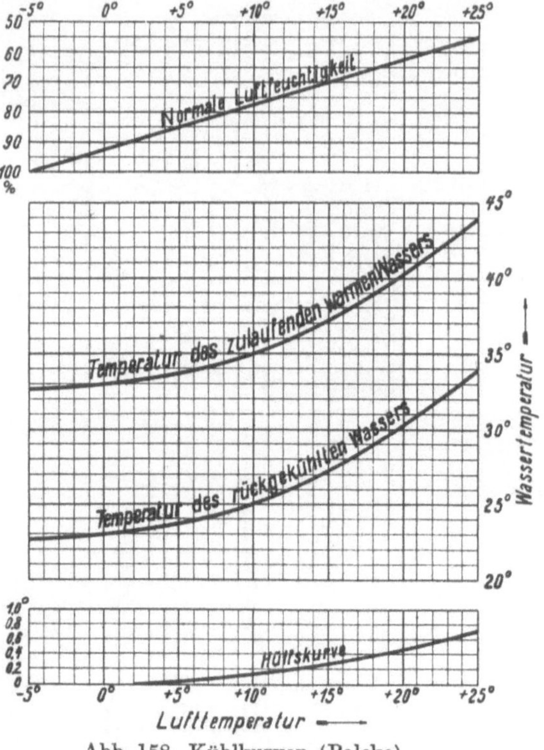

Abb. 158. Kühlkurven (Balcke).

Einen vortrefflichen Einblick in die Verhältnisse gewährt das Diagramm Abb. 156[1]. Man liest aus ihm ab, wieviel kcal/kg von der Luft aufgenommen oder abgegeben werden, wenn sich ihre Temperatur und ihr Sättigungszustand ändern. Wenn 1 kg trokkene Luft von 0° auf 60° erwärmt wird, dabei trocken bleibt (Sättigung = 0%), so werden dem zu kühlenden Wasser $60 \cdot 0{,}24 = 14{,}4$ kcal entzogen; verdunstet aber das Wasser bei der Kühlung ein wenig, so daß die kühlende Luft zu 50% mit Wasserdampf gesättigt ist, so werden dem Wasser 61,8 kcal und bei 100%iger Sättigung der Luft 109,2 kcal entzogen. Oder es seien anfänglich Temperatur und Sättigung der Luft 20° bzw. 100% und die Temperatur nehme auf 40° zu, die Sättigung aber auf 80% ab, dann nimmt die Luft $33{,}2 - 13{,}7 = 19{,}5$ kcal/kg auf. Zieht man im Diagramm durch den Punkt, der den Anfangszustand der Luft darstellt, eine Parallele zur Linie *I* bis zur Ordinate des den Endzustand darstellenden Punktes, so scheidet diese Linie die Wärme, die die Luft infolge Aufnahme des durch die Verdunstung gebildeten Wasser-

[1] Mueller: Rückkühlwerke. Z.V.d.I. 1905, S. 11. Vgl. ferner Mollier: Diagramme für Dampfluftgemisch. Z.V.d.I. 1923, H. 36.

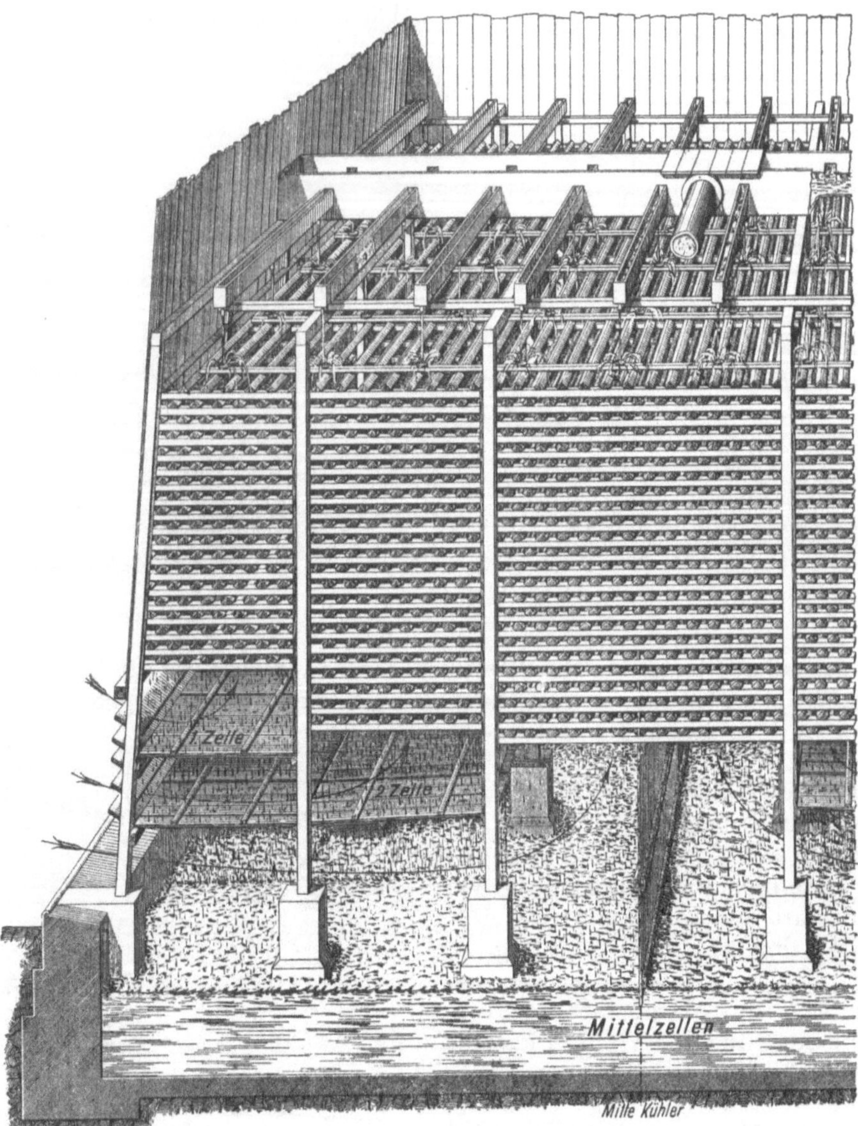

Abb. 159. Inneres eines Zellenkühlers.

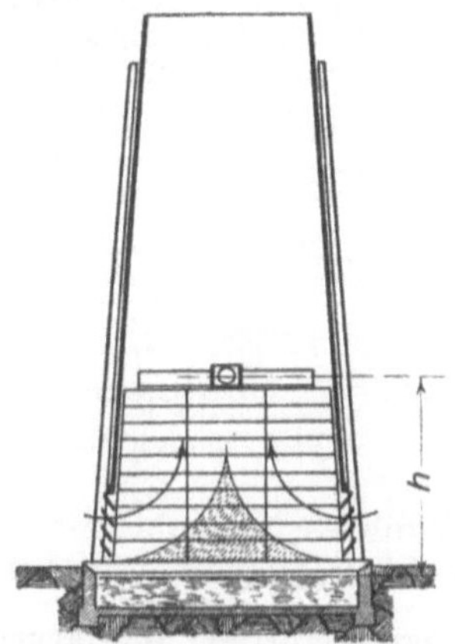

Abb. 160. Schmaler Kühler.

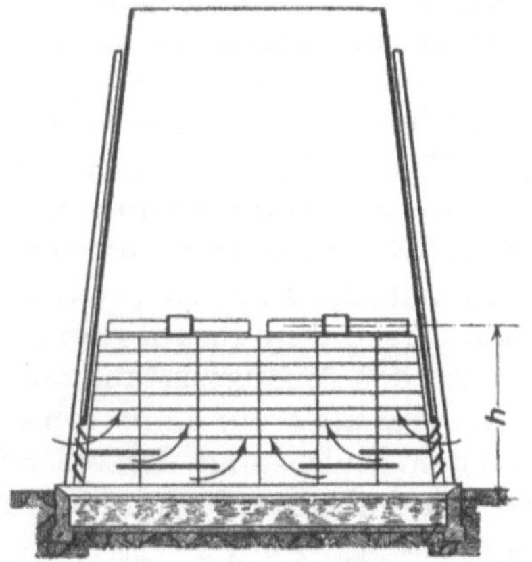

Abb. 161. Zellenkühler.

dampfes empfängt, von der Wärme, die sie durch ihre eigene Erwärmung aufnimmt. Hat z. B. im Punkte A die Luft 35° Temperatur und 30 % Sättigung, im Punkte B 50° Temperatur und 50 % Sättigung, so hat sie insgesamt 38,5 — 14,8 = 23,7 kcal/kg aufgenommen, und zwar 20 kcal durch Aufnahme verdunsteten Wassers und 3,7 kcal durch ihre eigene Erwärmung.

Soviel Kühlwasser verdunstet, muß wieder zugesetzt werden. Wirkt der Kühler nur durch Verdunstung, so ist die Zusatzkühlwassermenge etwa gleich der Speisewassermenge, weil 1 kg Abdampf bei der Verflüssigung etwa ebensoviel Wärme abgibt, wie bei der Verdunstung gebunden wird. Man bezieht die Zusatzkühlwassermenge auch auf die umlaufende Wassermenge. Bei einer Dampfturbinenkondensation, deren umlaufende Wassermenge 60 mal so groß wie die Speisewassermenge ist, ist ein Zusatz gleich 1,67 % der umlaufenden Wassermenge dasselbe wie ein Zusatz gleich der Speisewassermenge. Wenn Kühlwasser versickert, weil der Kühlwasserbehälter undicht ist, oder wenn der Kaminkühler „spuckt“, braucht man mehr Zusatzwasser. Ein reichlicher Zusatz ist auch deshalb zweckmäßig, damit sich das Kühlwasser nicht in schädlichem Maße mit Sulfaten anreichert. Über die „Impfung“ des Zusatzkühlwassers vgl. Ziffer 93.

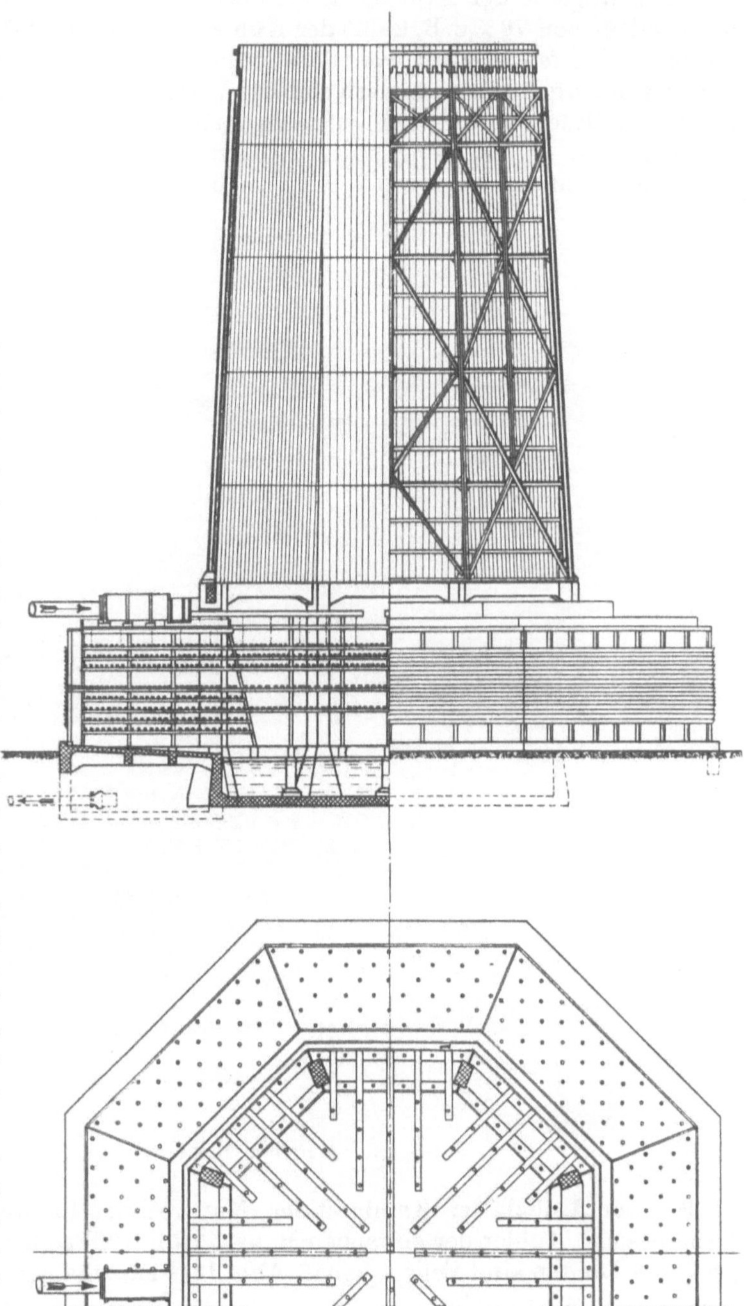

Abb. 162. Quergegenstromkühler (Balcke).

Man hat offene und geschlossene Gradierwerke. Die offenen Gradierwerke, die durch Abb. 157 veranschaulicht werden, werden nur zur Kühlung kleinerer Wassermengen benutzt; sie sind sehr wirksam, stören aber dadurch, daß sie regnen. Geschlossene Gradierwerke werden in der Regel als selbstlüftende Kühltürme oder sogenannte Kaminkühler ausgeführt; Bewetterung durch Ventilatoren bildet eine Ausnahme. Bei den Kaminkühlern (vgl. die Abb. 160 und 161) tritt die Luft unten seitlich ein, durchstreicht das niederrieselnde Wasser und zieht durch den sich über dem Gradierwerke erhebenden Kamin zusammen mit dem Wasserdunst ab. Die Leistung eines Kaminkühlers ist durch den für die Luft erforderlichen Auftrieb begrenzt. Aus dem Diagramm, Abb. 158, ist ersichtlich, wie ein Balckescher Kaminkühler sich verhält, der das Kühlwasser einer Turbinenkondensation um 10° abkühlt, wenn sich Temperatur und Feuchtigkeit der Atmosphäre ändern. Bei 10° Lufttemperatur und normaler Luftfeuchtigkeit von 78 % z. B. kühlt der Kühler von 35° auf 25°; bei 25° Lufttemperatur und normaler Luftfeuchtigkeit von 55 % kühlt er von 44° auf 34°. Ändert sich die Luftfeuchtigkeit um 10 %, so ändern sich die Wassertemperaturen im selben Sinne, und zwar um soviel Grad, wie die zur Lufttemperatur gehörige Ordinate der Hilfskurve anzeigt. Wäre z. B. bei 25° Lufttemperatur die Luftfeuchtigkeit 75 % statt 55 %, also 20 % mehr, so liegt die „Kühlzone" um $2 \cdot 0{,}7 = 1{,}4^0$ höher, der Kühler kühlt also von 45,4° auf 35,4°.

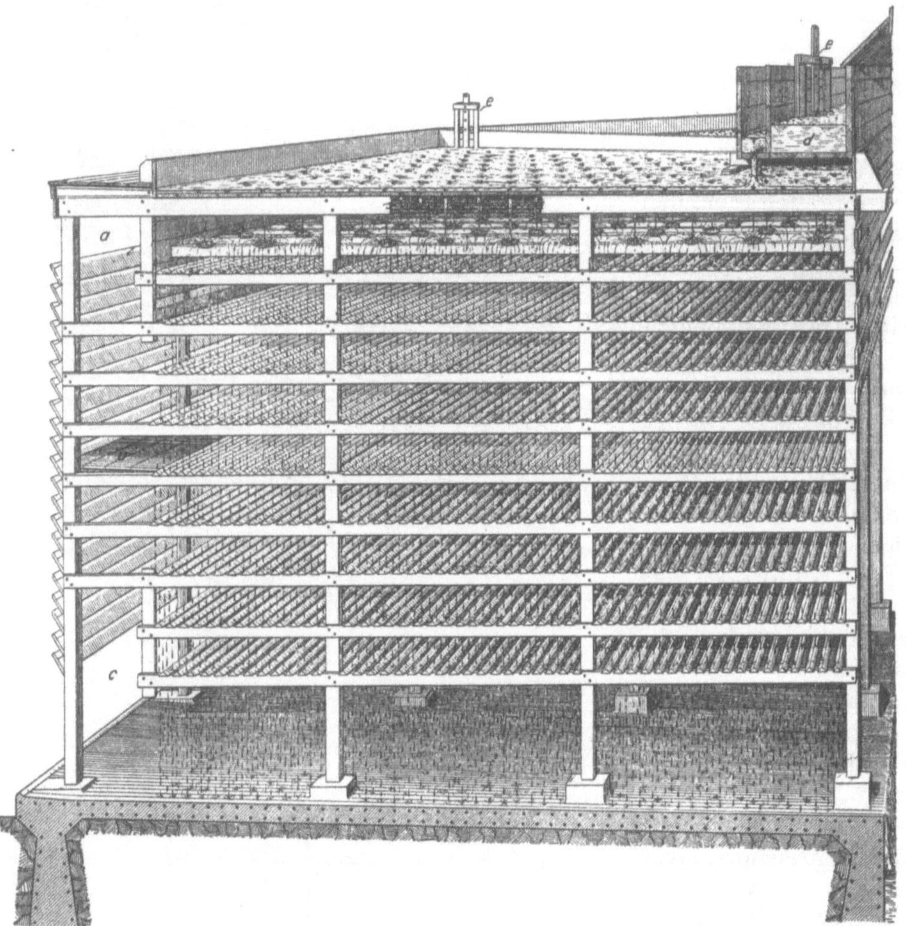

Abb. 163. Querstromteil des Quergegenstromkühlers.

97. Der Aufbau der Kaminkühler. Man rechnet für die Kühlung von 5 m³/h 1 m² Grundfläche. Kühler der einfachen Bauart Abb. 160[1] sollen nur 6 bis 7 m breit sein. Bei größeren Breiten sind Zellen gemäß Abb. 161[1] einzubauen, damit die einströmende Luft über die ganze Kühlerbreite verteilt wird. Das Innere eines solchen Kühlers zeigt Abb. 159 (Balcke). Die Warmwasserleitung mündet in einer großen Lutte, von der sich das Wasser in kleine, quer zur großen liegende Lutten verteilt. Aus diesen ergießt es sich durch viele aus Gasrohr bestehende Mündungen auf Spritzteller, die das Wasser über den Rieseleinbau verspritzen. Die Kühlluft zieht dem niederrieselnden Wasser entgegen, so daß man von einem Gegenstromkühler spricht. Zellen- oder Zonenkühler sind außerordentlich verbreitet und werden von vielen Firmen gebaut.

[1] Z.V.d.I. 1921, S. 1307.

Eine grundsätzlich andere Bauart wird durch den Quergegenstromkühler der Maschinenbau-A. G. Balcke, Abb. 162 und 163, veranschaulicht. Aus dem Grundriß, Abb. 162, erkennt man, wie die Rieseleinrichtungen verteilt sind. Die kleinen Kreise stellen die Rohrstücke dar, aus denen das Wasser auf die Spritzteller fällt, die es über das Gradierwerk verspritzen. Der größere Teil der Rieseleinrichtungen liegt außen um den Kamin herum, der kleinere innerhalb des Kamins. Die Luft durchstreicht im äußeren Teile das niederrieselnde Wasser im Querstrom, wendet dann und strömt im Innern des Kühlturms dem niederrieselnden Wasser entgegen. Im Gegenstromteil hat die Luft, die den Querstromteil in der unteren, kälteren Zone durchstrichen hat und wenig erwärmt ist, den längsten Weg zu machen, so daß sie ebenfalls gut ausgenützt wird. Das zu kühlende Wasser fließt durch einen Meßüberfall in die Ringlutte *d* (Abb. 163), aus der es durch Schieber *e* auf die einzelnen Rieselabteilungen verteilt wird. Jede Rieselabteilung kann, ohne Störung des Betriebes, abgestellt werden.

Auf den Zechen sind heute Einheiten üblich, die 2500 bis 3000 m³/h kühlen; für die Kondensation einer 6000 kW-Turbine sind stündlich 2500 m³ Kühlwasser erforderlich. Auf großen Kraftwerken sind mehrfach größere Einheiten aufgestellt.

XI, Die Dampfturbinen.

98. Das Wesen der Turbine, erläutert am Beispiel der Wasserturbine. Allgemeines über die Dampfturbine. Die Wasserturbine und die Dampfturbine stimmen grundsätzlich in der Wirkung überein. Bei beiden wird Druckgefälle in Strömung umgesetzt, und das strömende Wasser, der strömende Dampf, drehen das Laufrad der Turbine, wobei ein und dasselbe Druckgefälle theoretisch in der Turbine ebenso ausgenützt wird wie in der Kolbenmaschine. Die Wasserturbine ist einfacher zu verstehen als die Dampfturbine, weil Wasser nicht expandiert und der Wasserdruck in einer Stufe ausgenützt wird. Deshalb sei einleitend die Wasserturbine besprochen, obwohl sie im Bergbau nur in geringem Umfange angewendet wird.

In der feststehenden Leitvorrichtung wird das Wasser, indem sein Druck in Geschwindigkeit umgesetzt wird, beschleunigt und auf das Laufrad geleitet. Die Leitvorrichtung ist meist als Leitrad ausgebildet, bei den Pelton-Rädern als Düse. Das

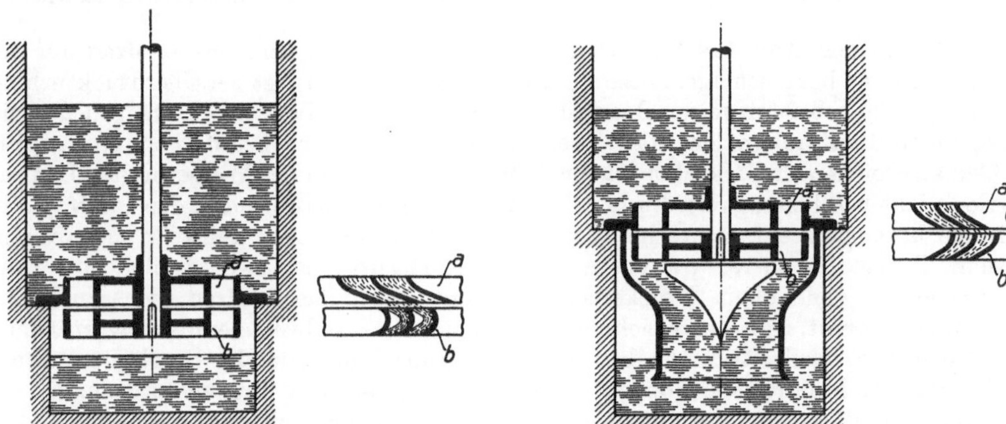

Abb. 164. Axiale Gleichdruckturbine. Abb. 165. Axiale Überdruckturbine.

kennzeichnende Profil der Leitradkanäle ist aus den Abb. 164 bis 167 ersichtlich. *a* stellt das Leitrad, *b* das Laufrad dar. Erst hat der Leitkanal großen Querschnitt; dann verengt sich der Querschnitt, indem der Kanal umbiegt, und zugleich wird das Wasser schräg auf das Laufrad geleitet. Im Laufrade wird das strömende Wasser abgelenkt und treibt das Laufrad mit gewisser Umfangkraft und Umfanggeschwindigkeit.

Man unterscheidet zwei Arten von Laufrädern: Gleichdruck- oder Aktionsräder und Überdruck- oder Reaktionsräder. Beim Gleichdruckrade sind die durch die Schaufeln gebildeten Kanäle (Abb. 164[1]) am Eintritt ebenso weit wie am Austritt, so daß das Wasser im Laufrade nicht beschleunigt wird, und vor und hinter dem Laufrade der gleiche Druck herrscht. Beim Überdruckrade dagegen sind die Kanäle (Abb. 165 und 167) am Austritt enger als am Eintritt, so daß das Wasser nicht nur im Leitrade sondern auch im Laufrade beschleunigt wird, weswegen auf der Eintrittseite des Laufrades Überdruck herrscht.

Je nach der Art des Laufrades unterscheidet man Gleichdruckturbinen und Überdruckturbinen.

Abb. 166 zeigt die Druck- und Geschwindigkeitsverhältnisse beim Ausfluß von Wasser aus einer Düse in Verbindung mit einer Gleich- bzw. Überdruckturbine.

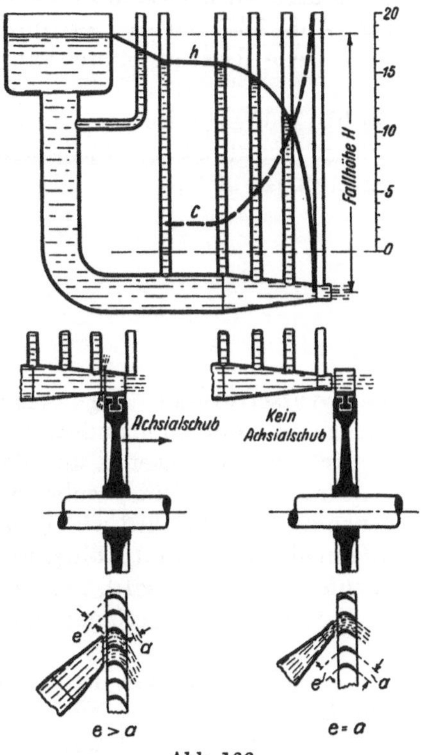

Abb. 166.

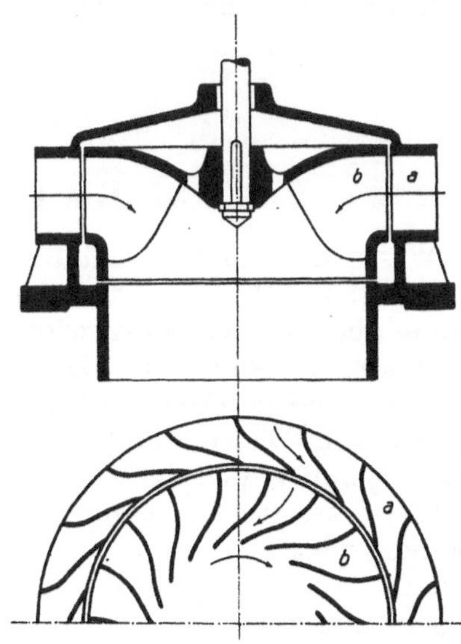

Abb. 167. Radiale Überdruckturbine (Francis-Turbine).

Bei den in den Abb. 164 bis 167 dargestellten Turbinen wird das Laufrad auf dem ganzen Umfange beaufschlagt. Diese volle Beaufschlagung ist bei Überdruckturbinen notwendig; denn bei teilweiser Beaufschlagung würde das Wasser, das sich in den sich verengenden Laufradkanälen staut, seitlich nach den nicht beaufschlagten Laufradkanälen ausweichen. Bei Gleichdruckturbinen aber, bei denen das Wasser in den Laufradkanälen nicht beschleunigt wird und der Wasserstrahl überhaupt nicht den Laufradkanal zu füllen braucht, steht nichts im Wege, daß die Laufräder nur teilweise beaufschlagt werden. Teilweise oder partiale Beaufschlagung ist zweckmäßig, um kleine Wassermengen von hohem Drucke auszunützen, damit das Laufrad nicht zu kleinen Durchmesser erhält. Ein kennzeichnendes Beispiel einer teilweis beaufschlagten Gleichdruckturbine ist das in Abb. 168 dargestellte Peltonrad, das auch im Bergbau verwendet worden ist, um Abfallwasser höherer Sohlen zum Antrieb von Streckenförderungen auszunützen. Das Wasser strömt aus der Düse b, der Menge nach geregelt durch die Nadel c, etwa tangential gegen die Schaufeln des Rades a. Der Strahl wird auf die Schneide der Schaufeln gerichtet, und durchströmt, sich teilend, die beiden Schaufelmulden, wobei die Strahlhälften um etwa 180° aus ihrer absoluten Bahn seitlich abgelenkt werden.

[1] Die Abb. 164, 165, 167 und 168 sind nach Quantz: Wasserkraftmaschinen, gezeichnet.

Die durch die Abb. 164 und 165 veranschaulichten Turbinen heißen Axialturbinen, weil das Wasser die Turbinen axial durchströmt. Die Axialturbinen werden für Wasser sehr wenig angewendet; es herrscht vielmehr bei den Wasserturbinen die radial beaufschlagte Überdruckturbine von Francis, Abb. 167. Weil aber bei den Dampfturbinen umgekehrt die Axialturbine herrscht, sollen im folgenden nur Axialturbinen betrachtet werden.

Bei Axialturbinen besteht zwischen Gleichdruckturbinen und Überdruckturbinen noch ein wesentlicher Unterschied: Infolge des Überdruckes vor dem Laufrade erleidet die Welle der Überdruckturbine einen Axialschub in der Richtung des strömenden Wassers, der ausgeglichen oder durch ein Lager aufgenommen werden muß; bei Gleichdruckturbinen fällt dieser Axialschub fort oder äußert sich nur in geringem Maße. (Vgl. Abb. 166.)

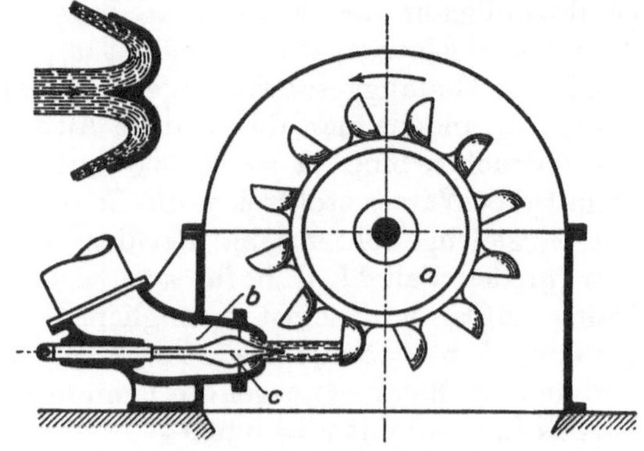

Abb. 168. Peltonrad.

Die theoretische Leistung der Turbine ist unabhängig von der Bauart. Wird die Turbine sekundlich von der Wassermasse m durchströmt, die mit der Geschwindigkeit c_1 eintritt und mit der Geschwindigkeit c_2 austritt, so leistet die Turbine $\frac{m}{2}(c_1^2 - c_2^2)$ mkg/s. Es treten z. B. sekundlich 100 kg Wasser mit der Geschwindigkeit $c_1 = 20$ m/s ein und mit der Geschwindigkeit $c_2 = 8$ m/s aus. Dann ist die Leistung $= \frac{100}{2 \cdot 9{,}81} \cdot (400 - 64)$ $= 1710$ mkg/s $= 22{,}8$ PS und der Austrittsverlust ist $\frac{8^2}{20^2} = \frac{64}{400} = 16\,\%$.

Es werde nun die Wirkung der Gleichdruckturbine genauer verfolgt und an Hand der Abb. 169 ein Zahlenbeispiel gerechnet, bei dem aber Reibungs-, Stoß- und Wirbelverluste nicht berücksichtigt werden. Es sind drei Laufradschauflungen dargestellt:

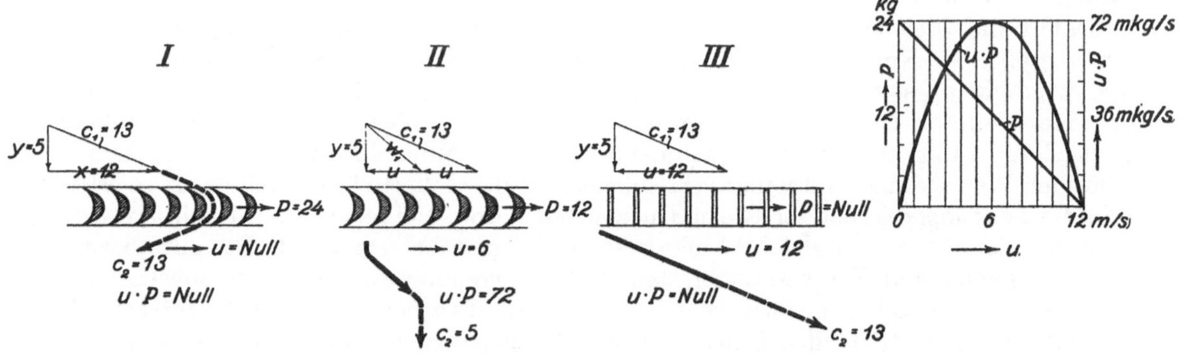

Abb. 169. Wirkung der Gleichdruckturbine.

I, *II* und *III*. Die Schauflungen sind so geformt, daß das Wasser ohne Stoß eintritt; ferner sind sie gleichwinklig, d. h. Eintritt- und Austrittwinkel sind gleich groß. Das Wasser strömt mit der Geschwindigkeit $c_1 = 13$ m/s so ein, daß die Umfangkomponente $x = 12$ m/s und die axiale Komponente $y = 5$ m/s ist. Im Falle *I* steht das Laufrad still, d. h. seine Umfanggeschwindigkeit u ist Null, und das Wasser, das mit seiner ursprünglichen Geschwindigkeit von 13 m/s austritt, wird nur umgelenkt, ohne daß es Arbeit abgibt. Infolge der Umlenkung übt aber das Wasser eine beträchtliche Umfangkraft P aus. Weil die Umfangkomponente x sich von 12 m/s in der einen Richtung auf 12 m/s in der entgegengesetzten Richtung, insgesamt also um 24 m/s ändert, so übt die sekundlich die Turbine durchströmende Wassermasse m nach dem Grundsatz: Kraft = Masse × Beschleunigung die Umfangkraft $P = m \cdot 24$ aus. Wenn also sekundlich 9,81 kg Wasser, d. h. die Wassermasse $m = 1$, die Turbine durchströmen, so ist $P = 24$ kg. Die an das Laufrad abgegebene Leistung $u \cdot P$ ist, wie gesagt, = Null, da u = Null ist.

Im Falle *II* dreht sich das Laufrad mit $u = 6$ m/s, d. h. die Umfanggeschwindigkeit u ist halb so groß wie die Umfangkomponente x der Eintrittgeschwindigkeit c_1 oder $u:x = 0{,}5$. Wir müssen jetzt zwischen der absoluten Eintritt- und Austrittgeschwindigkeit c_1 bzw. c_2 und der relativen, d. h. auf das Laufrad bezogenen Eintritt- und Austrittgeschwindigkeit des Wassers w_1 bzw. w_2 unterscheiden. Man erhält gemäß Abb. 169 die relative Eintrittgeschwindigkeit w_1, indem man die absolute Eintrittgeschwindigkeit c_1 mit der Umfanggeschwindigkeit u zusammensetzt, und die absolute Austrittgeschwindigkeit c_2, indem man die relative Austrittgeschwindigkeit w_2, die bei der betrachteten Gleichdruckturbine ja $= w_1$ ist, mit der Umfanggeschwindigkeit u zusammensetzt. Damit das Wasser stoßfrei in die Laufschaufel eintritt, muß die Laufschaufel im Anfang mit w_1 gleichgerichtet sein. Bei der zugrunde gelegten gleichwinkligen Schaufel ergibt sich für den Fall *II*, d. h. für $u:x = 0{,}5$, daß das Wasser senkrecht zum Rade austritt. Daher hat c_2 den kleinsten möglichen Wert und wird gleich der axialen Komponente y von c_1, d. h. = 5 m/s. Da x von 12 m/s auf Null abnimmt, so ist die von der sekundlich strömenden Masse m ausgeübte Umfangkraft $P = m \cdot 12$, und für $m = 1$ wird $P = 12$ kg. Da das Laufrad mit $u = 6$ m/s gedreht wird, gibt das Wasser an das Laufrad die Leistung $P \cdot u$ mkg/s ab; für $m = 1$ wird die abgegebene Leistung $P \cdot u = 12 \cdot 6 = 72$ mkg/s. Zu demselben Ergebnis kommt man, wenn man die an das Laufrad abgegebene Leistung $= \frac{m}{2}(c_1^2 - c_2^2)$ setzt; denn für $m = 1$ wird die abgegebene Leistung $= \frac{1}{2}(169 - 25) = 72$ mkg/s. Der Austrittverlust beträgt $\frac{5^2}{13^2} = 14{,}8\,\%$.

Im Falle *III* ist $u = 12$ m/s, d. h. die Umfanggeschwindigkeit u ist ebenso groß wie die Umfangkomponente x der absoluten Eintrittgeschwindigkeit c_1 oder $u:x = 1$. Wie Abb. 169 zeigt, strömt nunmehr das Wasser durch das Laufrad, ohne daß es abgelenkt wird; P wird also Null, und die an das Laufrad abgegebene Leistung $u \cdot P$ ist auch in dem vorliegenden zweiten Grenzfall = Null.

Damit die Gleichdruckturbine Leistung abgibt, muß also die Umfanggeschwindigkeit u größer als Null und kleiner als die Umfangkomponente x der absoluten Eintrittgeschwindigkeit c_1 sein, oder das Verhältnis $u:x$ muß größer als Null und kleiner als 1 sein. Bei einer weiteren Untersuchung ergibt sich für unser Zahlenbeispiel, daß die Umfangkraft P von 24 kg auf Null kg gleichmäßig abnimmt. Multipliziert man die zusammengehörigen Werte von P und u und verzeichnet man diese Werte über u oder $u:x$, so erhält man die Leistungsparabel der Gleichdruckturbine, Abb. 169 rechts. Den Höchstwert der Leistung, der für $m = 1$ gleich 72 mkg/s ist, erhält man bei $u:x = 0{,}5$. Das gilt aber nur unter der gemachten Voraussetzung, daß die Turbine ohne Reibungs- und sonstige Verluste wirkt. Praktisch kann man rechnen, daß man etwa bei $u:x = 0{,}4$ die tatsächliche Höchstleistung der Gleichdruckturbine erhält. Ebenso erzielt das in Abb. 168 dargestellte Peltonrad seine höchste Leistung, wenn seine Umfanggeschwindigkeit nahezu halb so groß ist wie die Geschwindigkeit, mit der der Wasserstrahl aus der Düse strömt.

Die Wirkung der Überdruckturbine ist nicht so einfach zu übersehen. Für den besonderen Fall, daß das Gefälle im Leitrade und im Laufrade je zur Hälfte ausgenützt wird, und daß das Wasser senkrecht in das Laufrad eintritt, ist die Umfanggeschwindigkeit u des Laufrades gleich der Umfangkomponente des aus dem Leitrade ausströmenden Wassers. Diese wird, wenn man dasselbe Gesamtgefälle zugrunde legt, wie bei der Gleichdruckturbine, von dem die Hälfte im Leitrade ausgenutzt wird, $= 12\sqrt{0{,}5} = 8{,}5$ m/s. Unter den angegebenen Voraussetzungen läuft also die Überdruckturbine $\sqrt{2} = 1{,}41$ mal so schnell wie die entsprechende Gleichdruckturbine bei ihrer günstigsten Drehzahl (vgl. Abb. 170).

Selbstverständlich ändern sich sowohl bei der Gleichdruck- wie bei der Überdruckturbine die Strömungsverhältnisse, wenn sich die Belastung der Turbine ändert.

Betrachten wir nun auf Grund der vorstehenden, für die Wasserturbine geltenden Darlegungen die Dampfturbine. Ungeachtet der grundsätzlichen Übereinstimmung zwischen der Wasser- und der Dampfturbine ergeben sich daraus, daß das Dampfvolumen zunimmt, außerordentliche Unterschiede in der Berechnung. Die Berechnung wird mit Hilfe des *is*-Diagrammes vorgenommen. Es ist unmöglich, im Rahmen dieses Buches auf Einzelheiten der Berechnung einzugehen[1]. Wegen der Ausströmung des Dampfes aus Düsen und Leitkanälen vgl. die folgende Ziffer 99. Um das Arbeitvermögen des Dampfes mit den praktisch erreichbaren Umfanggeschwindigkeiten günstig auszunützen, wird die Dampfturbine in der Regel mehrstufig gebaut. Daß Dampfturbine und Kolbenmaschine in der Ausnützung des Dampfes grundsätzlich gleichwertig sind, war schon erwähnt. Abb. 171 veranschaulicht die mehrstufige Ausnützung des Druckgefälles im *PV*-Diagramm. In dem Maße, wie mit abnehmendem Drucke das Dampfvolumen zunimmt, müssen die Abmessungen der Leitradkanäle und der Laufradschaufeln zunehmen. Wegen der Gleichdruck- und Überdruckdampfturbinen merke man sich folgende kennzeichnenden Unterschiede:

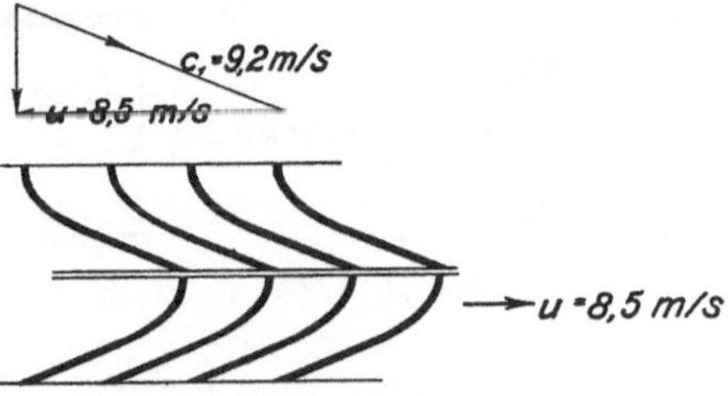

Abb. 170. Überdruckschaufelung.

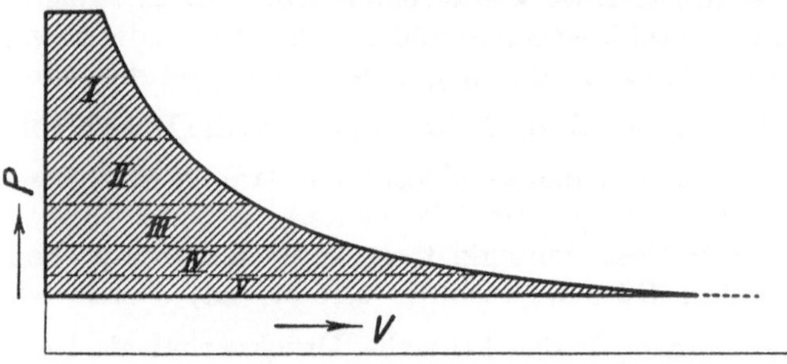

Abb. 171. Mehrstufige Ausnutzung des Dampfes.

Bei Gleichdruckdampfturbinen expandiert der Dampf im Laufrade nicht, vor und hinter dem Laufrade ist derselbe Druck, es tritt kein Axialschub auf, es ist teilweise Beaufschlagung durch besondere Anordnung von Düsen möglich, und es wird zwecks Regelung entweder der Dampf gedrosselt oder die Beaufschlagung vergrößert oder verkleinert. Bei Überdruckdampfturbinen expandiert der Dampf auch im Laufrade, vor dem Laufrade herrscht Überdruck und dieser erzeugt Axialschub, es ist nur volle Beaufschlagung und nur Drosselreglung möglich, wegen der vollen Beaufschlagung erhalten die ersten Schaufelkränze kleine Durchmesser und sehr kurze Schaufeln.

99. Die Ausströmung von Dampf aus Düsen und Leitkanälen. Wenn Wasser aus einem Raume, in welchem der Druck p_1 herrscht, durch eine Düse in einen Raum ausströmt, in welchem der Druck p_2 herrscht, so ist der Mündungsdruck immer gleich dem Gegendruck p_2, unabhängig davon, ob der Gegendruck p_2 klein oder groß im Verhältnis zum anfänglichen Druck p_1 ist. Wenn aber Gase und Dämpfe aus einer konvergenten Düse ausströmen, ist der Mündungsdruck gleich dem Gegendruck nur solange $\frac{p_2}{p_1}$ größer als das „kritische" Druckverhältnis ist. Für trocken gesättigten Wasserdampf ist das kritische Druckverhältnis $= 0{,}577$ und für überhitzten Dampf $= 0{,}546$. In einer konvergenten Düse kann Dampf vom Drucke p_1 nur bis auf den „kritischen" Druck p_k entspannt werden, der bei gesättigtem Dampf $= 0{,}577\, p_1$ und bei überhitztem Dampf $= 0{,}546\, p_1$ ist. In Abb. 172 links ist ein Beispiel veranschaulicht. Gesättigter Dampf von $p_1 = 10$ at strömt durch eine konvergente Düse gegen $p_2 = 2$ at Druck aus. $\frac{p_2}{p_1} = \frac{2}{10}$ ist kleiner

[1] Es sei auf Stodola: Die Dampfturbinen, Dubbel: Kolbendampfmaschinen und Dampfturbinen, Seuffert: Bau und Berechnung der Dampfturbinen, sämtlich bei Julius Springer, Berlin, verwiesen. Ferner sei Pohlhausen: Die Dampfturbinen, empfohlen.

als das kritische Druckverhältnis. Mithin ist der Mündungsdruck gleich dem kritischen Drucke $p_k = 0{,}577 \cdot 10 = 5{,}77$ at. Der Dampfstrahl strömt also mit erheblichem Überdruck aus und bildet nicht einen geschlossenen, für die Beaufschlagung des Laufrades

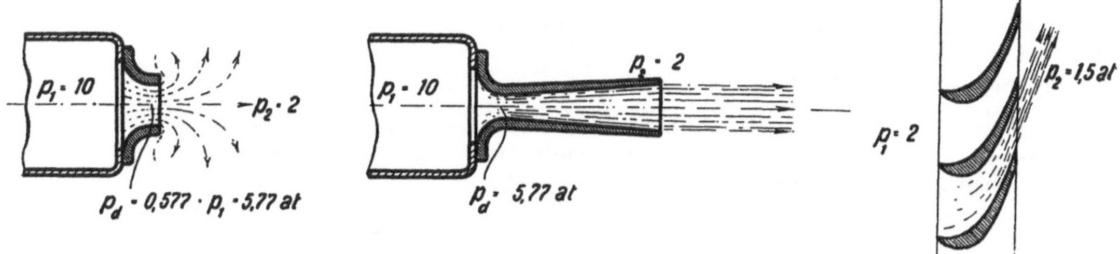

Abb. 172. Ausströmung von Dampf.

einer Turbine geeigneten Strahl, sondern einen Strahl, der infolge der weiteren Expansion auseinanderstrebt. Um den Dampf in der Düse über den kritischen Druck hinaus weiter zu entspannen, muß man, wie es der Schwede de Laval gezeigt hat, die zuerst eingeschnürte Düse wieder erweitern. Abb. 172 zeigt in der Mitte eine Lavalsche Düse. Um einen geschlossenen Strahl zu erhalten, ist die Erweiterung so zu bemessen, daß der Dampf in der Düse, in der er gewissermaßen geführt wird, bis auf den Gegendruck expandiert. Ist $\frac{p_2}{p_1}$ größer als 0,577 bzw. 0,546, ist die Düse nicht zu erweitern, sondern die konvergente Düse liefert einen geschlossenen Dampfstrahl, dessen Mündungsdruck gleich dem Gegendruck ist. (Vgl. Abb. 172 rechts.)

Die Geschwindigkeit w_k, mit der Dampf beim kritischen Gegendruck durch den engsten Düsenquerschnitt strömt, ist, ebenso wie der kritische Druck selbst, solange $\frac{p_2}{p_1}$ kleiner als das kritische Druckverhältnis ist, unabhängig vom Gegendruck. Wenn Dampf von 10 at durch eine Düse ausströmt, bleibt die Geschwindigkeit im engsten Querschnitt so lange ungeändert, bis der Gegendruck auf 5,77 at gestiegen ist. Erst wenn der Gegendruck noch höher steigt, nimmt die Dampfgeschwindigkeit im engsten Querschnitt ab. Es ist die im engsten Querschnitt beim kritischen Drucke auftretende Geschwindigkeit

$$w_k = 323 \sqrt{p_1 v_1} \text{ m/s, wenn der Dampf gesättigt ist, und}$$

$$w_k = 333 \sqrt{p_1 v_1} \text{ m/s, wenn der Dampf überhitzt ist.}$$

Die im engsten Querschnitt beim kritischen Drucke auftretende Geschwindigkeit stimmt überein mit der Schallgeschwindigkeit, die zum Dampfzustand im engsten Querschnitt gehört. Bei gesättigtem Dampf ändert sich w_k nur wenig, wenn sich der Anfangsdruck ändert. Für gesättigten Dampf von 10 at, für den $v_1 = 0{,}2$ m³/kg ist, ergibt sich $w_k = 323 \sqrt{10 \cdot 0{,}2} = 456$ m/s. Bei überhitztem Dampf steigt innerhalb der üblichen Temperaturgrenzen w_k bis 560 m/s.

Solange $\frac{p_2}{p_1}$ kleiner als das kritische Druckverhältnis ist, bleibt auch die Ausflußmenge unabhängig vom Gegendruck und ist allein durch den engsten Düsenquerschnitt und den Anfangszustand des Dampfes bestimmt. Ist der engste Düsenquerschnitt f cm², so ist das ausströmende Dampfgewicht

$$G_{\text{kg/s}} = 0{,}02\, f \sqrt{\frac{p_1}{v_1}} \text{ (bei gesättigtem Dampf),}$$

oder

$$G_{\text{kg/s}} = 0{,}021\, f \sqrt{\frac{p_1}{v_1}} \text{ (bei überhitztem Dampf).}$$

Mit zunehmendem Dampfdruck nimmt das ausströmende Dampfgewicht etwa im selben Verhältnis zu.

100. Berechnung der Strömgeschwindigkeit des Dampfes aus dem Wärmegefälle. Entsprechend wie man für Wasser die Ausflußgeschwindigkeit v aus der Gefällhöhe h nach der Formel $v = \sqrt{2gh}$ rechnet, rechnet man die Geschwindigkeit w des ausströmenden Dampfes aus dem Wärmegefälle. Wie in der vorstehenden Ziffer dargelegt war, kann man jedes Druckgefälle durch Entspannung des Dampfes in einer Düse ausnützen, große Druckgefälle durch die Lavalsche Düse, kleine durch konvergente Düsen. Setzt man adiabatische, d. h. reibungs- und wirbelungsfreie Strömung voraus, so wird das gesamte Wärmegefälle, das der Dampf bei der Entspannung in der Düse erleidet, in Strömenergie umgesetzt. Hat der Dampf vor der Entspannung den Wärmeinhalt i_1 kcal/kg, nach der Entspannung den Wärmeinhalt i_2 kcal/kg, so erhält man die Ausströmgeschwindigkeit w, indem man die Masse von 1 kg Dampf $= \frac{1}{g}$ setzt, aus der Beziehung

$$\frac{1}{g} \cdot \frac{w^2}{2} = 427\,(i_1 - i_2),$$

woraus folgt

$$w = 91{,}5\,\sqrt{i_1 - i_2}\ \text{m/s}.$$

Die Werte für i_1 und i_2 sind den *is*-Tafeln für Wasserdampf (Abb. 17 oder 18) zu entnehmen, indem man von dem Punkte, der den Anfangszustand des Dampfes darstellt, senkrecht bis zur entsprechenden p-Linie geht. Den *is*-Tafeln ist auch ein Maßstab beigefügt, an dem man die zu einem gegebenen Wärmegefälle gehörige Ausströmgeschwindigkeit abstechen kann.

Ein Zahlenbeispiel möge veranschaulichen, auf welche Werte der Ausströmgeschwindigkeit man kommt. Es werde Dampf von 12 at und 300°, d. h. von $i_1 = 728$ kcal/kg Wärmeinhalt adiabatisch in einer Lavalschen Düse auf 2 at oder 1 at oder 0,1 at entspannt. Dann sinkt sein Wärmeinhalt auf $i_2 = 640$ bzw. 610 bzw. 532 kcal/kg. $i_1 - i_2$ wird also 88 bzw. 118 bzw. 196 kcal/kg und es rechnet sich die Ausströmgeschwindigkeit $w = 856$ bzw. 996 bzw. 1280 m/s. Die wirklichen Ausströmgeschwindigkeiten sind wegen der Reibungs- und Wirbelungsverluste kleiner als die gerechneten. Bei der Lavalschen Düse ist im Mittel die wirkliche Geschwindigkeit nur 94% der gerechneten, was etwa 12% Energieverlust bedeutet.

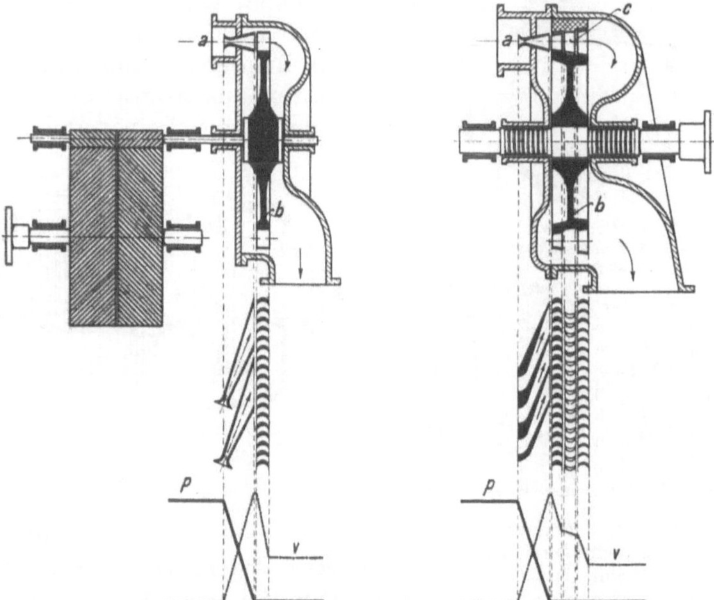

Abb. 173. Dampfturbine von de Laval (links) und Curtis (rechts).

101. Die Entwicklung der Dampfturbinen. Die Entwicklung der Dampfturbinen sieht auf mehr als 4 Jahrzehnte zurück. Die ersten Führer waren der Schwede de Laval und der Engländer Parsons, die dem Ziele auf grundsätzlich verschiedenen Wegen zustrebten.

Die Turbine von de Laval ist schematisch in der Abb. 173 dargestellt, in der ebenso wie in den folgenden schematischen Abbildungen die p-Linie den Druckverlauf, die v-Linie den Geschwindigkeitsverlauf des Dampfes bedeutet. Wir haben eine einstufige Gleichdruckturbine, deren Laufrad durch eine oder mehrere Düsen beaufschlagt wird. Da der in einer Stufe entspannte Dampf mit außerordentlich großer Geschwindigkeit ausströmt, hat de Laval auch sehr hohe Umfanggeschwindigkeiten des ohne zentrale Bohrung ausgeführten Laufrades angewendet, 200 bis 400 m/s, indem er zwar kleine Laufräder anordnete, sie aber mit außerordentlich hoher Drehzahl ($n = 12000$ bis 30000) laufen ließ. Weil derartige Drehzahlen unmittelbar nicht verwendbar waren, so wurde die Lavalturbine mit einem Übersetzungsgetriebe ausgerüstet. Trotz ihrer vorbildlichen Ausführung, die von de Laval grundlegend geschaffen war, ist die Lavalturbine in ihrer ursprünglichen Form durch die neueren Bauarten verdrängt worden. Ihre Grundgedanken aber: Entspannung des Dampfes in einer Düse, damit das Turbinengehäuse nur Dampf von niedriger Spannung und Temperatur empfängt, und die sich als Füllungsreglung kennzeichnende Anordnung mehrerer Düsen, die je nach der Belastung zu- oder abzuschalten sind, sind vom modernen Dampfturbinenbau übernommen, indem der Hochdruckteil sehr vieler Dampfturbinen nach diesen Grundsätzen ausgebildet ist. Allerdings werden bei den modernen Dampfturbinen die einzelnen Düsen nicht von Hand zu- und abgeschaltet, wie bei den Lavalschen Turbinen, sondern selbsttätig durch den Regler. Ferner wird anstatt des einkränzigen Laufrades ein zwei- oder dreikränziges Laufrad verwendet, wie es von dem Amerikaner Curtis angegeben worden ist, um die Geschwindigkeit des Dampfstrahles mit geringerer Umfanggeschwindigkeit vorteilhaft auszunützen. Abb. 174 (MAN) zeigt ein dreikränziges Curtisrad. An und für sich hat zwar ein mehrkränziges Gleichdruckrad einen schlechteren Wirkungsgrad als ein einkränziges; es vereinfacht aber den Aufbau der Dampfturbine. Zwischen den Laufkränzen sind Umkehrschaufeln, die den Dampfstrahl wieder umlenken. Einstufige Gleichdruckturbinen mit Lavalschen Düsen und Curtisrad gemäß Abb. 173 werden ferner als Gegendruckturbinen angewendet, bei denen der Dampf nicht in einen Kondensator ausströmt, sondern in eine Heizung z. B. oder in den Niederdruckteil einer andern, größeren Dampfturbine.

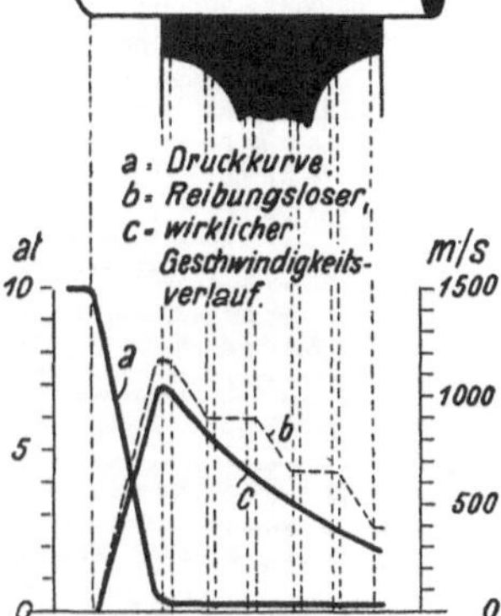

Abb. 174. Dreikränziges Geschwindigkeitsrad nach Curtis.

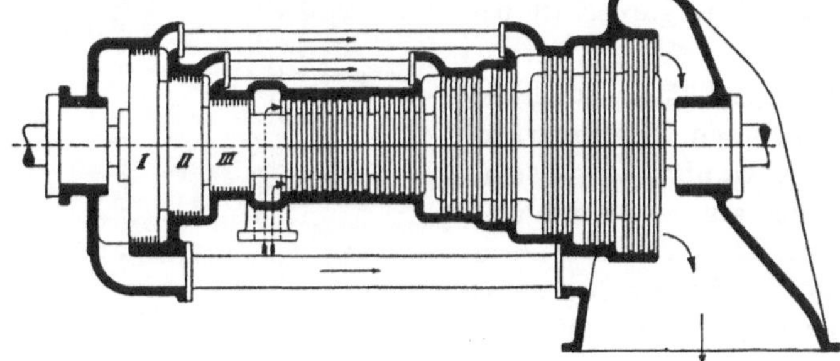

Abb. 175. Parsonsturbine.

Die Parsonsturbine steht zur Lavalturbine im denkbar schärfsten Gegensatz. Abb. 175 zeigt ihren schematischen Aufbau, Abb. 176 einen Ausschnitt ihrer Schaufelung. Die Parsonsturbine ist eine Überdruckturbine mit sehr vielen — ursprünglich etwa 40 Stufen. Wegen der Druckstufung sei, was auch für Gleichdruckturbinen gilt, hervorgehoben, daß nicht etwa der Wirkungsgrad durch die Zahl der Stufen herabgesetzt wird, wie es bei der beim Curtisrade angewendeten Geschwindigkeitsstufung der Fall ist. Sondern jede Stufe ist für sich zu betrachten, und der Gesamtwirkungsgrad ist sogar höher als der Einzelwirkungsgrad, weil bei vollbeaufschlagten Laufrädern die Austrittsgeschwindigkeit einer Stufe in der ihr folgenden ausgenutzt wird, und die durch Reibung und Wirbelung erzeugte Wärme dem zur nächsten Stufe strömenden Dampfe zugute kommt. Bei der Parsonsturbine sind die Leitkränze durch Schaufeln gebildet, die ins Gehäuse eingesetzt sind, die Laufkränze durch Schaufeln, die auf einer mit der Turbinenachse verbundenen Trommel befestigt sind. Die weitgehende Unterteilung des Druckgefälles ist notwendig, damit nicht zuviel Dampf durch den Spalt zwischen Leitschaufeln und Trommel und den zwischen Laufschaufeln und Gehäuse ungenützt entweicht. Da die Überdruckturbine immer voll zu beaufschlagen ist, erhält man in den ersten Stufen verhältnismäßig kleine Räder mit kurzen Schaufeln. Durch die erforderliche volle Beaufschlagung ist auch die Art der Reglung gegeben. Füllungsregelung, wie sie bei der Lavalschen Turbine angewendet ist, ist ausgeschlossen; nur die reine Drosselungsregelung ist anwendbar. Mit der Überdruckwirkung ist schließlich verbunden, daß ein erheblicher Axialschub entsteht. Dieser wird, wie es in der Abb. 175 angedeutet ist, durch „Entlastungskolben"

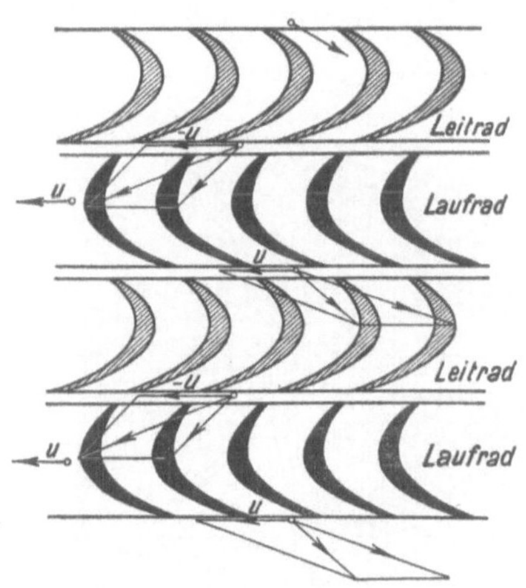

Abb. 176. Mehrstufige Überdruckschaufelung.

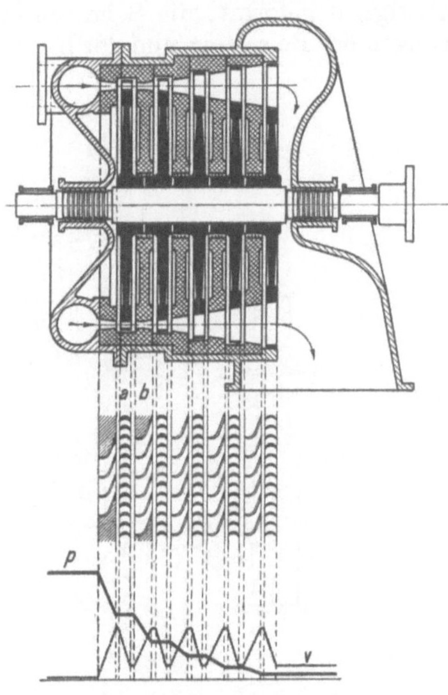

Abb. 177. 5stufige Gleichdruckturbine.

aufgenommen, die Dampf von verschieden hohem Druck empfangen. Infolge der großen Stufenzahl und wegen der Entlastungskolben baut sich die Parsonsturbine sehr lang und ist empfindlich gegen Wärmedehnungen, insbesondere weil sie ja den Dampf mit vollem Druck und hoher Temperatur ins Gehäuse bekommt. Es ist aber Parsons durch die angewendete Druckstufung als erstem gelungen, Großturbinen mit mäßiger Drehzahl zu bauen, insbesondere auch für den Antrieb von Schiffsschrauben. Im Jahre 1900 wurden im Elberfelder Elektrizitätswerk Parsonsturbinen von 1000 kW aufgestellt. Die weitere Entwicklung der Parsonsturbinen in Deutschland wurde hauptsächlich dadurch gefördert, daß Brown, Boveri & Co. A. G. in Mannheim, auch die Gutehoffnungshütte, Oberhausen und andere Firmen den Bau der Parsonsturbine übernahmen.

Eine neue Entwicklung bahnte sich an, als in Frankreich die Turbine von Rateau, in der Schweiz (1903) die Turbine von Zoelly entstand. Die Druckstufung, mit der es Parsons gelungen war, die Drehzahl der Turbinen herabzusetzen und den Dampf gut auszunutzen, wurde auch bei den Gleichdruckdampfturbinen eingeführt. Man kann aber, indem man die Leiteinrichtung in Zwischenböden einbaut, mit der Gleichdruckturbine viel höhere Druckgefälle in einer Stufe ausnutzen, als bei der Überdruckturbine, was insbesondere im Hochdruckteil zur Geltung kommt. Durch die kleinere Stufenzahl, und weil außerdem die Entlastungskolben fortfallen, baut sich die Gleichdruckturbine viel kürzer als die Überdruckturbine. Bei der Rateauturbine begann man mit verhältnismäßig vielen Stufen, die in 2 Gehäusen untergebracht waren; bei der Zoellyturbine dagegen begann man mit 10 Stufen. Abb. 177 zeigt schematisch eine Gleichdruckturbine mit 5-stufiger Dampfdehnung. Bei der Zoellyturbine werden die Leiträder gebildet, indem die aus Stahlblech gebogenen Leitschaufeln in die gußeisernen Zwischenböden eingegossen werden, die mit ihrer Nabe bis auf die Nabe der Laufräder herabreichen, wo sie durch Labyrinth- oder Kohledichtungen abgedichtet werden. Diese Zwischenböden sind geteilt, vgl. Abb. 179, so daß man, wenn man das obere Gehäuse abnimmt, auch die obere Leitradhälfte herausnimmt. Die Räder haben in allen Stufen etwa gleichen Durchmesser, aber die Schaufellänge nimmt von Stufe zu Stufe stark zu, ferner sind die ersten Räder nur teilweise beaufschlagt. Die Laufräder bestehen aus Stahl und sind als Scheiben gleicher Festigkeit geformt; die Scheiben erhalten Bohrungen, damit sich bei plötzlichen Änderungen der Belastung und der Dampfströmung der Druck auf beiden Seiten des Laufrades

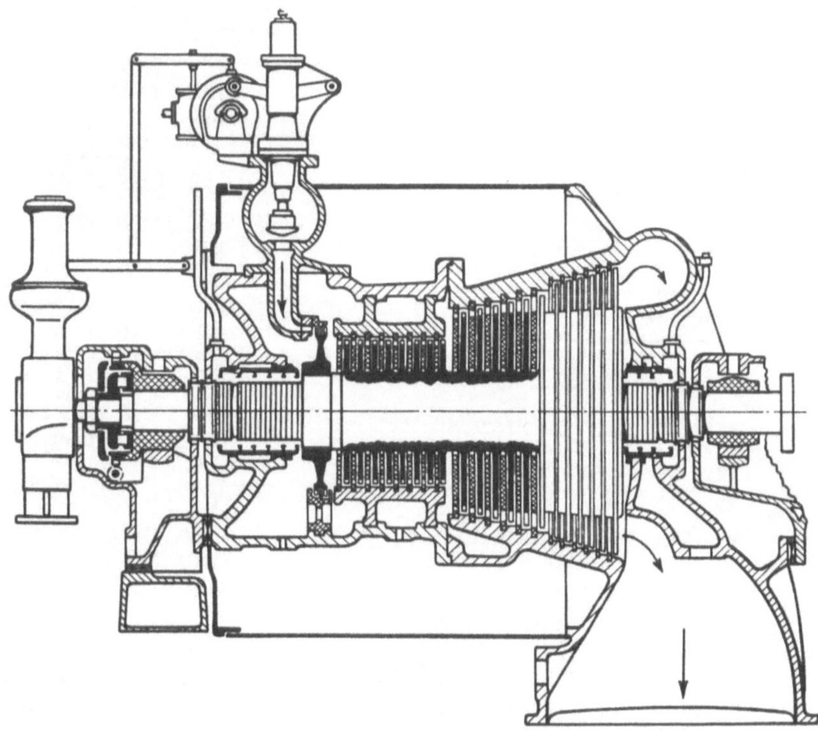

Abb. 178. Kondensationsturbine der AEG.

ausgleichen kann. Die Laufschaufeln werden wie Abb. 180 (MAN) zeigt, in Nuten der Laufradscheibe eingesetzt und oben durch ein Stahlband abgedeckt, das an die Schaufeln angenietet wird. Die Stufenzahl ist allmählich herabgesetzt worden; daß der „Schrägabschnitt“ der Leitkanäle als Erweiterung wirkt, ist mit großem Erfolge ausgenützt. Die Regelung der Zoellyturbine war wie bei der Überdruckturbine Drosselreglung.

Die Zoellyturbine, deren Bau in Deutschland von vielen namhaften Firmen aufgenommen wurde, gewann im Wettbewerb mit der Parsonsturbine schnell Boden. Der Kampf wurde aber nicht ausgetragen. Inzwischen hatte nämlich die AEG eine neue Dampfturbine herausgebracht, für deren Hochdruckteil die bereits früher erwähnten Konstruktionen von Curtis zugrunde lagen. Der Dampf wurde erst in einer Anzahl Lavalscher Düsen, die vom Regler nach Bedarf zu- oder abgeschaltet werden können, auf 2 bis 3 at entspannt und beaufschlagte dann ein mehrkränziges Curtisrad; der Rest des Druckgefälles wurde in einer mehrstufigen Gleichdruckturbine ausgenutzt. Abb. 178 zeigt eine neue Bauart der AEG-Turbine. Es ist eine eingehäusige Kondensationsturbine mit $n = 3000$, die sich bis zu 1000 kW von der alten Form dadurch unterscheidet, daß auf die Gleichdruckstufen noch Überdruckstufen folgen, von denen die letzten eine Trommel bilden. Das Geschwindigkeitsrad ist gegen früher mit kleinerem Durchmesser gebaut und verarbeitet nur ein kleines Gefälle, um den bei Vollast etwas geringeren Wirkungsgrad des Curtisrades nicht zu sehr in Erscheinung treten zu lassen. Diese Stufe

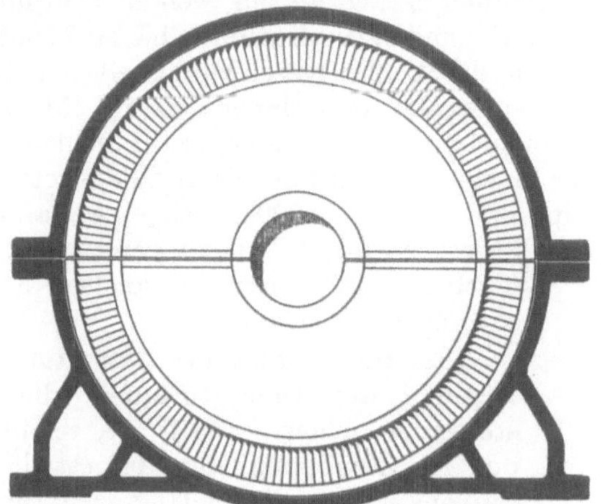

Abb. 179. Zwischenboden mit Leitschaufeln.

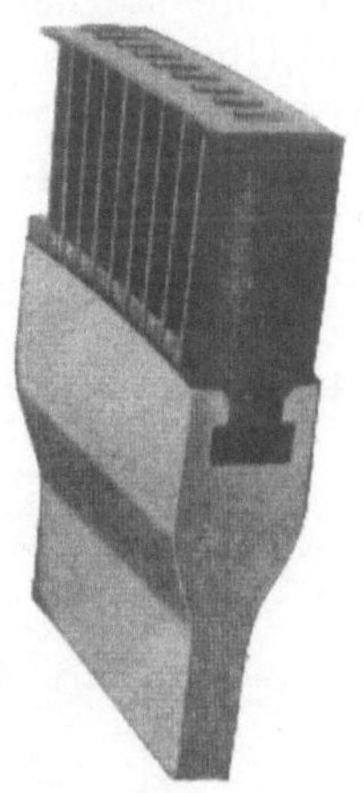

Abb. 180. Schaufelung eines Gleichdrucklaufrades.

ist hauptsächlich als „Regulierstufe" anzusehen. Die Vorteile der Anordnung: daß nur die Düsen den hochgespannten, überhitzten Dampf empfangen, und daß die „Füllungsreglung", welche man durch das Zuschalten und Abschalten der einzelnen Düsen erhält, wirtschaftlicher als die reine Drosselreglung ist, führte dazu, daß die Curtis-Bauart fast allgemein für den Hochdruckteil der Dampfturbinen angeordnet wurde, während der Niederdruckteil als mehrstufige Gleichdruck- oder Überdruckturbine ausgeführt wurde. Reine Überdruckturbinen werden für Frischdampf überhaupt nicht mehr gebaut, während die ursprüngliche Zoellyturbine noch in gewissem Umfange sowohl als selbständige Dampfturbine wie als Hochdruckstufe für Überdruckturbinen ausgeführt wird. Abb. 181 zeigt schematisch eine Dampfturbine mit Hochdruckteil nach Curtis und Niederdruckteil nach Parsons; zum Ausgleich des Axialschubes ist nur ein Kolben erforderlich (der aber größer sein muß, als dargestellt ist).

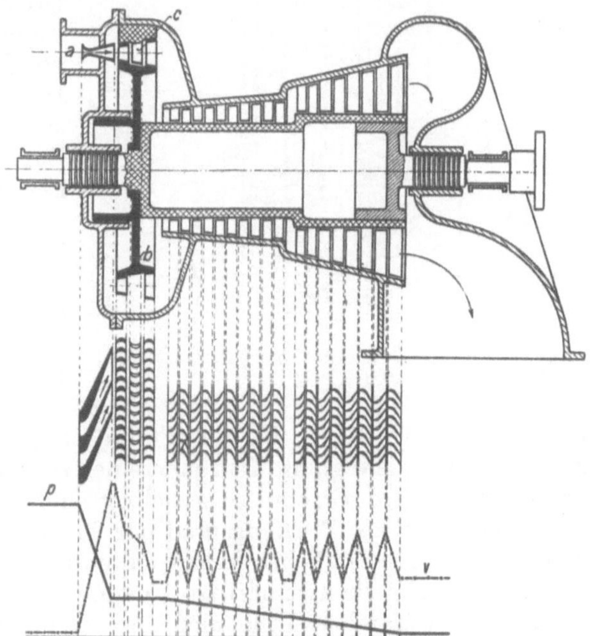

Abb. 181. Überdruckturbine mit vorgeschaltetem Curtisrade.

In der Bevorzugung des Curtisrades ist dann wegen seines schlechten Wirkungsgrades ein Wandel eingetreten. Überhaupt war der Hochdruckteil der Dampfturbine verbesserungsbedürftig, da er der Kolbenmaschine unterlegen war. Bei der sogenannten Brünner Bauart (vgl. Abb. 190) ist der Hochdruckteil als vielstufige Gleichdruckturbine ausgeführt, bei der mäßige Dampfgeschwindigkeiten angewendet sind, und der Dampf erheblich besser ausgenützt wird als bisher. Um den Niederdruckteil von hohen Temperaturen und Drücken freizuhalten, werden Hochdruck- und Niederdruckteil in getrennten Gehäusen untergebracht. Selbstverständlich sind diese neuen Mehrgehäuseturbinen teurer als die bisherigen Eingehäuseturbinen.

Um die äußerste Leistung aus den Turbinen herauszuholen, wendet man hohe Drehzahlen und Umfanggeschwindigkeiten an. Es sind Dampfturbinen bis zu 22000 kW mit $n = 3000$ ausgeführt worden, wobei sich die Umfanggeschwindigkeit der Laufräder 300 m/s nähert. Die größten bisher gebauten Dampfturbinen leisten 85000 kW und mehr bei $n = 1500$. Wo die für die Dampfturbine günstigste Drehzahl nicht unmittelbar verwendbar ist, ordnet man wie bei der Lavalschen Turbine Zahnradübersetzungen an, z. B. daß man eine Wasserwerkkreiselpumpe mit $n = 1000$ durch eine Dampfturbine mit $n = 4000$ antreibt. Die Zahnradgetriebe werden durch Drucköl geschmiert. Kleinere Turbinen läßt man in solchen Fällen mit $n = 6000$ bis 8000 laufen.

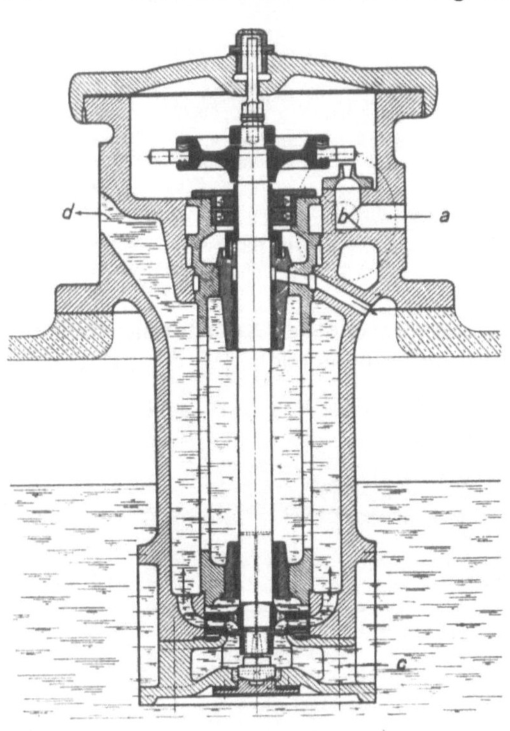

Abb. 182. Hilfsölpumpe für Dampfturbinen (Thyssen).

102. Die Reglung der Dampfturbinen. Die Reglung der Dampfturbinen, die im vorstehenden schon gestreift ist, sei im folgenden im Zusammenhange dargestellt. Bei der Parsonsturbine, die als Überdruckturbine voller Beaufschlagung bedarf, war nur Drosselreglung möglich. Die Zoellyturbine machte von der Möglichkeit, bei der Gleichdruckturbine die Beaufschlagung zu ändern, keinen Gebrauch, sondern hatte ebenfalls reine Drosselreglung. Aber schon de Laval hatte Füllungsreglung angewandt, allerdings nur von Hand, indem er das Laufrad durch mehrere Düsen beaufschlagen ließ, die man einzeln zu- oder abschalten konnte. Indem man den Regler die Düsen zu- und abschalten ließ, kam man zu der heut allgemein angewendeten selbsttätigen Füllungsreglung. Allerdings ist es keine reine Füllungsreglung; denn der Regler hebt, wenn er eine Düse zuschaltet, das die Düse absperrende Ventil allmählich an, so daß die Düse zunächst gedrosselten Dampf empfängt. Mit abnehmender Belastung nimmt der spezifische Dampfverbrauch der Turbine zu; bei der Füllungsreglung ist aber die Zunahme nicht so stark wie bei der Drosselreglung. Daß mit reiner Drosselreglung bei kleinen Teilleistungen überhaupt brauchbare Ergebnisse erzielbar sind, liegt daran, daß bei geringerer Dampfgeschwindigkeit der Wirkungsgrad der Turbine steigt, und daß die Drosselung bei dem für Dampfturbinen üblichen hohen Vakuum weniger schadet als bei höherem Gegendruck. Welche Einbuße die ausnutzbare Energie des Dampfes durch das Drosseln erleidet, ist bequem der is-Tafel zu entnehmen[1]. Aus dem späteren Diagramm Abb. 205 ist ersichtlich, wie etwa der spezifische Dampfverbrauch, der bei voller Last 6 kg/kWh betrage, zunimmt, wenn die Belastung von 1 auf ¼ abnimmt. Linie a gilt für Drosselreglung, Linie b für Füllungsreglung.

Die Reglung ist immer indirekt, d. h. es wird dem Regler ein mit Drucköl betriebener Zylinder oder Drehkolbenmotor vorgespannt, und der Regler hat nur dessen Steuerung zu verstellen, so daß die Reglung sehr empfindlich ist. Das Drucköl wird durch eine von der Dampfturbine angetriebene Zahnradpumpe[2] erzeugt, die auch das Öl durch die Lager

[1] Vgl. die Ausführungen in Ziffer 14. [2] Vgl. Ziffer 176.

drückt. Beim Anfahren muß eine unabhängig angetriebene Pumpe den Öldruck erzeugen. Meist ordnet man gemäß Abb. 182 eine Kreiselpumpe an, die durch eine kleine Hilfsturbine angetrieben wird. Auch Duplexpumpen werden als Hilfspumpen verwendet. Für die eigentliche Reglung wählt man 4 bis 5 % Ungleichförmigkeitsgrad[1]. Damit aber eine Drehstromturbodynamo auf ein Drehstromnetz geschaltet und von ihm abgeschaltet werden

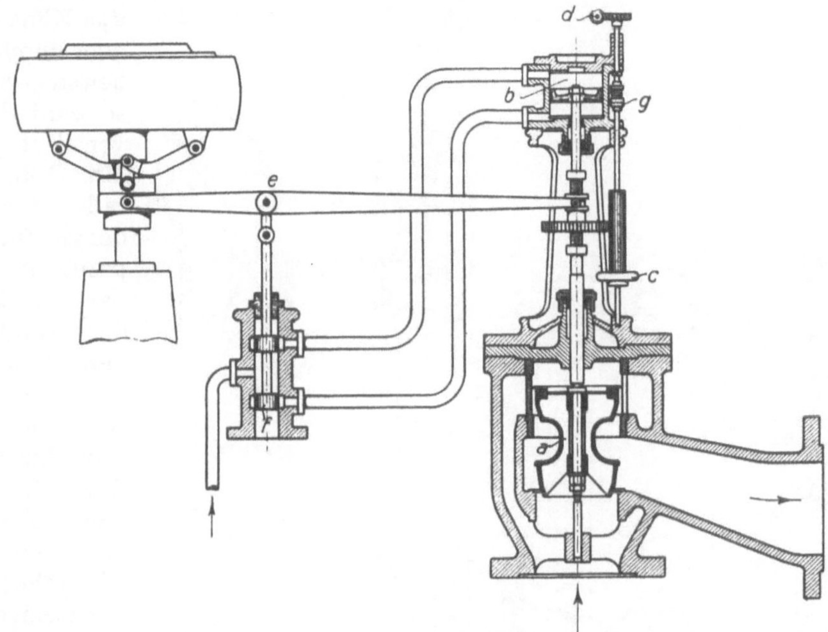

Abb. 183. Drosselreglung der Zoellyturbine.

kann, dessen Frequenz selbst um einige Prozente schwankt, muß man die Drehzahl der Turbodynamo um etwa 12 % verstellen können[2]. Um beim Parallelschalten einer Drehstromdynamo die Drehzahl der antreibenden Dampfturbine genau der Frequenz des Netzes anzupassen, oder um die Netzbelastung unter die parallelen Drehstromdynamos zu verteilen, muß man den Regler fein verstellen können. Bei der in Abb. 183 dargestellten Anordnung kann man mit dem Handrade c oder vom Schaltbrett her durch den Elektromotor d den rechten Drehpunkt des Regulatorhebels verstellen, wodurch die Drehzahl der Turbine geändert wird.

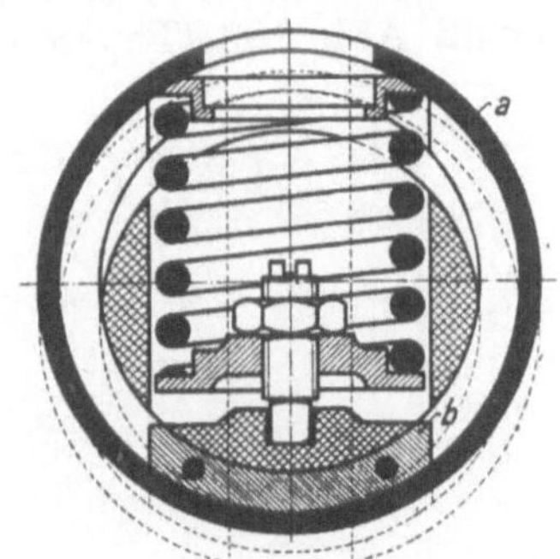

Abb. 184. Sicherheitsregler (Thyssen).

Im Falle der Hauptregler versagt, ist jede Dampfturbine mit einem zweiten Regler ausgerüstet, dem sogenannten Sicherheitsregler, der erst ausschlägt, wenn die normale Drehzahl um etwa 10 % überschritten wird. In Abb. 184 (Thyssen) ist die Konstruktion eines Sicherheitsreglers dargestellt. Der Ring a wird durch die Fliehkraft des nicht ausgeglichenen Einsatzstückes b nach der einen, durch die Feder nach der andern Seite getrieben. Wird die Drehzahl zu hoch, so überwiegt die Fliehkraft, und der Ring schlägt aus. Der ausschlagende Sicherheitsregler bewirkt den „Schnellschluß" der Dampfzufuhr zur Turbine; es wird z. B. bei der in der Abb. 155 dargestellten Anordnung von Brown, Boveri & Co. der Hebel D gedreht und die Sperrung der Feder ausgeklingt, die das Absperrventil E auf den Sitz treibt. Auch von Hand kann der Schnellschluß ausgelöst werden, indem man auf den Knopf F schlägt. Mit Hilfe des gezeichneten

[1] Vgl. Ziffer 70. [2] Vgl. Ziffer 73.

Handrades und Gewindes kann man das Absperrventil *E* wieder anheben und seine Feder wieder sperren.

Abb. 185 (MAN) zeigt eine Drosselreglung im Zusammenhange. Der Fliehkraftregler *R* verstellt mit Hilfe des durch Öldruck betriebenen Zylinders *Z* das Drosselventil *D*. Eine Klinke sperrt den Schnellschluß. Wird die Klinke von Hand oder durch den Sicherheitsregler *S* gedreht, so wird das Absperrventil *A* geschlossen. Mit Hilfe des Handrades *H* wird es wieder geöffnet. Der Drehpunkt *T* ist verstellbar, um die Drehzahl der Dampfturbine zu verändern.

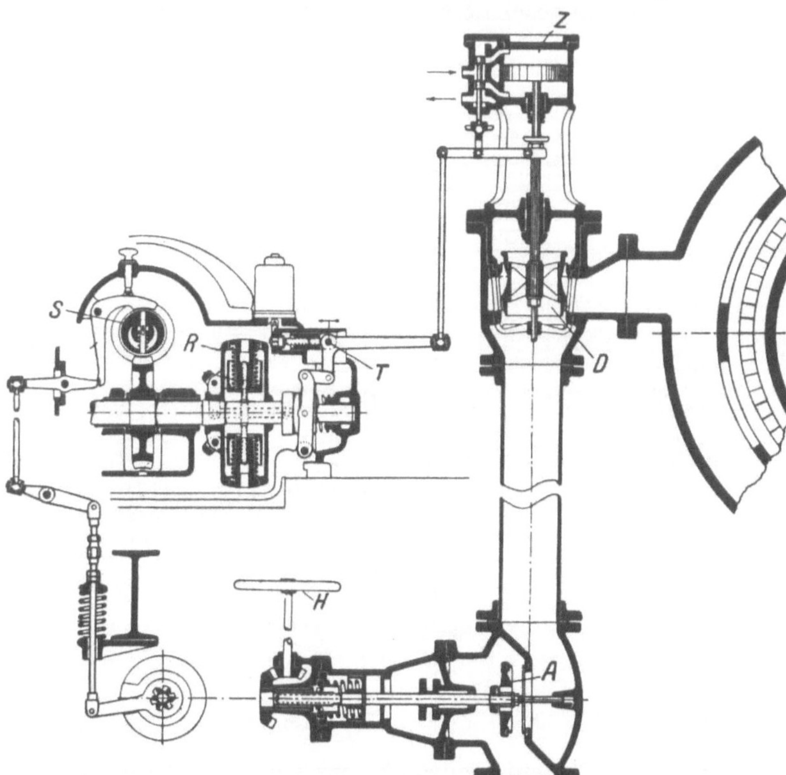

Abb. 185. Drosselreglung.

103. Die Stopfbüchsen und Lager der Dampfturbinen. Zur Abdichtung der Turbinenwelle verwendet man entweder feste Stopfbüchsen aus mehrteiligen, durch eine herumgelegte Schraubenfeder zusammengehaltenen Kohlenringen oder Labyrinthdichtungen. Bei den Labyrinthdichtungen berühren sich Welle und Stopfbüchse nicht. Indem man gemäß Abb. 186 (Thyssen) für den Durchgang des Dampfes abwechselnd Verengungen und Erweiterungen schafft, verliert der durch einen engen Spalt ausströmende Dampf seine Energie durch Wirbelung und Stöße, und das Druckgefälle wird allmählich verzehrt, so daß nur wenig Dampf verlorengeht. Die dargestellte Labyrinthdichtung ist axial frei und hat radial kleinstes Spiel. Soll die Labyrinthstopfbüchse gegen Vakuum dichten, so wird ihr Sperrdampf zugeführt, den man nach außen sichtbar austreten läßt. Der Verlust durch Sperrdampf wiegt weniger schwer als die Störung durch etwa eindringende Luft. Die Lager der Dampfturbinenwelle sind Gleitlager,

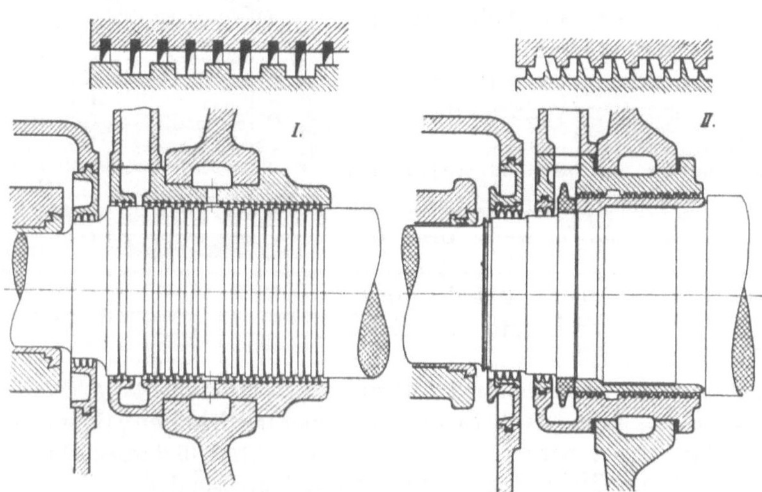

Abb. 186. Stopfbüchsen mit Labyrinthdichtung.

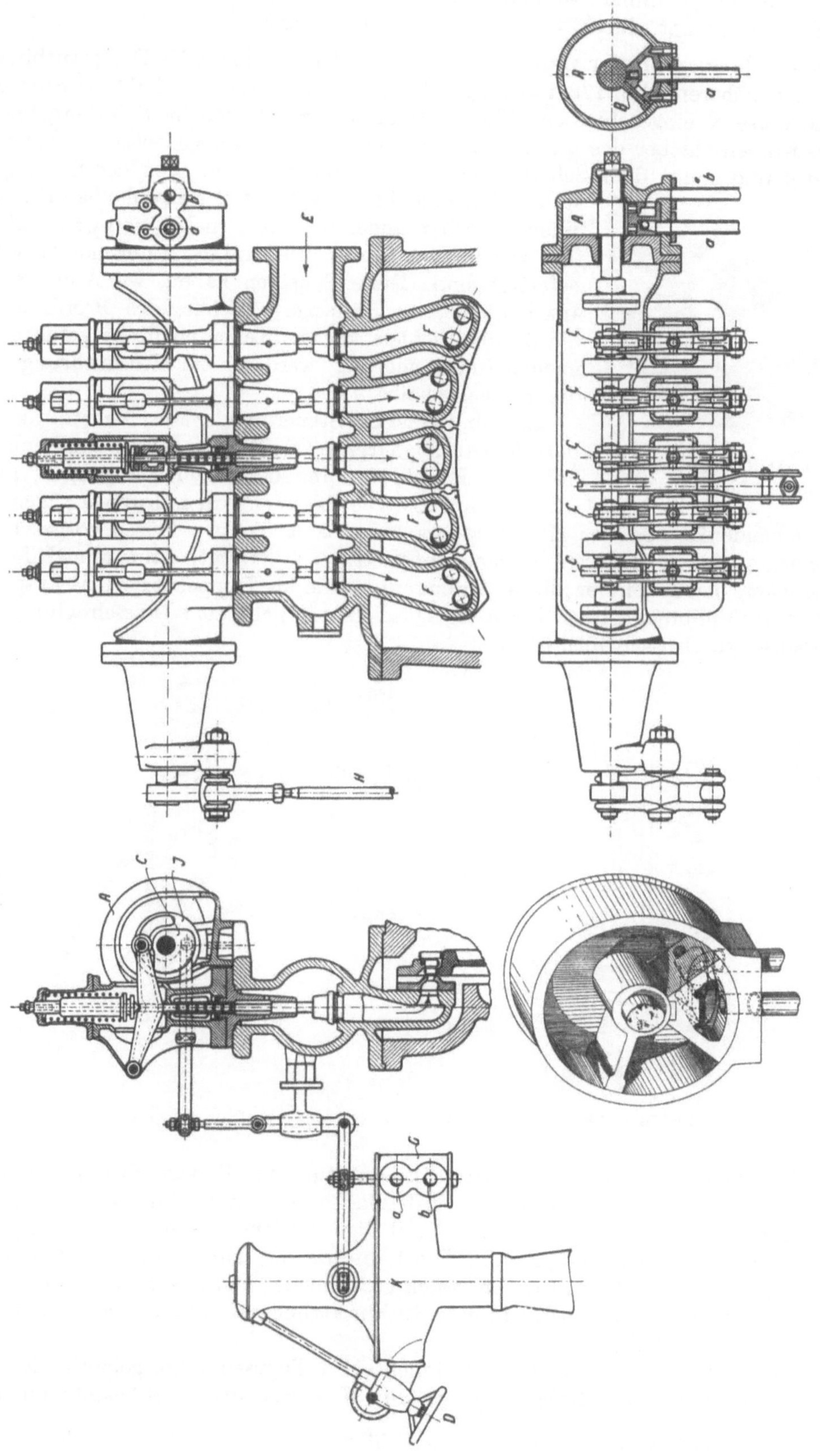

Abb. 187. Steuerung der AEG-Dampfturbine.

die durch Drucköl geschmiert werden. Das Öl wird im Kreislauf verwendet; nachdem es die Lager verlassen hat, durchfließt es einen Röhrenkühler.

104. Beispiele ausgeführter Dampfturbinen. Der Aufbau der AEG-Dampfturbine war bereits in der früheren Abb. 178 dargestellt. Die Abb. 187 veranschaulicht die Steuerung. Der im Gehäuse *K* eingeschlossene Fliehkraftregler verstellt den im Schiebergehäuse *G* laufenden Kolbenschieber des mit Drucköl betriebenen Drehkolbenmotors *A*, der durch Leitungen *a* und *b* mit dem Schiebergehäuse verbunden ist. Je nach der Stellung des steuernden Schiebers empfängt der Drehkolben *B* auf der einen oder der anderen Seite Drucköl und dreht die mit ihm verbundene Steuerwelle, auf der 5 unrunde Scheiben *c* befestigt sind. Diese Scheiben haben, wie Abb. 188 veranschaulicht, im Umfange abnehmendes Profil, so daß die 5 Düsenventile, die als Tellerventile ausgeführt sind, nacheinander geöffnet werden. Zur Rückführung dient die Kurvenscheibe *J* *.

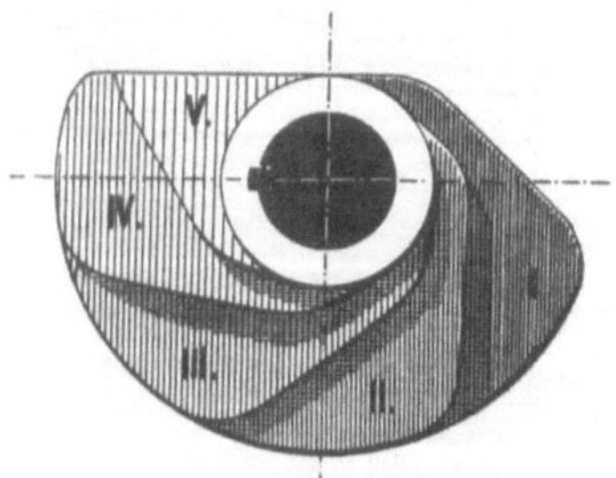

Abb. 188. Die Profile der unrunden Steuerscheiben.

In Abb. 189 ist die Steuerung der Maschinenfabrik Augsburg-Nürnberg dargestellt. Wegen des Zusammenhanges mit dem Fliehkraft- und dem Sicherheitsregler vgl. die frühere Abb. 185. Die Düsen sind in 4 Gruppen angeordnet. Der hochgehende Kolben des Hilfszylinders öffnet erst das den Düsen vorgeschaltete Drosselventil, wodurch die erste Düsengruppe Dampf bekommt, dann mit Hilfe eines Kurvenschiebers nacheinander die 4 Düsenventile, die als Doppelsitzventile ausgeführt sind; neben der Füllungsreglung durch die Düsenventile geht eine Drosselreglung durch das vorgeschaltete Drosselventil einher.

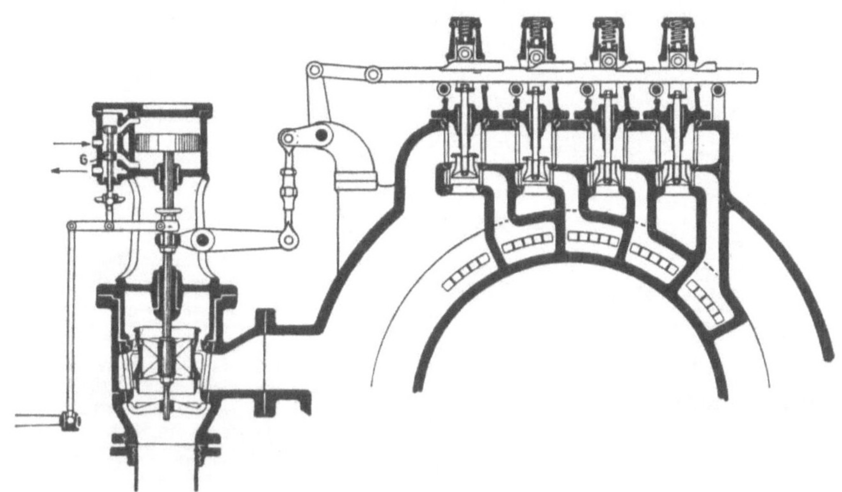

Abb. 189. Steuerung der MAN-Dampfturbine mit Düsenreglung.

In Abb. 190 ist die MAN-Hochdruckdampfturbine, Bauart Brünn, dargestellt (vgl. Ziffer 101), die als Hochdruckteil, insbesondere von Entnahmeturbinen, und als Gegendruckturbine dient. Es ist eine vielstufige Gleichdruckturbine mit niedrigen Dampf- und Umfanggeschwindigkeiten. Die Laufräder (*a*) haben kleinen Durchmesser und werden nebst der Welle aus einem Stück geschmiedet und aus dem Vollen gedreht. Die Leiträder (*b*) sind gruppenweise in geteilte Einsatzbüchsen (*c*) eingepaßt, die radiales Spiel im Gehäuse (*d*) haben.

In der Abb. 191 ist die von der Maschinenfabrik Thyssen & Co. gebaute, für große Leistungen bestimmte Dampfturbine dargestellt. Der Hochdruckteil besteht aus einem

* Über die Notwendigkeit der „Rückführung" vgl. Ziffer 70.

zweikränzigen Curtisrade a, das von 4 gesteuerten Düsengruppen beaufschlagt wird. Der Niederdruckteil hat Überdruckschauflung; um hohe Umfanggeschwindigkeiten zu er-

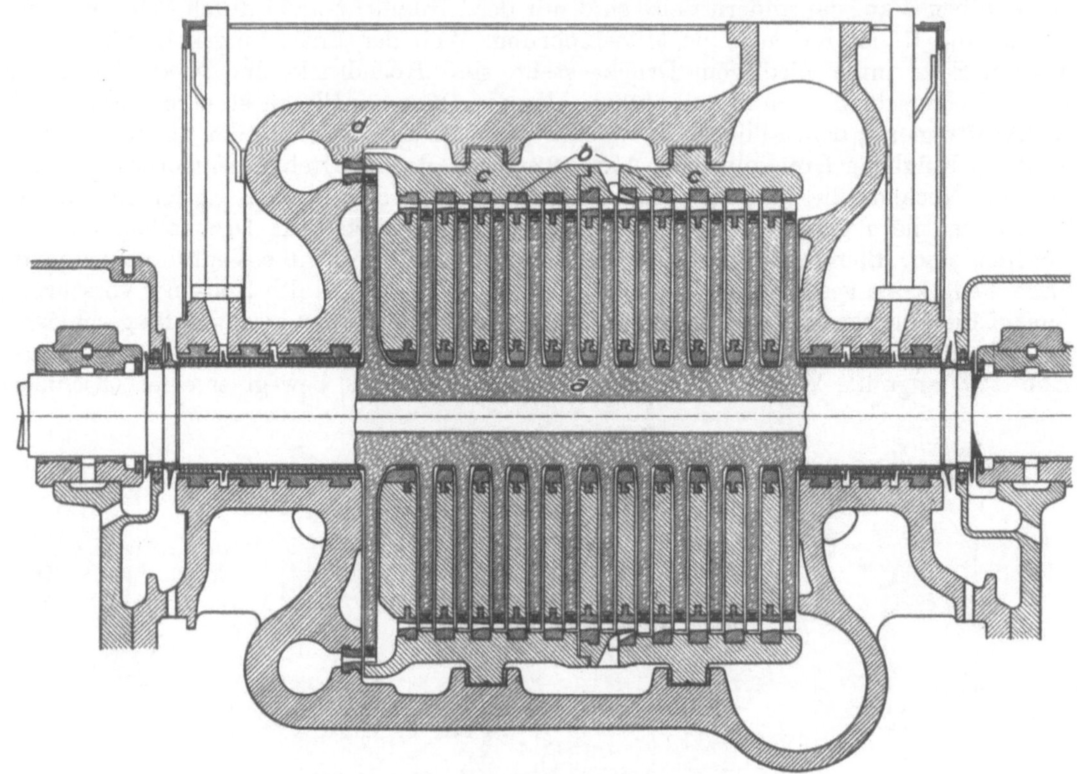

Abb. 190. Hochdruckturbine der MAN, Bauart Brünn.

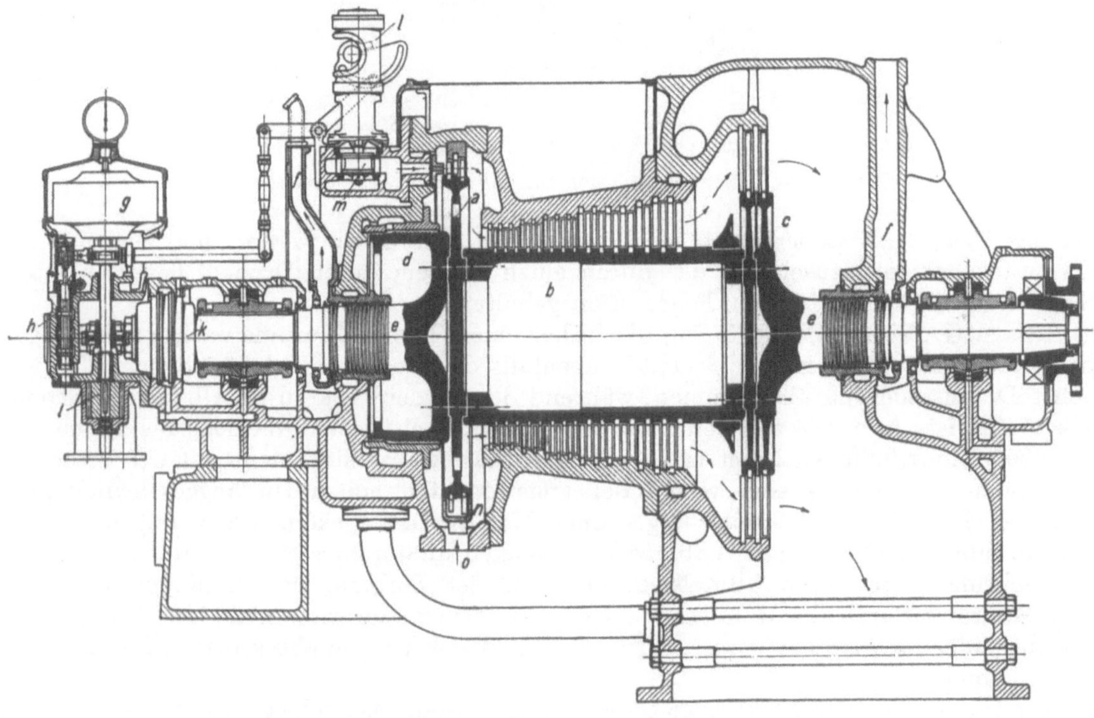

Abb. 191. Dampfturbine der Maschinenfabrik Thyssen & Co.

möglichen, sind die letzten Laufkränze nicht auf der Trommel, sondern auf besonderen Scheibenrädern *c* befestigt. Diese Räder *c* auf der einen Seite, das Rad *a* und der Ausgleichkolben *d* auf der andern Seite sind mit der Trommel *b* axial durch Schrauben verspannt; die Räder haben keine Mittelbohrung. Weil der Entlastungskolben *d* auf der äußeren Seite unter niedrigem Drucke steht, sind Hochdruck- und Niederdruckstopfbüchse in derselben Bauart ausgeführt. Um die Düsenventile zu steuern, verstellt der Fliehkraftregler *g* den Schieber *h*, welcher Drucköl auf die eine oder die andere Seite des doppelflügligen Drehkolbens *e*, Abb. 192, lenkt, der im Drehkolbenmotor *d* schwingt und die Nockenwelle *b* dreht. Dabei werden durch die Nocken *c* nacheinander die 4 Düsenventile *a* geöffnet, die zu zweien rechts und links vom Drehkolbenmotor angeordnet sind. Beim umgekehrten Reglungsvorgange werden die Ventile nacheinander durch Federkraft geschlossen, in dem Maße, wie es das Profil der Nocken *c* vorschreibt. Versagt die Federkraft, so werden die Ventile durch die Nocken zwangläufig geschlossen. Zur „Rückführung" dient die Kurvenscheibe *l* (Abb. 191), an der das Reglergestänge *f* (Abb. 192) angreift. Wenn der Sicherheitsregler ausschlägt, bewegt er einen Ölschieber,

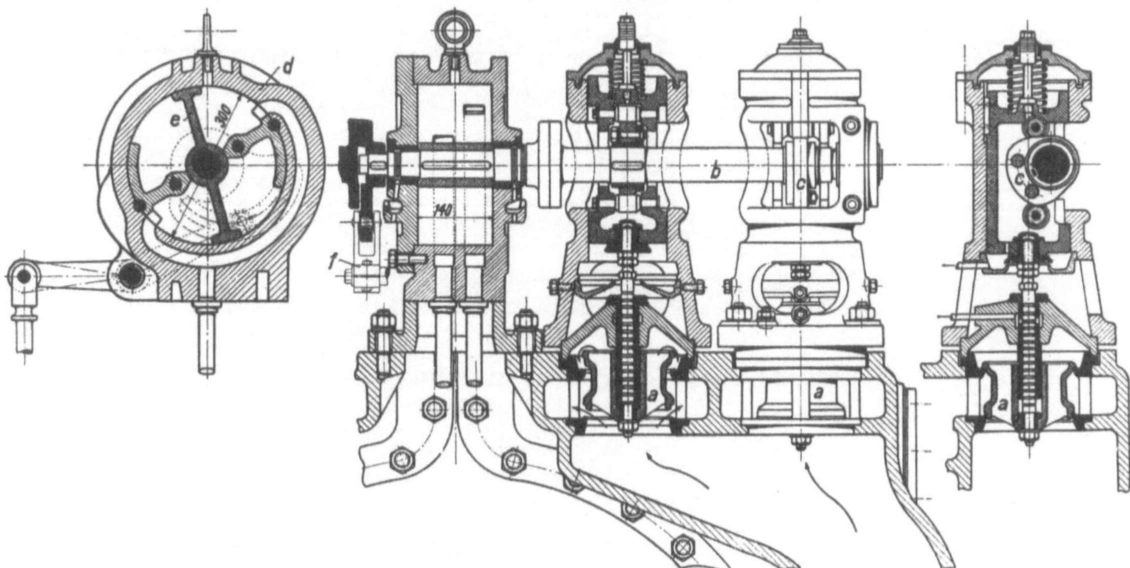

Abb. 192. Steuerung der Dampfturbine von Thyssen.

der das Drucköl so steuert, daß die Düsenventile geschlossen werden, und zugleich das Hauptabsperrventil zuschlägt, das durch einen kleinen, durch Drucköl beaufschlagten Kolben gegen die Kraft einer Feder offen gehalten war.

Die A. G. Brown, Boveri & Co., die früher eine Überdruckturbine nach Parsons gebaut hatte, hat für den Hochdruckteil ebenfalls das Geschwindigkeitsrad nach Curtis nebst Düsensteuerung übernommen, während der Niederdruckteil als Überdruckturbine ausgeführt ist. Abb. 193 zeigt eine Turbine, die für Leistungen von 8000 bis 12500 kW bei 3000 Umdr./min bestimmt ist. Die letzten Laufkränze sind nicht mit der Trommel verbunden, sondern es sind wegen der angewendeten hohen Umfanggeschwindigkeit von über 250 m/s Scheibenräder angeordnet. Der Entlastungskolben *a* ist mit der Achse verschraubt; der durch seine Labyrinthdichtungen hindurchtretende Dampf geht durch die Bohrungen der Achse zum Niederdruckteil der Turbine. Der Stopfbüchsen-Sperrdampf strömt durch die Rohre *d* ab. Der Axialdruck, soweit er nicht durch den Entlastungskolben *a* ausgeglichen ist, wird von dem durch Kugeln abgestützten Blocklager *b* aufgenommen.

Die Düsen, die das zweikränzige Geschwindigkeitsrad beaufschlagen, sind in 4 Gruppen geteilt. Die Düsensteuerung ist grundsätzlich von den vorher beschriebenen verschieden, die mit Hilfsmotor, festem Gestänge und Rückführung ausgestattet sind. Es handelt sich um eine *Durchflußreglung*, bei welcher der Drosselspalt *c* durch den Regler verkleinert wird, wenn die Drehzal fällt, infolgedessen der Öldruck steigt. Der Öldruck

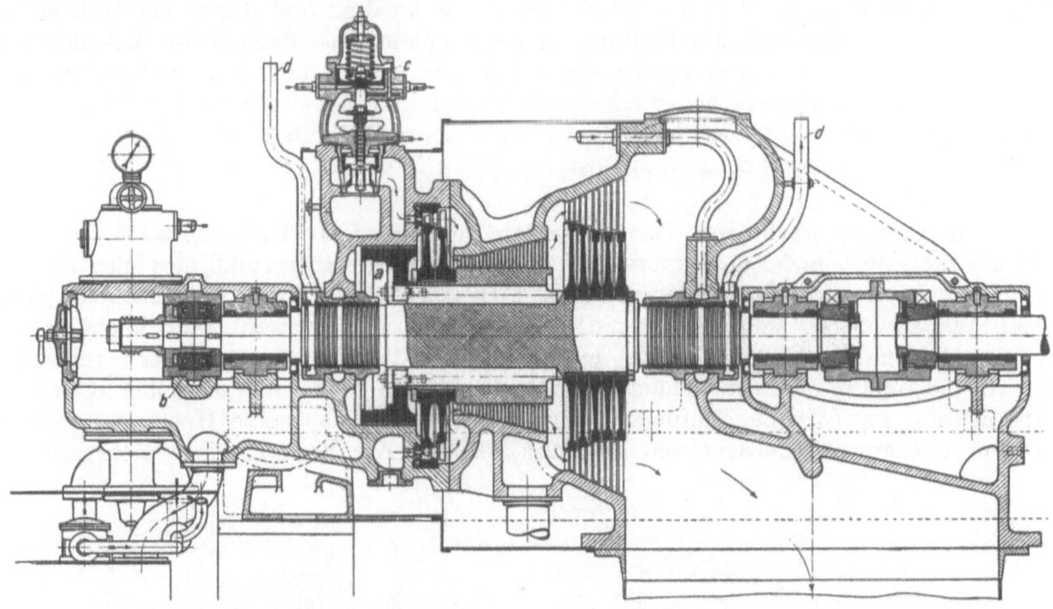

Abb. 193. Dampfturbine von Brown, Boveri & Co.

wirkt auf Kraftkolben, die die Düsenventile gegen eine Belastungsfeder anheben. Die Belastungsfedern haben abgestufte Stärke, so daß die Düsenventile mit zunehmendem

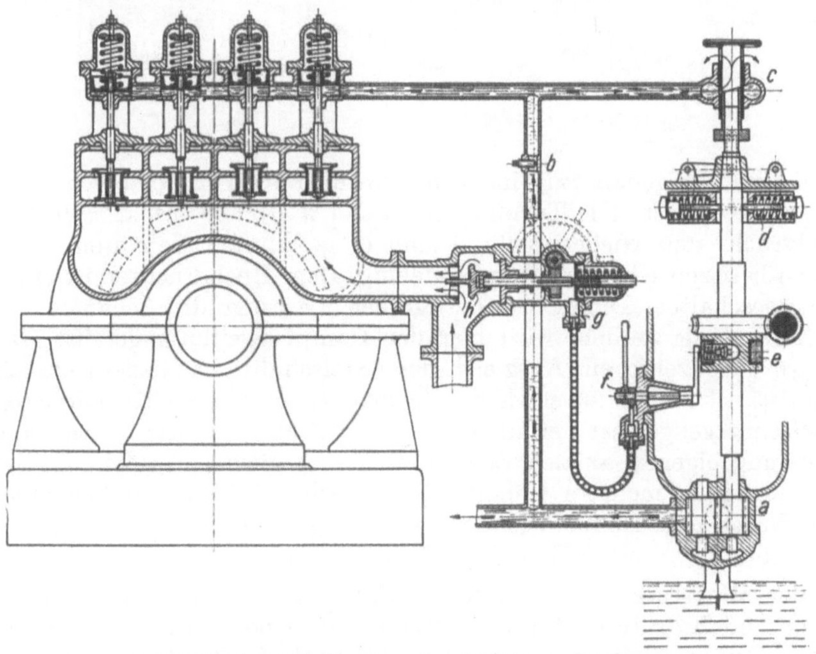

Abb. 194. Durchflußreglung der BBC-Dampfturbine.

Öldrucke *nacheinander* geöffnet werden. In der Abb. 194 ist diese Durchflußreglung schematisch dargestellt. Der Ölstrom, der von der Zahnradpumpe *a* erzeugt wird, verzweigt sich und entweicht durch schmale Spalte an den Kraftkolben wie durch den eigentlichen Drosselspalt bei c. Dieser Drosselspalt wird durch eine mit der Reglermuffe verbundene Hülse mehr oder weniger verengt, infolgedessen der Öldruck stärker oder schwächer wird und die Düsenventile mehr oder weniger geöffnet werden. Die Hülse ist schräg abgeschnitten, so daß die Größe des Drosselspaltes und damit der Öldruck in einem fort schwankt und die Reglung dauernd spielt. Die obere Hülse läßt sich von Hand oder durch ein elektromagnetisches Klinkwerk heraus- oder hineinschrauben; dadurch wird der Drosselspalt höher oder tiefer gelegt und die Drehzahl der Turbine entsprechend geändert. Auf der Reglerwelle sitzt auch der Sicherheitsregler e, der den Schnellschluß des Hauptabsperrventils h auslöst, wenn die Drehzahl etwa um 10% höher wird als die normale.

105. Mehrgehäuseturbinen. Das Bestreben des heutigen Turbinenbaues, in einer Stufe ein möglichst geringes Gefälle zu verarbeiten, führt naturgemäß zu vielen Stufen. Zwischen zwei Lagern kann man aber nicht beliebig viele Stufen unterbringen; denn längere Wellen biegen sich stärker und ihre Eigenschwingungszahl kann leicht in das kritische Gebiet der Resonanz fallen. Um die Lagerentfernung zu verringern, teilt man daher die Turbine in mehrere Gehäuse auf. Dazu zwingen auch schon die höheren Dampftemperaturen; um Wärmedehnungen zu vermeiden, muß das heiße Hochdruckgehäuse von dem kälteren Niederdruckteil getrennt werden. Als Beispiel einer Mehrgehäuse-

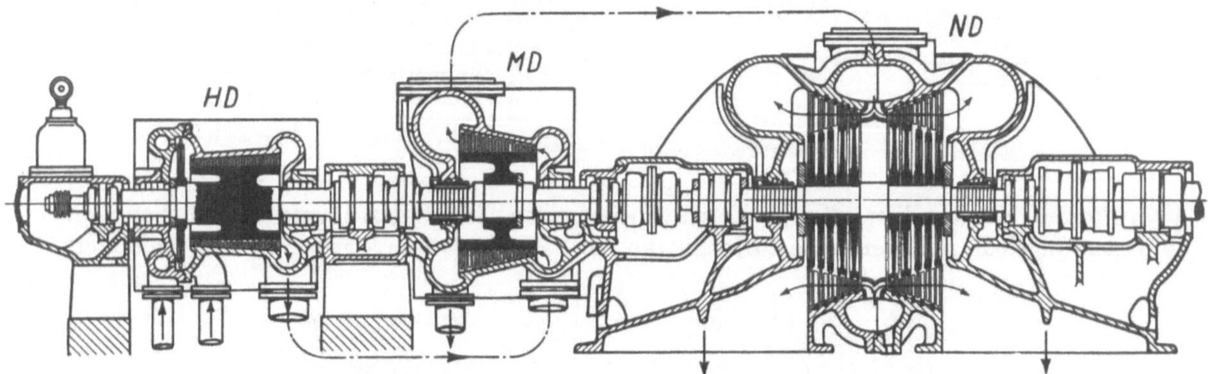

Abb. 195. Dreigehäuseturbine von Brown, Boveri & Co.

anordnung sei eine Dreigehäuseturbine von Brown, Boveri & Co. beschrieben, wie sie in Abb. 195 dargestellt ist. Die Turbine leistet bei $n = 1500$ bis zu 50000 kW. Hochdruck-, Mitteldruck- und Niederdruckteil sind in getrennten Gehäusen untergebracht. Alle drei Stufen besitzen Überdruckbeschaufelung. Dem Hochdruckteil ist ein Geschwindigkeitsrad vorgeschaltet. Damit bei der großen Leistung die Schaufeln im Niederdruckteil nicht zu lang werden, wird hier der Dampf zweiflutig geführt. Durch diese Anordnung wird gleichzeitig ein Ausgleich des Axialschubes im Niederdruckteil erreicht. Aus der Abb. 195 ist weiter zu ersehen, wie die Dampfwege im Hochdruckteil und im Mitteldruckteil entgegengesetzt verlaufen, wodurch auch in diesen Teilen die der Überdruckbeschaufelung eigenen axialen Schubkräfte ausgeglichen werden.

Die Unterteilung in mehrere Gehäuse wird auch bei kleineren Leistungen durchgeführt, wenn Druck und Temperatur des zur Verfügung stehenden Dampfes eine wirtschaftliche Ausnützung in einer Einzylinderturbine nicht gestatten.

106. Kondensationsturbine. Gegendruckturbine. Entnahmeturbine. Die normalen Dampfturbinen sind K o n d e n s a t i o n s t u r b i n e n, in denen hochgespannter Dampf bis auf möglichst tiefen Druck ausgenutzt wird, dessen Größe durch die von der Kondensation erzeugte Luftleere gegeben ist. Besteht neben dem Kraftbedarf ein großer Wärmebedarf für Heizzwecke, dann ist es vorteilhaft, Krafterzeugung und Heizung miteinander zu kuppeln, derart, daß hochgespannter Dampf erzeugt wird, der erst in einer Dampfmaschine oder Dampfturbine a r b e i t e t und dann, auf niedrigeren Druck entspannt, heizt (vgl. Abschnitt XII). Im Zechenbetrieb erzeugt man neuerdings für Dampfturbinen Dampf von 20 bis 40 at, während man für die Fördermaschinen nur Dampf von 10 at braucht; dann wird man den sehr hoch gespannten Dampf erst in der Turbine, darauf in der Fördermaschine ausnützen.

Eine Turbine, deren ganzer Abdampf statt in die Kondensation in eine Heizung oder sonstwie gegen höheren Druck ausströmt, heißt Gegendruckturbine. Die Gegendruckturbine entspricht dem Hochdruckteil einer Kondensationsturbine; ihre ältere Bauart besteht gemäß Abb. 196 aus zwei Geschwindigkeitsrädern, die aus Düsen beaufschlagt werden. Wegen der neuen Bauart vgl. Abb. 190. Der Gegendruck beträgt je nach der geforderten Heiztemperatur bis 5 at und mehr. Die Reglung der Gegendruckturbine hat besonderen Bedingungen zu genügen; denn es werden sich selbstverständlich der Dampfbedarf für Kraftzwecke und der Dampfbedarf für Heizzwecke nicht gerade decken. Deshalb ist neben der Geschwindigkeitsreglung der Turbine eine Druckreglung anzuordnen, die den Druck vor der Heizung gleich hält. Arbeitet die Gegendruckturbine allein, so öffnet die Druckreglung überschüssigem, sich vor der Heizung anstauendem Dampf einen Ausweg, und setzt umgekehrt der Heizung gedrosselten Frischdampf zu, wenn es an Abdampf mangelt. Dient aber die Gegendruckturbine zum Antrieb einer Dynamo, die mit andern sonstwie angetriebenen Dynamos parallel arbeitet, so sucht man die Belastungsschwankungen des Netzes den andern Dynamos aufzubürden. Dann wählt man den Geschwindigkeitsregler der Gegendruckturbine so, daß er erst einsetzt, wenn die andern Turbinen ihre Leerlaufdrehzahl erreicht haben und läßt bis dahin die Füllung der Gegendruckturbine allein durch die Druckreglung beeinflussen, so daß bei zunehmendem Drucke vor der Heizung die Füllung verkleinert, bei abnehmendem Drucke die Füllung vergrößert wird. Dadurch erreicht man, daß die Gegendruckturbine ebensoviel Dampf aufnimmt, wie die Heizung verbraucht. Der Dampfverbrauch für die kWh ist bei der Gegendruckturbine mehrmal größer als bei der Kondensationsturbine, um so größer, je höher der Gegendruck ist. Aus der früheren Abb. 19, die das is-Diagramm für Wasserdampf bis 100 at darstellt, geht hervor, daß die Gegen-

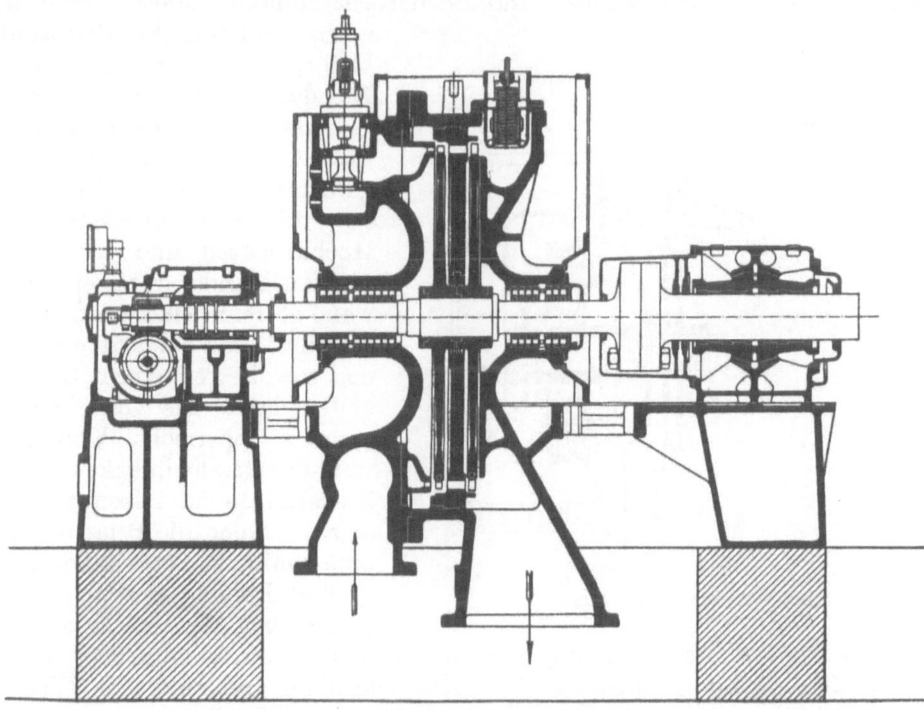

Abb. 196. Gegendruckturbine der MAN.

druckturbine erheblich günstiger wirkt, wenn man sie mit sehr hohem Anfangsdruck betreibt[1]. Die Leistungen der Gegendruckturbinen liegen innerhalb weiter Grenzen. Kleine Turbinen werden fast ausschließlich als Gegendruckturbinen einfacher Bauart ausgeführt, deren Abdampf irgendwie für Heizzwecke ausgenutzt wird oder im Niederdruckteil einer großen Turbine weiterarbeitet.

Wird nur ein Teil des entspannten Turbinendampfes für Heizung oder für andere Maschinen gebraucht, so entnimmt man den Dampf vor dem Niederdruckteil einer Kondensationsturbine mit dem entsprechenden Drucke. Je mehr Dampf man entnimmt, um so weniger wird der Niederdruckteil einer solchen Entnahme- oder Anzapfturbine ausgenutzt, und um so wichtiger ist es, daß der Hochdruckteil der Turbine günstig arbeitet. Die Entnahmeturbine stimmt in der Dampfverteilung grundsätzlich mit einer Verbunddampfmaschine überein, der man einen Teil des aus dem Hochdruckzylinder abströmenden Dampfes für Heizzwecke entnimmt. Die spätere Abb. 207 veranschaulicht, wie sich Hochdruck- und Niederdruckfüllung ändern, wenn der Maschine, während ihre Belastung gleich bleibt, einmal wenig, einmal viel Heizdampf entnommen wird.

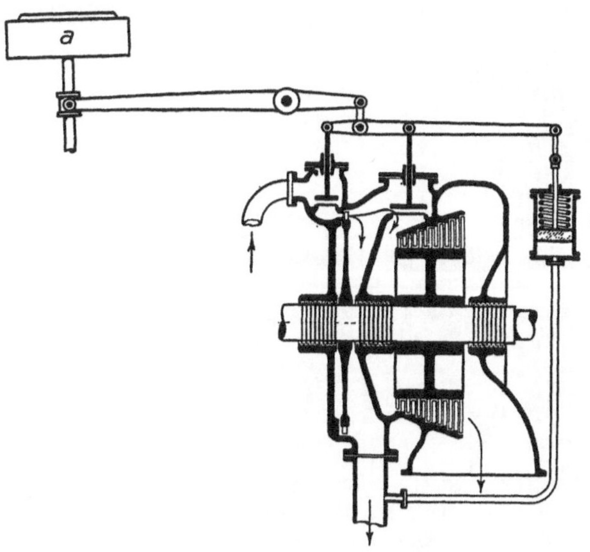

Abb. 197. Entnahmeturbine.

Abb. 197 veranschaulicht schematisch Aufbau und Reglung einer Entnahmeturbine. Der Heizdampf strömt vor der Niederdrucksteuerung ab. Hochdruckteil und Niederdruckteil, die voneinander durch eine Zwischenwand getrennt sind, werden besonders gesteuert, und beide Steuerungen werden sowohl von einem Geschwindigkeitsregler *a* wie von einem Druckregler *b* beherrscht. Und zwar verstellt der Geschwindigkeitsregler beide Steuerungen im selben Sinne, indem er z. B., wenn die Belastung der Turbine zunimmt, beide Steuerungen auf größere Füllung einstellt; der Druckregler aber, der den Entnahmedruck gleich hält, wirkt auf die Steuerungen in verschiedenem Sinne, indem er, z. B. wenn sich vor der Heizung Dampf anstaut, die Hochdruckfüllung verkleinert, die Niederdruckfüllung vergrößert.

Abb. 198 zeigt die konstruktive Ausführung einer Entnahmeturbine (BBC). Der Frischdampf tritt durch das Einlaßventil *a* ein und arbeitet in der aus einem Geschwindigkeitsrad bestehenden Hochdruckstufe. Hinter der Hochdruckstufe wird der Entnahmedampf abgeführt, während der restliche Dampf durch das Überströmventil *b* zum Niederdruckteil gelangt. Die dargestellte Turbine ist nur für kleine Leistungen bestimmt, da sich sonst die Unwirtschaftlichkeit der Hochdruckstufe (Gleichdruckrad) zu sehr auswirkt. Für große Leistungen wählt man daher Zweigehäuseturbinen, deren Hochdruckteil als normale Hochdruckturbine ausgeführt wird.

107. Abdampfturbinen. Frisch- und Abdampf- oder Zweidruckturbinen. Weil die Dampfturbine im Niederdruckteile wegen ihrer Fähigkeit, hohe Luftleere vorteilhaft auszunutzen, den Kolbenmaschinen überlegen ist, wird der Dampf besser ausgenutzt, wenn die Kolbenmaschine in eine Niederdruckturbine auspufft, als wenn sie mit Kondensation betrieben wird. Das gilt insbesondere für aussetzend arbeitende Maschinen, wie Fördermaschinen,

[1] Vgl. Zerkowitz: Das Gegendruckverfahren und seine Anwendung bei den Dampfturbinen. Z. V. d. I. 1924, S. 147 u. 1026.

Walzenzugmaschinen, Dampfhämmer usw. und hat zur Aufstellung von **Abdampfturbinen** geführt. Es war aber bei den Abdampfturbinen nötig, wenn Abdampf mangelte, der Abdampfturbine gedrosselten Frischdampf zuzusetzen, und überschüssigen

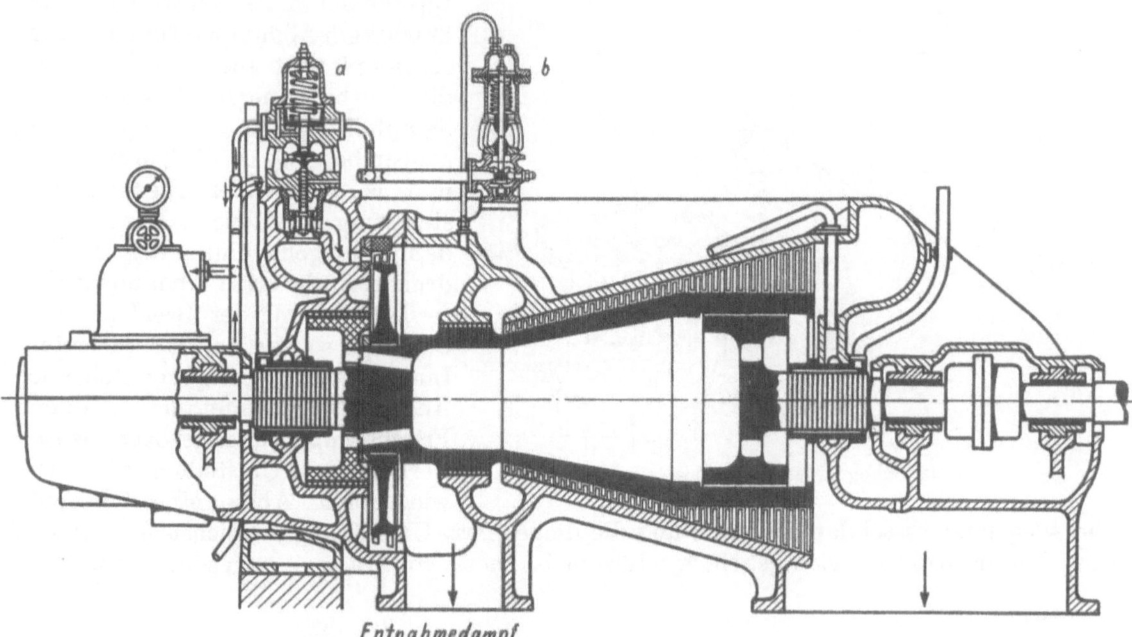

Abb. 198. Entnahmeturbine von Brown, Boveri & Co.

Abdampf mußte man ungenutzt entweichen lassen. Das minderte den durch die Abdampfturbine erzielbaren Gewinn beträchtlich, und man gab den Bau **reiner** Abdampfturbinen auf, als die Zweidruckturbine aufkam, durch die man den Abdampf vorteilhaft verwerten kann, ohne die gegenseitige Verstrickung der Abdampfturbine, der von ihr getriebenen Dynamo und der den Abdampf liefernden Kolbenmaschine in Kauf nehmen zu müssen.

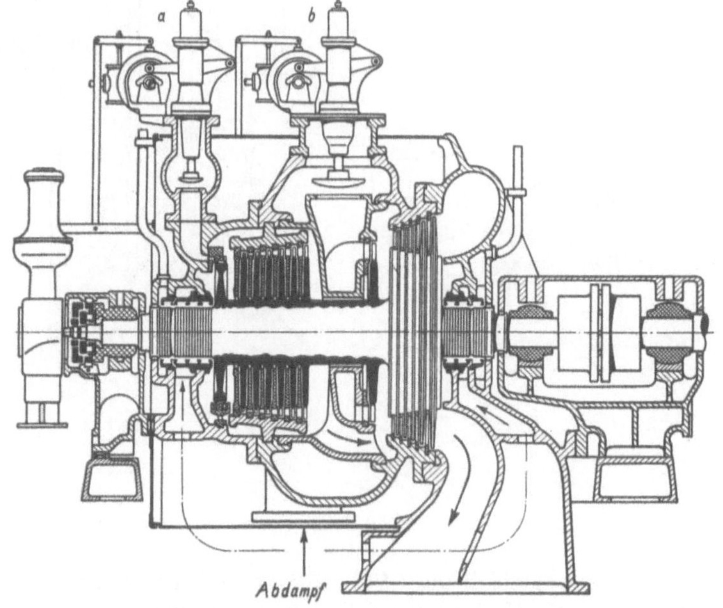

Abb. 199. Zweidruckturbine der AEG.

Die **Zweidruckturbine** ist eine Kondensationsturbine mit reichlich bemessenem, besonders gesteuertem Niederdruckteil, die sowohl Frischdampf empfängt, der erst im Hochdruckteil, dann im Niederdruckteil arbeitet, als auch Abdampf, der vor der Niederdrucksteuerung zutritt. Während man aber die reine Abdampfturbine gemäß der erwarteten Abdampfmenge bemessen muß, weil die zu große Abdampfturbine zu viel Zusatz von gedrosseltem Frischdampf fordert und die zu kleine den zu viel zuströmenden Abdampf nicht „schlucken" kann, fällt diese Rücksicht bei der Zweidruckturbine fort. Man bemißt sie so groß, daß sie im allgemeinen den ihr zuströmenden Abdampf bewältigt. Mangelt anderseits Abdampf, so empfängt die Zweidruckturbine dafür mehr Frischdampf, der aber vorteilhaft ausgenutzt wird. Abb. 199 zeigt eine Zweidruckturbine der AEG von 3700 kW für 20000 kg/h Abdampfaufnahme. Der Abdampf tritt aus der seitlich an die Turbine herangeführten Abdampfleitung, die durch ein Ventil absperrbar ist, in die Turbine ein und wird von der Niederdrucksteuerung b gesteuert. Der Frischdampf umgeht hinter dem Hochdruckteil die erste Abdampfstufe.

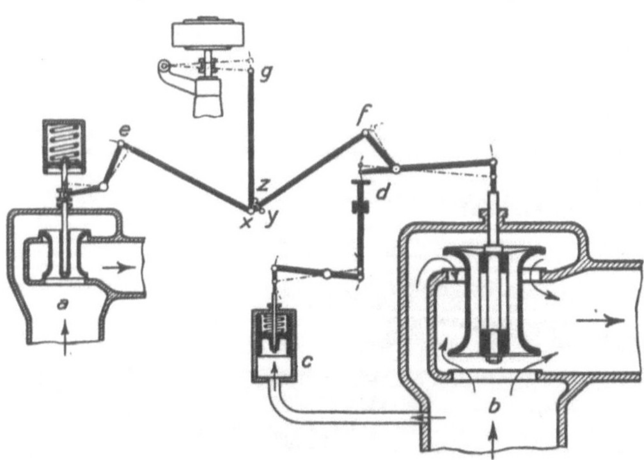

Abb. 200. Schema der Zweidrucksteuerung.

Die Reglung der Zweidruckturbine soll so wirken, daß in erster Linie der zur Verfügung stehende Abdampf verarbeitet und erst dann Frischdampf herangezogen wird. Ferner soll die Umstellung von überwiegendem Abdampfbetrieb auf überwiegenden Frischdampfbetrieb und die umgekehrte Umstellung möglichst ohne Änderung der Drehzahl vor sich gehen. Die Lösung ist zuerst von Rateau angegeben. Abb. 200

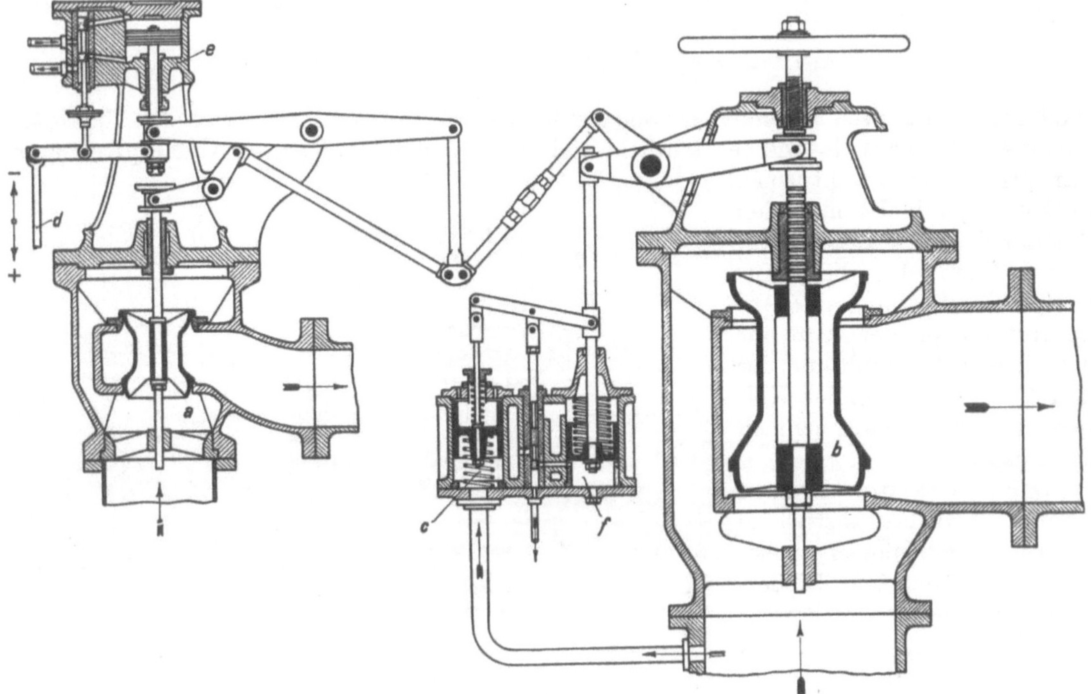

Abb. 201. Zweidrucksteuerung von Rateau (MAN).

stellt sie schematisch dar, Abb. 201 zeigt ihre konstruktive Durchbildung nach der Ausführung der MAN. Es ist ein Geschwindigkeitsregler g und ein Druckregler c vorhanden. Der Geschwindigkeitsregler wirkt auf das Frischdampfventil a und das Abdampfventil b im selben Sinne. Steigt z. B. die Belastung der Abdampfturbine, so sucht der niedergehende Regler beide Ventile zu heben. Doch ist das Frischdampfventil a zusätzlich durch eine Feder belastet, so daß zunächst das Abdampfventil angehoben wird und das Frischdampfventil erst dann, wenn das Abdampfventil *b* ganz geöffnet ist. Sinkt umgekehrt die Belastung, so sucht der steigende Geschwindigkeitsregler beide Ventile zu schließen; doch schließt sich unter dem zusätzlichen Federdruck zuerst das Frischdampfventil. So ist also die Aufgabe gelöst, daß vor allem der Abdampf von der Turbine aufgenommen wird. Der Druckregler *c* besteht aus einem Kolben, der auf der einen Seite den Abdampfdruck empfängt, während die andere durch eine Feder belastet ist. Der Druckregler wirkt auf Frischdampfventil und Abdampfventil im entgegengesetzten Sinne. Sinkt z. B. der Abdampfdruck, weil zu wenig Abdampf zuströmt, so wird der Kolben des Druckreglers *c* durch die Belastungsfeder nach unten gedrückt; infolgedessen wird das Frischdampfventil angehoben, das Abdampfventil aber gesenkt. Steigt jedoch der Abdampfdruck, weil sich der Abdampf wieder anstaut, so wird der Kolben des Druckreglers wieder nach oben gedrückt, und das Frischdampfventil wird durch seine Feder geschlossen, wodurch das Abdampfventil gehoben wird. Der Druckregler kann, weil er bei *d* nur drücken, aber nicht ziehen kann, das Abdampfventil nur schließen, aber nicht öffnen. Andernfalls würde nämlich der Druckregler, wenn der Abdampfdruck steigt und zugleich die Belastung der Turbine abnimmt, das Abdampfventil entgegen dem Geschwindigkeitsregler wieder anheben, so daß die Turbine zu viel Abdampf erhält und durchgeht. An Stelle der in der schematischen Darstellung angedeuteten direkt wirkenden Regler sind in Wirklichkeit indirekt wirkende Regler angeordnet. In Abb. 201 ist *e* der Vorspannzylinder des Geschwindigkeitsreglers und *f* der Vorspannzylinder des Druckreglers *c*.

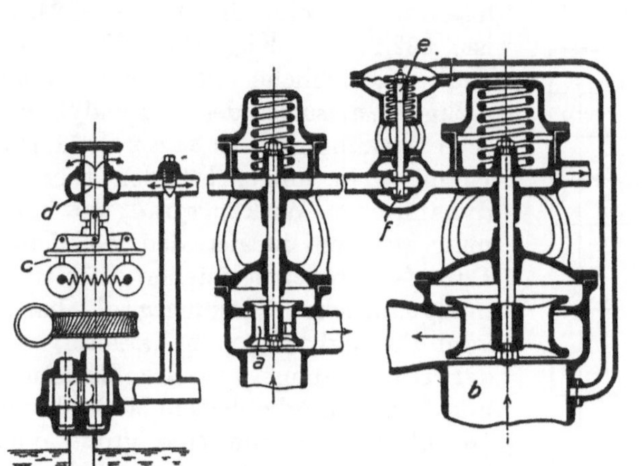

Abb. 202. Zweidruckregelung von Brown, Boveri & Co.

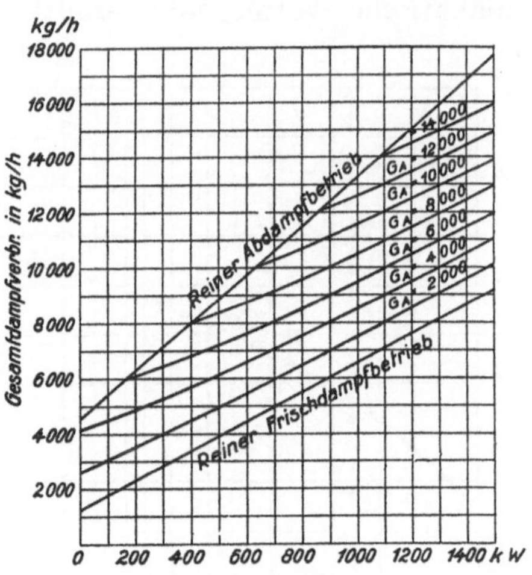

Abb. 203.

Bei den Zweidruckturbinen der AEG wird anstatt der oben dargestellten Drosselreglung sowohl für den Hochdruckteil wie für den Niederdruckteil die in Ziffer 104 besprochene Füllungsreglung mit gesteuerten Düsengruppen angewendet. Die Reglung der AEG-Zweidruckturbine stimmt grundsätzlich mit der Rateauschen Anordnung überein, ist aber von ihr konstruktiv unterschieden und ähnelt der in Abb. 197 dargestellten Reglung der Entnahmeturbine. Der Geschwindigkeitsregler wirkt im selben Sinne auf die Frischdampf- und die Abdampfsteuerung, der Druckregler im entgegengesetzten Sinne.

In Abb. 202 ist die Zweidrucksteuerung von Brown, Boveri & Co. veranschaulicht, die auf dem Grundsatz der früher in Ziffer 104 beschriebenen Durchflußreglung beruht. *a* ist das Frischdampfventil, *b* das Abdampfventil, *c* ist der Geschwindigkeitsregler, der den Drosselspalt *d* verengt oder erweitert, *e* ist der Druckregler, der mittels des Ventils *f* die Hochdruck- und die Niederdrucksteuerung scheidet. Bei hohem Abdampfdruck ist *f* voll geöffnet, und der Öldruck tritt in gleicher Stärke unter den Kolben des Frischdampf- und des Abdampfventils; doch wird zunächst das Abdampfventil geöffnet, weil das Frischdampfventil durch seine Feder stärker belastet ist. Bei sinkendem Abdampfdruck wird der Ölstrom im Ventil *f* gedrosselt, so daß der Kolben des Frischdampfventils *a* stärkeren Druck empfängt und steigt, der Kolben des Abdampfventils dagegen schwächeren Druck empfängt und sinkt.

Wie sich der gesamte Dampfverbrauch einer Zweidruckturbine ändert, die zwischen reinem Frischdampfbetrieb und reinem Abdampfbetrieb arbeitet, und deren Belastung zwischen Null und Voll (1500 kW) liegt, zeigt Abb. 203, die sich auf eine Bergmann-Turbine bezieht (nach Stodola). G_A ist das Gewicht des stündlich zuströmenden Abdampfes.

108. Dampf- und Wärmeverbrauch der Dampfturbine. Thermodynamischer Wirkungsgrad der Dampfturbine. Es ist üblich, den Dampf- oder den Wärmeverbrauch von Dampfturbinen auf die effektive Leistung zu beziehen, bei Turbodynamos auf die abgegebene elektrische Energie. Es ist zweckmäßig festzulegen, ob die Antriebleistung der Kondensation zur Turbinenleistung gehört oder nicht. Der thermodynamische Wirkungsgrad der Dampfturbine, d. h. das Verhältnis ihres idealen zu ihrem wirklichen Dampfverbrauche wird in der Regel auf die effektive Leistung bezogen, wobei der Kraftverbrauch der Kondensation nicht berücksichtigt wird. Bei Turbodynamos bezieht man ihn auch auf die elektrische Leistung. Für die verlustlos arbeitende Dampfturbine kann man den Dampfverbrauch aus dem *is*-Diagramm entnehmen, indem man von dem Punkte, der den durch den Anfangsdruck und die Anfangstemperatur gegebenen Anfangszustand des Dampfes darstellt, senkrecht bis zur Linie des Enddruckes geht und zunächst das adiabatische Wärmegefälle ermittelt. Ist dieses z. B. 211 kcal, so verbraucht die verlustlose Dampfturbine, da 1 PSh = 632 kcal ist, 632 : 211 = 3 kg Dampf/PSh. Ist der tatsächliche Dampfverbrauch 4,2 kg/PS$_e$h, so ist der thermodynamische Wirkungsgrad = 3 : 4,2 = 71,4 %. Kennt man umgekehrt den thermodynamischen Wirkungsgrad, so kann man aus dem idealen den wirklichen Dampfverbrauch feststellen. Der thermodynamische Wirkungsgrad hängt vom Dampfdruck, vom Vakuum, von der Überhitzung, von der Belastung und ferner in erheblichem Maße davon ab, ob es sich um eine große oder kleine Maschine handelt. Abb. 204 zeigt, wie sich etwa bei normalen Frischdampfkondensationsturbinen der thermodynamische Wirkungsgrad mit der Maschinengröße ändert. Die Linie gilt für die üblichen Eingehäuseturbinen; bei den neuen Mehrgehäuseturbinen mit verbessertem Hochdruckteil sind erheblich höhere Werte für η_{th} anzunehmen.

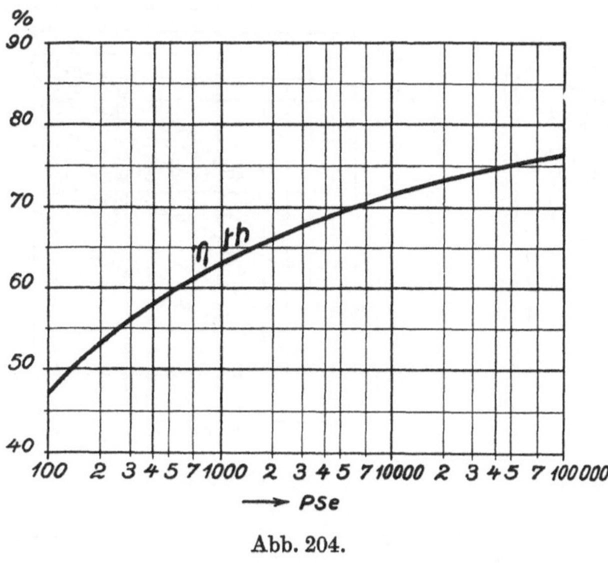

Abb. 204.

Der Dampfverbrauch großer Eingehäuse-Turbodynamos, die mit hochgespanntem, hochüberhitztem Dampf und 90 bis 92 % Vakuum arbeiten, beträgt bei voller Belastung einschließlich des Aufwandes für Kondensation und Erregung 6 bis 7 kg/kWh. Um den Dampf zu erzeugen, braucht ein Turbinenkraftwerk im Jahresmittel etwa 1 kg Steinkohle für die Kilowattstunde. Im einzelnen hängt der Dampfverbrauch vom Dampfzustande, vom Vakuum, von der Turbinengröße, der Drehzahl usw. ab. Wo es darauf ankommt, darf man nur die verbürgten oder durch Versuch festgestellten Dampfverbrauchzahlen zugrunde legen. Als erster Anhalt sind die im folgenden gegebenen Beziehungen anwendbar. Es verbraucht eine vollbelastete, den Dampfverhältnissen entsprechend gebaute Kondensations-Dampfturbine von N_e PS, die mit $n = 3000$ läuft, mit Dampf von 15 ata und 325° betrieben wird und mindestens 500 PS leistet, bei einem Vakuum von $\mathfrak{B} = 90-98\%$ ausschließlich des Kraftaufwandes für die Kondensation, überschlägig

$$D = 8{,}3 - 0{,}05\,\mathfrak{B} + \frac{1500}{N_e}\,\text{kg/PS}_e\text{h}.$$

Um den Dampfverbrauch für 1 kWh einschließlich des Kraftaufwandes für die Kondensation und die Erregung überschlägig zu ermitteln, multipliziere man die für 1 PS_eh gefundenen Werte mit 1,5.

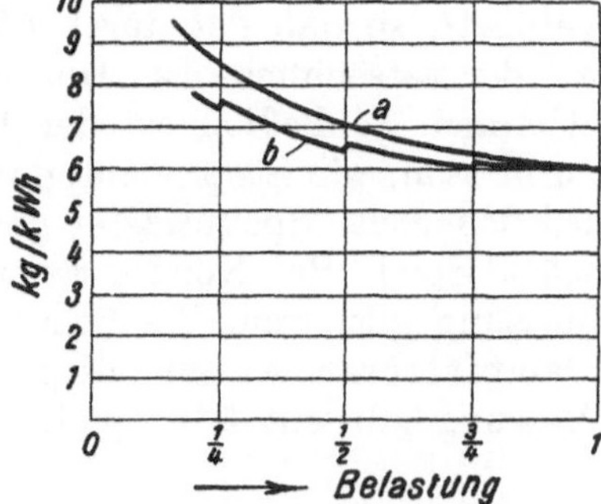

Abb. 205. Vergleich zwischen Drossel- und Düsenreglung.

Sind Dampfdruck, Dampftemperatur und Belastung anders wie oben angenommen, so ändert sich der Dampfverbrauch etwa wie folgt:

a) Zwischen 8 und 20 at für + 1 at um − 1 %, für − 1 at um + 1 %.

b) Zwischen 225° und 350° für + 7° um − 1 %, für − 6° um + 1 %.

Der Kraftaufwand für die Kondensation beträgt bei Frischdampfturbinen etwa 3 %, bei Abdampfturbinen etwa 7 % der vollen Turbinenleistung.

Geht die Belastung der Turbine herunter, so steigt der Dampfverbrauch. Abb. 205 zeigt, wie etwa der Dampfverbrauch einer Turbine steigt, wenn die Belastung bis auf ¼ zurückgeht. Linie *a* gilt für Drosselreglung, Linie *b* für Düsenreglung.

Beispiel. Eine vollbelastete Dampfturbine von 10000 PS_e braucht bei 15 ata, 325°, 90% Vakuum

$$D = 8{,}3 - 0{,}05 \cdot 90 + \frac{1500}{10000} = 3{,}95\,\text{kg/PS}_e\text{h}$$

(ohne Kondensationsarbeit) und 5,93 kg/kWh einschließlich Kondensationsarbeit usw.

Würde der Dampfdruck auf 10 ata, die Dampftemperatur auf 265° zurückgehen, so würde D auf

$$3{,}95 \cdot 1{,}05 \cdot 1{,}10 = 4{,}57\,\text{kg/PS}_e\text{h}$$

steigen.

Zahlentafel 19. Dampfverbrauch von Abdampfturbinen in kg/PS_eh.

Kondensatordruck	Eintrittsdruck in at abs.		
	2,0	1,0	0,5
0,08	9,3	12	16,5
0,13	10,7	14,4	21,5
0,18	12	16,5	28

Nach Dubbel ist der gesamte Dampfverbrauch von Abdampfturbinen in kg/PS_eh der Zahlentafel 19 zu entnehmen; andere Quellen geben niedrigere Zahlen.

109. Regeln für Leistungsversuche an Dampfturbinen[1]. In den durch den Verein deutscher Ingenieure aufgestellten Regeln für Abnahmeversuche an Dampfanlagen sind besondere Regeln für Abnahmeversuche an Dampfturbinenanlagen enthalten, die im folgenden im Auszuge wiedergegeben sind.

Nutzleistung einer Turbodynamo ist die Leistung an den Klemmen; jedoch ist der Kraftbedarf elektrisch angetriebener Hilfsmaschinen abzuziehen. Bei dampfangetriebenen Hilfsmaschinen, deren Abdampf in der Hauptturbine weiter ausgenutzt wird, gehört die Nutzleistung des Abdampfes zur Nutzleistung der Turbine und der Dampfverbrauch der Hilfsmaschinen zum Gesamtverbrauch. Die Leistung der direktgekuppelten Erregermaschine gehört nicht zur Nutzleistung; bei fremder Erregung ist die Erregerleistung von der Klemmenleistung der Turbodynamo abzuziehen. Nutzleistung einer Turbine, die einen Turbokompressor usw. oder eine von anderer Seite gelieferte Dynamo treibt, ist die Leistung an der Kupplung.

In erster Linie sind die Nutzleistung und der Dampfverbrauch für die Arbeitseinheit zu messen. Die Versuchsverhältnisse sollen möglichst gleich gehalten werden, erforderlichenfalls durch künstliche Belastung. Druck und Temperatur des Dampfes sind unmittelbar vor dem Hauptabsperrventil, das Vakuum ist am Flansch des Kondensatorstutzens zu messen. Der Dampfverbrauch ist zu ermitteln

[1] Vgl. auch die Ziffern 32 und 89, die Auszüge aus den durch den Verein deutscher Ingenieure aufgestellten Regeln für Abnahmeversuche an Dampferzeugern und Kolbendampfmaschinen enthalten.

a) durch Messung des im Oberflächenkondensator niedergeschlagenen Dampfes oder
b) durch Messung des Dampfes mittels Düsen oder
c) durch Wiegen des Speisewassers.

Bei der Kondensatmessung ist folgendes zu berücksichtigen: Der Kondensator soll dicht sein; die durch etwaige Undichtheiten in den Dampfraum eindringende Kühlwassermenge ist festzustellen. Bei Wasserstrahlluftpumpen kondensiert etwas Dampf und wird mit dem Arbeitswasser, sofern es nicht im Kreislauf verwendet wird, mitgeführt[1], so daß der durch die Kondensatmessung ermittelte Dampfverbrauch kleiner als der tatsächliche ist. Die mitgerissene Kondensatmenge ist nach Möglichkeit zu bestimmen. Schließlich ist der Dampf, der nicht in den Kondensator gelangt, besonders zu messen, wie Stopfbüchsendampf, Dampf von Dampfstrahlluftpumpen usw. Versuche, bei denen das Speisewasser gewogen wird, sollen 5 bis 6 Stunden dauern, und gelten mit 2,5% Spiel. Bei Kondensatmessung genügt eine ½ bis 1stündige Versuchsdauer; die Messung gilt, wenn die Belastung gleichmäßig gewesen, ohne Spiel. Für Messungen des Dampfverbrauches mittels geeichter Düsen genügt einstündige Versuchsdauer und die Messung gilt mit 5% Spiel.

XII. Verwertung des Abdampfes von Dampfkraftmaschinen[2].

110. Allgemeines. Es sind zwei grundsätzlich verschiedene Arten von Abdampfverwertungsanlagen zu unterscheiden: einmal handelt es sich darum, den Abdampf von Dampfmaschinen und Dampfturbinen für Heizzwecke zu verwenden, also den Kraft- und den Heizungsbetrieb miteinander zu kuppeln, welche Aufgabe in chemischen Fabriken, Papierfabriken usw. in erster Reihe steht; dann gilt es, den Abdampf ungünstig arbeitender Kolbenmaschinen in günstiger arbeitenden Niederdruckturbinen auszunutzen, welche Aufgabe im Zechenbetriebe von Bedeutung ist.

111. Die Verwendung des Abdampfes zu Heizzwecken. Da der Abdampf noch sehr viel Wärme enthält, die bei der Verflüssigung des Dampfes frei wird, so ist die Verbindung von Kraft- und Heizbetrieb von außerordentlichem Vorteil. Wird ihr ganzer Abdampf zur Heizung verwendet, so ist die Dampfkraftmaschine die denkbar wirtschaftlichste Kraftmaschine. Für die so außerordentlich günstige und deshalb so viel angestrebte Kupplung des Kraft- und Heizbetriebes ist aber Vorbedingung, daß sich der Dampfbedarf für Kraftzwecke und der Dampfbedarf für Heizzwecke decken, wie es bei chemischen Fabriken, Papier- und Zellstoffabriken, Brauereien usw. im Zusammenhange der Fabrikation etwa der Fall ist. Bei Bergwerken, Hüttenwerken, Maschinenfabriken usw. besteht im Zusammenhange des Betriebes nur ein verhältnismäßig kleines Bedürfnis für Heizdampf. Das Speisewasser vermag nicht viel Wärme aufzunehmen, und, je höher das Speisewasser vorgewärmt wird, um so weniger wirkt der Rauchgasvorwärmer. Für Raumheizung ist nur in der kalten Jahreszeit zu sorgen. Dagegen brauchen die Waschkauen der Zechen das ganze Jahr Wärme. Die Verbindung eines Kraftwerkes mit einem Fernheizwerk hat die Schwierigkeit, daß die Kraftmaschinen, die im Winter gegen den Druck der Heizung arbeiten, im Sommer mit Kondensation zu betreiben sind. Eine Badeanstalt oder eine Warmwasserbereitung an ein Kraftwerk anzuschließen, ist wegen der gleichmäßigeren Wärmeentnahme günstiger.

---

[1] Vgl. Ziffer 94.

[2] Die Verwendung der Abwärme von Gasmaschinen ist in Ziffer 125 besprochen. Aus der Literatur ist hervorzuheben: Schneider, L.: Die Abwärmeverwertung im Kraftmaschinenbetrieb. Berlin: Julius Springer 1923. Auf die Aufsätze von Dipl.-Ing. Lüth über die Abwärmeverwertung auf Kohlenzechen, Glückauf 1920, S. 668 und 1037, sei hingewiesen.

Wo der Heizbetrieb die Grundlage bildet, handelt es sich eigentlich nicht um eine Heizung durch Abdampf, sondern es ist dem Heizbetrieb ein Kraftbetrieb vorgeschaltet. Indem man mit geringem Mehraufwand an Wärme anstatt des für die Heizung gebrauchten Niederdruckdampfes hochgespannten Dampf erzeugt, befähigt man den Dampf, bevor er heizt, in einer Dampfkraftmaschine gegen den Druck der Heizung zu arbeiten. Je nach der erforderten Temperatur wird Heizdampf von 1 bis 5 at absolutem Druck verwendet. Unter Umständen verwendet man auch Dampf zur Heizung, der unter atmosphärischen Druck entspannt ist; Dampf von ½ ata z. B. hat noch 80° Temperatur. Man spricht dann von Vakuumdampfheizung.

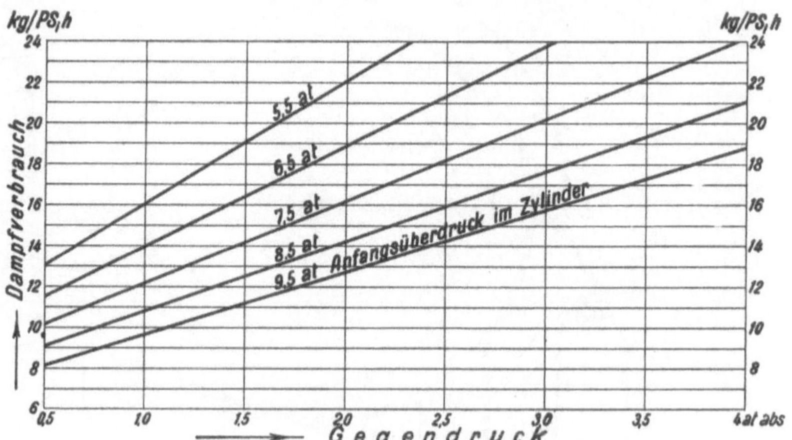

Abb. 206. Dampfverbrauch von Gegendruckkolbenmaschinen.

Den Überdruck des Dampfes über den Heizungsdruck nutzt man in Gegendruckkolbenmaschinen oder Gegendruckturbinen aus. Die Gegendruckkolbenmaschine braucht weniger Dampf als die Gegendruckturbine, oder — mit anderen Worten — die in die Heizung auspuffende Kolbenmaschine leistet mit gegebener Dampfmenge mehr als die Turbine[1]. Der Abdampf der Kolbenmaschine ist aber zu entölen, während die Turbine ölfreien Dampf liefert und auch besser für überhitzten Dampf geeignet ist. Aus Abb. 206[2] ist zu entnehmen, wieviel Kilogramm Dampf für 1 PS_ih die Einzylinder-Sattdampfmaschine bei Gegendrücken von 0,5 ata bis 4 ata und bei verschieden großen Anfangsdrücken im Zylinder braucht. Die umgekehrten Werte ergeben, wieviel PS_ih mit 1 kg Dampf unter den angegebenen Druckverhältnissen geleistet werden[3]. Wegen der Reglung der Gegendruckdampfmaschinen und -turbinen vgl. Ziffer 106.

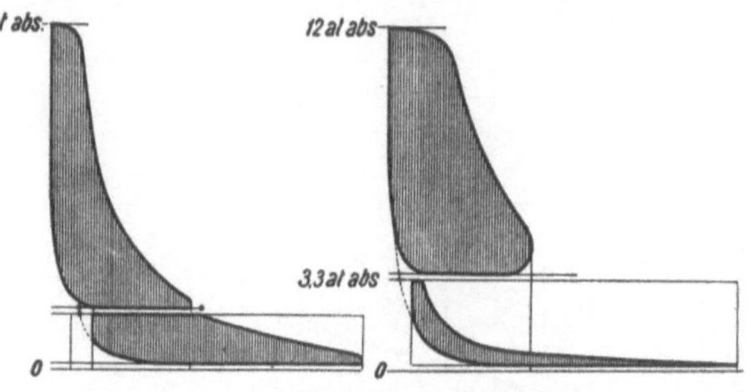

Abb. 207.

Wird nicht der ganze Abdampf der Dampfkraftmaschine für Heizzwecke benötigt, so entnimmt man Heizdampf von erforderlichem Druck, sogenannten Zwischendampf, entweder dem Aufnehmer einer Verbundmaschine oder dem Niederdruckteil einer Dampfturbine. Abb. 207 (nach Dubbel) veranschaulicht, wie sich bei einer Entnahmemaschine die Dampfverteilung ändert, wenn sich bei gleichbleibender Leistung der Dampfmaschine die Heizdampfentnahme ändert. Wird kein Heizdampf entnommen, so wirkt die Maschine als normale Verbundmaschine. Wird viel Heizdampf entnommen, so erhält der Hochdruckzylinder große, der Niederdruckzylinder kleine Füllung. Über Aufbau und Reglung der Entnahmeturbinen vgl. Ziffer 106. Vielfach läßt man durch den Druckregler nur die Niederdrucksteuerung verstellen, so daß z. B. bei steigendem Entnahmedruck die Niederdruckfüllung vergrößert wird. Die entsprechende Verkleinerung der Hochdruckfül-

[1] Wegen der neuen verbesserten Hochdruckturbinen siehe die Ziffern 101 bis 104.
[2] Dem S. 166 unter Anm. 2 angegebenen Werke von Schneider entnommen.
[3] Je höher der Anfangsdruck, um so günstiger ist es.

lung muß dann der Geschwindigkeitsregler einstellen, der zur Wirkung kommt, wenn die Maschine infolge der zu groß gewordenen Dampfzufuhr schneller zu laufen beginnt. Allerdings schwankt dadurch die Drehzahl stärker. Ist die Drehzahl gebunden, weil die Maschine auf ein Drehstromnetz arbeitet, so schwankt die Belastung der Entnahmemaschine entsprechend. Gehen die Änderungen der Heizdampfentnahme allmählich vor sich,

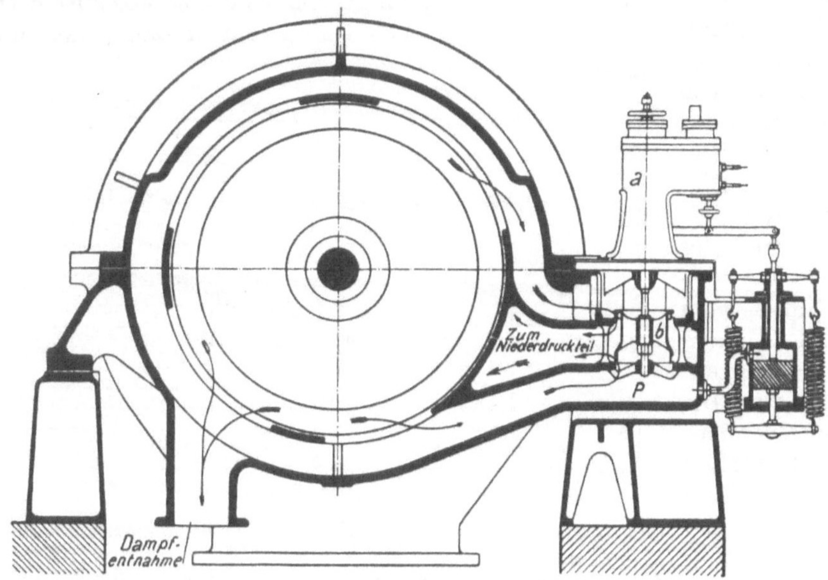

Abb. 208. Entnahmeturbine der MAN.

kann man die Drehzahl bzw. die Größe der Belastung von Hand nachregeln. Abb. 208 (MAN) zeigt den Querschnitt einer Entnahme- oder Anzapfturbine, bei welcher der Druckregler nur die Niederdruckfüllung ändert. Steigt der Entnahmedruck p, so wird mittels des Öldruckmotors a das Ventil b gehoben, und es strömt mehr Dampf zum Niederdruckteil der Turbine.

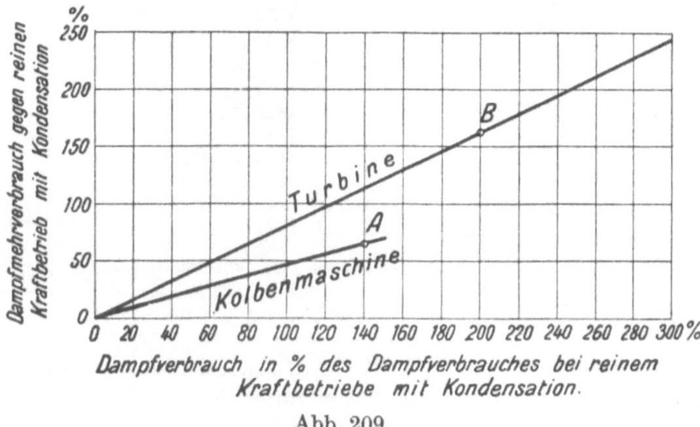

Abb. 209.

Je mehr Zwischendampf man entnimmt, um so höheren Dampfverbrauch für die PSh hat die Entnahmedampfmaschine. Besonders leidet die Entnahmeturbine, deren Stärke ja im Niederdruckteil liegt, je weniger Dampf im Niederdruckteil ausgenützt wird. Für die Bemessung der Kesselanlage gilt[1] als erster Anhalt folgendes: Bei den Kolbenmaschinen steigt für je 10% Dampfentnahme (bezogen auf die bei reinem Kraftbetriebe mit Kondensation verbrauchte Dampfmenge) der Frischdampfverbrauch um 5%; bei Dampfturbinen ist aber der entsprechende Mehrverbrauch an Frischdampf = 8%. Abb. 209[1] veranschaulicht die Verhältnisse.

Daß die Verbindung des Heiz- und des Kraftbetriebes von größtem Vorteil ist, ist längst erkannt und auch durchgeführt, wo günstige Bedingungen gegeben sind. Im Zechenbetrieb selbst sind Heiz- und Kraftbetrieb nur in geringem Umfange kuppelbar;

[1] Siehe Schneider: Abwärmeverwertung, S. 119 bzw. 113.

deshalb ist man dazu übergegangen, den Zechenkraftbetrieb mit anderen Fabrikbetrieben zu verbinden, die viel Wärme brauchen, und es ist geplant, Fernheizwerke an Zechenkraftwerke anzuschließen. Im unterirdischen Grubenbetriebe ergibt sich eine Abdampf-

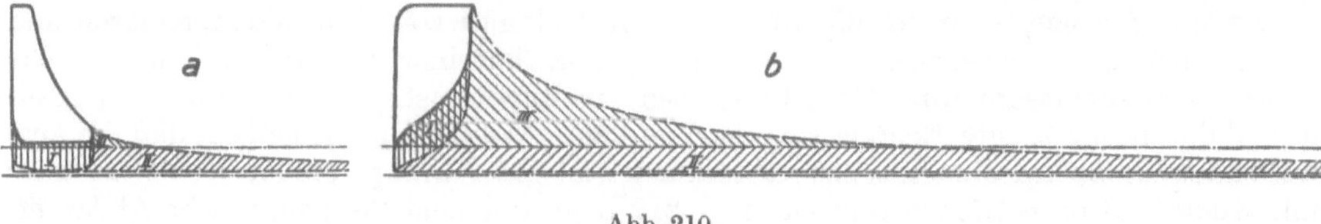

Abb. 210.

verwertung besonderer Art, wenn man nach Heise[1] den niederzuschlagenden Abdampf von Dampfwasserhaltungen benützt, um den ausziehenden Wetterstrom zu heizen.

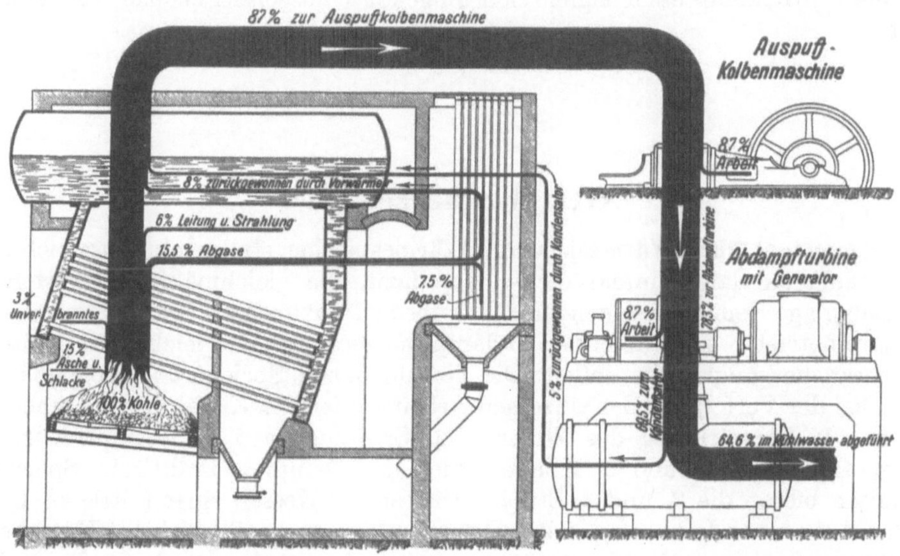

Abb. 211. Wärmestromdiagramm einer Dampfkraftanlage mit Abdampfturbine (Sankey-Diagramm).

112. Verwendung des Abdampfes von Kolbenmaschinen in Niederdruckdampfturbinen.

Die Grundlage, auf der die Abdampfverwertung in Abdampf- oder Zweidruckturbinen beruht, ist in Ziffer 107 dargestellt; ebenda sind Aufbau und Reglung der Abdampf- und Zweidruckturbinen besprochen. Für die Dampfturbine ist Abdampf von etwa 1,2 at etwa halb (genauer 45%) so viel wert, wie üblicher Frischdampf.

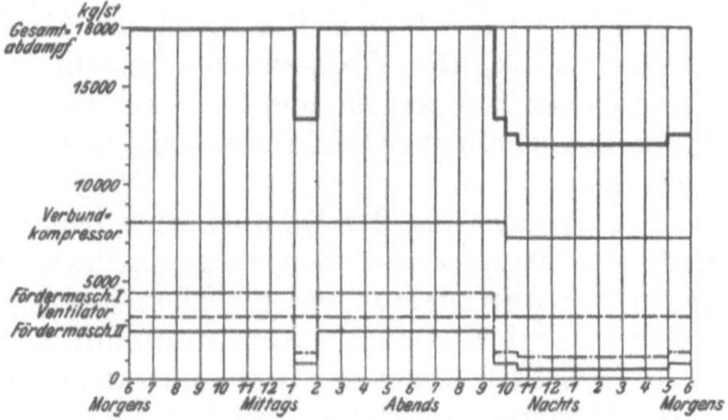

Abb. 212. Abdampfmengen einer Zeche.

Ursprünglich waren es die älteren, mit unzweckmäßigen Steuerungen ausgerüsteten Fördermaschinen, bei denen es besonders reizte, die großen Abdampfmengen günstig auszunützen. In der Abb. 210 ist das Diagramm *a* einer vorteilhaft mit kleiner Füllung arbeitenden Fördermaschine dem Diagramm *b* einer mit voller Füllung arbeitenden entgegengestellt. Durch Kondensation wären die Flächen I zu gewinnen, durch Verwertung des Auspuffdampfes in einer Abdampfturbine die Fläche $I + II$, verloren gehen die

[1] Glückauf 1923, S. 693.

Flächen *III*. Durch die Verwertung des Abdampfes in einer Turbine kann man die schlechte Fördermaschine erheblich verbessern; trotzdem bleibt die Ausnutzung des Dampfes unvollkommen. Die günstige Dampfverteilung, wie sie im Diagramm *a* dargestellt ist, bleibt unter allen Umständen zu erstreben.

An und für sich ist es vorteilhaft, auch den Abdampf von Kolbenkompressoren und den Kolbenantriebsmaschinen der Ventilatoren in Turbinen auszunützen, wie es das Wärmestromdiagramm Abb. 211 (MAN) zeigt. Bedingung ist aber, daß man die mittels des Abdampfes erzeugte Energie verbrauchen kann. Dabei ist zu bedenken, daß die auspuffenden Dampfmaschinen selbstverständlich viel mehr Dampf brauchen, als wenn sie mit Kondensation betrieben würden. Abb. 212 zeigt an einem Beispiel, welche Abdampfmengen auf einer Zeche etwa in Frage kommen. In dem Maße, wie bei dem steigenden Druckluftbedarfe der Turbokompressor Boden gewinnt, tritt übrigens der Kolbenkompressor als etwaiger Lieferer von Abdampf zurück. Der durch eine Zweidruckturbine angetriebene Turbokompressor eignet sich umgekehrt ausgezeichnet zur Verwertung von Abdampf.

XIII. Wärmespeicher[1].

113. Allgemeines über Wärmespeicher. Wärmespeicher stellen ein Ausgleichmittel in Dampfkraftanlagen dar. Einmal dienen sie dazu, die gleichmäßige Dampferzeugung einer Kesselanlage dem schwankenden Dampfbedarf anzupassen, während sie anderseits im Abdampfbetriebe schwankende Abdampfmengen einem gleichmäßig arbeitenden Dampfverbraucher angleichen sollen. Die verschiedenen Speicherungsmöglichkeiten ergeben sich bei der Verfolgung der einzelnen Arbeitsstufen des Kreisprozesses einer Dampfkraftanlage: 1. Vorwärmung des Wassers, 2. Erhitzung auf Siedetemperatur, 3. Verdampfung, 4. Expansion und 5. Kondensation des Dampfes. Praktische Speicherungsmöglichkeiten bieten die 2. und 3. Stufe. Arbeitet der Kessel, einer mittleren Belastung entsprechend, unverändert mit gleicher Wärmezufuhr, so ergibt sich bei Unterbelastung Wärmeüberschuß. Diese Überschußwärme speichert man in der 2. Stufe als Wasserwärme oder in der 3. Stufe als Dampfwärme. Bei Überbelastung des Kessels kann dann die Energiezufuhr der Feuerung dieselbe bleiben, wie bei mittlerer Belastung, wenn die vorher gespeicherte Wärme zur Deckung der Belastungsdifferenz wieder in das Arbeitssystem zurückgeführt wird. Beim Abdampfbetriebe fehlt der oben dargelegte Kreisprozeß; hier handelt es sich lediglich um die Speicherung der Dampfwärme.

Speicherung der Wasserwärme besteht einfach in der Ansammlung heißen Wassers von gleicher Temperatur und gleichem Druck wie das Kesselwasser. Da die Speicherung bei stets gleichbleibendem Druck erfolgt, nennt man Speicher dieser Art Gleichdruckspeicher.

Die Speicherung der Dampfwärme bietet dagegen mehrere Möglichkeiten. Speichert man den Dampf als solchen, so geschieht dieses in reinen Dampfspeichern. Wird dagegen der Aggregatzustand geändert, indem man den Dampf in Wasser niederschlägt, welches dabei die Dampfwärme aufnimmt, so kann die Wärme in Dampfform nur zurückgegeben werden, wenn der Druck über dem Wasser ständig unter dem Siededruck gehalten wird. Derartig arbeitende Speicher nennt man Gefällespeicher, da der entnommene Dampf keinen gleichbleibenden, sondern einen mit der Entspeicherung fallenden Druck besitzt.

114. Gleichdruckspeicher. Gleichdruckspeicherung, also Speicherung von Heißwasser, hat man mehr oder weniger bei fast allen Kesseln. Sie erfolgt im Speiseraum des

[1] Es sei verwiesen auf Pauer: Energiespeicherung. Dresden: Th. Steinkopff 1928.

Kessels und wird als Speiseraumspeicherung bezeichnet. Die größte Speichermenge ist gleich der Speisewassermenge, die zwischen niedrigstem und höchstem Wasserstand zugeführt werden kann. Bei Unterbelastung wird der Kessel stärker gespeist als im normalen Betriebe, bis der höchste Wasserstand erreicht ist. Tritt dann Überbelastung ein, so wird die Speisung vermindert oder ganz abgestellt. Dann hat der Kessel bei gleicher Wärmezufuhr in der Feuerung nur noch die Verdampfungswärme aufzubringen, da das Wasser bereits auf den Siedepunkt erwärmt ist; die Dampferzeugung kann also bei gleicher Energiezufuhr durch die Feuerung beträchtlich gesteigert werden. Der Arbeitsbereich erstreckt sich vom höchsten bis zum niedrigsten Wasserstand. Die Speicherfähigkeit (Kapazität) ist demnach bei Flammrohrkesseln am größten, da sie gegenüber anderen Kesselsystemen den größten Speiseraum besitzen. Bei den modernen Röhrenkesseln kann der Speiseraum und damit die Speicherfähigkeit durch Zuschalten eines besonderen Gleichdruckspeichers beliebig vergrößert werden.

Als Beispiel sei die Anordnung und Wirkungsweise des Gleichdruckspeichers von Dr. Kiesselbach erläutert (vgl. Abb. 213). Der Speicher ist ein zylindrischer Behälter, welcher mit dem Kessel durch die Wälzleitung und die Überlaufleitung verbunden ist. Eine Pumpe in der Wälzleitung sorgt für ständigen Wasserumlauf zwischen Kessel und

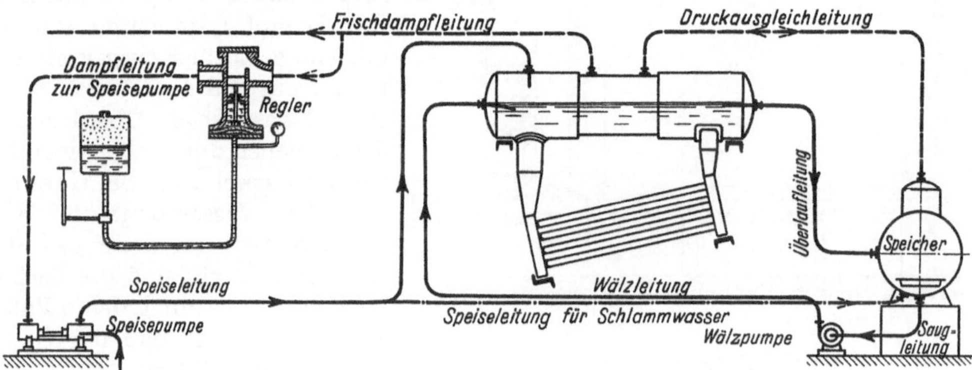

Abb. 213. Anordnung des Kiesselbach-Speichers.

Speicher. Um im Kessel und Speicher denselben Druck herzustellen, werden die Dampfräume beider durch die Druckausgleichleitung miteinander verbunden. Die Speisepumpe fördert entweder direkt in den Kessel, oder, wenn bei der Erwärmung des Wassers starke Schlammabscheidung zu erwarten ist, zunächst in den Speicher, aus welchem der Schlamm leicht entfernt werden kann.

Der Ausgleich der Belastungsschwankungen erfolgt in der Weise, daß bei geringer Belastung mehr Wasser in den Kessel gespeist wird, als für die Dampferzeugung erforderlich ist. Der Überschuß an Speisewasser wird im Kessel durch den Wärmeüberschuß der Feuerung auf Siedetemperatur gebracht und läuft mit dem Wälzwasser zusammen durch die Überlaufleitung nach dem Speicher ab. Der Speicher wird aufgeladen, sein Wasserinhalt vergrößert sich. Steigt die Belastung des Kessels über die mittlere Belastung, so wird die Speisung abgestellt. Der normale Wasserstand wird dadurch aufrecht erhalten, daß das verdampfende Wasser durch das gespeicherte Wasser ersetzt wird, für dessen Verdampfung dann die Gesamtwärme der Feuergase zur Verfügung steht. Der Speicher wird entladen, sein Wasserinhalt nimmt ab.

Die Verbindung von Röhrenkesseln mit Gleichdruckspeichern macht diese Kessel zu Großwasserraumkesseln, wodurch aber die Vorteile der Kleinwasserraumkessel nicht beeinträchtigt werden.

115. Reine Dampfspeicher. Die Speicherfähigkeit der reinen Dampfspeicher ist naturgemäß klein, da das spezifische Volumen des Dampfes groß ist, und der Speicher kann für höhere Drücke aus Festigkeitsrücksichten nur kleinen Inhalt erhalten. Sie kommen in Verbindung mit aussetzenden Maschinen zur Anwendung, also hauptsächlich mit Förder- und Walzenzugmaschinen, deren Abdampf weiter in Turbinen ausgenutzt werden soll. Dampfspeicher mit unveränderlichem Rauminhalt wirken als Gefällespeicher; ist der Rauminhalt entsprechend der Entnahme veränderlich, so hat man Gleichdruckspeicherung.

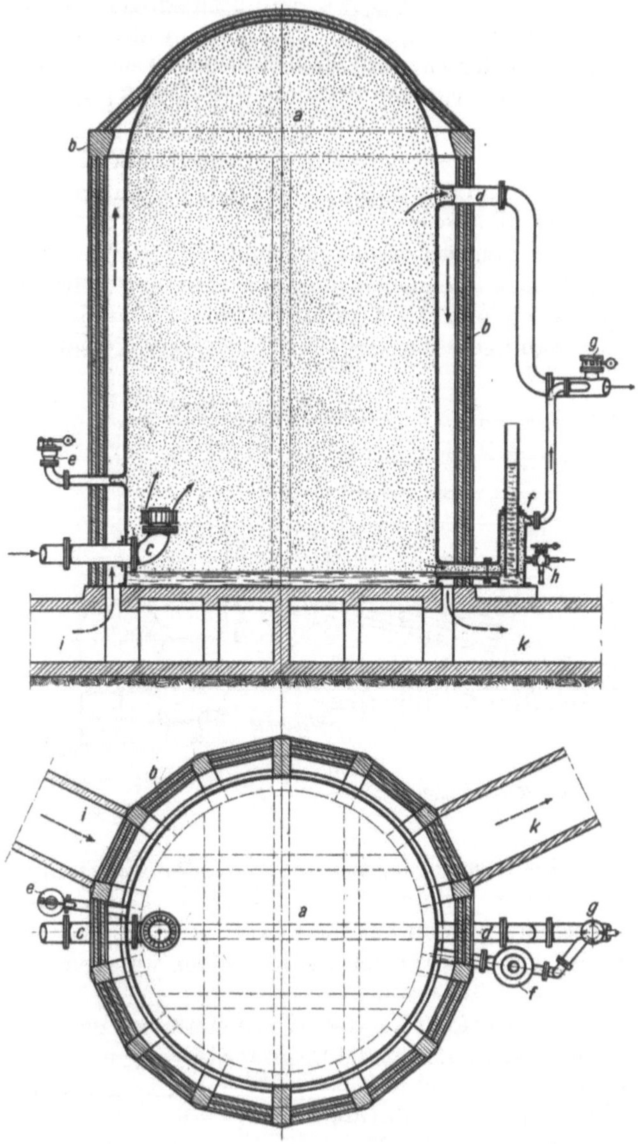

Der Dampfspeicher nach Estner-Ladewig (Abb. 214), der von der Otto Estner Kühlwerkbau G. m. b. H., Dortmund, ausgeführt wird, hat unveränderlichen Rauminhalt. Damit der Speicher *a* keine Abkühlung erleidet, wird er ummauert, und es gelingt sogar, indem man den Blechmantel des Speichers durch abziehende Kesselgase bespülen läßt, die bei *i* zu-, bei *k* abströmen, den gespeicherten Dampf zu überhitzen. Der Dampf tritt unten durch die mit einem Entöler ausgerüstete Leitung *c* ein und oben durch die Leitung *d* aus. Gegen Überdruck wird der Speicher durch die Sicherheitsventile *e* geschützt. Bei Unterdruck fällt der Wasserspiegel im Standrohr *f* so tief, daß durch das Standrohr Luft eintritt und zur Turbinenkondensation strömt, deren Vakuum zerstört wird, so daß der Speicher nicht mehr gefährdet ist. *h* ist ein Ejektor, mit dem man Luft und Dampf absaugen kann. Die Speicher werden bis 2500 m³ Inhalt ausgeführt, wobei der Durchmesser 12,5 m, die gesamte Höhe 22,5 m wird.

Abb. 214. Raumspeicher, Bauart Estner-Ladewig.

Dampfspeicher mit veränderlichem Rauminhalt werden ähnlich wie Gasometer als Glockenspeicher gebaut. Einen Glockenspeicher Bauart Harlé-Balcke zeigt Abb. 215. Der einströmende Abdampf tritt durch den Entöler *a* in den Speicher und strömt aus diesem durch die Leitung *g* zur Turbine. Die Glocke *b* wird durch überschüssig zuströmenden Dampf hochgetrieben und sinkt, den Dampf wieder heraustreibend, nieder, wenn Dampf mangelt. Der Druck im Speicher ist gleich dem atmosphärischen Druck, vermehrt um den durch das Glockengewicht erzeugten Druck, der einige 100 mm Wassersäule ausmacht. Die Eigenart des Harlé-Balcke-Speichers ist also, daß die Fördermaschinen gegen gleichbleibenden Gegendruck auspuffen. Geht die Glocke zu hoch, so wird die untere Mündung des Rohres *c* frei und läßt den Dampf in die Atmosphäre auspuffen. Geht die Glocke zu tief, so wird erst gedrosselter Frischdampf (Ventil *f*), dann Luft (Ventil *d*) zugesetzt.

Die reinen Dampfspeicher kommen speziell als Abdampfspeicher für Fördermaschinen in Betracht, deren Abdampf zum Antrieb von Abdampfturbinen dienen soll. Man muß zwischen Fördermaschine und Abdampfturbine einen Speicher einschalten, der den Überschuß an Dampf aufnimmt, wenn die Fördermaschine stark auspufft, und Dampf abgibt, wenn die Fördermaschine schwach auspufft oder stillsteht. Es handelt sich nicht um die Aufspeicherung großer Dampfmengen, sondern nur um den Ausgleich von einem Förderzug zum andern. Verwendet man, wie es heute fast ausnahmslos der Fall ist, an Stelle der reinen Abdampfturbine die Zweidruckturbine, so bedarf es wegen der Elastizität der Zweidruckturbine nicht einer so ausgeglichenen Speicherung wie bei der Abdampfturbine. Man kommt bei der Zweidruckturbine mit kleinerem Speicher aus und kann ihn unter Umständen entbehren. Während man bei der Bemessung der reinen Abdampfturbine an die zur Verfügung stehende Abdampfmenge gebunden ist, ist die Zweidruckturbine dadurch in ihrer Größe nicht beschränkt, und je größer sie überhaupt ist, um so eher vermag die Zweidruckturbine eine gewisse Abdampfmenge ohne zwischengeschalteten Speicher zu bewältigen. Fehlt der Speicher, so schwankt übrigens die Kesselbelastung weniger; denn je mehr Dampf die Fördermaschine am Ende der Anfahrt in die Zweidruckturbine ausstößt, um so weniger Frischdampf braucht dann die Zweidruckturbine.

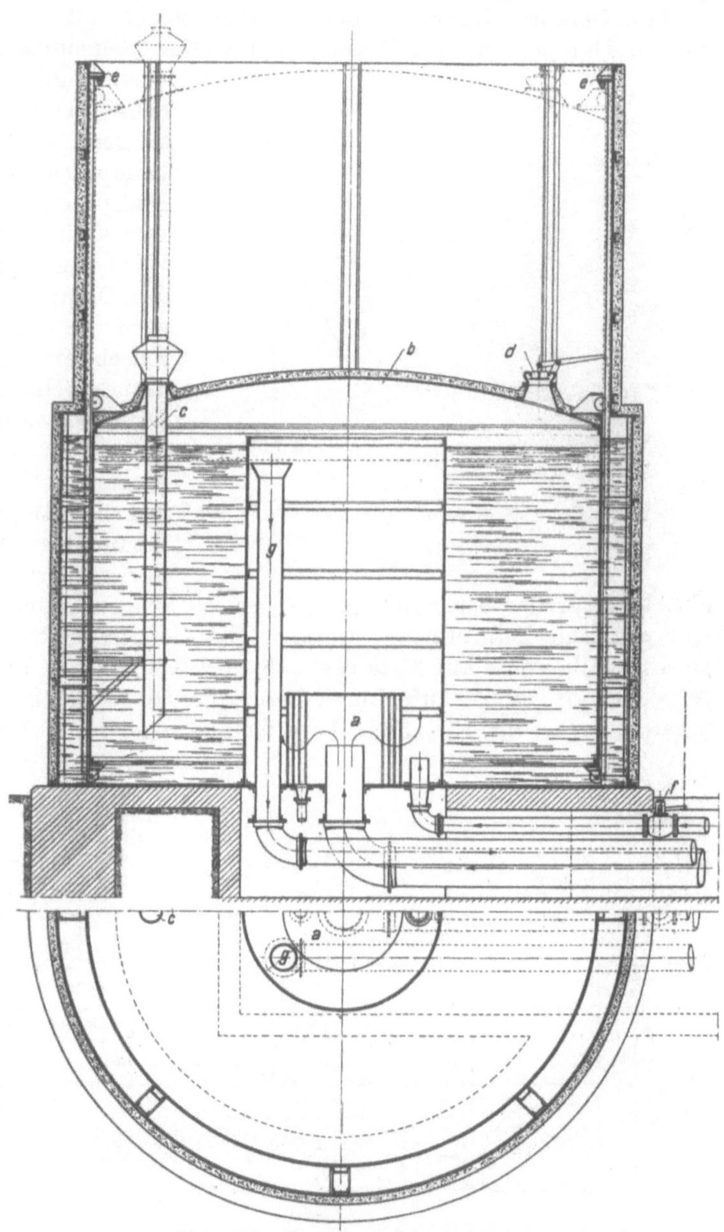

Abb. 215. Glockenspeicher (Balcke).

Abb. 216 veranschaulicht an einem Beispiel, wie stark die Dampfentnahme einer Fördermaschine schwankt. Oben sind die Geschwindigkeitsdiagramme verzeichnet; der Förderzug dauert 50 s, die Förderpause 60 s, das Förderspiel also 110 s. Die Dampfentnahme steigt während der Anfahrt, die 20 s dauert, auf ihren Höchstwert, sinkt während der 10 s dauernden Beharrung auf einen erheblich niedrigeren Wert und hört dann auf, so daß der Speicher während 80 s Dampf abgeben muß. Die durchschnittliche sekundliche Dampfentnahme x ist nur etwa $^1/_7$ der höchsten. Insgesamt braucht der Förderzug $x \cdot 110$ kg Dampf; davon sind unter den angenommenen Verhältnissen $x \cdot 80$ kg zu speichern. Die Linie p veranschaulicht, wie in einem durch Änderung des Dampfdrucks wirkenden Speicher der Druck erst steigt, wenn die Fördermaschine mehr Dampf ausstößt, als die Abdampfturbine, welcher der Dampf gleichmäßig zuströme, aufnimmt, und dann wieder auf den ursprünglichen Wert zurückgeht.

116. Gefällespeicher. Bei den Gefällespeichern ist der Speicherbehälter bis auf einen kleinen Dampfraum mit Wasser gefüllt. Der überschüssige Dampf wird, indem er sich verflüssigt, vom Wasser aufgenommen, dessen Temperatur und Druck entsprechend steigen; strömt umgekehrt nicht genügend Dampf zu, so wird aus dem heißen Wasser Dampf entwickelt, wobei Temperatur und Druck im Speicher entsprechend sinken. Wird der Speicherdruck zu groß, so bläst der Dampf durch ein Sicherheitsventil ab, wird er zu klein, so wird gedrosselter Frischdampf oder Luft zugesetzt. Je größer der Speicher ist, um so kleiner werden die Druckschwankungen. Da Wasser einen viel geringeren Raumbedarf hat als Dampf, so werden auch die Gefällespeicher bei gleicher Speicherfähigkeit einen viel geringeren Raumbedarf haben als reine Dampfspeicher. Je größer das ausnutzbare Druckgefälle und je tiefer der Entladedruck ist, um so kleiner können die Speicherabmessungen für eine gegebene Dampfmenge werden. Ein Gefällespeicher braucht für 1000 kg bei einem Druckgefälle von 8 auf 3 ata etwa 15,4 m³ Rauminhalt, da 1 m³ Wasser für dieses Druckgefälle 65 kg Dampf aufnehmen kann. Für 10 bis 3 ata Druckgefälle würde der Rauminhalt nur 12,5 m³, für 15 bis 3 ata Gefälle sogar nur 9,1 m³ betragen.

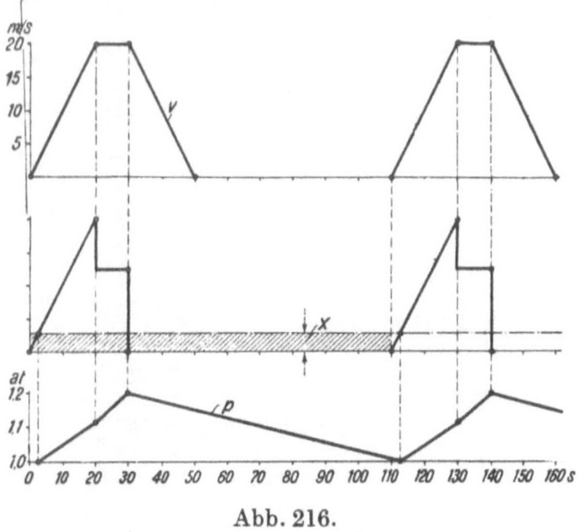

Abb. 216.

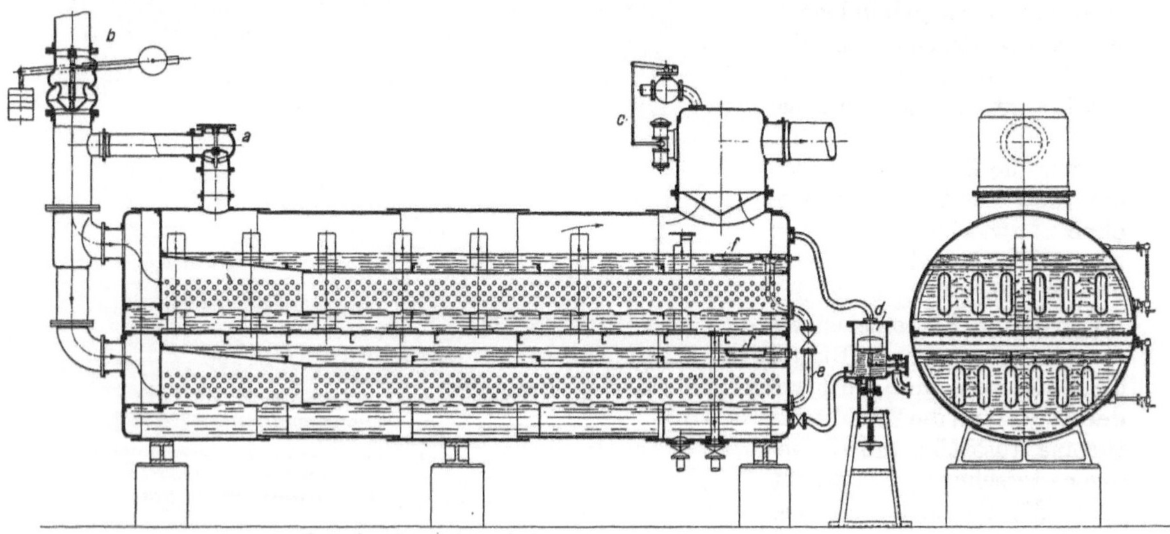

Abb. 217. Rateau-Speicher (Balcke-Moll).

Für die Gefällespeicher besteht die Schwierigkeit, den Dampf möglichst schnell im Wasser niederzuschlagen, was durch innige Mischung und guten Wasserumlauf erreicht wird Lediglich in der Lösung dieser Aufgabe besteht ein Unterschied zwischen den bekanntesten Bauarten, dem Rateau-Speicher und dem Ruths-Speicher[1]. Thermo-

[1] Vgl. Gleichmann: Der Wärmespeicher von Ruths. Glückauf 1922, S. 1309. — Lüth: Die Bedeutung des Dampfspeichers für den Zechenbetrieb. Glückauf 1922, S. 1341. — Ruths: Dampfspeicher. Z. V. d. I. 1922, S. 509, 537 und 597.

dynamisch ist ihre Wirkungsweise dieselbe. Abb. 217 zeigt einen Rateau-Speicher in der Ausführung von Balcke-Moll. Der Kessel hat zwei Wasser- und Dampfräume; vom unteren Dampfraum zum oberen Dampfraum führen Verbindungsrohre. Der Abdampf strömt unterhalb des Sicherheitsventils *b* zu, verteilt sich auf je sechs flache Rohre im oberen und unteren Wasserraum und tritt durch die Löcher in den Rohrwänden derart in das Wasser, daß Wasserumlauf entsteht. Überschüssiger Dampf entweicht durch das Sicherheitsventil. Ist der Dampfdruck im Speicher größer als der in der Leitung, so strömt Dampf durch das Rückschlagventil *a* in die Leitung zurück. Durch die mit *c* bezeichnete Einrichtung wird bei zu niedrigem Speicherdruck gedrosselter Frischdampf zugesetzt. Mittels Schwimmers *d* wird der untere Wasserstand gleich gehalten, *e* ist ein Überlauf vom oberen zum unteren Wasserraume, *f* sind Ölabschäumer.

Der Rateau-Speicher wird in den meisten Fällen in Verbindung mit Fördermaschinen gebraucht. Der gesamte Abdampf geht durch den Speicher hindurch und wird zweckmäßig in einer Zweidruckturbine ausgenutzt.

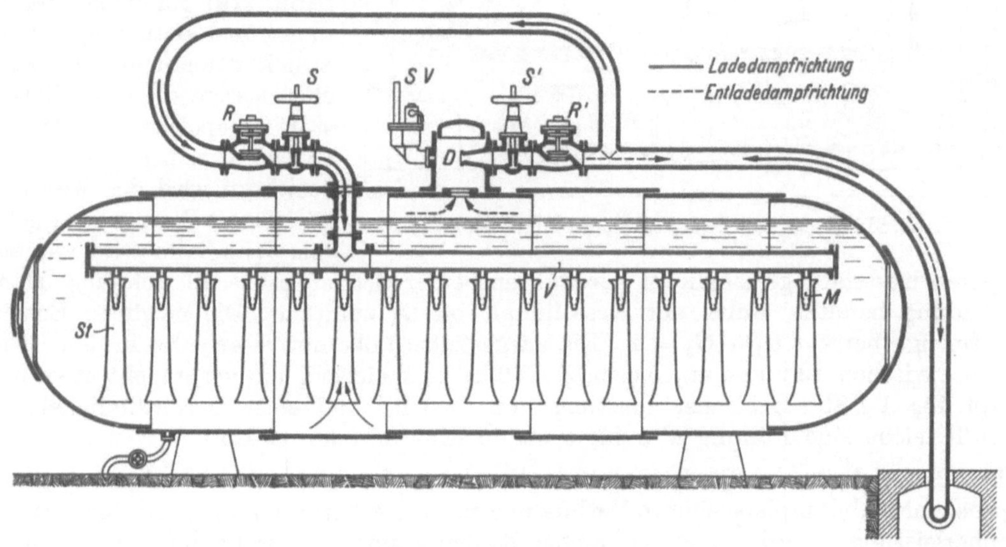

Abb. 218. Ruths-Speicher.

Der Aufbau eines Ruths-Speichers wird durch Abb. 218 veranschaulicht. Er besteht aus einem bis zu 95% seines Inhalts mit Wasser gefüllten Kessel, dem der Ladedampf durch das Verteilungsrohr *V* und die senkrecht daran angeschlossenen Mundstücke *M* zugeführt wird. Die Mundstücke sind von den sogenannten Steigrohren *St* umgeben, durch die der eintretende Dampf das Wasser, in dem er kondensiert, fortwährend vom Boden ansaugt. Durch den so hervorgerufenen Wasserumlauf wird die Kondensationswärme gleichmäßig auf den ganzen Speicherinhalt verteilt. Während der Ladung muß der Schieber *S* geöffnet sein. Das Rückschlagventil *R* hebt sich infolge des Druckunterschiedes selbsttätig. Das Sicherheitsventil *SV* am Dampfdom schützt den Speicher vor zu hohen Drücken. Bei der Entladung entsteht zunächst am Wasserspiegel Dampf, sobald infolge Dampfentnahme der Druck im Dampfraum sinkt. Die Dampfbildung schreitet allmählich nach unten fort, da sich das oben befindliche Wasser durch Abgabe der Verdampfungswärme abkühlt. Infolge der zylindrischen Speicherform entsteht auch hierdurch ein Wasserumlauf, der das heiße Wasser wieder nach oben bringt, so daß die Verdampfung hauptsächlich an der Oberfläche stattfindet und nur wenig Wasser vom Dampf mitgerissen wird. Dieses wird im Dampfdom noch abgeschieden, so daß der Entladedampf vollkommen trocken gesättigt ist. Zur Vermeidung zu hoher Oberflächenbelastung ist in die Entladeleitung eine Düse *D* als Begrenzungsvorrichtung eingebaut. Die größte Entlademenge ist durch die kritische Geschwindigkeit in der Düse bestimmt, die auch nicht überschritten werden kann, wenn bei einem Leitungsbruch der Druck hinter der Düse auf atmosphärischen Druck absinkt.

Für alle Speicher, die eine Umwandlung des Aggregatzustandes bedingen, ist es charakteristisch, daß sie bei der Entladung nie überhitzten, sondern höchstens nur trokken gesättigten Dampf abgeben können, auch wenn zur Ladung überhitzter Dampf gedient hat. Es findet nur Verdampfung statt; der Überhitzungsprozeß fehlt.

Die Gefällespeicher haben fast überall die reinen Dampfspeicher verdrängt, seit es durch die Bauarten von Rateau und Ruths gelungen ist, das Laden und Entladen trotz Änderung des Aggregatzustandes in kürzester Zeit durchzuführen.

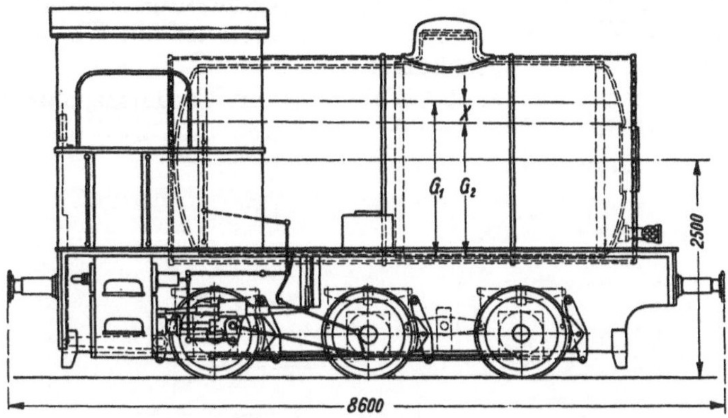

Abb. 219. Feuerlose Dampflokomotive (AEG).

Eine besondere Anwendung hat der Gefällespeicher bei den feuerlosen Dampflokomotiven (Abb. 219) gefunden, die sich in gewisser Beziehung mit den Druckluftlokomotiven vergleichen lassen, die ihren Betriebstoff gespeichert mitführen. Genau wie bei den Gefällespeichern wird der Kessel zunächst mit Warmwasser gefüllt (bis G_2). Dann wird von einer ortsfesten Kesselanlage möglichst der während einer Betriebspause überschüssige Dampf zur Ladung benutzt, wobei der Kesselinhalt bis G_1 zunimmt. Die mögliche Entladedampfmenge beträgt $G_1 - G_2 = x$. Die dargestellte Lokomotive arbeitet in den Druckgrenzen zwischen 13 und 4 ata, vermag 1260 kg zu speichern und verbraucht etwa 24 kg Dampf für 1 PSh. Bei einer Leistung von 72,5 PS und einer Geschwindigkeit von 25 km/h reicht eine Füllung also für etwa 40 Minuten oder 17 km.

117. Beispiel für eine Fördermaschine mit Abdampfspeicher. Welche Abmessungen die besprochenen Abdampfspeicher in Verbindung mit einer Fördermaschine für eine gegebene Speicherleistung erfordern, sei an einem Zahlenbeispiel veranschaulicht. Dabei sei sowohl für den mit heißem Wasser gefüllten Gefällespeicher, wie für den Raumspeicher mit unveränderlichem Inhalt eine Druckschwankung von 1 ata auf 1,25 ata zugrunde gelegt, während im Glockenspeicher gleichbleibend ein Druck von 1,05 ata herrsche. Es arbeite eine Fördermaschine auf den Speicher, die bei einem Förderzuge 5 t aus 540 m hebt, also eine Arbeit von 2700 mt oder 10 Schachtpferdstunden verrichtet. Die Maschine brauche 20 kg Dampf für die Schachtpferdstunde, so daß ein Förderzug 200 kg Dampf braucht, von denen 150 kg zu speichern seien. Bei einer Drucksteigerung von 1 auf 1,25 at nimmt die Dampftemperatur um $6{,}5^0$ zu, und da 1 kg Dampf bei seiner Verflüssigung unter den vorliegenden Verhältnissen etwa 538 kcal abgibt, so ist der erforderliche W a s s e r i n h a l t eines Gefällespeichers theoretisch $= \frac{150 \cdot 538}{6{,}5} = 12{,}4$ t. Praktisch braucht man etwa doppelt so viel, weil der Wärmeaustausch in der kurzen zur Verfügung stehenden Zeit unvollkommen ist. Der Glockenspeicher erfordert, da Dampf von 1,05 at $1{,}65 \text{m}^3/\text{kg}$ einnimmt, $150 \cdot 1{,}65 = 250 \text{ m}^3$ R a u m z u w a c h s, dem eine Glocke von 8 m Durchmesser und 5 m Hub entspricht. Der gesamte Konstruktionsraum des Glockenspeichers ist aber über doppelt so groß als der Raumzuwachs. Der Raumspeicher mit unveränderlichem Inhalt erfordert ein Volumen, das sich folgendermaßen errechnet. Zu Beginn der Speicherung seien im Speicher x kg Dampf von 1 at Spannung enthalten, die einen Raum von $x \cdot 1{,}72 \text{ m}^3$ einnehmen. Am Schluß der Speicherung sind im Speicher $x + 150$ kg Dampf von 1,25 at Spannung enthalten, die $(x + 150) \cdot 1{,}4 \text{ m}^3$ einnehmen. Aus der Gleichung $x \cdot 1{,}72 = (x + 150)\ 1{,}4$ rechnet sich $x = 660$ kg. Mithin ist der R a u m i n h a l t des Speichers 660·1,72 = 1140 m³. Je nachdem man die Druckschwankung größer oder kleiner wählt, ergeben sich kleinere oder größere Abmessungen. Der Estner-Ladewig-Speicher wird meist für eine Druckschwankung von 1 auf 1,3 at bemessen.

Ist ein Speicher zu klein bemessen, so bläst er im normalen Betriebe ab. Umgekehrt ist aber das Abblasen des Speichers an und für sich noch kein Zeichen dafür, daß der Speicher ungenügend wirkt; denn ist eine Abdampfturbine so schwach belastet, daß sie den Abdampf nicht bewältigt, so bläst der überschüssige Dampf ab, ob der Speicher groß oder klein ist.

XIV. Schaltungen im Dampfkraftbetrieb.

118. Allgemeines. Schaltungszeichen. Ursprünglich war der Aufbau einer Dampfkraftanlage sehr einfach, da sie nur aus dem Kessel und der Dampfmaschine bestand. Die weitere Entwicklung führte von der Auspuffmaschine zur Kondensationsmaschine, zur Speisewasservorwärmung und zur Dampfüberhitzung. Die Schaltung einer solchen Anlage war noch einfach und übersichtlich, da der Arbeitsprozeß ein einfacher Kreisprozeß war. Die neuzeitliche Entwicklung der Dampfkraftanlagen mit hohen Kesseldrücken, Speisewasservorwärmung durch Anzapfdampf, Verdampfern, Speichern, Zweidruckturbinen, Zwischenüberhitzung usw. hatte ziemlich verwickelte Anlagen zur Folge, deren Aufbau und Wirkungsweise nur mit Hilfe zeichnerischer Darstellung zu verfolgen und zu beschreiben ist. Die anfänglich gewählte bildliche, mehr oder weniger schematische Darstellung war zu zeitraubend und unübersichtlich, so daß man wie in der Elektrotechnik für alle Einzelteile der Schaltung bestimmte, einfache Zeichen (Schaltsymbole) gewählt hat, die der gewünschten Schaltung entsprechend zusammengefügt werden[1].

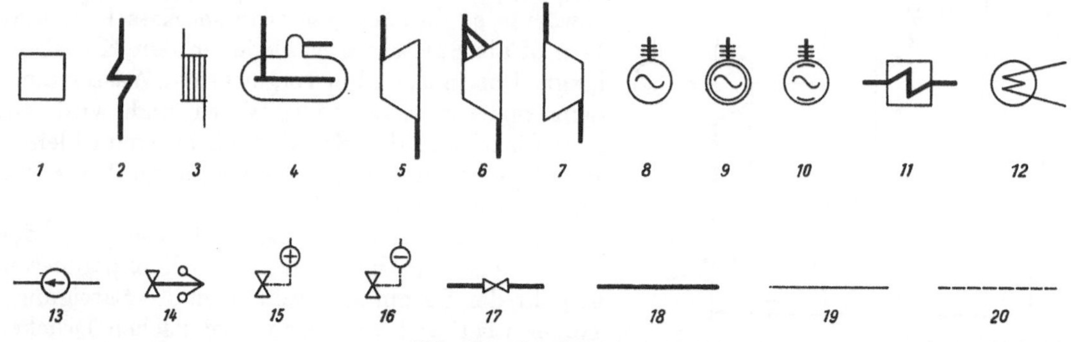

Abb. 220. Schaltzeichen.

1 Kessel, *2* Überhitzer, *3* Vorwärmer, *4* Gefällespeicher, *5* Kraftmaschine (Turbine), *6* Speicherturbine, *7* Arbeitsmaschine (Kompressor), *8* Generator, *9* Motor, *10* Generator oder Motor, *11* Zwischenüberhitzer, *12* Kondensator, *13* Speisepumpe, *14* Geschwindigkeitsregler, *15* Regelventil (öffnet bei steigendem Druck), *16* Regelventil (öffnet bei fallendem Druck), *17* Ventil, *18* Dampfleitung, *19* Wasserleitung (Speisewasser), *20* Kondensatleitung.

Abb. 220 zeigt eine Anzahl der gebräuchlichsten Schaltzeichen[2], deren Anwendung in den folgenden Beispielen gezeigt wird. Die die einzelnen Teile der Schaltung verbindenden Rohrleitungen werden zur weiteren Vereinfachung je nach dem Stoff (Dampf, Wasser, Kondensat), den sie führen, verschieden dargestellt. Durchflußmengen, Temperatur und Druck können an die Leitungen angeschrieben werden.

[1] Diese einfachen Schaltzeichen wurden von Dr. Ruths zuerst bei den Ruths-Speicherschaltungen gewählt.

[2] Vgl. auch Pauer: Energiespeicherung. Dresden: Th. Steinkopff 1928.

119. Schaltungsbeispiele. Die Darstellung einer nach dem einfachen Kreisprozeß arbeitenden Dampfkraftanlage ist aus Abb. 221 ersichtlich. Das Speisewasser wird im Vorwärmer vorgewärmt und dem Kessel zugeführt, wo die Verdampfung vor sich geht. Hinter dem Kessel liegt der Überhitzer, in dem der Sattdampf auf die gewünschte Überhitzungstemperatur gebracht wird. Der überhitzte Dampf arbeitet in einer Turbine, die einen Generator antreibt, wird im Kondensator niedergeschlagen und als Kondensat von der Speisepumpe in den Vorwärmer zurückgeführt, worauf der Kreislauf wieder beginnt.

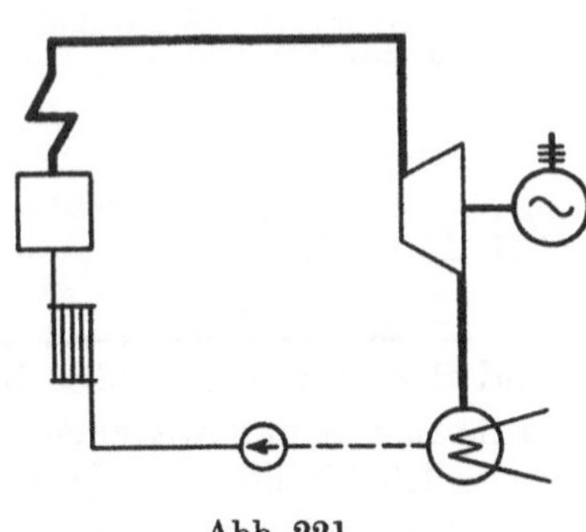

Abb. 221.

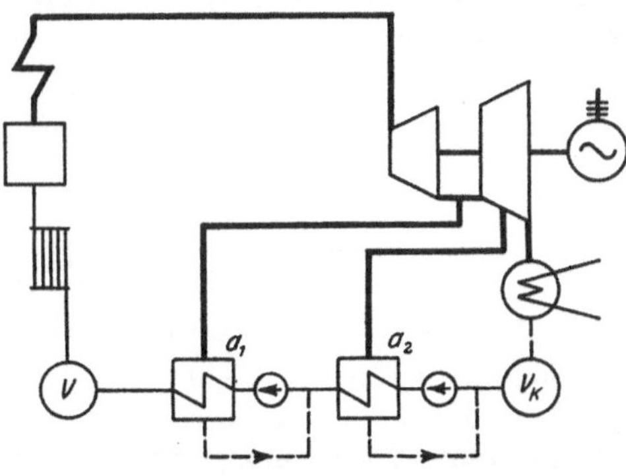

Abb. 222. Vorwärmung durch Anzapfdampf.

Abb. 222 zeigt das Schema einer Speisewasservorwärmung durch Anzapfdampf, welcher der Turbine zwischen Hoch- und Niederdruckteil und im Niederdruckteil entnommen wird. Das Kondensat sammelt sich im Kondensatbehälter V_k und wird zunächst dem Vorwärmer a_2 zugeführt, der durch Anzapfdampf niedriger Spannung und Temperatur aus dem Niederdruckteil beheizt wird. Weitere Vorwärmung folgt in a_1, da dieser Vorwärmer mit höherer Spannung und Temperatur arbeitet. Der bei der Vorwärmung kondensierende Anzapfdampf wird als Kondensat in die Kondensatleitung geführt und gleichfalls vorgewärmt, so daß der gesamte vom Kessel erzeugte Dampf als Speisewasser wieder in den Kessel gelangt. Das in a_2 und a_1 vorgewärmte Wasser fließt dem Speisewassersammler V zu und wird vor dem Eintritt in den Kessel noch in einem kleinen Rauchgasvorwärmer auf die endgültige Vorwärmtemperatur gebracht.

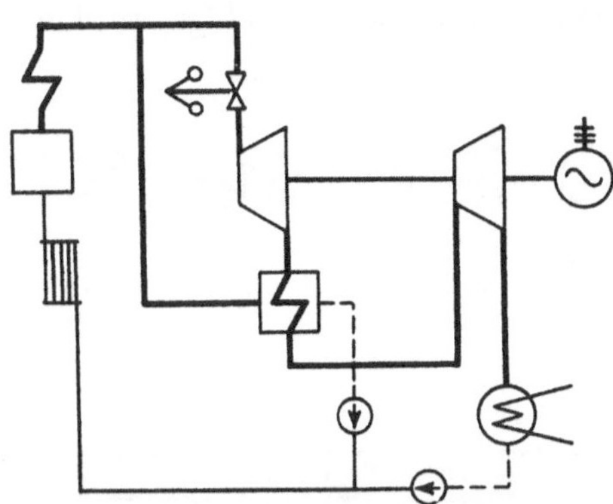

Abb. 223. Hochdruckanlage mit Zwischenüberhitzung durch Frischdampf.

Läßt man bei Höchstdruckmaschinen den Dampf bis zum Kondensatordruck expandieren, so geht der Dampf sehr schnell in das Sättigungsgebiet über und wird schon bei solchen Drücken naß, bei denen man sonst hohe Überhitzungen anzuwenden pflegt. Dieser Übelstand wird dadurch umgangen, daß man den Dampf in mehreren Druckstufen arbeiten läßt und nach Erreichen der Sättigungsgrenze vor dem Eintritt in die nächste Stufe neu überhitzt, indem man ihn durch einen entweder mit Feuergasen oder Frischdampf beheizten Zwischenüberhitzer schickt. Eine solche zweistufige Ausnutzung mit Zwischenüberhitzung durch Frischdampf geht aus Abb. 223 hervor.

Abb. 224 zeigt die Schaltung und das Dampfverbrauchdiagramm einer Gegendruckmaschine in Verbindung mit einer Niederdruckdampfheizung. Die durch die Maschine hindurchgehende Dampfmenge D ist fast unveränderlich. Der mittlere Dampfverbrauch der Heizung K ist größer als D, so daß neben der Abdampfmenge D die Differenzmenge $K - D = Ü$ noch aus der Frischdampfleitung entnommen werden muß. Der Kessel liefert die mittlere Dampfmenge K. Da der Dampfverbrauch der Heizung stark schwankt, wird die Dampfmenge $Ü$ aus der Frischdampfleitung zunächst einem Ausgleichspeicher zugeführt. Bei hohem Dampfbedarf entlädt sich der Speicher und liefert die über die Dampferzeugung des Kessels hinausgehende Menge (Fläche über der strichpunktierten Linie); bei geringem Dampfverbrauch wird der Speicher geladen und nimmt den Überschußdampf auf (Fläche unter der strichpunktierten Linie). Durch das Reduzierventil *R* strömt die stets schwankende Dampfmenge *R*, die im Mittel gleich der Überströmmenge *Ü* ist. Das Kondensat des gesamten erzeugten Dampfes wird hinter der Heizung durch die Speisepumpe wieder zum Kessel zurückgefördert.

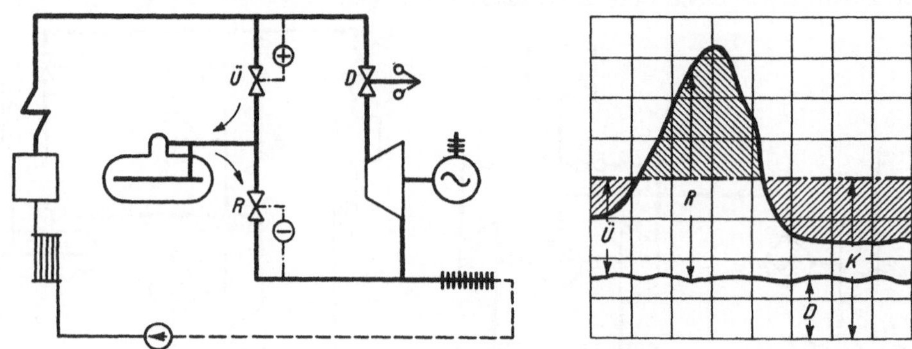

Abb. 224. Dampfkraftanlage für Gegendruckbetrieb mit Speicherausgleich.

Ist der Dampfverbrauch einer Turbine starken Schwankungen ausgesetzt, so kann man einen Speicher parallel zum Kessel schalten, wie es Abb. 225 veranschaulicht. Bei geringem Dampfverbrauch wird der Speicher durch das Ventil (+) geladen; bei großem Dampfverbrauch wird er über das Entladeventil (−) entladen, welches bei sinkendem Druck in der Frischdampfleitung öffnet und den gespeicherten Dampf als Zusatz zu der gleichbleibenden Dampferzeugung in die Frischdampfleitung zurückgibt. Ein Nachteil dieser Schaltung ist der bei starker Dampfentnahme sinkende Druck des Speichers und damit auch vor der Turbine, die dadurch ungünstig arbeitet.

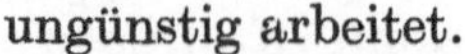

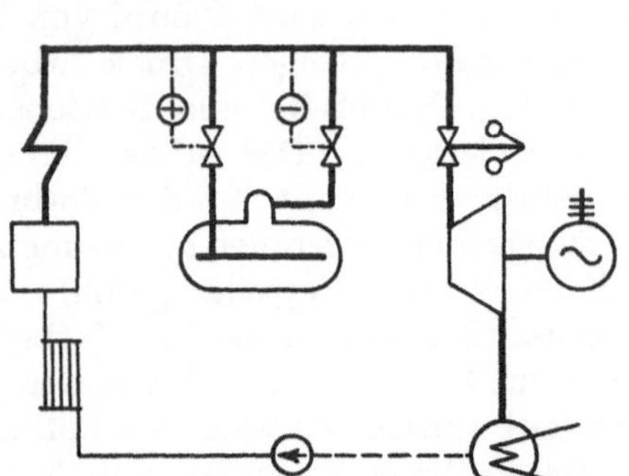

Abb. 225. Gefällespeicher parallel zum Kessel.

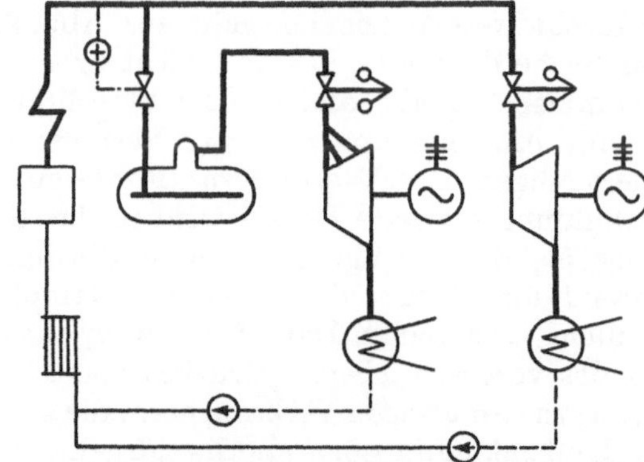

Abb. 226. Parallelschaltung von Grundlast und Speicherturbinen.

Abb. 226 zeigt eine Schaltung, bei der eine Turbine lediglich eine konstante Grundlast zu decken hat, während alle Überbelastungen von einer parallel geschalteten Speicherturbine übernommen werden, die ihren Dampf von dem mit Überschußdampf aus der Frischdampfleitung geladenen Gefällespeicher empfängt. Der Speicherdampf wird also nicht wie in der vorhergehenden Schaltung (Abb. 225) in die Frischdampfleitung zurückgeführt, sondern arbeitet in einer besonderen Speicherturbine, die auch bei den wechselnden Drücken des Speicherdampfes wirtschaftlich arbeitet.

Ein weiteres Schaltungsbeispiel zeigt Abb. 227, welche die schematische Darstellung der in neuerer Zeit mehrfach ausgeführten Pumpspeicherwerke veranschaulicht. Links ist die Dampfkraftanlage, rechts das Speicherwerk dargestellt, die elektrisch miteinander gekuppelt sind. Liefert der Turbogenerator *a* mehr Strom ins Netz als verbraucht wird, so läßt man mit dem Überschuß durch die Pumpe *c* Wasser in ein hochgelegenes Speicherbecken fördern. Dabei arbeitet die elektrische Maschine des Speicherwerks als Motor und ist mit der Pumpe gekuppelt. Übersteigt die Belastung des Netzes die Liefermenge der Dampfkraftanlage, so läßt man das gespeicherte Wasser herabfallen und in der Turbine *b* arbeiten, die dann die elektrische Maschine als Generator treibt und so den erforderlichen Stromzuschuß zu liefern vermag.

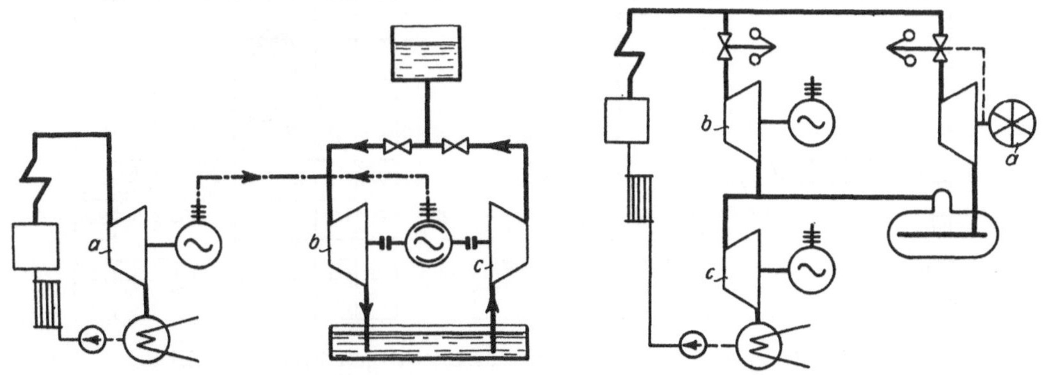

Abb. 227. Pumpspeicherwerk.

Abb. 228. Fördermaschine mit Zweidruckturbine.

Abb. 228 zeigt eine Fördermaschine, deren Abdampf einer Zweidruckturbine zugeführt wird. Das Zweidruckaggregat ist durch die Turbinen *b* und *c* gekennzeichnet. Die Stufe *b* empfängt nur Frischdampf, während Stufe *c* den Abdampf der Stufe *b* und den der Fördermaschine *a* verarbeitet. Der Speicher zwischen *a* und *c* soll die stark schwankenden Abdampfmengen der Fördermaschine ausgleichen und gleichmäßig der Zweidruckturbine zuführen.

Wie einfach mit Hilfe der Schaltzeichen auch recht verwickelte Dampfkraftanlagen dargestellt werden können, geht aus Abb. 229 hervor, welche die gesamte Kraftanlage einer Zeche darstellt[1]. Der mit 25 at arbeitenden Dampfturbine wird Dampf von 10 at entnommen, da alle andern Dampfverbraucher mit diesem geringen Druck arbeiten. Der mit Anzapfdampf versorgte Verteiler a_1 liefert den Dampf für alle Betriebe, die gleichmäßigen Druck erfordern (Fördermaschine *b*, Kokerei *c*). Der in der Trockenkokskühlung erzeugte Dampf wird in der Kokerei selbst verbraucht. Ist der Verbrauch größer als die Erzeugung, so wird die fehlende Menge dem Verteiler a_1 entnommen, während umgekehrt überschüssiger Dampf der Kokerei zum Verteiler geführt wird. Der nicht verbrauchte Dampf der an a_1 angeschlossenen Betriebe strömt bei Überschreitung des vorgeschriebenen Druckes von 10 at durch ein Überströmventil und den Verteiler a_2 zu den übrigen Verbrauchern, die gegen Druckschwankungen weniger empfindlich sind (Kolbenkompressor *d* und Zweidruckturbine *e*). Der Verteiler a_1 empfängt auch direkt Dampf aus der Frischdampfleitung durch das Druckminderventil *i*, so daß die Verteiler a_1 und a_2 auch dann unter Druck stehen, wenn die Entnahme aus der Turbine versagt. Zum Ausgleich der Schwankungen in der Dampferzeugung und im Dampfverbrauch ist an den Verteiler a_2 ein Gefällespeicher angeschlossen. Wird genügend Dampf erzeugt, so ist das Regelventil zwischen a_1 und a_2 geöffnet; der Druck in a_2 beträgt auch 10 at, der Speicher wird geladen. Sinkt der Druck in der Hauptdampfleitung, so schließt das Regelventil zwischen a_1 und a_2. Der Verteiler a_2 wird vom Speicher beliefert, der bis auf 7 at entladen werden kann. Steigt der Druck in der Hauptdampfleitung während der Entladezeit nicht wieder, so wird der Druck in a_2 auch nach der Entladung des Speichers immer noch auf 7 at gehalten, da bei Unterschreitung dieses Druckes der Dampf direkt

[1] Vgl. Dettenborn: Kraftwerk der Bergbau-A.-G. Lothringen auf Schacht IV. Z.V.d.I. 1928, S. 97.

aus der Hauptdampfleitung über das Druckminderventil i in den Verteiler a_2 strömt. Steigt der Druck in der Hauptdampfleitung wieder, so schließt dieses Ventil, und das Regelventil zwischen a_1 und a_2 öffnet wieder. Der aus dem Gefällespeicher entnommene,

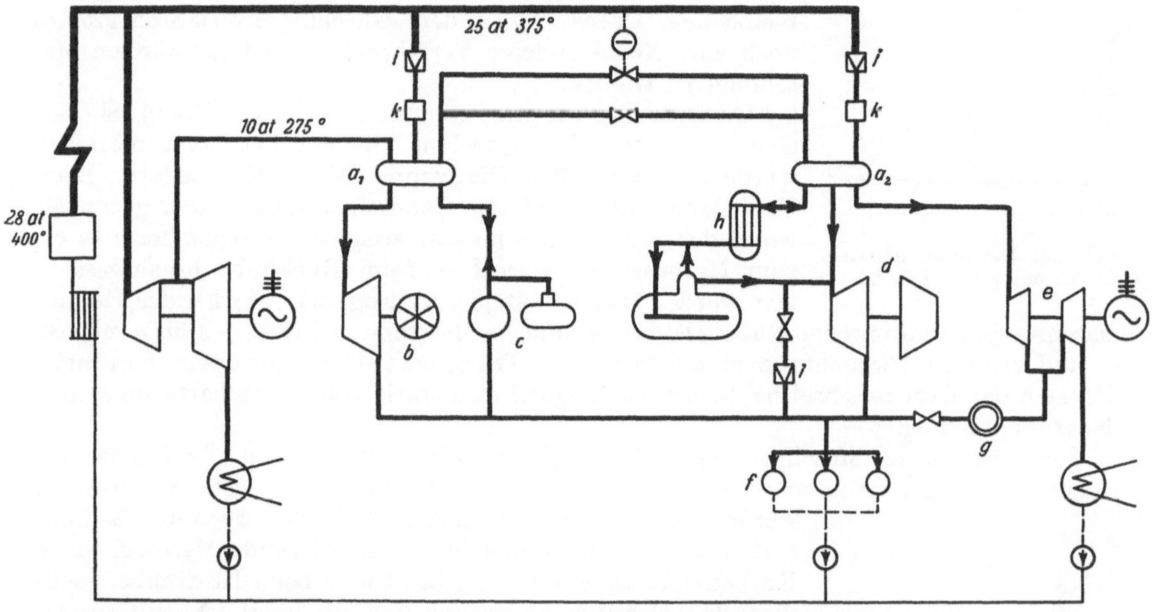

Abb. 229. Schema der Kraftanlage einer Zeche. a_1, a_2 Verteiler, b Fördermaschine, c Kokerei mit Trockenkokskühlung, d Kompressor, e Zweidruckturbine, f Warmwasser, Heizung, Verdampfer, g Abdampfspeicher (Glockenspeicher), h Überhitzungsspeicher, i Druckminderventile, k Enthitzer.

trocken gesättigte Dampf wird vor dem Verteiler a_2 in dem Überhitzungsspeicher h neu überhitzt.

Der Verteiler a_2 liefert den Dampf für den Kolbenkompressor d und für die Frischdampfstufe der Zweidruckturbine e. Die Fördermaschine b, die Kokerei c und der Kolbenkompressor d arbeiten mit Gegendruck und geben ihren Abdampf an eine gemeinsame Niederdruckleitung ab. Diese Niederdruckleitung versorgt die Warmwassererzeugung, die Heizung und den zur Speisewassergewinnung dienenden Verdampfer mit Abdampf; ferner ist noch die Abdampfstufe der Zweidruckturbine e angeschlossen, welcher zum Ausgleichen der Schwankungen ein kleiner Glockenspeicher g vorgeschaltet ist. Reichen die Abdampfmengen nicht für die Niederdruckbetriebe aus, so kann der Niederdruckleitung Dampf aus dem Gefällespeicher zugesetzt werden, der zuvor in dem Druckminderventil i auf die richtige Spannung gebracht wird.

Das Kondensat sämtlicher Betriebe gelangt in eine gemeinsame Sammelleitung und wird als Speisewasser zum Kessel zurückgeführt, womit der vollständige Kreislauf seinen Abschluß findet.

XV. Die Verbrennungsmaschinen.

120. Die Entwicklung der Verbrennungsmaschinen. In den Verbrennungsmaschinen werden gasförmige Brennstoffe, wie Leuchtgas, Kraftgas, Gichtgas usw. und flüssige Brennstoffe, wie Benzin, Benzol, Spiritus, Petroleum, Erdöl, Teeröl usw. verbrannt, demgemäß man Gasmaschinen und Ölmaschinen unterscheidet. Nach der Wirkung unterscheidet man Verpuffungsmaschinen und Gleichdruckmaschinen. Gasmaschinen und Vergaserölmaschinen für leichtflüchtige Brennstoffe, wie Benzin und Benzol, wirken nur nach dem Verpuffungsverfahren, bei dem das Brennstoffluftgemisch gezündet wird und schnell verbrennt (explodiert). Beim Gleichdruckverfahren, das man nur für die Verbrennung schwerflüchtiger Öle: der Rohöle und Teeröle verwendet, wird das Öl in hochverdichtete, hocherhitzte Luft eingespritzt und verbrennt unter annähernd gleichbleibendem Druck. Außer dem Gleichdruckverfahren gibt es noch eine Reihe anderer Verfahren, um mit Schwerölen Maschinen zu treiben.

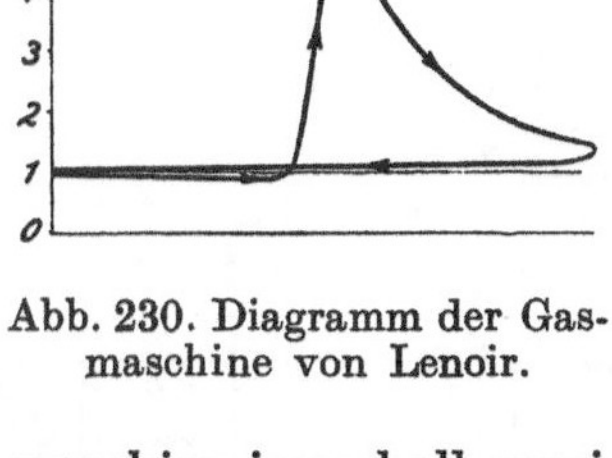

Abb. 230. Diagramm der Gasmaschine von Lenoir.

Die erste Gasmaschine stammt von Lenoir (1860). Sie war eine doppeltwirkende Maschine, die mit Leuchtgas betrieben wurde und nach dem Diagramme Abb. 230 arbeitete. Beim Krafthube wurde erst das Gemisch angesaugt und gezündet, wobei der Druck auf 4 bis 5 at stieg, dann expandierte es bis zum Hubwechsel, worauf es beim Rückhube hinausgeschoben wurde. Das Arbeitspiel vollzog sich wie bei der Dampfmaschine innerhalb zweier Hübe. Da die Lenoirsche Maschine viel Gas — 3 bis 4 m³/PSh — und viel Öl verbrauchte, auch der Schlag im Triebwerke störte, der davon herrührte, daß sich der Druckwechsel bei hoher Kolbengeschwindigkeit vollzog, so hatte sie keinen dauernden Erfolg.

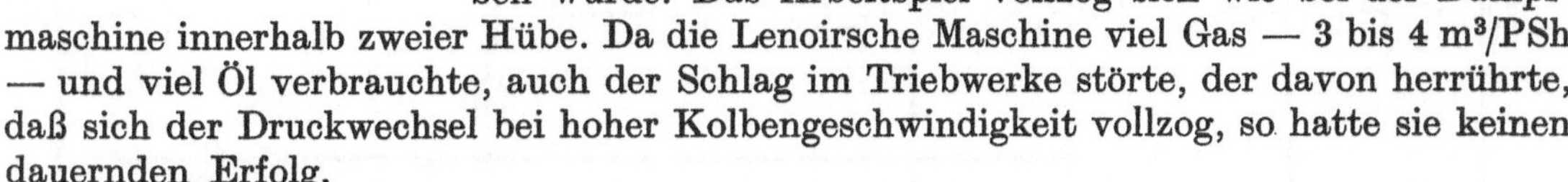

Der Lenoirschen Maschine folgte (1867) die ihr wirtschaftlich weit überlegene „atmosphärische" Maschine von Otto und Langen, die ebenfalls mit Leuchtgas betrieben wurde und nach dem Diagramm Abb. 231 arbeitete. Es handelt sich um eine stehende, einfachwirkende Maschine ohne Kurbeltrieb. Deren „Flugkolben" wird beim Krafthube, nachdem das Gemisch angesaugt und gezündet ist, mit großer Geschwindigkeit emporgeschleudert, wobei das Gemisch weit unter die Atmosphäre expandiert. Beim Niedergange wird der Kolben durch einen Zahnstangentrieb mit der Welle verbunden und dreht diese, getrieben vom Überdruck der Atmosphäre und seinem eigenen Gewicht. Weil bei dem verhältnismäßig langsamen Niedergange des Kolbens die Zylinderkühlung kräftig wirkt, wird das Gemisch weniger steil komprimiert als es expandiert war, so daß in diesem eigenartigen Zusammenhange die schraffierte Arbeitfläche gewonnen wird. Diese Flugkolbenmaschine brauchte wenig Leuchtgas — nur etwa 0,8 m³/PSh —, war aber nur für kleine Leistungen befähigt und störte durch ihr Geräusch.

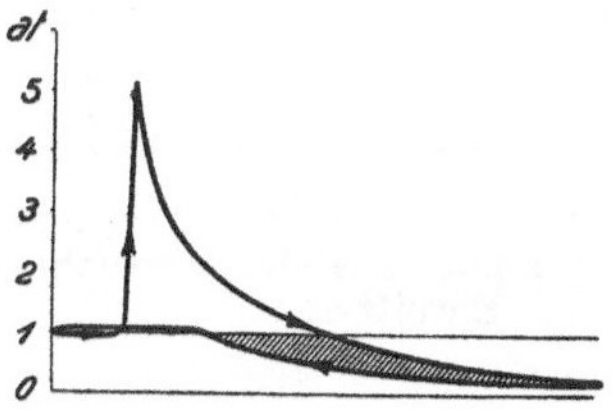

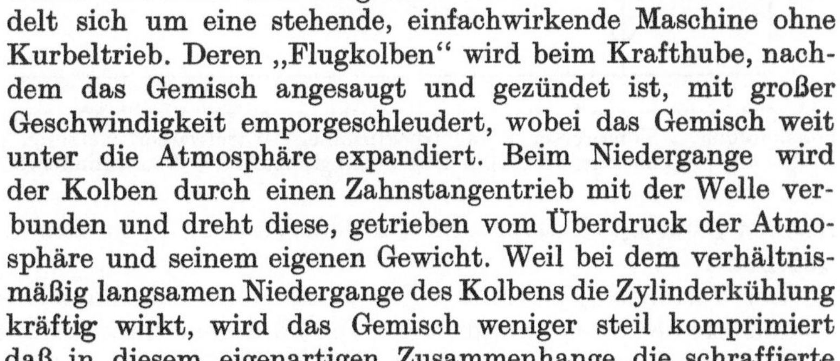

Abb. 231. Diagramm der atmosphärischen Gasmaschine von Otto und Langen.

Die moderne Gasmaschine wurde (1878) durch den Viertaktgasmotor[1] von Otto geschaffen, dessen Arbeitweise durch das Diagramm Abb. 232 veranschaulicht wird. Das Arbeitspiel vollzieht sich innerhalb 4 Hüben oder 2 Umdrehungen. Beim ersten Hub wird das Gemisch angesaugt, beim zweiten Hub wird es verdichtet, und zwar wegen der angewendeten Schiebersteuerung nur auf 2 atü, dann folgt, nachdem das Gemisch kurz vor dem Hubwechsel gezündet ist, der Krafthub, bei dem der Druck auf etwa 8 atü steigt, und beim vierten Hub wird das verbrannte, entspannte Gemisch hinausgeschoben. Der neue Motor war wie die Maschine von Lenoir mit Kurbeltrieb ausgerüstet, arbeitete geräuschlos und war betriebssicher. Da der Leuchtgasverbrauch nur 1 m³/PSh war, zwar mehr als bei der atmosphärischen aber viel weniger als bei der Lenoirschen Gasmaschine, so hatte der neue Otto durchschlagenden Erfolg. Thermodynamisch kommt es übrigens wegen der Verringerung des Gasverbrauches nicht auf den Viertakt, sondern

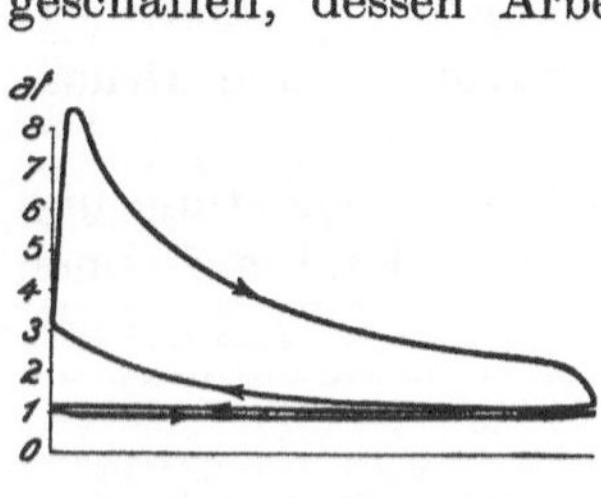

Abb. 232. Diagramm des Viertaktmotors von Otto.

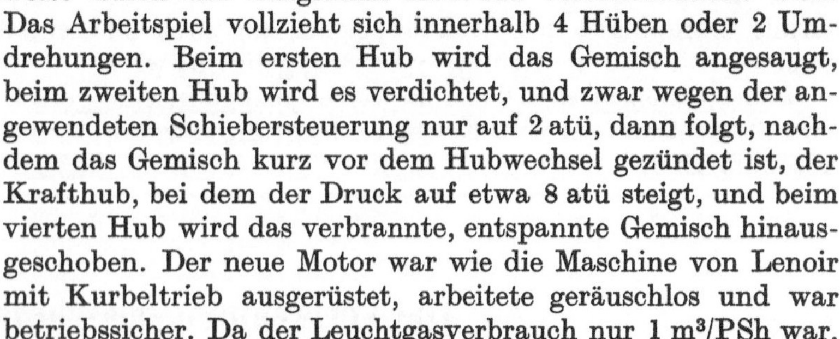

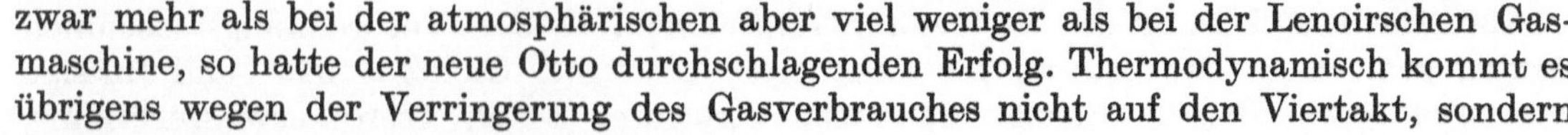

[1] Man spricht von einem Gasmotor und einer Gasmaschine, von einem Dieselmotor und einer Dieselmaschine; es hat sich eingebürgert, ohne daß es eine Regel darstellt, die großen Verbrennungsmaschinen als Maschinen, die kleinen als Motoren zu bezeichnen.

nur auf die Vorverdichtung der Ladungen an; doch wird die Aufgabe am einfachsten durch den Viertakt gelöst, so daß die kleinen Gasmaschinen ausnahmslos, die großen überwiegend im Viertakt wirken[1]. Es entsteht die Frage, wie hoch man vorverdichten soll. Weil dem Verdichtungsverhältnis das Expansionsverhältnis entspricht, so wird der thermische Wirkungsgrad um so besser, je höher man vorverdichtet; anderseits werden die auftretenden Explosionsdrücke, welche die Maschine auszuhalten hat, ebenfalls höher. Bei Verpuffungsmaschinen, deren Ladung wasserstoffreich ist, also bei Leucht- und Koksofengasmaschinen, bei Benzinmotoren usw. verdichtet man nur auf etwa 6 at, weil sich sonst das Gemisch weit vor dem Hubwechsel selbst entzünden kann, wobei, wie es Abb. 233 zeigt, übermäßig hohe Drücke auftreten. Ist die Ladung wasserstoffarm, so verdichtet man auf 10 bis 12 at.

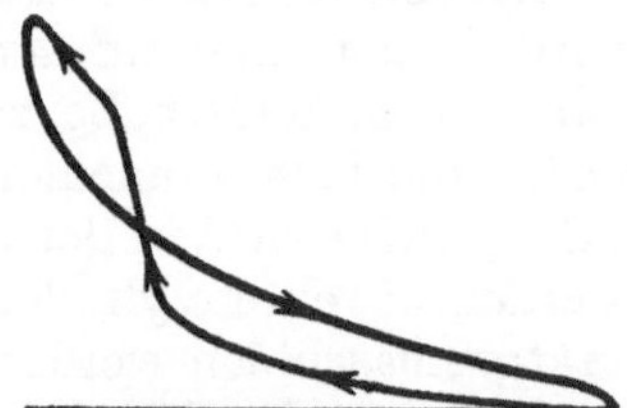

Abb. 233. Diagramm einer Gasmaschine, deren Gemisch infolge Selbstzündung weit vor dem Hubwechsel verbrennt.

In den ersten Jahrzehnten ihrer Entwicklung diente die Gasmaschine als kleinere oder mittlere Kraftmaschine. Anstatt mit teuerem Leuchtgas betrieb man sie häufig mit billigerem, in besonderen Generatoren erzeugtem Kraftgas; trotzdem blieben die großen Einheiten der Dampfkraft vorbehalten. Die Großgasmaschine entstand erst, als man um die Jahrhundertwende daran ging, die Abgase der Hochöfen in der Gasmaschine auszunutzen, statt sie unter dem Kessel zu verbrennen. Es ist nötig, durch sorgfältige Reinigung die Hochofengase vom Staub, die Koksofengase von den Schwefelverbindungen zu befreien. Die Hochofengasmaschinen haben sich ausgezeichnet bewährt und herrschen auf den Eisenhütten zum Antrieb der Gebläse und der Dynamos. Im Gegensatz dazu sind die Koksofengasmaschinen auf den Zechen nicht in dem Maße eingebürgert, wie es möglich wäre; Gasmaschinenkompressoren z. B. sind nur vereinzelt ausgeführt, obwohl sie dieselben günstigen Bedingungen haben wie die Gasmaschinengebläse der Hütten. Das hängt hauptsächlich damit zusammen, daß den Zechen viele minderwertige, nicht verkäufliche, aber unter den Kesseln gut verwertbare Brennstoffe zur Verfügung stehen.

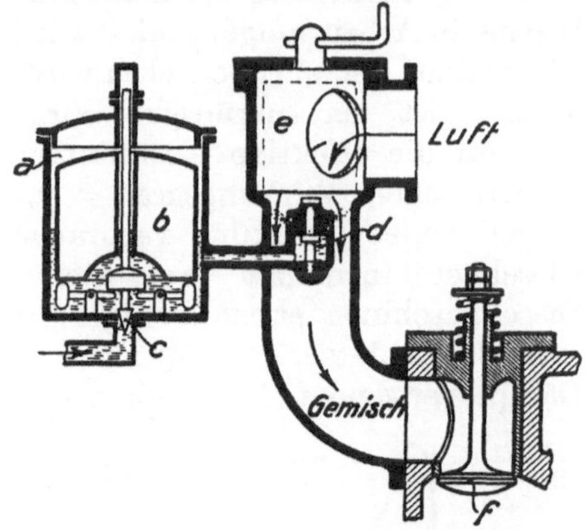

Abb. 234. Anordnung eines Vergasers.

Ebenso wie die Gasmaschine hat sich auch die Ölmaschine vom Kleinmotor zur Großkraftmaschine entwickelt. Leichte, d. h. leichtflüssige Öle, wie Benzin und Benzol, werden in der Vergasermaschine verwendet, die ebenso wie eine Gasmaschine wirkt. Abb. 234 zeigt einen Vergaser, welcher der Verbrennungsluft den Brennstoff in fein verteiltem Zustande beimischt. Im Gehäuse *a* wird die Brennflüssigkeit durch einen Schwimmer *b* gleichhoch gehalten, der bei sinkendem Flüssigkeitsstand durch das Nadelventil *c* neuen Brennstoff zutreten läßt. Vom Gehäuse *a* führt ein gebogenes, in einer Brause *d* endendes Rohr zum Mischraum. Beim Saughube wird aus der Brause in die vorbeiströmende, unter geringem Drucke stehende Luft Brennstoff eingespritzt; damit beim Anfahren, also während langsamen Maschinenganges, genügender Unterdruck im Mischraum entsteht, ist der Lufthahn *e* eng einzustellen. Vergasermaschinen haben eine außerordentlich ausgedehnte Anwendung als Fahrzeugmotoren gefunden. Schweröle, d. h. schwerflüchtige Öle in vollkommenster Weise zu verbrennen, gelang in der Dieselmaschine, in der das Gleichdruckverfahren verkörpert ist. Beim Dieselverfahren wird das Öl in die hochverdichtete, hocherhitzte Luft mittels Druckluft von noch höherem

[1] Wegen der auftretenden Temperaturen vgl. das frühere Diagramm Abb. 3.

Druck eingespritzt und verbrennt infolge Selbstentzündung. Der für die Einspritzung erforderliche Kompressor macht die Maschine verwickelt und verschlechtert ihren Wirkungsgrad, was besonders bei kleinen Leistungen empfunden wurde und zum Bau kompressorloser Dieselmaschinen geführt hat, die in schnell zunehmendem Umfange angewendet werden. Als Schwerölmotor hat ferner der Glühkopfmotor ausgedehnte Verbreitung gefunden, der mit niedrigeren Drücken als der Dieselmotor, aber ebenfalls mit Selbstzündung wirkt.

Anstatt im Viertakt können sowohl die Verpuffungsmaschinen, wie die Gleichdruckmaschinen im Zweitakt arbeiten, ohne daß ihre Wirkung thermodynamisch geändert wird. Indem man auf den Krafthub den Kompressionshub folgen läßt, und beim Übergange vom Krafthube zum Kompressionshub den Zylinder durch besondere Pumpen spült und lädt, braucht man den Saughub und den Auspuffhub nicht mehr. Der Zweitaktzylinder wird in der Regel mit Auslaßschlitzen ausgeführt, die vom Kolben gesteuert werden. Zweitaktzylinder leisten nicht ganz doppelt so viel wie Viertaktzylinder. Zweitaktgasmaschinen werden durch die erforderlichen Ladepumpen für Gas und Luft verwickelt. Bei der Dieselmaschine und bei den Schwerölmaschinen überhaupt sind die Bedingungen für den Zweitakt viel günstiger als bei der Gasmaschine, weil der Brennstoff erst nach der Verdichtung der Luft eingeführt wird.

121. Mechanischer, thermischer, wirtschaftlicher Wirkungsgrad und Wärmeverbrauch der Verbrennungsmaschinen. In den Verbrennungsmaschinen treten große Reibungsverluste auf, weil Triebwerk, Kolbendichtungen und Stopfbüchsen für die auftretenden Höchstdrücke zu bemessen sind, bei 4 Hüben aber nur ein Krafthub ist oder — beim Zweitakt — Spül- und Ladearbeit zu leisten ist. Die Leerlaufarbeit ist nicht erheblich kleiner als die Verlustarbeit bei voller Leistung. Eine größere, vollbelastete Gasmaschine hat etwa 0,85, eine Dieselmaschine etwa 0,75 bis 0,8 mechanischen Wirkungsgrad.

Der thermische Wirkungsgrad[1] gibt an, ein wie großer Bruchteil der zugeführten Wärme in Arbeit umgewandelt wird. Verbraucht eine Gasmaschine, die mit Gichtgas von 800 kcal/m^3 Heizwert betrieben wird, 2,5 m^3/PS$_i$H oder 2000 kcal/PS$_i$h, so ist, da 1 PSh = 632 kcal ist, der thermische Wirkungsgrad = 632:2000 = 0,316. Der wirtschaftliche, sich auf die effektive Ausnutzung der Wärme beziehende Wirkungsgrad ist bei 0,85 mechanischem Wirkungsgrad = 0,316·0,85 = 0,27.

Bei voller Belastung verbrauchen größere Gasmaschinen 2200 bis 2400 kcal/PS$_e$h, Dieselmaschinen mit Preßlufteinspritzung 2000 bis 2200 kcal/PS$_e$h; kompressorlose Dieselmaschinen etwas weniger; bei Teillast sind die Zahlen erheblich höher. Indem man die Abhitze der Verbrennungsmaschinen gemäß Ziffer 125 zur Erzeugung von Dampf verwendet, läßt sich der Wärmeverbrauch noch weiter herabsetzen.

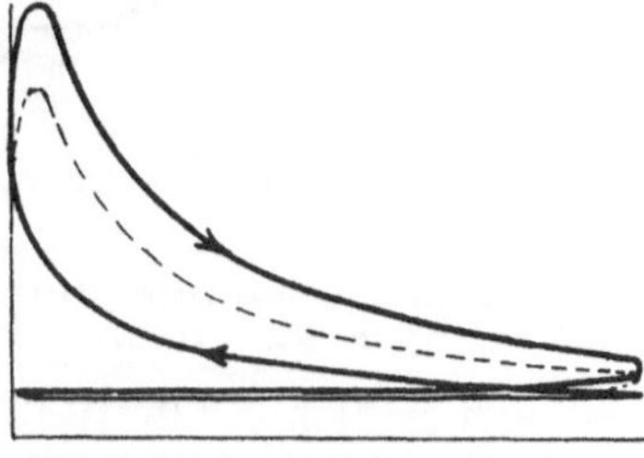
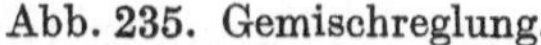

Abb. 235. Gemischreglung.

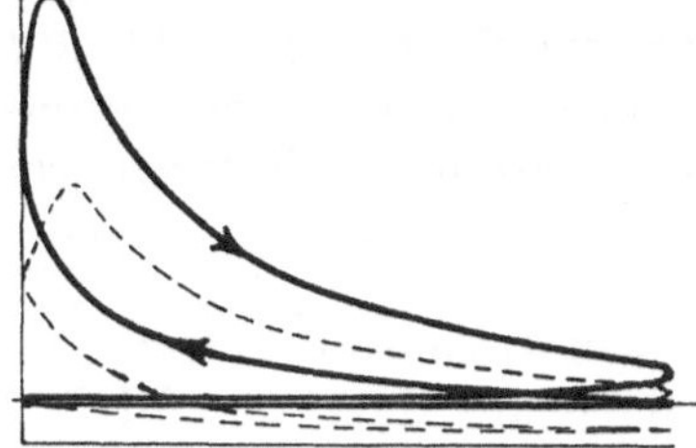

Abb. 236. Füllungsreglung.

122. Bemessung und Reglung der Verbrennungsmaschinen. Verbrennungsmaschinen werden so bemessen, daß sie bei ihrer Nennleistung mit verhältnismäßig gutem Gemisch arbeiten, so daß sie nur eine geringe Vermehrung der Brennstoffzufuhr verwerten können, d. h. nur in geringem Maße überlastbar sind. Bei stark schwankender Belastung wird

[1] Vgl. Ziffer 12.

also die Verbrennungsmaschine schlecht ausgenutzt. Um diesem Nachteil zu begegnen, um die Verbrennungsmaschine elastischer zu machen, ist man bei großen Einheiten dazu übergegangen, die Leistung mittels besonderer Mittel zu steigern[1]. Bei gegebenem indiziertem Druck p_i sind die Abmessungen gemäß Ziffer 65 für Zweitakt- und Viertaktmaschinen berechenbar. Für die Nennleistung ist p_i bei Gasmaschinen etwa 4,5 bis 4,8 at, bei Benzinmotoren etwa 5 at und mehr, bei Dieselmaschinen 6 at. Ob das Gas selbst größeren oder kleineren Heizwert hat, ist nicht maßgebend, sondern es kommt auf das Gemisch an. Z. B. bemißt man Koksofengasmaschinen und Hochofengasmaschinen etwa gleichgroß, obwohl Koksofengas 5mal größeren Heizwert als Hochofengas hat, weil Hochofengas auch viel weniger Luft braucht und die angewendeten Gemische in beiden Fällen etwa 450 kcal/m³ Heizwert haben.

Wenn die Belastung der Verbrennungsmaschine größer oder kleiner wird, muß die Reglung eingreifen und die Brennstoffzufuhr vergrößern oder verkleinern. Das geschieht in sehr verschiedener Weise. Bei den kleinen Verpuffungsmaschinen spielt von alters her die Aussetzerreglung eine Rolle: Läuft die Maschine zu schnell, wird die Kraftzufuhr überhaupt abgestellt, worauf die Drehzahl zurückgeht, bis wieder volle Kraftzufuhr angestellt wird. Für bessere Maschinen werden nur stetig wirkende Reglungen verwendet. Bei den Dieselmaschinen wird mehr oder weniger Öl eingespritzt, bei den Zweitaktgasmaschinen mehr oder weniger Gas zugemessen. Bei den Viertaktverpuffungsmaschinen unterscheidet man qualitative und quantitative Reglung. Bei der qualitativen oder Gemischreglung, Abb. 235, wird nur der Gasgehalt des Gemisches geändert, das immer auf denselben Druck verdichtet wird, da seine Menge dieselbe bleibt. Bei der quantitativen oder Füllungsreglung, Abb. 236, wird die Ladungsmenge oder die Größe der Füllung geändert, in welchem Zusammenhange sich auch der

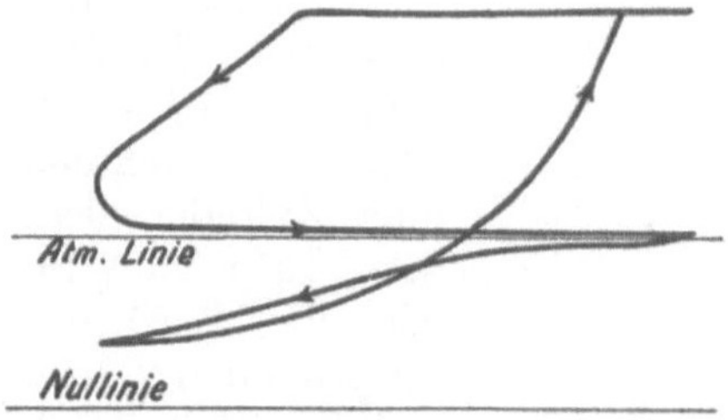

Abb. 237.

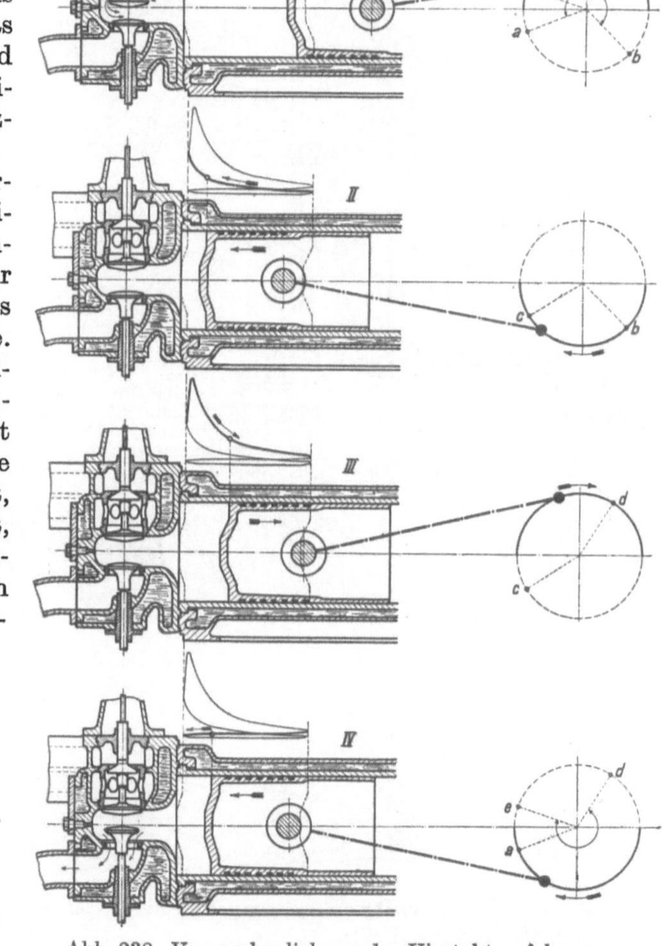

Abb. 238. Veranschaulichung des Viertaktverfahrens.

[1] Vgl. Ziffer 124.

Verdichtungsdruck ändert, während das Gemisch in unveränderter Zusammensetzung angesaugt wird[1]. Der Unterschied beider Reglungen tritt bei abnehmender Belastung, insbesondere beim Leerlauf hervor. Bei der qualitativen Reglung werden bei gleichbleibendem Verdichtungsdruck die Explosionsdrücke in dem Maße niedriger, wie das Gemisch ärmer wird, und man kann bei niedriger Belastung und beim Leerlauf die Bildung und Verbrennung des Gemisches nicht mehr beherrschen, so daß die Diagramme streuen, auch Fehlzündungen auftreten. Bei der quantitativen Reglung muß man beim Leerlauf, um den Zylinder nur wenig zu füllen, das in unverminderter Zusammensetzung angesaugte Gemisch stark drosseln oder gemäß Abb. 237 weit unter die Atmosphäre expandieren lassen, infolgedessen das Gemisch beim Leerlauf nur auf etwa 2,5 at verdichtet wird, aber trotzdem sicher zündet. Was über das Verhalten der beiden Reglungsarten gesagt ist, gilt für unveränderliche Drehzahl; handelt es sich um Gebläse- oder Kompressorantriebsmaschinen, die mit sehr veränderlicher Drehzahl laufen, sind die Bedingungen anders. Häufig vereinigt man beide Reglungsarten zu einer sogenannten kombinierten Reglung, mit der man in allen Fällen gute Erfahrungen gemacht hat.

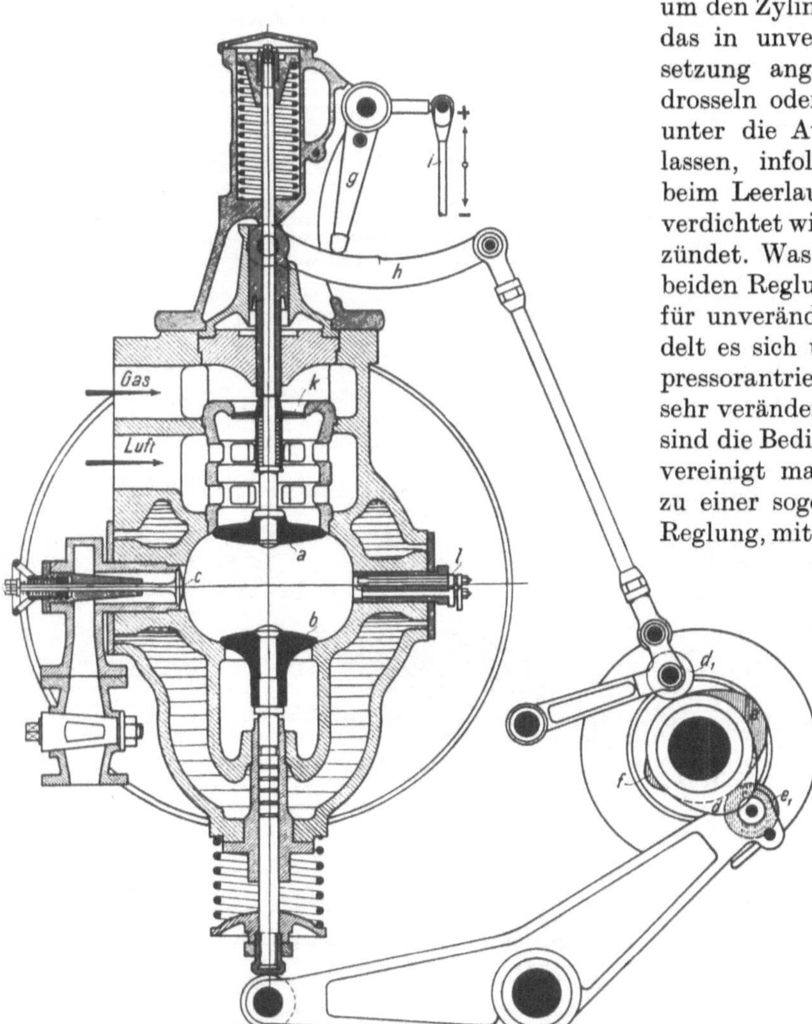

Abb. 239. Querschnitt eines Deutzer Gasmotors.

123. Die einfachwirkenden Viertaktverpuffungsmaschinen. Das Viertaktverfahren, das bereits durch das Diagramm Abb. 232 veranschaulicht war, ist in Abb. 238 genauer dargestellt. Zur Steuerung dienen Tellerventile, die von der neben dem Zylinder liegenden, halb so schnell wie die Kurbelwelle umlaufenden Steuerwelle mittels Nocken oder Exzenter angetrieben werden. Das Einlaßventil sitzt oben, das Auslaßventil unten. Der Raum zwischen den Ventilen und dem in der inneren Endstellung stehenden Kolben ist der Verdichtungsraum[2], von dessen Größe die Höhe des Verdichtungsdruckes abhängt. Aus der Abb. 239, die den Querschnitt eines größeren Deutzer Gasmotors darstellt, sind Steuerung und Regelung einer solchen Maschine zu erkennen. Das Einlaßventil *a* wird durch den Nocken *d* bewegt, auf dem die Rolle d_1 läuft, das Auslaßventil *b* durch

[1] Trotzdem wird das im Zylinder wirksame Gemisch mit abnehmender Belastung schlechter, weil zum angesaugten Gemisch die im Verdichtungsraum zurückgebliebenen Verbrennungsgase treten, wodurch das angesaugte Gemisch bei kleinerer Füllung mehr verschlechtert wird als bei großer.

[2] Vgl. Ziffer 63.

den Nocken e, auf dem die Rolle e_1 läuft. Auf der Stange des Einlaßventils sitzt das Luft und das Gas trennende Ventil k. Die Reglung ist quantitativ. Je nachdem wie der Regler den Hebel g stellt, macht das Einlaßventil a nebst dem Ventil k größeren oder kleineren Hub, so daß das eintretende Gemisch weniger oder mehr gedrosselt wird. Bei l ist die in den Zylinder eingesetzte Zündbüchse erkennbar, die den isolierten Zündstift und den Unterbrecherhebel nebst Welle enthält. Die Zündbüchse gehört zu der in Abb. 240 genauer dargestellten elektromagnetischen Zündeinrichtung. Innerhalb des Hufeisenmagnets a ist ein Anker drehbar, der erst von der Steuerwelle c in der aus der Zeichnung ersichtlichen Weise gedreht wird, bis Hebel e abschnappt und der Anker von den Federn getrieben zurückschnellt. Der entstehende Strom geht durch die Zündleitung zum isolierten Zündstift b und durch das Gehäuse zum Anker zurück. Wenn der Strom am stärksten

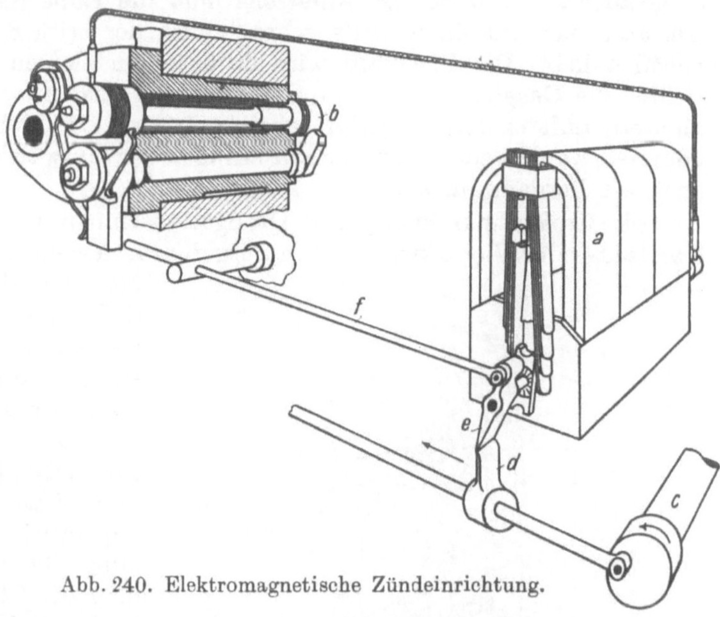

Abb. 240. Elektromagnetische Zündeinrichtung.

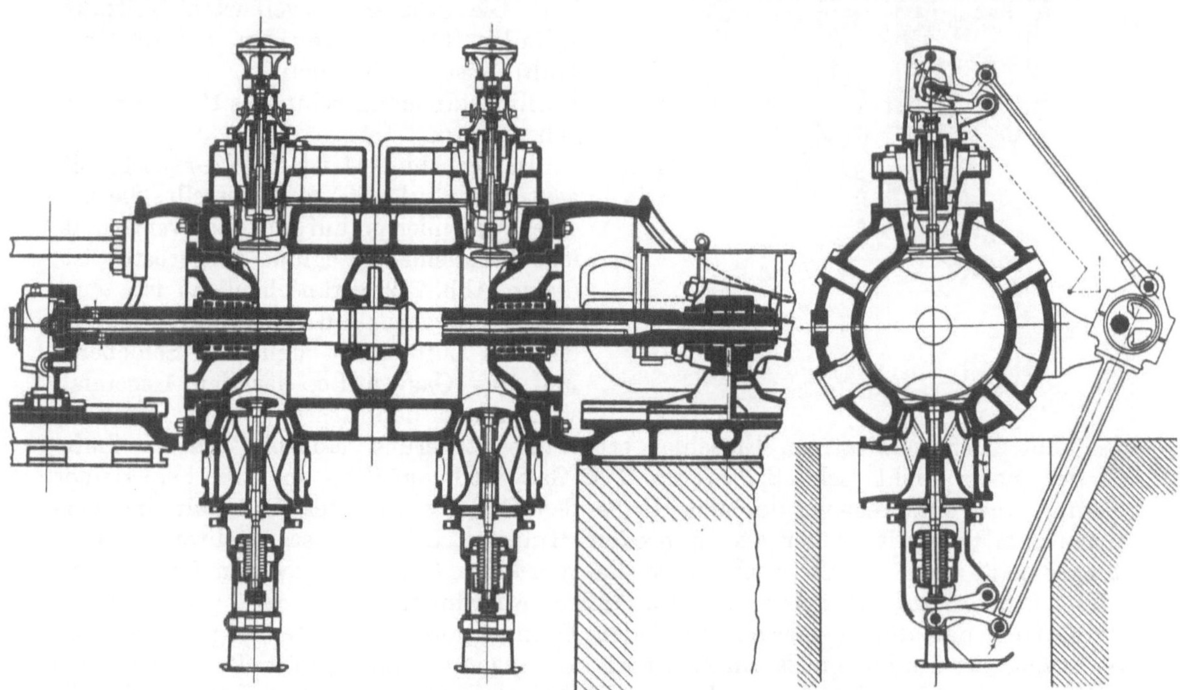
Abb. 241. Zylinder der Viertaktgroßmaschine der MAN.

ist, wird er bei b unterbrochen, indem die Stange f gegen einen außen auf der Unterbrecherwelle sitzenden Anschlag stößt und den Unterbrecherhebel vom Zündstift abreißt; infolgedessen tritt am Zündstift ein kräftiger Funke auf, der das Gemisch zündet.

Das Ventil *c*, Abb. 239, dient dazu, die Maschine mit Druckluft anzulassen; bei einzylindrigen Maschinen kann man es von Hand bedienen, bei mehrzylindrigen wird es gesteuert. Während des Anlassens muß die Rolle des Auslaßventils außer auf dem Auslaßnocken auf einem Hilfsnocken laufen, der beim Kompressionshub das Auslaßventil anhebt. Die Druckluft wird durch einen kleinen Kompressor erzeugt, oder man richtet die Gasmaschine so ein, daß sie beim Auslaufe mit Hilfe eines Ladeventils verdichtete Luft in den Druckluftbehälter drückt. Die Kühlung, zu der reines Wasser genommen werden soll, wird als Durchfluß- oder Umwälzkühlung, bei fahrbaren Motoren auch als Verdampfungskühlung ausgeführt.

124. Großgasmaschinen. Die Großgasmaschinen werden immer doppeltwirkend als Zweitakt- oder Viertaktmaschinen ausgeführt; der Viertakt überwiegt weitaus. Weil bei den doppeltwirkenden Maschinen die Zylinder auf beiden Seiten geschlossen sind, ist es nötig, auch die Kolben und Kolbenstangen durch Wasser zu kühlen. Beim doppeltwirkenden Zweitaktzylinder ist jeder Hub ein Krafthub, während beim doppeltwirkenden Viertaktzylinder auf 2 Krafthübe 2 Leerhübe folgen; deshalb ist beim doppeltwirkenden Viertakt Tandemanordnung üblich, bei der man ebenfalls, indem man die Zündungen entsprechend auf die beiden Zylinder verteilt, bei jedem Hube einen Krafthub erhält. Durch Zwillingsanordnung ist die Leistung weiter erhöhbar. Die größten ausgeführten Viertaktzylinder (1500 mm Durchm. und 1500 mm Hub) leisten bis 3000 PS, so daß eine Zwillingstandemmaschine bis 12000 PS hergeben würde.

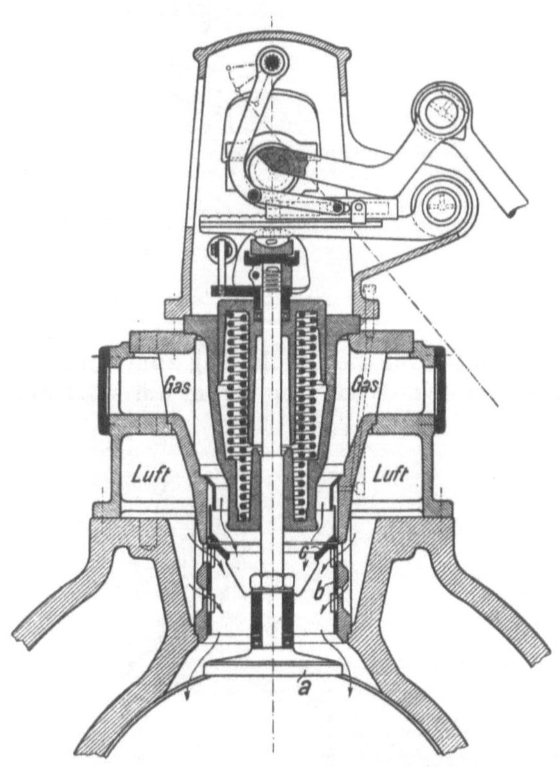

Abb. 242. Einlaßsteuerung der MAN für Großgasmaschinen.

In der Abb. 241 ist die Viertaktgroßgasmaschine der MAN dargestellt, die mit einer kombinierten, auf quantitativer Grundlage beruhenden Reglung ausgerüstet ist, die in Abb. 242 veranschaulicht ist. *a* ist das Einlaßventil; auf seiner Spindel sitzen der den Lufteintritt steuernde Schieber *b* und das Gasventil *c*, das den Gaseinlaß steuert und den Gasraum vom Luftraum abschließt. Den qualitativen Einschlag erhält die Steuerung dadurch, daß der Luftschieber noch nicht schließt, wenn das Gasventil aufsitzt, so daß bei kleiner Leistung und entsprechend kleinem Hube des Einlaßventils der Luftspalt im Verhältnis zum Gasspalt größer als bei großem Hube ist. Infolge dieses qualitativen Einschlages paßt sich die Steuerung dem Heizwert des Gases in gewissen Grenzen an und ist bequem auf ihn einstellbar. Die äußere Anordnung der Steuerung ist dadurch sehr einfach, daß die Steuerwelle für jeden Zylinder nur 2 Exzenter trägt, indem die Treibstange des Einlaßventils am Exzenter des Auslaßventils angreift. Der Regler verschiebt den Sattel, auf dem sich der Ventilhebel abwälzt, so daß der Hub des Einlaßventils nebst Luftschieber und Gasventil größer oder kleiner wird. Zur elektrischen Zündung des Gemisches sind 3 Zündeinsätze angeordnet, mittels derer Abreißfunken erzeugt werden. Abb. 243 (MAN) veranschaulicht schematisch die Zündeinrichtung für die Zylinderseiten *I*, *II*, *III* und *IV* einer doppeltwirkenden Tandemmaschine, die nacheinander wirken. *a* ist eine Zündstelle, *b* der Unterbrecherhebel, der am Ende des Verdichtungshubes durch den elektromagnetischen Hammer *c* von seinem Kontakte abgerissen wird, so daß ein Funke entsteht. In diesem Augenblick wird nämlich durch den Stromverteiler *d* ein Stromkreis geschlossen, so daß die Wicklung des Hammers *c* aus der Akkumulatorenbatterie einen kräftigen, über die Zündstelle *a* fließenden Strom empfängt, der unmittelbar nach dem Entstehen bei *a* unterbrochen wird, indem der elektromagnetische Hammer *c* ausschlägt und den Unterbrecherhebel *b* abreißt. Das Schema zeigt den Stromlauf für eine Zündstelle der Zylinderseite IV. Indem man die am Stromverteiler anliegenden Kontakte nach der einen oder anderen Seite verstellt, kann man je nach Drehzahl und Gasart auf frühere oder spätere Zündung einstellen. Zum Anlassen dient Druckluft von anfänglich etwa 25 at Spannung, die in einem Kessel gespeichert ist. Man läßt bei einer Tandemmaschine zwei von den vier Zylinderseiten an und bewerkstelligt in den beiden anderen die Zündung, worauf die Druckluft abgesperrt und den ersten beiden Zylinderseiten ebenfalls Gas gegeben wird.

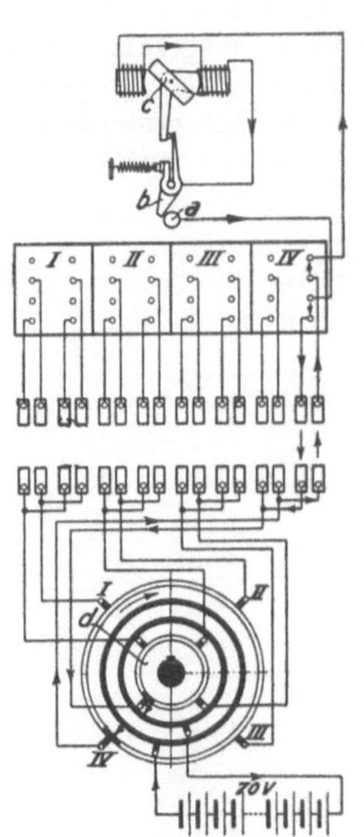

Abb. 243. Elektrische Zündanordnung der MAN.

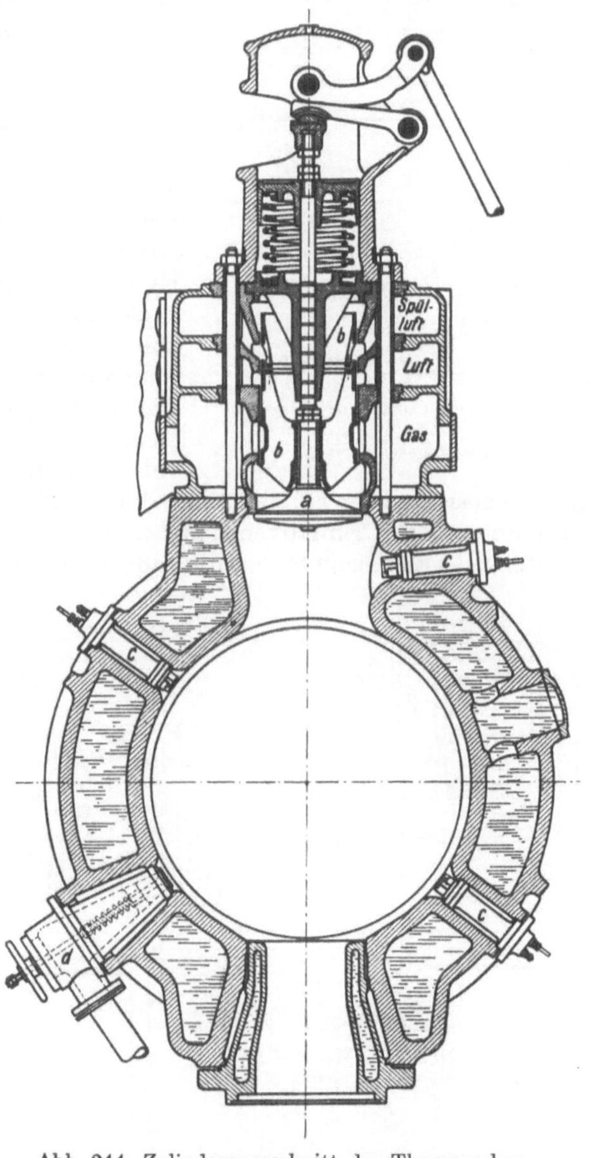

Abb. 244. Zylinderquerschnitt der Thyssenschen Großgasmaschine mit Leistungssteigerung.

Abb. 244 zeigt den Querschnitt der von der Maschinenfabrik Thyssen & Co., Mülheim, gebauten Viertaktgroßgasmaschine. Diese wird entweder normal ausgeführt oder so eingerichtet, daß sie zwecks Leistungssteigerung gespült und mit Luft von 0,25 atü nachgeladen wird. Die Abbildung veranschaulicht letztere Bauart. *a* ist das Einlaßventil, auf dessen Stange der das Gas, die Mischluft und die Spülluft steuernde Schieber *b* sitzt. *c* sind die Zündeinsätze, *d* ist das Druckluftventil, das beim Anlassen zu öffnen ist.

Der Gas-, der Mischluft- und der Spülluftstrom werden durch Drosselklappen beherrscht, die der Regler einstellt. Das Einlaßventil, aber nicht der Gas- und Mischluftschieber, öffnet schon im letzten Teil des Ausschubhubes und bleibt bis in den Kompressionshub hinein geöffnet, so daß der Zylinder bei größerer Leistung vor dem Ansaughube gespült wird, ein Gemisch mit Gasüberschuß ansaugt und nach beendetem Saughube mit Druckluft nachgeladen wird. Durch die zunehmend verstärkte Ladung ist die Maschinenleistung, wie ein Vergleich der Diagramme *I* und *II* in Abb. 245 lehrt, um etwa ein Viertel steigerbar, so daß die Maschine innerhalb weiter Grenzen mit günstigem Wärmeverbrauche wirkt. Bemerkenswert ist, daß die Leistungssteigerung nicht durch eine entsprechende Drucksteigerung erkauft wird. Es ist dafür gesorgt, daß das Spülgebläse nicht etwa explosibles Gemisch empfängt, wenn es zum Stillstand kommt, während die Gasmaschine weiterläuft, und daß, wenn umgekehrt die Gasmaschine zum Stillstand kommt, das weiterlaufende Gebläse nicht in die Gasleitung Druckluft pumpt[1]. — Abb. 246 zeigt schematisch die von Gebr. Klein, Dahlbruch, ausgeführte Zweitaktgroßgasmaschine der Körtingschen doppeltwirkenden Bauart[2]. *a* ist der Zylinder der Gasmaschine mit den Einlaßventilen *d* und den von dem langen Kolben gesteuerten Auslaßschlitzen *e*, *b* die Gaspumpe, *c* die Luftpumpe. Die Pumpenkurbel eilt der Maschinenkurbel

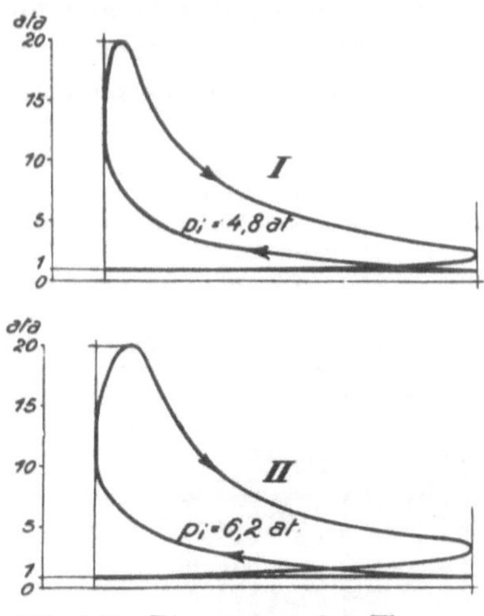

Abb. 245. Diagramme der Thyssenschen Großgasmaschine mit Leistungssteigerung.

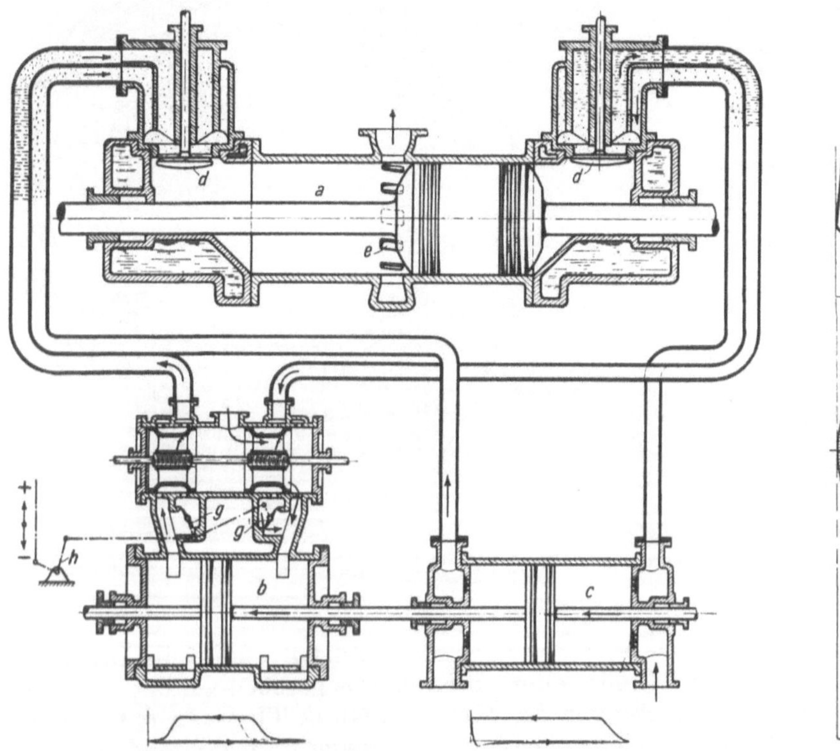

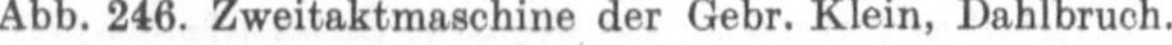

Abb. 246. Zweitaktmaschine der Gebr. Klein, Dahlbruch.

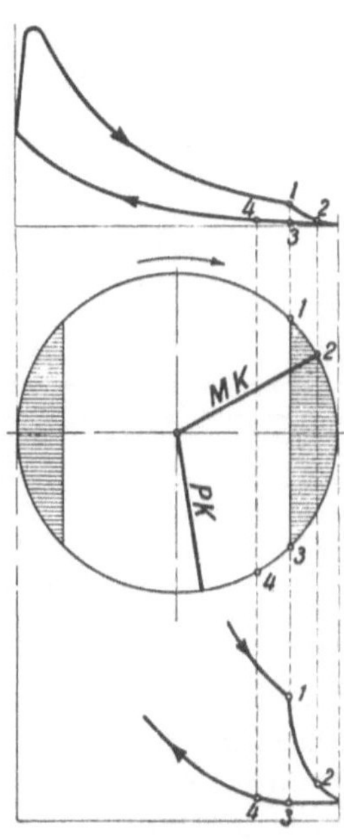

Abb. 247.

[1] Wegen Näherem über Großgasmaschinen mit Leistungssteigerung sei auf Langer, Z.V.d.I. 1925, S. 1025 hingewiesen.

[2] Wegen des Grundsätzlichen über das Zweitaktverfahren vgl. Ziffer 120.

um 110° vor. Die Spül- und Ladevorgänge gehen aus den in der Abb. 246 enthaltenen Pumpendiagrammen und den in der Abb. 247 dargestellten Gasmaschinendiagrammen hervor. Am Ende des Krafthubes im Zeitpunkt 1 beginnt der Kolben die Auslaßschlitze freizugeben, im Zeitpunkt 2 öffnet das Einlaßventil und es beginnt das Spülen, dem sich das Laden anschließt, im Zeitpunkt 3 schließt der rückkehrende Kolben die Auspuffschlitze, vom Zeitpunkt 3 ab verdichten der Gasmaschinen- und die Pumpenkolben gemeinsam das in den Zylinder geladene Gemisch, bis im Zeitpunkt 4 das Einlaßventil schließt und die eigentliche Verdichtung beginnt. Im Indikatordiagramm erscheint die Zeit für die Spülung und Ladung kurz; tatsächlich ist sie, am Kurbelkreis gemessen, nicht unerheblich. Der Regler wirkt auf die Drosselklappen der Gaspumpe, so daß das gepumpte Gas mehr oder weniger zurückläuft. Die Ladung mit Gas ist vorsichtig zu bemessen, sonst tritt auch Gas durch die Auspuffschlitze.

Man läßt die Zweitaktmaschinen etwas langsamer laufen als die Viertaktmaschinen, ferner kann man aus dem eben angegebenen Grunde den Zylinder nicht voll ausnutzen, so daß der Zweitaktzylinder nicht doppelt so viel leistet wie der Viertaktzylinder. Bei langsamem Gange, wie er beim Gebläseantrieb vorkommt, erweist sich die sichere Zumessung des Gases und der Luft als vorteilhaft. Der Zahl nach sind die Zweitaktgasmaschinen den Viertaktgasmaschinen weit unterlegen.

125. Die Abwärmeverwertung bei Großgasmaschinen. In der Gasmaschine wird noch nicht ein Drittel der im Gase enthaltenen Energie in Arbeit umgesetzt; der Rest geht mit

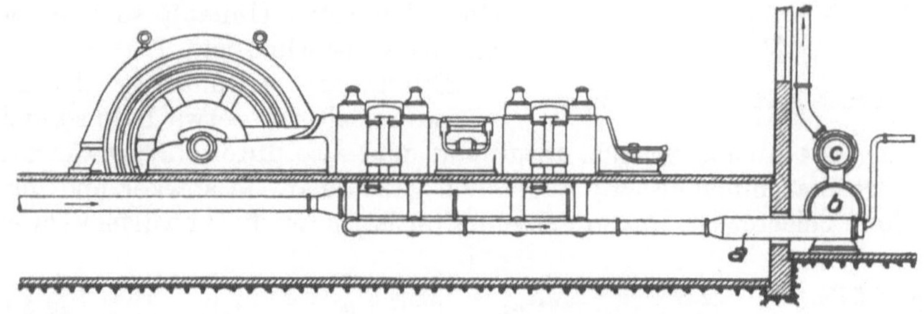

Abb. 248. Ausnützung der Auspuffwärme von Gasmaschinen in Abwärmekesseln.

den 300 bis 600° heißen Auspuffgasen und dem Kühlwasser verloren. Es ist üblich geworden, die A u s p u f f w ä r m e in Abwärmekesseln auszunützen. Diese werden als Rauch-

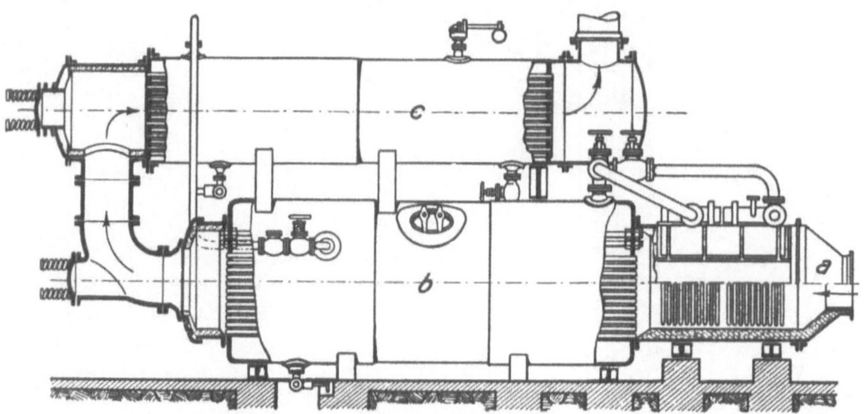

Abb. 249. Abwärmekessel von Thyssen & Co.

röhrenkessel ausgeführt und mit einem Überhitzer und einem Speisewasservorwärmer vereint. Abb. 248 (MAN) zeigt die allgemeine Anordnung: die Auspuffgase durchziehen nacheinander den Überhitzer *a*, den Kessel *b* und den Vorwärmer *c*. In Abb. 249 ist ein

Abwärmekessel (*b*) von Thyssen & Co. nebst Überhitzer *a* und Vorwärmer *c* dargestellt. Durch diese Verwertung der in den Auspuffgasen enthaltenen Abwärme gewinnt man für 1 von der Gasmaschine erzeugte kWh 1 bis 1,2 kg hochgespannten, überhitzten Dampf, mit dem man bis zu 0,2 kWh erzeugen kann.

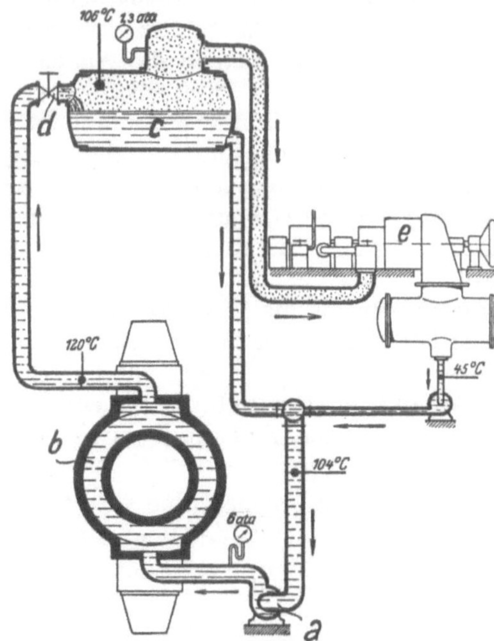

Abb. 250. Semmler-Heißkühlanordnung.

Um auch die Kühlwasserwärme auszunützen, muß man Heiß- oder Siedekühlung anwenden. Beim Semmler-Heißkühlverfahren, Abb. 250[1], hat das Kühlwasser, das durch eine Pumpe *a* umgewälzt wird, in dem Kühlmantel *b* 6 ata Druck, wird aber beim Eintritt in den Sammler *c* durch das Ventil *d* auf 1,3 ata entspannt, infolgedes ein Teil des Wassers verdampft. Der Dampf wird im Niederdruckteil einer Zweidruckturbine *e* ausgenützt, während das restliche Kühlwasser, ergänzt durch eine entsprechende Kondensatmenge, zur Kühlwasserumwälzung fließt. Bei der Siedekühlung wird Dampf in den Kühlräumen selbst erzeugt, und der zum Dampfsammler emporsteigende Dampf verursacht einen lebhaften Umlauf, so daß die Umwälzpumpe entbehrlich ist.

Durch die Ausnützung der Kühlwasserwärme erzielt man etwa halb so viel wie durch die Ausnützung der Auspuffwärme. Insgesamt sind also durch die Abwärmeverwertung bis 30% der Gasmaschinenleistung zusätzlich gewinnbar. Je stärker und gleichmäßiger die Gasmaschine belastet ist, um so vorteilhafter ist es für die Abwärmeverwertung.

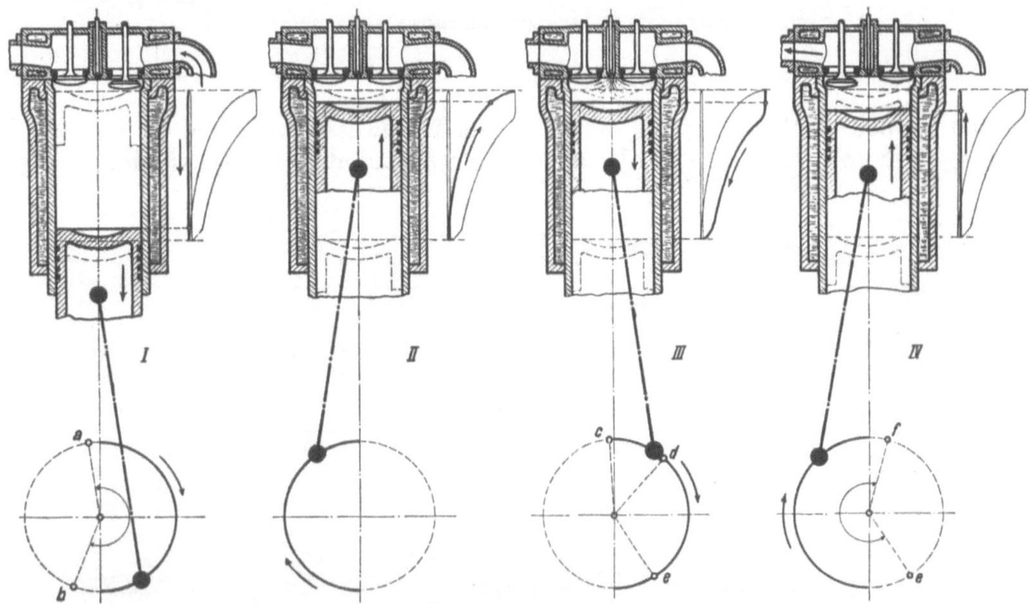

Abb. 251. Darstellung des Viertakt-Dieselverfahrens.

126. Die Dieselmaschinen. Die Dieselmaschine, deren Verfahren auf dem Patente 67207 von Diesel beruht und deren konstruktive Durchbildung bei der Maschinenfabrik

[1] Nach Z.V.d.I. 1925, S. 1023.

Augsburg in mehrjähriger Arbeit (1893 bis 1897) entwickelt worden ist, ist nicht die erste, aber die vollkommenste Schwerölmaschine. In ihrer eigentlichen Gestalt ist sie da-

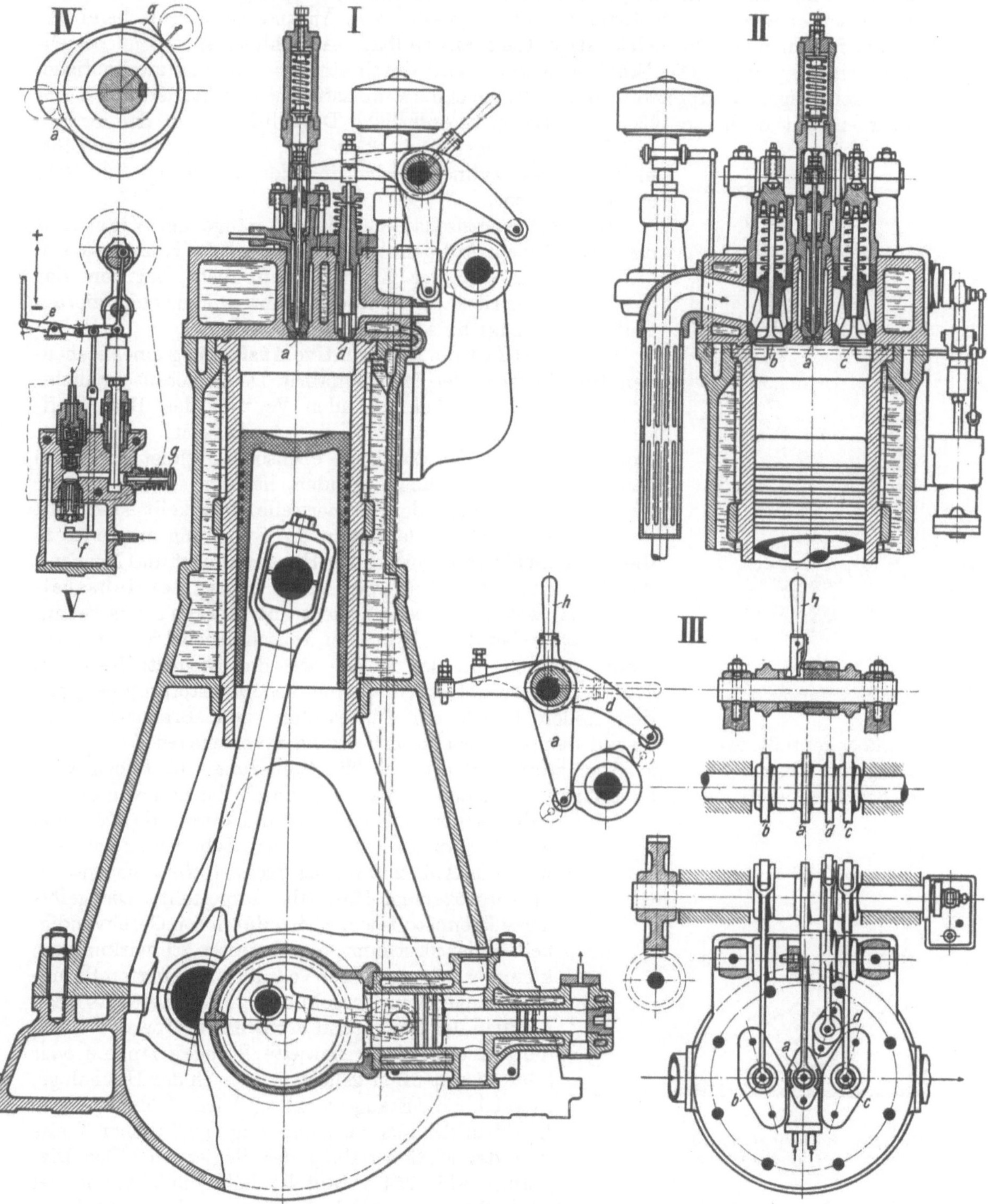

Abb. 252. Stehender Viertakt-Dieselmotor der Motorenfabrik Deutz.

durch gekennzeichnet, daß die Verbrennungsluft auf 32 bis 35 at verdichtet wird, und daß das Treiböl mittels Druckluft von etwa 70 at in die durch die Verdichtung hocherhitzte Luft eingespritzt wird und infolge Selbstentzündung verbrennt. Die hohe Verdichtungsspannung wäre im Betriebe nicht nötig, ist aber dafür erforderlich, daß die Maschine beim Anlassen, ohne daß man vorwärmen muß, anspringt. Weil die Luft für sich verdichtet wird, sind Frühzündungen ausgeschlossen. An und für sich erscheint das Dieselverfahren auch für heizkräftige Gase anwendbar; tatsächlich ist es nur bei Ölmaschinen ausgeführt. Die Einblasdruckluft wird durch einen besonderen zweistufigen, besser dreistufigen Kompressor erzeugt, der sie in die Einblasflasche drückt; derselbe Kompressor erzeugt auch die für das Anlassen erforderliche Druckluft, die in den Anlaßgefäßen gespeichert wird. Setzt man, wie es häufig geschieht, mehrere Kraftzylinder nebeneinander, so genügt für alle ein Kompressor.

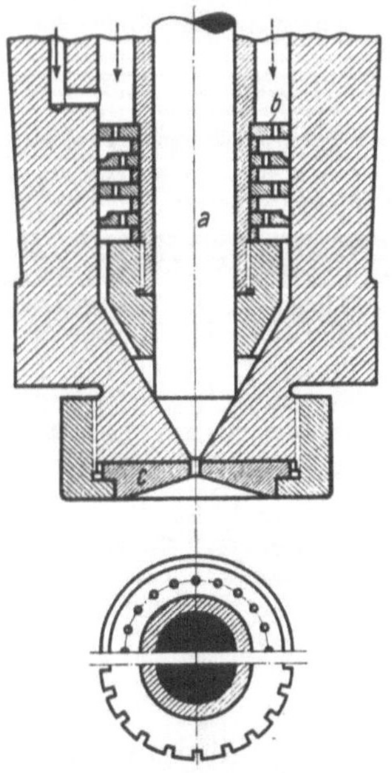

Abb. 253. Brennstoffventil.

Abb. 251 veranschaulicht die Vorgänge bei Viertaktdieselmaschinen. Auf den Ansaughub folgt der Kompressionshub, welchem sich der Krafthub anschließt, bei dem das Treiböl eingespritzt wird und verbrennt, worauf beim vierten Hube die Abgase hinausgeschoben werden.

In Abb. 252 ist die konstruktive Ausführung eines stehenden Dieselmotors der Motorenfabrik Deutz veranschaulicht. Die im Zylinderdeckel sitzenden Ventile: das Brennstoffventil *a*, das Einlaßventil *b*, das Auslaßventil *c* und das Anlaßventil *d* werden durch die ebenso bezeichneten Nocken bewegt, die auf der hochliegenden, halb so schnell wie die Kurbelwelle umlaufenden Steuerwelle aufgekeilt sind. Mit dem Einschalthebel *h* legt man die Steuerung entweder in die **Anlaßstellung**, bei welcher Hebel *d* anliegt und Nocken *d* das Druckluftventil *d* antreibt, oder in die **Betriebsstellung**, bei welcher Hebel *a* anliegt und Nocken *a* das Brennstoffventil *a* betätigt. Wird der Einschalthebel *h* schräg gestellt, sind sowohl das Anlaß- wie das Brennstoffventil in Ruhe. Der Brennstoff wird durch die Brennstoffpumpe gegen den hohen Druck der Einblaseluft zum Brennstoffventil Abb. 253 gepreßt, wo er sich auf den mit versetzten Bohrungen versehenen Zerstäuberplättchen *b* absetzt, bis die Brennstoffnadel *a* durch die Steuerung angehoben wird und der Brennstoff durch die Bohrungen in den Plättchen *b*, durch die Längsnuten des dahinter sitzenden Konus und durch die Mündung des Düsenplättchens *c* in den Zylinder eingeblasen wird. In Abb. 252 ist die Brennstoffpumpe unter *V* in vergrößertem Maßstabe dargestellt. Die geförderte Brennstoffmenge wird durch den Geschwindigkeitsregler bestimmt, unter dessen Einwirkung ein kleinerer oder größerer Teil der angesaugten Brennstoffmenge beim Druckhube zurückläuft. Es wird nämlich das Saugventil der Brennstoffpumpe durch die auf und nieder bewegte Stange *f* längere oder kürzere Zeit offen gehalten, je nach der Höhenlage, in welcher die Stange wirkt, und diese Höhenstellung hängt in der aus der Zeichnung ersichtlichen Weise von der Muffenstellung des Reglers ab. Das Diagramm Abb. 254 veranschaulicht die Wirkung der Reglung. Der die Einblas- und Anlaßpreßluft erzeugende Kompressor ist liegend angeordnet und wirkt zweistufig.

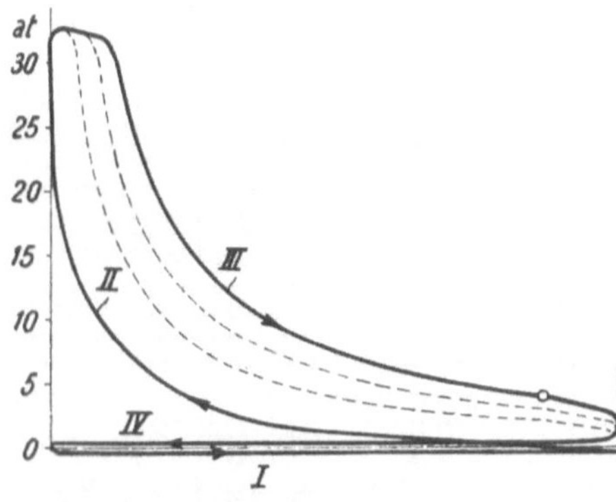

Abb. 254. Regeldiagramm der Viertakt-Dieselmaschine.

Das Zweitakt-Dieselverfahren ist durch Abb. 255 (MAN) und das Diagramm Abb. 256 veranschaulicht. Beim ersten Takt wird der Zylinder gespült und die Luft verdichtet.

beim zweiten verbrennt das eingespritzte Treiböl, und die Verbrennungsgase puffen aus. Daß die Dieselzweitakt- oder allgemein die Schweröl-Zweitaktmaschine mit getrennter Verdichtung der Luft viel günstigere Bedingungen als die Zweitaktgasmaschine hat, ist

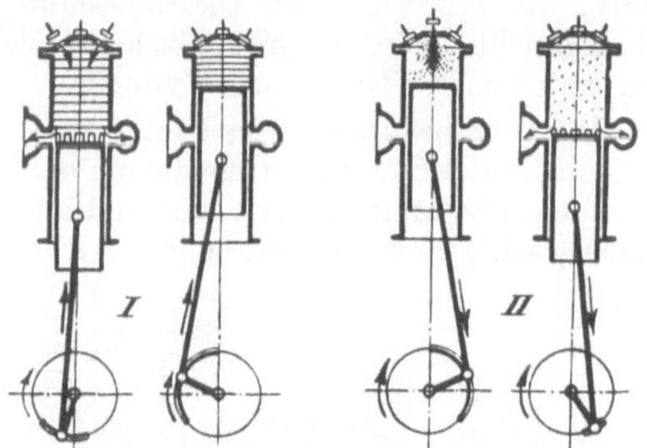

Abb. 255. Veranschaulichung des Zweitakt-Dieselverfahrens.

augenfällig: es kann kein Brennstoff durch die Auspuffschlitze verlorengehen, und um den Brennstoff zu laden, dient beim Zweitakt dieselbe Pumpe wie beim Viertakt. Die Auspuffschlitze im Zylinder ersetzen das Auslaßventil,

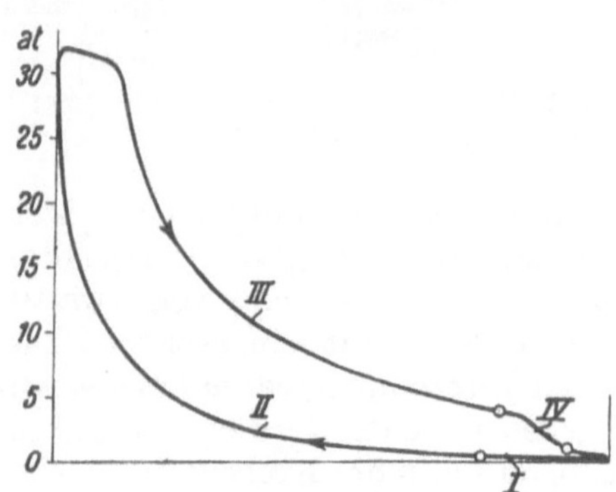

Abb. 256. Diagramm der Zweitakt-Dieselmaschine.

so daß im Deckel nur noch Einlaß-, Brennstoff- und Anlaßventil anzuordnen sind. Auch das Einlaßventil kann gemäß Abb. 257, die eine einfachwirkende Zweitakt-Schlitzspülmaschine von Gebr. Sulzer darstellt, fortfallen, indem man Spülschlitze anordnet. Es sind zwei Spülschlitzreihen vorhanden. Die obere wird durch einen Drehschieber gesteuert, der sie erst öffnet, wenn der Kolben die untere freigegeben hat, und sie schließt, nachdem sie der rückgehende Kolben überdeckt hat. Von der MAN werden ebenfalls Zweitakt-Dieselmaschinen mit Schlitzspülung gebaut, und zwar in einfacher und in doppeltwirkender Anordnung[1].

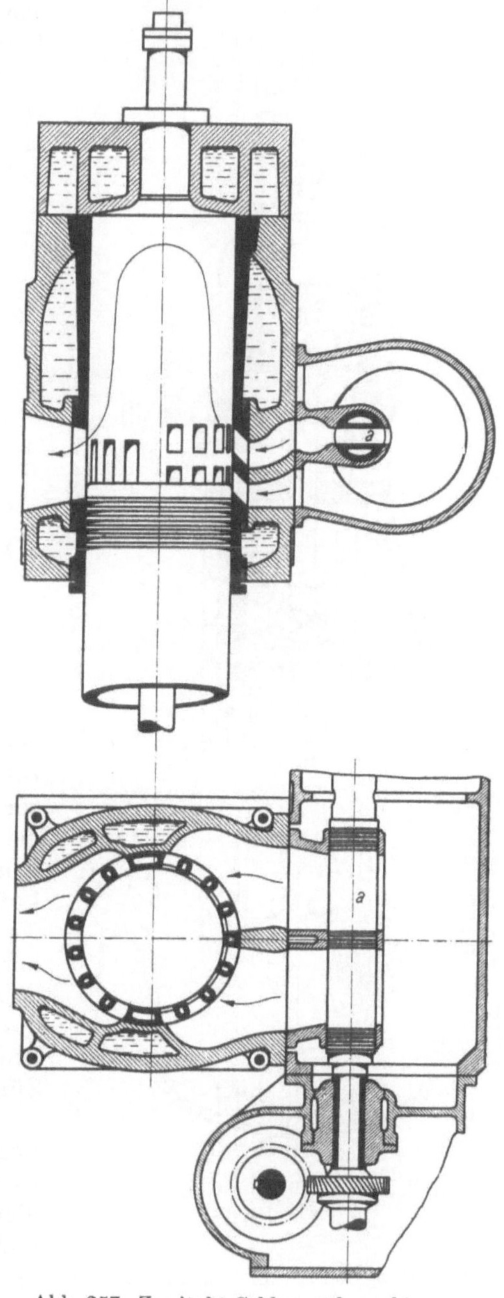

Abb. 257. Zweitakt-Schlitzspülmaschine von Gebr. Sulzer.

Große Dieselmaschinen werden mit Kreuzkopf ausgeführt, wie es Abb. 258 zeigt, die eine Schiffsdieselmaschine der AEG mit gekühltem Kolben darstellt. Außer der

[1] Vgl. Nägel: Die Dieselmaschine der Gegenwart. Z. V. d. I. 1923.

stehenden Anordnung mit 2 oder 3 oder 4 oder mehr Zylindern nebeneinander werden auch liegende Dieselmaschinen in ein- oder zweikurbliger Anordnung gebaut. Sowohl der Viertakt wie der Zweitakt werden einfach oder doppeltwirkend ausgeführt. Als Brennstoff sind bei uns Gasöl und Paraffinöl sehr geschätzt; für Teeröl muß die Dieselmaschine besonders eingerichtet sein. Als größte bisher erreichte Leistung gelten 2000 PS in einem Zylinder.

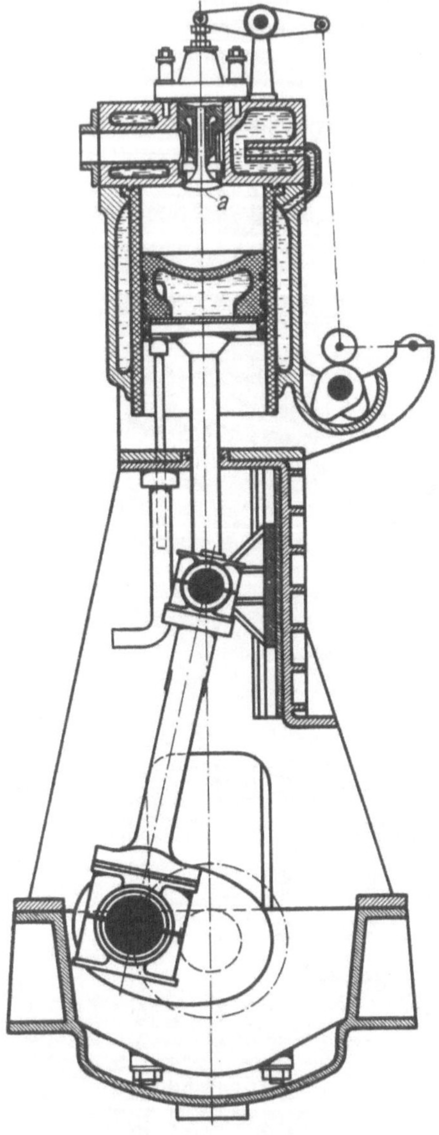

Abb. 258. Große Dieselmaschine mit Kreuzkopf.

127. Der kompressorlose Dieselmotor. Als Beispiel der kompressorlosen Bauarten, die um der Einfachheit willen ursprünglich für kleine und mittlere Leistungen geschaffen worden waren, sei in Abb. 259

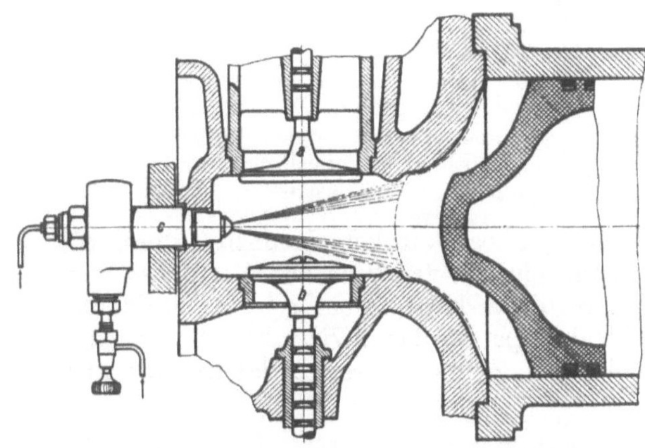

Abb. 259. Deutzer kompressorloser Dieselmotor mit Verdrängerkolben.

der mit Verdrängerkolben ausgerüstete Motor der Deutzer Motorenfabrik dargestellt. Der Brennstoff wird für sich unter einem Druck von etwa 100 at in die hochverdichtete Luft eingespritzt. Die vom Kolben in den Verbrennungsraum hineingeschobene Luft muß gegen Ende des Verdichtungshubes wegen der eigenartigen Form des Kolbens durch einen sich immer mehr verengenden Ringspalt überströmen, so daß die Luft im Verbrennungsraum auf das schärfste durcheinander gewirbelt und mit dem eingespritzten Brennstoff auf das innigste gemischt wird und sichere Zündung und gute Verbrennung erzielt werden.

Bei anderen kompressorlosen Dieselmotoren wird das Treiböl in eine Vorkammer eingespritzt, in der es zum Teil verbrennt, dabei das andere Öl durch eine Düse fein zerstäubt in den Zylinder treibend. Guten Erfolg haben ferner Bauarten ohne Vorkammer gehabt, bei denen das Treiböl luftlos unter dem Drucke von mehreren 100 at eingespritzt wird. Die kompressorlosen Dieselmotoren haben geringeren Wärmeverbrauch als die Dieselmotoren mit Drucklufteinspritzung und verhalten sich bei Teillasten günstiger. Man rechne etwa 1800 kcal oder 180 g Öl von 10000 kcal Heizwert für 1 $PS_e h$[1].

Das günstige Verhalten und die Einfachheit der kompressorlosen Dieselmotoren hatte eine Weiterentwicklung zu immer größeren Leistungen zur Folge, so daß heute der

---

[1] Vgl. Schultz: Der kompressorlose Betrieb von Dieselmotoren und Kux: Kompressorlose Ölmaschinen, beide Z. V. d. I. 1925, Nr. 41.

kompressorlose Dieselmotor den Dieselmotor mit Lufteinspritzung bis zu Leistungen von 1000 PS fast überall verdrängt hat.

128. Der Glühkopfmotor. Der Glühkopfmotor, der älter ist als der Dieselmotor, ist ein sehr einfacher, mit verhältnismäßig niedrigen Drücken wirkender Schwerölmotor. Die Verbrennungsluft wird für sich auf etwa 9 bis 10 at verdichtet. Das Öl wird kurz vor Ende des Verdichtungshubes gegen die heiße Wand des Glühkopfes gespritzt, an der es sich entzündet. Vor der Inbetriebsetzung wird der Glühkopf durch eine Lötlampe erhitzt, im Betriebe bleibt er infolge der auftretenden Verbrennungswärme heiß genug. Der Glühkopfmotor wird fast nur als Zweitaktmotor gemäß Abb. 260[1] mit Schlitzauslaß und Schlitzspülung ausgeführt. Die Spül- und Ladeluft erzeugt der Motor selbst, indem der Kurbelkasten luftdicht abgeschlossen und mit Saugventilen versehen ist, so daß der hochgehende Kolben Luft ansaugt, die er beim Niedergange auf etwa 0,3 atü verdichtet. Die Spülluft tritt durch die Spülschlitze *e* in den Zylinder, nachdem die Verbrennungsgase durch die Auspuffschlitze verpufft sind. Die Wirkungsweise des Glühkopfmotors wird durch die in der Abb. 260 enthaltenen Diagramme des Motors und seines Gebläseteils veranschaulicht. Wegen des konstruktiven Zusammenhanges ist die vom Kolben angesaugte Spül- und Ladeluftmenge zu klein, so daß das Gemisch bald zur Hälfte aus Abgasen besteht, weswegen nur mäßige Treibdrücke erzielbar sind und höherer Brennstoffbedarf die Folge ist. Trotzdem sind die Glühkopfmotoren wegen ihrer Einfachheit sehr verbreitet.

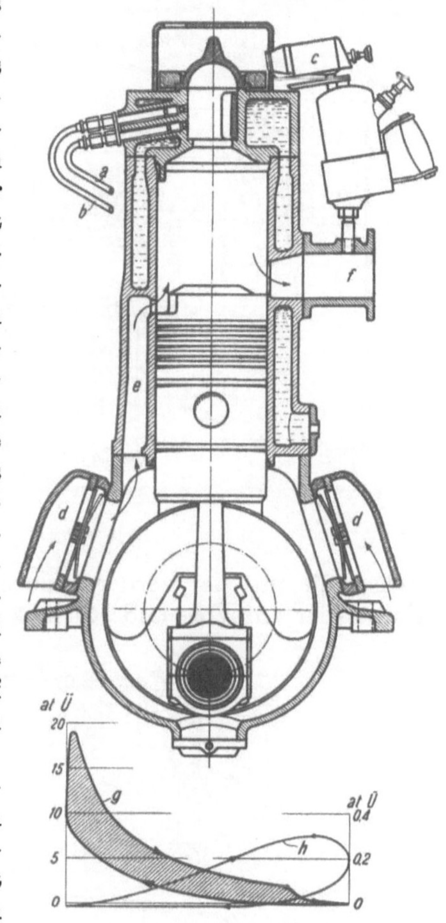

Abb. 260. Zweitakt-Glühkopfmotor.

129. Benzolgrubenlokomotiven[2]. Die Benzollokomotive hat wegen ihrer Unabhängigkeit ihren Platz neben der elektrischen und der Druckluftgrubenlokomotive behauptet. Die Benzollokomotiven werden meist mit liegendem Einzylindermotor, aber auch mit stehendem Mehrzylindermotor ausgeführt[3]. Als Beispiel der Lokomotiven mit Einzylindermotor sei die Grubenlokomotive der Motorenfabrik Deutz besprochen, deren Gesamtaufbau Abb. 261 zeigt. Die Lokomotive hat 4,5 t Dienstgewicht und übt am Haken bei langsamer Fahrt 600 kg, bei schneller Fahrt 200 kg Zugkraft aus.

Der mit Verdampfungskühlung ausgerüstete Motor leistet 10 bis 12 PS. Über dem Zylinder liegt der explosionsichere, Benzol für 12stündigen Betrieb fassende Brennstoffbehälter, neben ihm der Kühlwasserbehälter. Diesem wird auch etwas Wasser entnommen, das in den Auspuff eingespritzt wird, um die Auspuffgase abzukühlen. Wie Abb. 262 zeigt, werden der Brennstoffhahn *h* und der Spritzwasserhahn *i* gemeinsam durch die Stange *k* angestellt und abgestellt. Der Vergaser mit dem Schwimmer *c*, dem Abstellventil *d* und der Brause *g* liegt hoch, so daß Tropfen, die sich infolge Kondensation des Brennstoffnebels bilden, mit Gefälle zum Einlaßventil *a* fließen. Zur Zündung dient ein von der Kurbel angetriebener Magnetzünder, der beim Andrehen spät zündet,

[1] Vgl. Z. V. d. I. 1923, S. 832.

[2] Über die Reibungsverhältnisse und den Kraftbedarf der Grubenbahnen siehe Ziffer 244. Preßluftlokomotiven sind in Ziffer 213, elektrische in Ziffer 244 besprochen.

[3] Über die verschiedenen Bauarten von Benzolgrubenlokomotiven vgl. Gunderloch: Der Stand der Grubenlokomotivförderung im Ruhrgebiet, Glückauf 1922, S. 589 und Giese: Glückauf 1924, S. 463.

damit die Anlaßkurbel nicht zurückschlägt, und dann selbsttätig auf Frühzündung eingestellt wird.

Der Motor, der immer im selben Sinne mit $n = 300$ läuft, treibt durch ein öldicht eingeschlossenes, aus Zahnrädern und Reibungskupplungen bestehendes Getriebe, die hintere

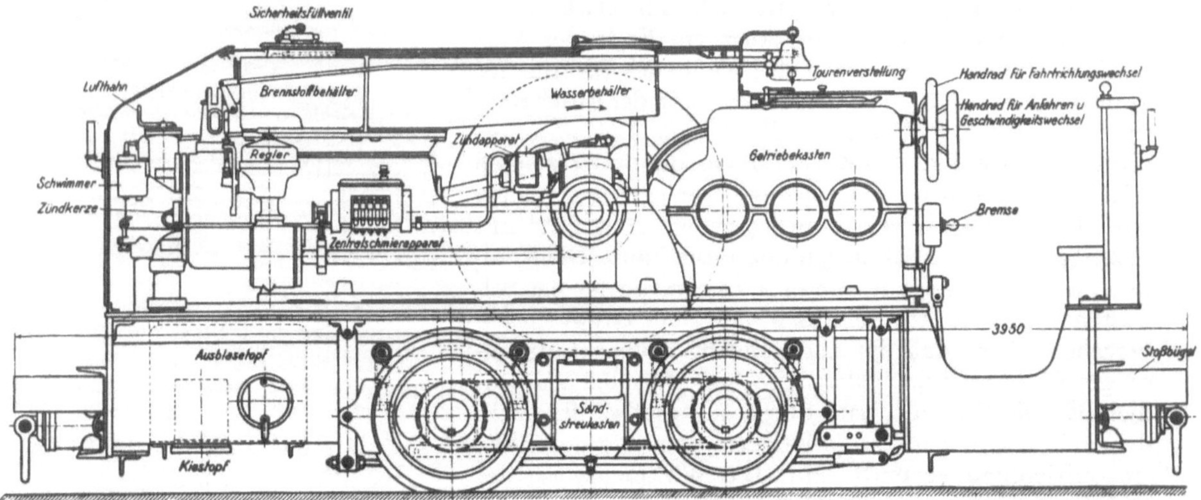

Abb. 261. Deutzer Benzolgrubenlokomotive.

Achse, die mit der vorderen durch eine Kette gekuppelt ist. Das Getriebe ist mittels Handräder auf Vor- und Rückwärtsfahrt, sowie auf langsame Fahrt (4 bis 5 km/h) und

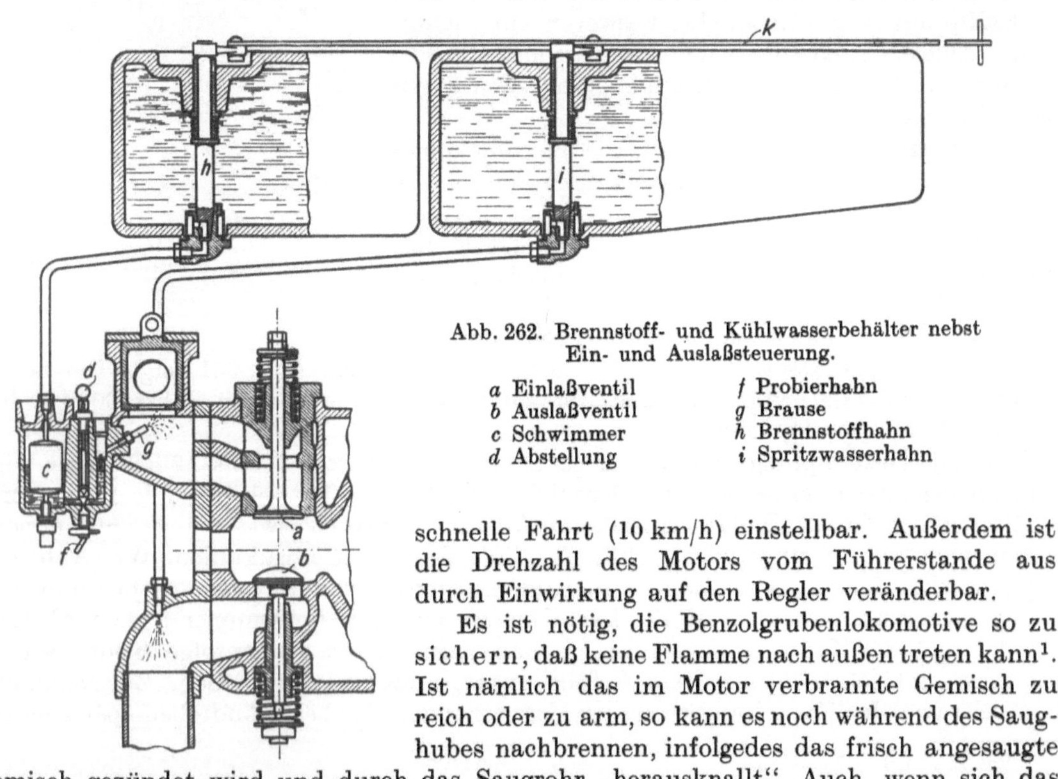

Abb. 262. Brennstoff- und Kühlwasserbehälter nebst Ein- und Auslaßsteuerung.

a Einlaßventil
b Auslaßventil
c Schwimmer
d Abstellung
f Probierhahn
g Brause
h Brennstoffhahn
i Spritzwasserhahn

schnelle Fahrt (10 km/h) einstellbar. Außerdem ist die Drehzahl des Motors vom Führerstande aus durch Einwirkung auf den Regler veränderbar.

Es ist nötig, die Benzolgrubenlokomotive so zu sichern, daß keine Flamme nach außen treten kann[1]. Ist nämlich das im Motor verbrannte Gemisch zu reich oder zu arm, so kann es noch während des Saughubes nachbrennen, infolgedes das frisch angesaugte Gemisch gezündet wird und durch das Saugrohr „herausknallt". Auch, wenn sich das Einlaßventil aufhängt, kann zum Saugrohr eine Stichflamme heraustreten. Noch häu-

[1] Vgl. Beyling: Versuche mit einem Benzinlokomotivmotor in Schlagwettern. Glückauf 1908, S. 857.

figer kommt es vor, daß im Auspuff Flammen auftreten. Deshalb sind, wie es Abb. 263 zeigt, sowohl die Ansaugleitung, die außen münden soll, wie die Auspuffleitung durch Kiesfilter und Messingsiebe gegen das Herausschlagen von Flammen geschützt. Die Kiesfüllung und Messingsiebe sind, damit sie gereinigt oder ersetzt werden können, bequem herausnehmbar. Daß außerdem in das Auspuffrohr Wasser eingespritzt wird, um die Auspuffgase abzukühlen und ihnen den stechenden Geruch zu nehmen, war bereits gesagt.

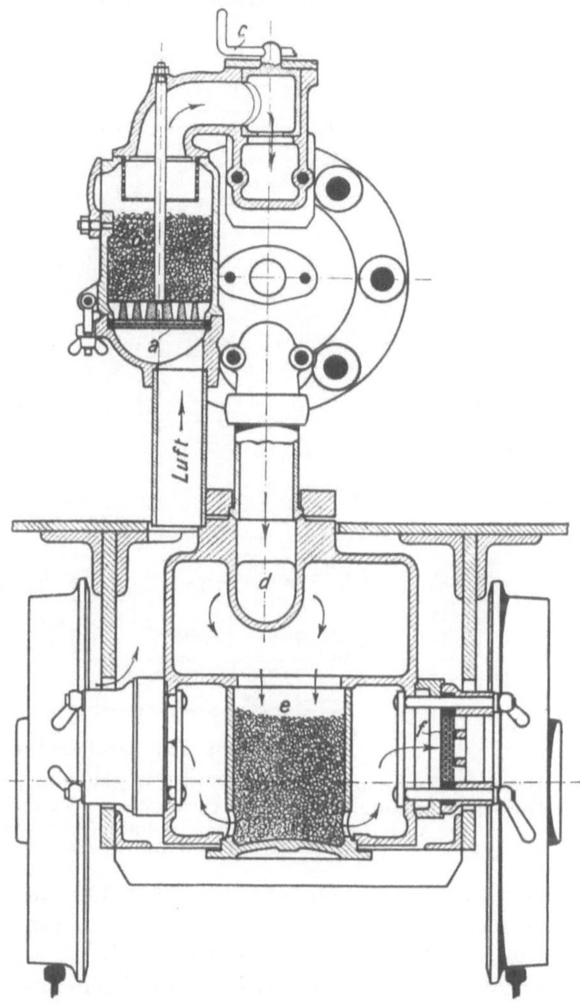

Abb. 263. Sicherung des Einlasses und des Auspuffs gegen Herausschlagen von Flammen.

Beim Füllen der Lokomotive mit neuem Brennstoff ist Vorsicht zu beobachten. Die Füllöffnungen sollen so eingerichtet sein, daß Benzol aus dem Tankwagen nur dann in die Lokomotive gefüllt werden kann, wenn sowohl am Tankwagen wie an der Lokomotive beide Schläuche ordnungsgemäß angebracht sind. Was beim Benzolgrubenlokomotivbetrieb um der Betriebssicherheit willen zu beobachten ist, ist in einem vom Dampfkesselüberwachungsverein der Zechen, Essen, herausgegebenen Merkblatt für die Behandlung der Benzollokomotiven unter Tage zusammengefaßt, das in dem angegebenen Aufsatz von Giese auf S. 467 wiedergegeben ist. Auf die bergpolizeilichen Vorschriften sei hingewiesen.

Benzollokomotiven haben stärkeren Verschleiß und erfordern mehr Instandsetzungsarbeiten als andere Bauarten; sie bewähren sich nur, wo für eine sachgemäße Instandhaltung gesorgt ist. Über die Betriebskosten im Vergleich mit Druckluft- und elektrischen Grubenlokomotiven vgl. Glückauf 1922, S. 654. Der Benzolverbrauch für 1 Bruttotkm beträgt etwa 75 g und für 1 Nutztkm 150 g und mehr.

130. Dieselgrubenlokomotiven. Die in der vorigen Ziffer besprochenen Benzolgrubenlokomotiven werden in neuerer Zeit mehr und mehr von den Dieselgrubenlokomotiven verdrängt. Im Aufbau sind sie den Benzollokomotiven ähnlich. Der Antrieb erfolgt ausschließlich durch kompressorlose Diesel-Vorkammermotoren, die für kleine Leistungen (bis 25 PS) einzylindrig und liegend, für größere Leistungen 4- und 6-zylindrig und stehend gebaut werden. Abb. 264 zeigt eine moderne Dieselgrubenlokomotive der Motorenfabrik Deutz mit einem stehenden Vierzylindermotor von 40 PS. Je zwei Zylinder mit gemeinsamen Ansauge- und Auspuffleitungen sind zu einem Block vereinigt. Jeder Zylinder hat eine eigene Brennstoffpumpe, deren Fördermenge entweder von Hand oder durch einen Fliehkraftregler einstellbar ist. Das Anlassen des Motors geschieht durch Druckluft von 6 bis 7 at, die in Speicherflaschen mit einem Druck von etwa 35 at mitgeführt wird. Während bei den kleinen, liegenden Motoren die Anlaßluft direkt auf den Motorkolben wirkt, geschieht das Anlassen bei dem dargestellten Motor durch einen besonderen Druckluftmotor (Abb. 264), dessen Ritzel in die Verzahnung des Schwungrades eingreift. Dadurch ist jegliche Anlaßsteuerung bei den einzelnen Zylindern vermieden worden.

Kleine Diesellokomotiven werden wie die Benzollokomotive (Abb. 261) mit Verdampfungskühlung gebaut. Die Lokomotive nach Abb. 264 besitzt dagegen Umlaufkühlung, die es ermöglicht, mit weit geringerem Wasservorrat auszukommen. Das Kühlwasser wird durch eine Kreiselpumpe in ständigem Umlauf durch den Motor und den Rückkühler gehalten. Die Ableitung der Abgase erfordert wie bei den Benzollokomotiven besondere Vorkehrungen, um das Herausschlagen von Flammen zu vermeiden und die Abgase

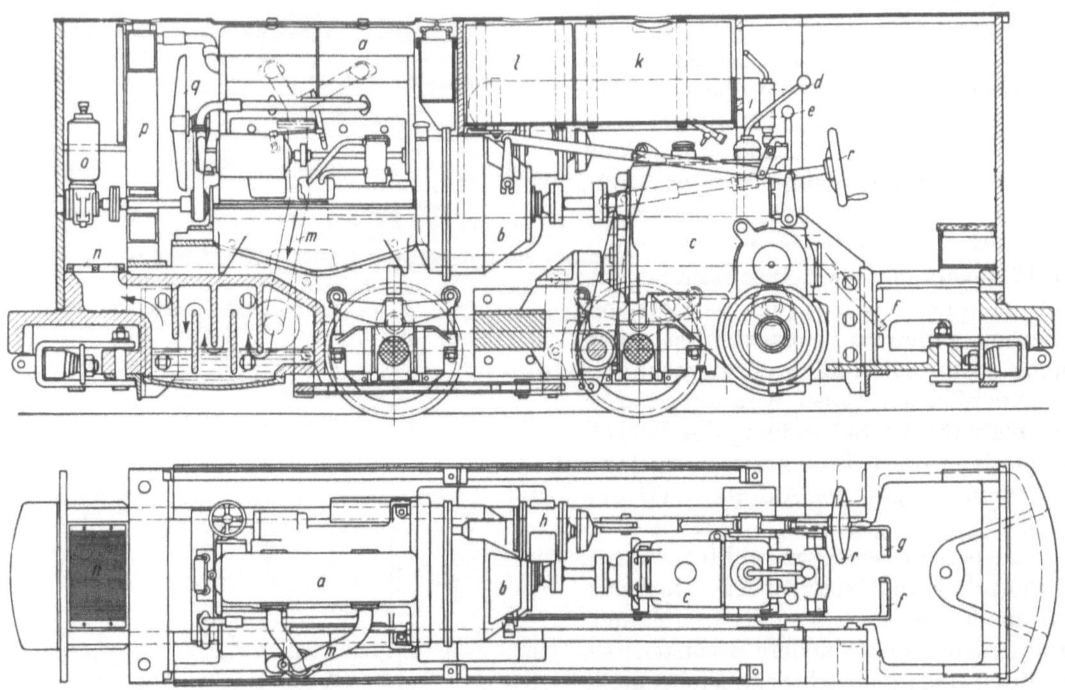

Abb. 264. Deutzer Dieselgrubenlokomotive.

a Motor, *b* Kupplung, *c* Getriebe, *d* Gangschaltung, *e* Fahrtrichtungsschaltung, *f* Kupplungsbetätigung, *g* Anlasserbetätigung, *h* Druckluftanlaßmotor, *i* Druckluftbehälter, *k* Brennstoffbehälter, *l* Wasserbehälter, *m* Auspuffleitung, *n* Plattenschutz, *o* Kompressor, *p* Kühler, *q* Ventilator, *r* Bremse.

möglichst zu reinigen. Direkt hinter den Auslaßventilen wird Kühlwasser in die Abgase gespritzt. Dann werden die Gase durch ein Wasserbad geleitet, in dem Wasserdampf, Schmieröl, Ruß und unverbranntes Rohöl ausgeschieden werden. Die so gereinigten und gekühlten Gase treten erst dann ins Freie aus, nachdem sie vorher reichlich mit der Kühlluft des Rückkühlerventilators vermischt worden sind.

Die dargestellte Lokomotive (Abb. 264) hat ein Gewicht von 8000 kg. Die durch ein Wechselgetriebe einschaltbaren Geschwindigkeiten betragen 3,6, 5,5, 9 oder 14,5 km/h. Die Zugkraft am Haken ist bei diesen vier Geschwindigkeitsstufen 1900 bzw. 1450 bzw. 900 bzw. 500 kg. Der stündliche Rohölverbrauch kann mit etwa 5 kg angenommen werden.

XVIII. Die Kolbenpumpen.

XVIII. Die Kolbenpumpen.

166[1]. Nutzleistung, Gesamtwirkungsgrad und Energiebedarf einer Wasserhaltungsanlage. Sind Q l/s oder Q m³/min Wasser vom spezifischen Gewichte γ kg/l h Meter hochzuheben, so ist die Nutzleistung der Wasserhaltung oder ihre auf gehobenes Wasser bezogene Leistung

$$N_e = \gamma \cdot Q\,h \,\text{mkg/s} = \gamma \cdot \frac{Q\,h}{75}\,\text{PS} = \gamma \cdot \frac{Q\,h}{102}\,\text{kW} \ (Q \text{ in l/s!})$$

oder

$$N_e = \gamma \cdot \frac{1000\,Q\,h}{60}\,\text{mkg/s} = \gamma \cdot 0{,}222\,Q\,h\,\text{PS} = \gamma \cdot 0{,}163\,Q\,h\,\text{kW} \ (Q \text{ in m}^3\text{/min!}).$$

Meistens darf man $\gamma = 1$ setzen, wodurch sich die Ausdrücke entsprechend vereinfachen. Um den Energiebedarf zu bestimmen, sind die Verluste in der Pumpe, in der Pumpenleitung und im Antrieb zu berücksichtigen. Es habe die Pumpe 92%, der antreibende Elektromotor 93% und die Pumpenleitung 95% Wirkungsgrad, dann ist der Gesamtwirkungsgrad $= 0{,}92 \cdot 0{,}93 \cdot 0{,}95 = 0{,}81$. $\frac{\text{Nutzleistung}}{\text{Gesamtwirkungsgrad}} = \text{Energiebedarf}$. Sind z. B. 5 m³/min 600 m hochzuheben, so ist die Nutzleistung $= 0{,}163 \cdot 5 \cdot 600 = 489$ kW, und der Energiebedarf ist $\frac{489}{0{,}81} = 604$ kW. Überschlägig kann man den Energiebedarf einer elektrisch angetriebenen Kolbenwasserhaltungsanlage $= 0{,}2\,h\,Q_{(\text{m}^3/\text{min})}$ kW setzen.

167[1]. Nutzleistung, Wirkungsgrad und Kraftbedarf einer Pumpe. Eine Pumpe, die Q l/s fördert und den Druck des Wassers um h Meter WS oder um p at steigert, hat eine Nutzleistung

$$N = Q\,h\,\text{mkg/s} = \frac{Q\,h}{75}\,\text{PS} = \frac{Q\,h}{102}\,\text{kW}$$

oder

$$N = 10\,Q\,p\,\text{mkg/s} = \frac{Q\,p}{7{,}5}\,\text{PS} = \frac{Q\,p}{10{,}2}\,\text{kW}.$$

$\frac{\text{Nutzleistung}}{\text{Wirkungsgrad}} = $ Antriebsleistung oder Kraftbedarf. Eine Preßpumpe z. B., die 2 l/s fördert und von atmosphärischem Druck auf 300 at Überdruck preßt, und deren Wirkungsgrad $\eta = 0{,}85$ ist, hat $\frac{2 \cdot 300}{10{,}2} = 58{,}8$ kW Nutzleistung und $\frac{58{,}8}{0{,}85} = 69{,}2$ kW Kraftbedarf oder Antriebleistung. Der Wirkungsgrad ist bei großen Pumpen größer als bei kleineren. Am günstigsten ist er bei Dampfpumpen, bei denen die Kräfte zum großen Teil unmittelbar vom Dampfkolben auf den Pumpenkolben übertragen werden. In solchem Falle kann man den Wirkungsgrad der Pumpe und der antreibenden Dampfmaschine aber nicht trennen und bestimmt η für den ganzen Maschinensatz. Bei großen Dampfpumpen wird das Verhältnis zwischen Nutzleistung der Pumpe und indizierter Dampfmaschinenleistung etwa 0,86, so daß η für die Pumpe selbst $= 0{,}93$ zu schätzen ist. Große Pumpen mit Kurbeltrieb haben etwa 90% Wirkungsgrad. Die indizierte Leistung einer Kolbenpumpe ist wegen der hydraulischen Verluste in der Pumpe größer als ihre Nutzleistung. Aus dem Pumpendiagramm ergibt sich die indizierte Leistung unmittelbar; das spezifische Gewicht des Wassers oder der volumetrische Wirkungsgrad der Pumpe sind nicht mehr besonders zu berücksichtigen.

168. Volumetrischer Wirkungsgrad von Kolbenpumpen. In der Regel ist die von der Pumpe geförderte Wassermenge kleiner als der Größe des Hubraumes entspricht, d. h. der volumetrische Wirkungsgrad η_v ist kleiner als 1. Das rührt daher, daß die Ventile verspätet schließen, die Pumpe nicht dicht ist usw. Man setze überschlägig $\eta_v = 0{,}96$. In besonderen Fällen sinkt η_v beträchtlich, z. B. wenn beim Saughube ab-

[1] Die allgemeinen Formeln in den Ziffern 166 und 167 gelten für Pumpen jeder Art, insbesondere für Kreiselpumpen.

sichtlich durch ein Schnüffelventil[1] oder ungewollt durch eine undichte Stopfbüchse oder durch einen undichten Flansch Luft angesaugt wird.

169. Saughöhe, Druckhöhe, Förderhöhe. Geometrische, statische und manometrische Förderhöhe. Saughöhe + Druckhöhe = Förderhöhe. Geometrische oder geodätische Förderhöhe ist der in m gemessene Höhenabstand vom Saugwasserspiegel bis zum Ausguß. Statische Förderhöhe ist der Druck der ruhenden Fördersäule, gemessen in mWS oder in at. Die manometrische Förderhöhe ergibt sich aus der statischen Förderhöhe, indem man zu ihr die Widerstandshöhen beim Saugen und beim Drücken addiert. Die Druckverluste in den Leitungen sind nach den in Ziffer 57 mitgeteilten Formeln und Zahlentafeln zu bestimmen. Die in Abb. 337 schematisch dargestellte Pumpe, die 4 m hoch saugt und 22 m hoch drückt, hat 26 m geometrische Förderhöhe. Hat die geförderte Flüssigkeit das spezifische Gewicht $\gamma = 1$, so ist die statische Förderhöhe = 26 mWS oder 2,6 at; ist γ größer oder kleiner als 1, so ist die statische Förderhöhe im selben Verhältnis größer oder kleiner. Ist die Widerstandshöhe beim Saugen = 2 mWS und beim Drücken = 4 mWS, so ist die manometrische Förderhöhe, wenn $\gamma = 1$ ist, = 26 + 6 = 32 mWS oder 3,2 at. Betrachtet man die Saughöhe für sich und die Druckhöhe für sich, so unterscheidet man ebenfalls geometrische, statische und manometrische Saug- bzw. Druckhöhe.

Zahlentafel 22.

	Geometrische Werte m	Statische Werte mWS	Manometrische Werte mWS
Saughöhe . .	4	4,2	6,2
Druckhöhe . .	596	625,8	655,8
Förderhöhe. .	600	630,0	662,0

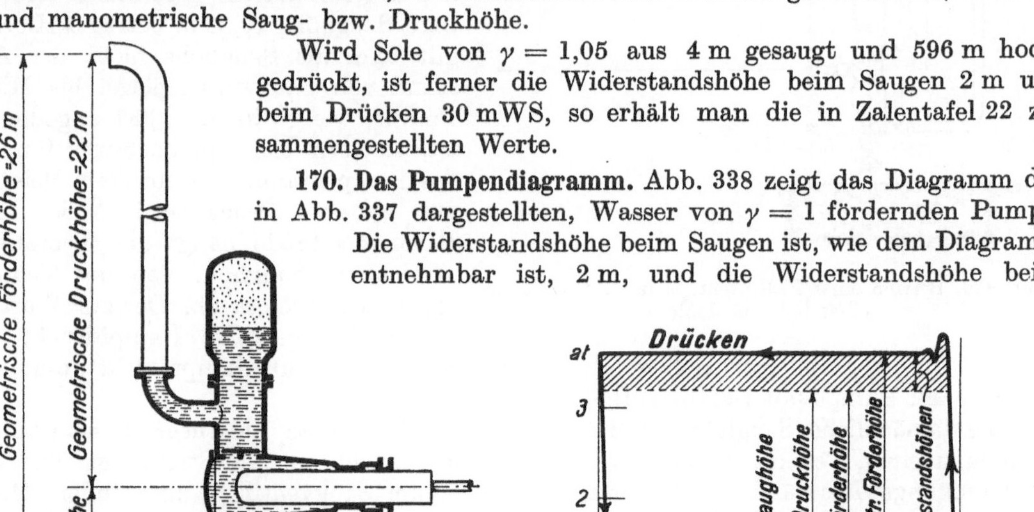

Abb. 337.

Abb. 338. Diagramm der in Abb. 337 dargestellten Pumpe.

Wird Sole von $\gamma = 1{,}05$ aus 4 m gesaugt und 596 m hochgedrückt, ist ferner die Widerstandshöhe beim Saugen 2 m und beim Drücken 30 mWS, so erhält man die in Zalentafel 22 zusammengestellten Werte.

170. Das Pumpendiagramm. Abb. 338 zeigt das Diagramm der in Abb. 337 dargestellten, Wasser von $\gamma = 1$ fördernden Pumpe. Die Widerstandshöhe beim Saugen ist, wie dem Diagramm entnehmbar ist, 2 m, und die Widerstandshöhe beim Drücken ist 4 m, so daß beim Saugen ein Unterdruck von 6 mWS oder 0,6 at entsteht und beim Drücken ein Überdruck von 26 mWS oder 2,6 at. Weil das Wasser fast unelastisch ist, so steigt zu Beginn des Druckhubes der Druck fast plötzlich an und sinkt ebenso schnell zu Beginn des Saughubes, so daß das Pumpendiagramm annähernd

[1] Vgl. Ziffer 1

rechteckig wird. Wegen des schnellen Druckanstieges und Druckabfalles entstehen die aus dem Digramm ersichtlichen Schwingungen des Indikatorkolbens. Je langsamer die Pumpe läuft, je genauer die Ventile im Hubwechsel öffnen und schließen, um so mehr stimmt das Pumpendiagramm mit dem Rechteck überein.

Beim Betrieb mit Abfallwasser, Abb. 339, wird das Wasser einer höheren Sohle mit Druck einer Pumpe auf einer tieferen Sohle zugeführt. Wenn die Pumpe von der tieferen Sohle fördert, hat sie die Saughöhe h_s und die Druckhöhe h_d. Soll die Pumpe von der höheren Sohle fördern, wird ihre Saugleitung abgesperrt und das Abfallrohr geöffnet. Das den Betrieb mit Abfallwasser kennzeichnende Diagramm ist ebenfalls aus Abb. 339 ersichtlich. Die Pumpenleistung ist dieselbe, als wenn die Pumpe auf der höheren Sohle stände. Auch bei Speisepumpen, die sehr reines Wasser fördern, läßt man häufig das Wasser unter Druck zufließen, damit die Pumpe keine Luft saugt, die begierig vom Wasser aufgenommen würde.

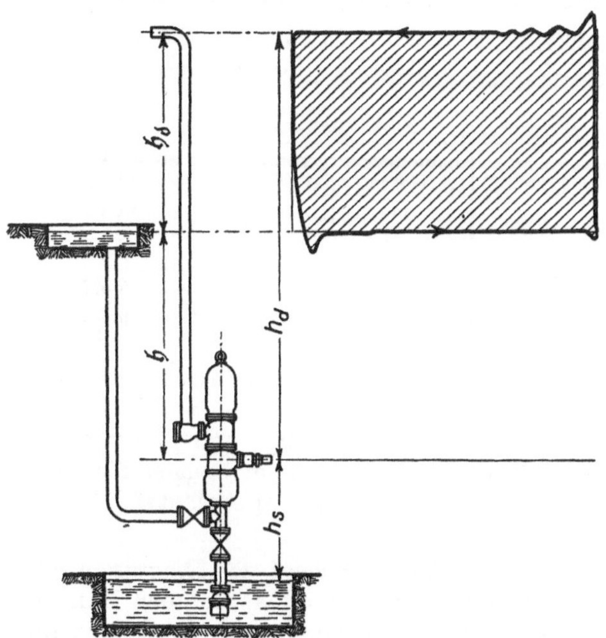

Abb. 339. Betrieb einer Kolbenpumpe mit Abfallwasser einer höheren Sohle.

171. Erreichbare Saughöhe. Beim Saughube wird das Wasser dem Kolben durch den Überdruck der Atmosphäre nachgedrückt, so daß bei 760 mm QS Barometerstand die theoretisch erreichbare Saughöhe 10,33 m beträgt. Hierbei gilt aber als Saughöhe nicht der Abstand von Saugwasserspiegel bis Mitte Pumpe, wie es in Abb. 337 angedeutet ist, sondern bis zum höchsten Punkte des Pumpenraumes, in unserem Beispiel also bis zum Druckventil. Außer vom Barometerstande hängt die theoretisch erreichbare Saughöhe von der Temperatur des Wassers ab. Der zur Wassertemperatur gehörige Dampfdruck, gemessen in mWS, ist abzuziehen. Heißes Wasser soll man überhaupt nicht ansaugen, sondern der Pumpe mit Gefälle zufließen lassen.

Die tatsächliche Saughöhe muß man erheblich kleiner als die theoretische wählen, weil man einen Teil der verfügbaren Druckhöhe braucht, um die Strömungs- und Beschleunigungswiderstände in der Saugleitung und im Saugventil zu überwinden. Meist hat man Saughöhen von 5 bis 6 m.

172. Wirkung und Ausrüstung der Kolbenpumpen. Dem Folgenden liegt die schematische Abb. 340 zugrunde, die eine einfachwirkende Plungerpumpe darstellt.

Daß eine Pumpe beim Anfahren trocken ansaugt, ist nur möglich, wenn Saughöhe und Druckhöhe klein sind, die Pumpe kleinen schädlichen Raum hat und dicht ist. Dann wirkt die Pumpe zunächst als Luftpumpe, solange bis das Wasser in den Pumpenraum eintritt. In der Regel wird die Pumpe erst mit Wasser gefüllt, ehe sie in Betrieb gesetzt wird. Abb. 340 veranschaulicht, wie man die Pumpe aus der Druckleitung füllen kann, indem man die Umläufe U öffnet, welche die Rückschlagklappe RK, das Druckventil und das Saugventil überbrücken. Damit die Saugleitung das Wasser hält, ist am Saugkorb ein Fußventil nötig. Fußventil und der das Saugventil überbrückende Umlauf fallen fort, wenn man die Luft aus Saugwindkessel und Saugleitung mittels Ejektors absaugt. Bei der gefüllten Pumpe spielt die Größe des schädlichen Raumes keine Rolle. Beim Saughub wird das Wasser von der Atmosphäre durch das selbsttätig öffnende Saugventil dem Pumpenkolben nachgedrückt. Im Hubwechsel schließt das Saugventil, und der rückkehrende Kolben drückt beim Druckhub das Wasser durch das selbsttätig öffnende Druckventil hindurch in die Druckleitung.

Der Kolben bewegt das Wasser ungleichförmig, ferner wird bei den in Abb. 337 und 340 dargestellten Pumpen, die einfach wirken, nur bei jedem zweiten Hube Wasser gefördert; die Wasserlieferung ist also sehr ungleichförmig, wie es Linie *a* in der späteren Abb. 353 veranschaulicht. Bei einer doppeltwirkenden Pumpe ist die Wasserlieferung gleichmäßiger (Linie *b*), und bei der doppeltwirkenden Zwillingspumpe (Linie *c*) sowie bei der Drillingspumpe (Linie *d*) liegen die Verhältnisse noch günstiger. Immerhin ist es aber nur bei sehr langsamem Pumpengange möglich, daß sich die Saugwassersäule und die häufig sehr lange Druckwassersäule ebenso ungleichförmig bewegen, wie die Pumpe das Wasser aufnimmt und abgibt. Um schnelleren Pumpengang zu ermöglichen, ist es unumgänglich, daß das Wasser in der Saugleitung und in der Druckleitung annähernd gleichförmig strömt. Zu diesem Zwecke werden Windkessel als Ausgleicher angeordnet. Der Saugwindkessel liegt unter dem Saugventil und der Druckwindkessel über dem Druckventil. Die Windkessel sind zum Teil mit Luft gefüllt und nehmen Wasser auf, indem die Luft zusammengedrückt wird, wobei im Windkessel Wasserstand und Druck steigen, und geben Wasser ab, wobei Wasserstand und Druck fallen. Je ungleichförmiger die Pumpe wirkt, um so größer müssen die Windkessel sein. Bei längeren Druckleitungen genügen die Windkessel der Pumpe allein nicht mehr, sondern die Druckleitung selbst ist ebenfalls mit Windkesseln auszurüsten, insbesondere an Wendepunkten der Leitung.

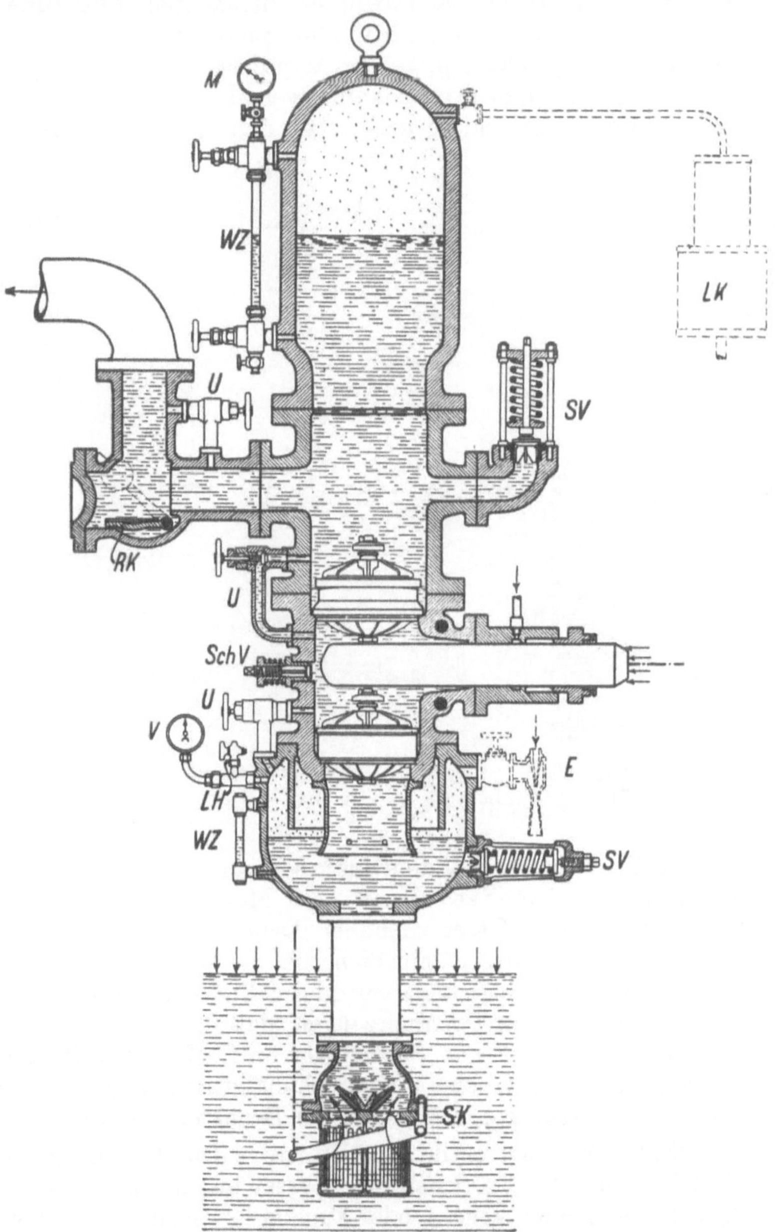

Abb. 340. Plungerpumpe nebst Ausrüstung.

Die Windkessel wirken nur, wenn sie genügend Luft enthalten. Man überwacht sie mit Hilfe der Wasserstandzeiger *WZ*. Im Saugwindkessel hält sich die Luft, weil das entspannte Wasser Luft abscheidet; überschüssige Luft tritt durch die in der Abbildung angedeuteten Löcher in den Saugstutzen der Pumpe und wird abgepumpt. Der Druckwindkessel dagegen verliert Luft; denn das gepreßte Wasser nimmt Luft auf. Der Druckwindkessel muß also immer wieder aufgefüllt werden. Bei Wasserhaltungspumpen ordnet man dafür kleine mehrstufige Luftkompressoren an, oder man verwendet Luftschleusen gemäß Abb. 341 (Haniel & Lueg), bei denen man mit Hilfe von Druckwasser, das der Druckleitung entnommen wird, atmosphärische oder dem Druckluftnetze entnommene Luft zusammenpreßt und in den Windkessel hinüberschleust. Bei Pumpen für mäßige Druckhöhen benutzt man Schnüffelventile (Abb. 342 oder *SchV* in Abb. 340), die sich beim Saughube öffnen, so daß neben dem Wasser auch Luft angesaugt wird, die beim Druckhube komprimiert wird und dann, zum Teile wenigstens, in den Druckwindkessel tritt. Je mehr Luft die Pumpe einschnüffelt, um so weniger Wasser fördert sie selbstverständlich. Ist der Druckwindkessel wieder aufgefüllt, wird das Schnüffelventil geschlossen; zuweilen läßt man es auch dauernd schnüffeln.

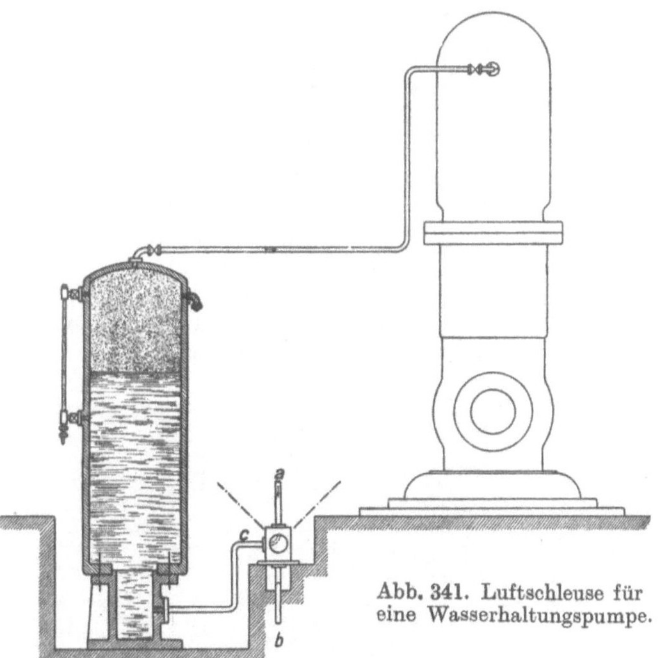

Abb. 341. Luftschleuse für eine Wasserhaltungspumpe.

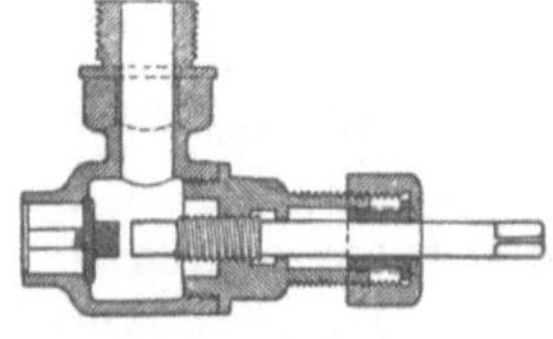
Abb. 342. Schnüffelventil.

Den Unterdruck im Saugwindkessel mißt man mit dem Vakuummeter V, den Überdruck im Druckwindkessel mit dem Manometer M. Erhält der Saugwindkessel z. B. beim Füllen mit Wasser zu hohen Druck, so bläst das Sicherheitsventil SV ab. Auch über dem Druckventil ist ein Sicherheitsventil angebracht. Würde z. B. die Druckleitung versehentlich abgesperrt, so würde die Pumpe, durch ihr Schwungrad getrieben, weiter laufen und so hohen Druck erzeugen, daß die Pumpe gesprengt würde. Gegen derartige Gefährdung schützt das Sicherheitsventil. Um die Pumpe öffnen und nachsehen zu können, ohne das Wasser aus der Steigleitung ablassen zu müssen, sperrt man sie mit der Rückschlagklappe *RK* gegen die Druckleitung ab.

173. Die Pumpenventile. Für kleinere Durchflußmengen verwendet man einsitzige Ventile, Abb. 343, bei denen das Wasser nur durch einen Ringspalt abströmt. Je nachdem der Sitz eben, kegelig oder kugelig ist, spricht man von Teller-, Kegel- oder Kugelventilen. Soll die Geschwindigkeit im Ventilspalt bei voller Ventilöffnung doppelt so groß sein, wie im Ventilrohr, so ist der größte Ventilhub $= 1/8$ des Ventildurchmessers. Weil man bei den üblichen Drehzahlen der Pumpen nur kleine Ventilhübe anwendet — etwa 5 bis 10 mm —, so verwendet man nur kleine einsitzige Ventile, die man für größere Durchflußmengen zu einem Gruppenventil vereinigt, bei dem mehrere kleine Ventilsitze in einer gemeinsamen Platte untergebracht sind.

Im Vermögen, das Wasser durchzulassen, ist das Ringventil dem einsitzigen Ventile weit überlegen. Denn der Ring öffnet dem Wasser zwei Durchflußspalte, und man kann mehrere Ringe nebeneinander oder übereinander anordnen. Bei höherem Drucke werden für größere Durchflußmengen fast ausschließlich Ringventile angewendet. Abb. 344 zeigt ein einfaches federbelastetes Ringventil, Abb. 345 zeigt ein Ventil mit drei gewichtbelasteten Ringen übereinander, ein sogenanntes Etagen- oder Stufenventil, in den Abb. 346 und 347 sind Ventile mit drei nebeneinanderliegenden Ringen (*b*) dargestellt, die durch eine gemeinsame, aus Gummi bestehende Rohrfeder (*a*) belastet sind. Die Ringe

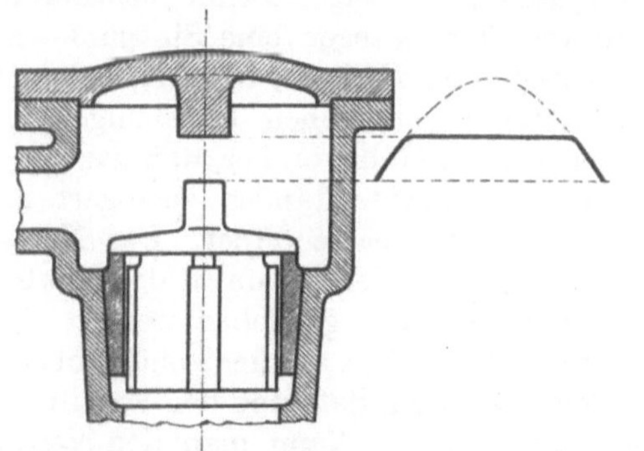

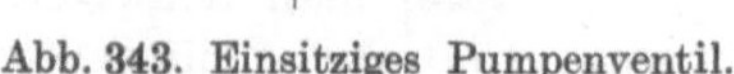

Abb. 343. Einsitziges Pumpenventil.

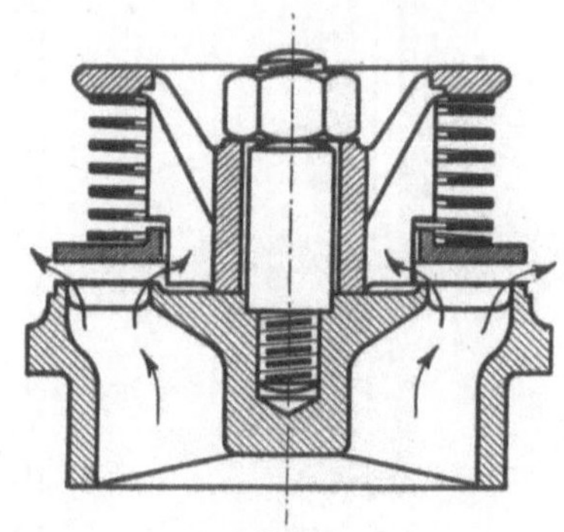

Abb. 344. Einfaches Ringventil.

sind aus Rotguß, die Ventilsitze aus Rotguß oder Gußeisen hergestellt. Bei reinem Wasser dichtet Metall auf Metall; bei sandigem Wasser ist die Fernis-Dichtung üblich, bei der,

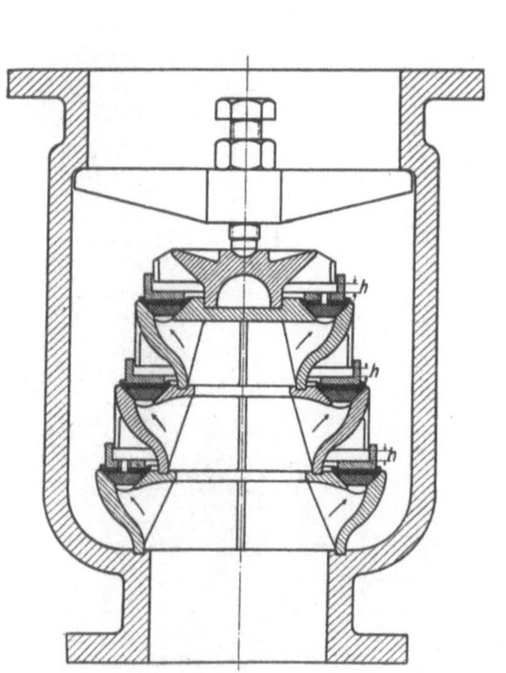

Abb. 345. Dreiringiges Stufenventil.

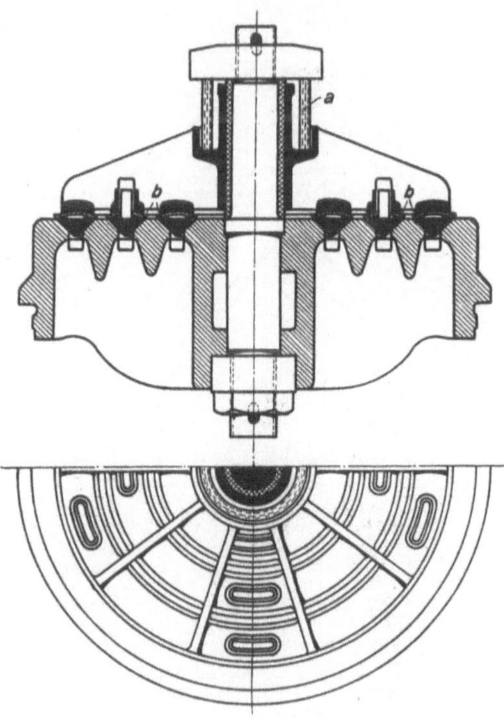

Abb. 346. Dreifaches Ringventil.

wie es die Abb. 345 bis 347 zeigen, über den Metallringen Lederringe liegen, die nachdichten.

Die Pumpenventile wirken s e l b s t t ä t i g; gesteuerte Ventile oder Klappen werden nur ausnahmsweise angewendet. Für die Wirkungsweise der s e l b s t t ä t i g e n Ventile ist grundlegend, daß die Geschwindigkeit im Ventilspalt nur von der Ventilbelastung abhängt, nicht von der Durchflußmenge. Ist die Ventilbelastung h Meter Wassersäule, so ist die Spaltgeschwindigkeit v theoretisch $= \sqrt{2gh}$, in Wirklichkeit etwas kleiner. Ist ein Ventil durch sein Gewicht und durch eine weiche Feder annähernd gleichmäßig belastet, so bleibt die Spaltgeschwindigkeit annähernd gleich, d. h. der Ventilhub stellt sich proportional der Durchflußmenge ein. Bei langsamem Pumpengange öffnen die Ventile weniger, bei schnellem Gange mehr. Bei Pumpen mit Kurbelantrieb heben und senken sich die Ventile, ebenso wie die Kolbengeschwindigkeit zu- und abnimmt; die theoretische Ventilerhebungslinie ist auf die Zeit bezogen eine Sinuslinie, auf den Kolbenweg bezogen eine Ellipse. In Wirklichkeit hinken die Ventile ihrer theoretischen Erhebungslinie nach. Dies rührt hauptsächlich davon her, daß das eine Ventil infolge seines Massenwiderstandes verzögert schließt, worauf das andere verspätet öffnet. Das Nachhinken hat zur Folge, daß die Ventile nach dem Hubwechsel mit Gewalt auf den Sitz getrieben werden. Geringer Ventilschlag schadet nichts, starker Ventilschlag gefährdet die Ventile. Dadurch, daß man den Ventilhub durch einen Anschlag begrenzt, kann man den Ventilschlag nicht vermindern; man muß die Pumpe langsamer laufen lassen oder stärkere Ventilfedern einsetzen oder den Ventilhub verkleinern. Leichte Ventile mit kräftigen Federn und kleinem Hube sind auch bei verhältnismäßig hohen Drehzahlen brauchbar. In der Abb. 348[1] sind für $n = 110$, $n = 130$ und $n = 150$

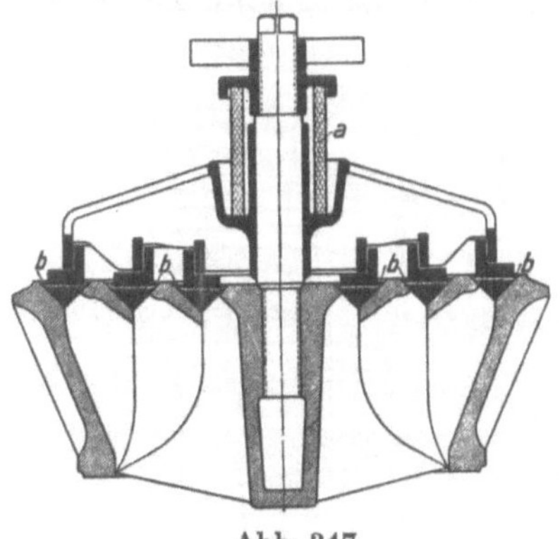

Abb. 347.

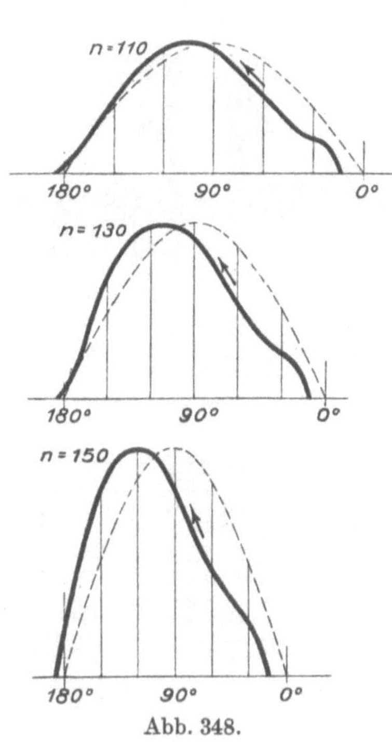

Abb. 348.

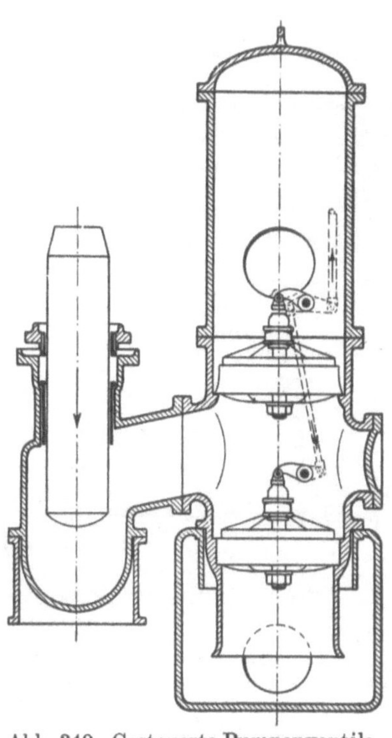
Abb. 349. Gesteuerte Pumpenventile.

die theoretische und die wirkliche Erhebungslinie eines Ringventils gezeichnet; je höher die Drehzahl, um so höher hebt sich das Ventil, um so mehr hinkt es nach.

Bei gesteuerten Ventilen, Abb. 349[1], öffnet das Ventil selbsttätig und wird durch einen nachgiebigen Daumen geschlossen. Diese Steuerung hat nur Zweck, wenn es sich um besonders große Ventilhübe handelt, wie sie bei Kanalisationspumpen notwendig sind. In der Abb. 350[1] ist a die Erhebungslinie eines gesteuerten Ventiles, b die Linie desselben

[1] Nach Berg: Die Kolbenpumpen.

Ventiles, das ungesteuert betrieben wurde, dabei stärker belastet werden mußte und kleineren Hub machte, c die Bewegungslinie des Schließdaumens. Für Wasserhaltungen sind gesteuerte Ventile zwecklos.

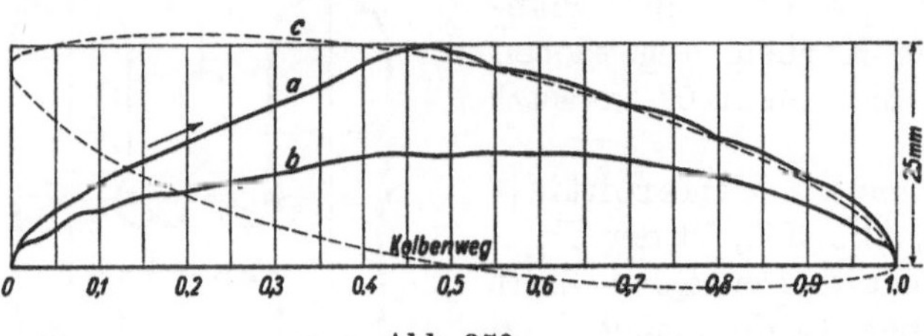

Abb. 350.

174. Druckpumpen. Hubpumpen. Saugpumpen. Bei der Druckpumpe wird das mittels eines Plunger- oder Scheibenkolbens beim Saughube angesaugte Wasser beim Druckhube durch das Druckventil herausgedrückt. Die normale Pumpe ist eine Druckpumpe, z. B. die in der früheren Abb. 337 dargestellte Pumpe. Abb. 351[1] zeigt die Druckpumpe einer Gestängewasserhaltung. Neben den Druckpumpen hat man Hubpumpen, die einen durchbrochenen, mit Klappen oder mit einem Ventil ausgerüsteten Kolben haben. Hubpumpen verwendet man hauptsächlich als Brunnenpumpen. Abb. 352 zeigt den Zylinder einer Brunnenpumpe. Beim Hochgange hebt der durchbrochene, mittels Lederstulpes abgedichtete, durch Ventil c geschlossene Kolben b das über ihm stehende Wasser, während frisches Wasser durch die lederne, eisenbewehrte Saugklappe a nachgesaugt wird. Beim Niedergange geht der Kolben leer durch das über der Saugklappe stehende Wasser, wobei sich das Ventil c hebt. Reine Saugpumpen, d. h. Pumpen ohne Druckventil gibt es nicht. Im Bergbau verstand man unter Saugpumpen Hubpumpen mit sehr geringer Druckhöhe.

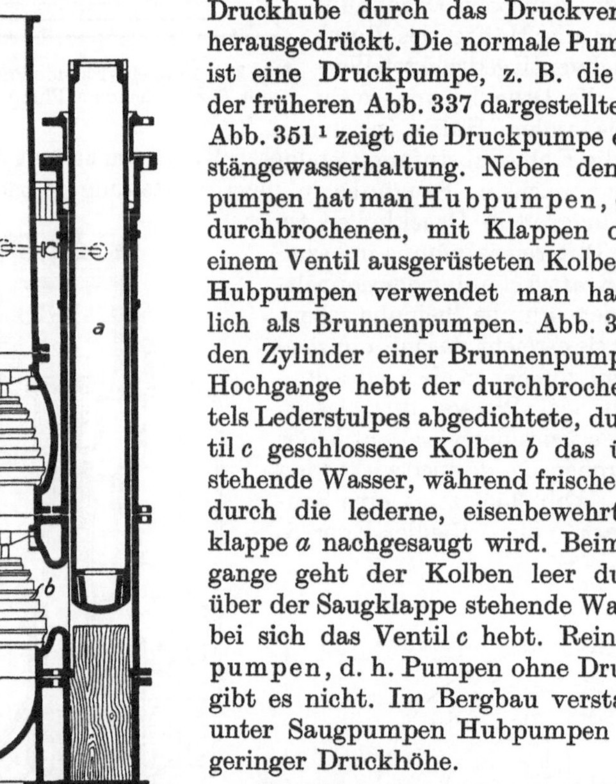

Abb. 351. Druckpumpe einer Gestängewasserhaltung.

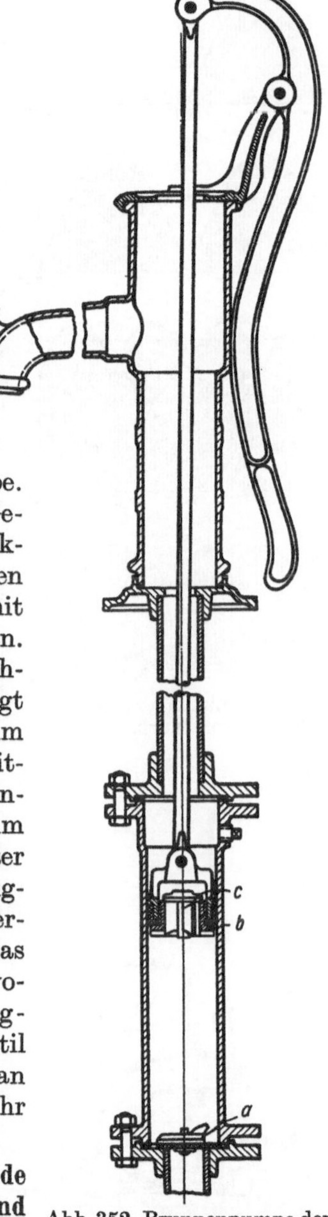

Abb. 352. Brunnenpumpe der Garvenswerke, Hannover.

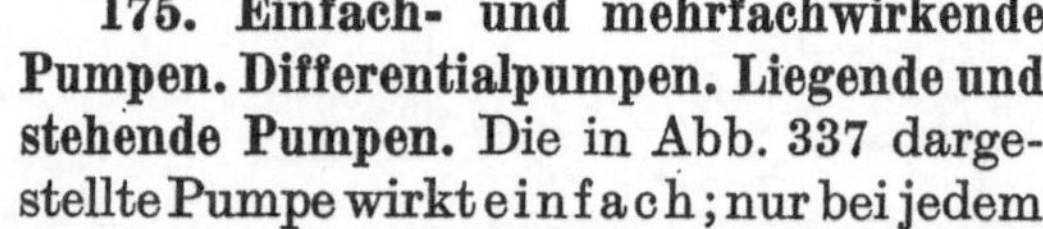

175. Einfach- und mehrfachwirkende Pumpen. Differentialpumpen. Liegende und stehende Pumpen. Die in Abb. 337 dargestellte Pumpe wirkt einfach; nur bei jedem zweiten Hube wird Wasser gefördert. In der Abb. 353, die für Pumpen mit Kurbelantrieb gilt, veranschaulicht Linie a die Wasserlieferung der einfachwirkenden Pumpe innerhalb einer Umdrehung. Vereinigt man zwei einfachwirkende Plungerpumpen zu einer doppeltwirkenden, indem man entweder gemäß Abb. 365 die Plunger durch ein Umführungsgestänge verbindet, oder gemäß Abb. 354 einen durchgehenden Plunger anordnet, so erhält man die durch Linie b in Abb. 353 dargestellte Wasserlieferung. Dasselbe erreicht man durch eine doppeltwirkende Pumpe mit Scheibenkolben. Durch eine doppeltwirkende

[1] „Sammelwerk", Bd. IV.

Zwillingspumpe mit um 90° versetzten Kurbeln erhält man die durch Linie *c* gekennzeichnete Wasserlieferung. Noch gleichmäßiger wird, wie es Linie *d* zeigt, die Wasserlieferung einer einfachwirkenden Drillingspumpe, deren drei Plunger durch Kurbeln angetrieben werden, die um 120° versetzt sind.

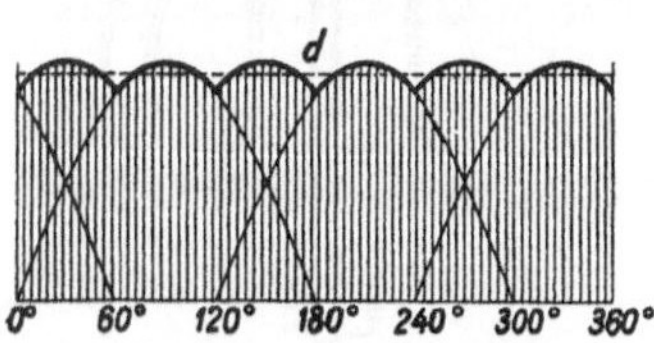

Abb. 353. Linien der Wasserförderung von Kurbelpumpen.

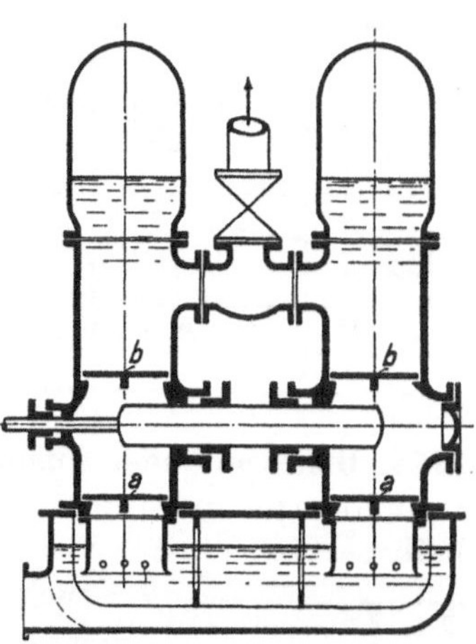

Abb. 354. Doppeltwirkende Pumpe mit durchgehendem Plunger.

Bei einer Differentialpumpe, Abb. 355, ist der Plunger abgestuft. Den Querschnitt der kleinen Stufe macht man halb so groß wie den Querschnitt der großen Stufe. Die Differentialpumpe hat einfache Saugwirkung, aber verteilte Druckwirkung. Denn beim Druckhube tritt nur die Hälfte des durch das Druckventil gedrückten Wassers in die Druckleitung, während die andere Hälfte in den durch die Kolbenabstufung gebildeten Ringraum strömt und erst beim nächsten Saughube in die Druckleitung gedrückt wird. Für größere Druckhöhen ist also die Differentialpumpe in bezug auf die Kraftverteilung der doppeltwirkenden Pumpe beinahe ebenbürtig; sie erreicht das mit nur zwei Ventilen, von denen aber jedes doppelt so viel Wasser durchlassen muß, wie jedes der vier Ventile der gleichgroßen doppeltwirkenden Pumpe. Abb. 355[1] zeigt eine Sonderbauart, die Riedler-Expreßpumpe, die den ersten Schnelläufer darstellt. Der Saugwindkessel w_1 ist hochgelegt; das Saugventil *s* umgibt den Kolben konzentrisch, öffnet sich bis zum Anschlage *h* und wird vom rückkehrenden Kolben durch den Kopf *k* geschlossen.

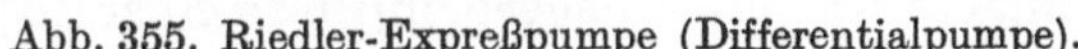

Abb. 355. Riedler-Expreßpumpe (Differentialpumpe).

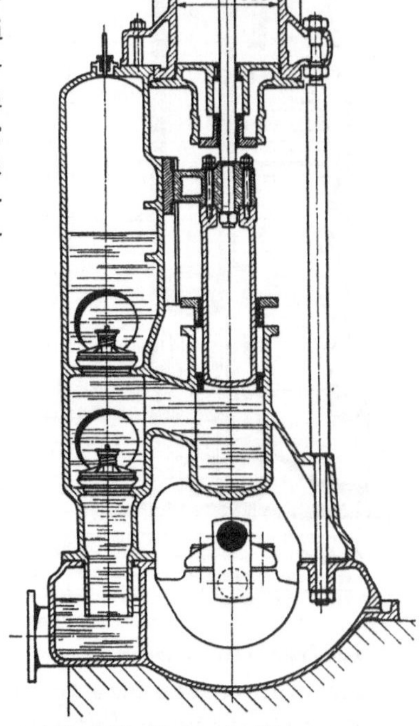

Abb. 356. Stehende Plungerpumpe.

[1] „Sammelwerk", Bd. IV.

Was die Aufstellung betrifft, überwiegen liegende Pumpen; bei Kesselspeisepumpen findet man auch häufig die stehende Bauart, wie sie Abb. 356 veranschaulicht.

176. Zahnradpumpen. Kapselpumpen. Membranpumpen. Zahnradpumpen sind ebenso wie die Kolbenpumpen Verdrängerpumpen. Sie werden bei Dampfturbinen an-

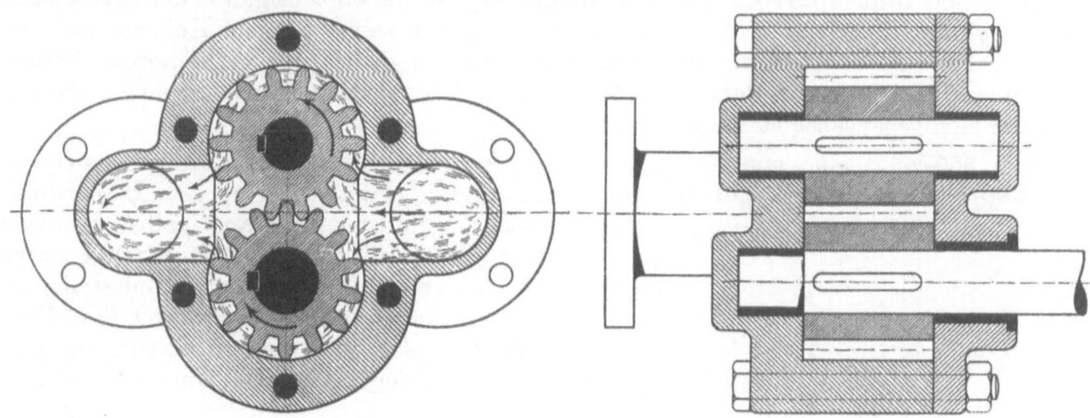

Abb. 357. Zahnradpumpe.

gewendet, um das Drucköl für die Schmierung der Lager und die Betätigung der Druckölsteuerung zu erzeugen. Bei Eisenbearbeitungsmaschinen werden kleinere Zahnradpumpen angewendet, um dem schneidenden Werkzeuge Seifenwasser zuzupumpen. Abb. 357 zeigt eine Zahnradpumpe, deren Wirkung durch die eingezeichneten Pfeile verständlich gemacht ist. Kapselpumpen werden einachsig, meist zweiachsig, auch dreiachsig ausgeführt[1].

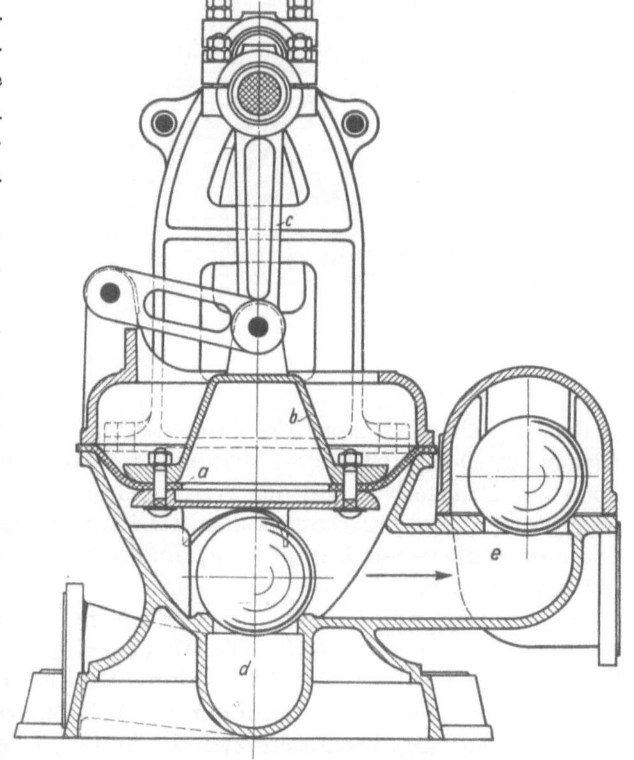

Abb. 358. Membranpumpe.

Die Membranpumpen (Diaphragmapumpen) besitzen an Stelle des Kolbens eine am äußeren Umfange mit dem Pumpengehäuse dicht verbundene Membran *a* (Abb. 358), die durch eine Kolbenstange *c* auf und nieder bewegt werden kann und die gleiche Wirkung wie ein Kolben ausübt. Die aus Gummi oder Leder hergestellte Membran ist entweder geschlossen oder durchbrochen und mit einem Ventil versehen. Abb. 358 zeigt einen Schnitt durch eine Membranpumpe (Weise Söhne, Halle), die als Saug- und Druckpumpe mit geschlossener Membran gebaut ist. Die Kugeln der Ventile *d* und *e* sind aus Eisen mit Gummiüberzug. Membranpumpen eignen sich bei geringen Druckhöhen (bis 15 m) vorteilhaft für die Förderung von sand- und schlammhaltigem Wasser, da keine reibenden Maschinenteile mit der Förderflüssigkeit in Berührung kommen.

[1] Wegen Kapselpumpen, Flügelpumpen vgl. Berg: Kolbenpumpen. Wegen Strahlpumpen, Pulsometer, Mammutpumpen siehe Heise-Herbst, 2. Band.

177. Schwungradlose Pumpen. Schwungradlose Pumpen sind Dampfpumpen oder Druckluftpumpen ohne Kurbeltrieb. Der Kolbenhub ist nicht zwangläufig festgelegt, und der Dampfzylinder kann nicht von einer Kurbelwelle gesteuert werden. Durch Steuerungen besonderer Art ist der Kolbenlauf zu begrenzen und umzusteuern. Es gibt Simplex- und Duplexpumpen. Die Simplexpumpen sind einachsig, und der antreibende Dampfzylinder wird mit Hilfe einer Vorsteuerung von seiner eigenen Kolbenstange gesteuert. Bei den Duplexpumpen, welche die ursprüngliche und verbreitetere Bauart schwungradloser Pumpen darstellen, liegen zwei Pumpen nebeneinander, deren Dampfzylinder sich gegenseitig steuern.

Abb. 359 zeigt eine von Klein, Schanzlin & Becker ausgeführte Simplexpumpe. Der doppeltwirkende Plunger hat eine innenliegende, von außen nachstellbare Stopfbüchse. Von der den Dampfkolben und den Plunger verbindenden Kolbenstange wird die Schwinge *a* mitgenommen und stellt, indem sie mit *b* gegen die Stange *c* des Hilfsschiebers *d* stößt, diese Vorsteuerung um, wenn sich der Kolben dem einen oder andern

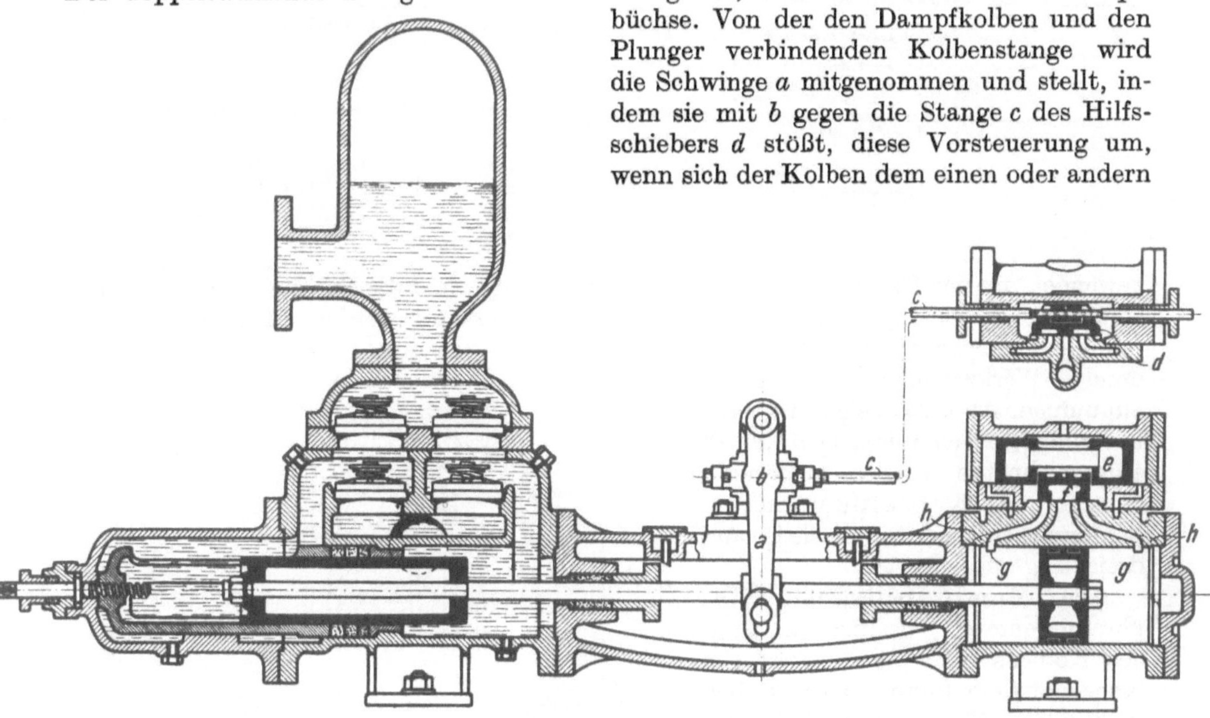

Abb. 359. Simplexpumpe.

Hubende nähert. Indem die Vorsteuerung die auf die Stirnflächen des Hilfskolbens *e* wirkenden Dampfdrücke — Frischdampfdruck und Auspuffdruck — vertauscht, wird auch der Hilfskolben und der von ihm mitgenommene eigentliche Verteilungsschieber *f* umgesteuert, und der Dampfkolben erhält, nachdem er den Hauptkanal *g* überlaufen und den eingeschlossenen Dampf komprimiert hat, durch den Hilfskanal *h* Frischdampf, der ihn umkehren läßt.

In der Abb. 360 ist eine von der Firma Weise & Monski, Halle a. S., ausgeführte Duplexpumpe dargestellt. Die Dampfzylinder haben 300 mm, die Plunger 160 mm Durchmesser und der Hub ist 250 mm. Die dargestellte Pumpe entspricht der ältesten Duplexpumpe, der Worthingtonpumpe. Abb. 361 zeigt schematisch die Wirkung der Worthingtonsteuerung. Die Dampfzylinder haben an jedem Ende einen außenliegenden Einströmkanal *e* und einen innenliegenden Ausströmkanal *a*. Wenn der Kolben gegen Hubende den Ausströmkanal überlaufen hat, wird der eingeschlossene Dampf komprimiert und der Kolben stillgesetzt. Die Kolben bewegen wechselseitig ihre Schieber, und zwar bewegt Kolben *I* den Schieber *II* durch einen doppelarmigen, Kolben *II* den Schieber *I* durch einen einarmigen Hebel. Im Schieberantrieb ist toter Gang. In der in Abb. 361 oben dargestellten Lage wird gerade Kolben *I* umgesteuert, weil Schieber *I*, bewegt vom

Kolben *II*, gerade den unteren Einströmkanal öffnet. In der unten dargestellten Lage wird gerade Kolben *II* umgesteuert, weil Schieber *II*, bewegt vom Kolben *I*, gerade den

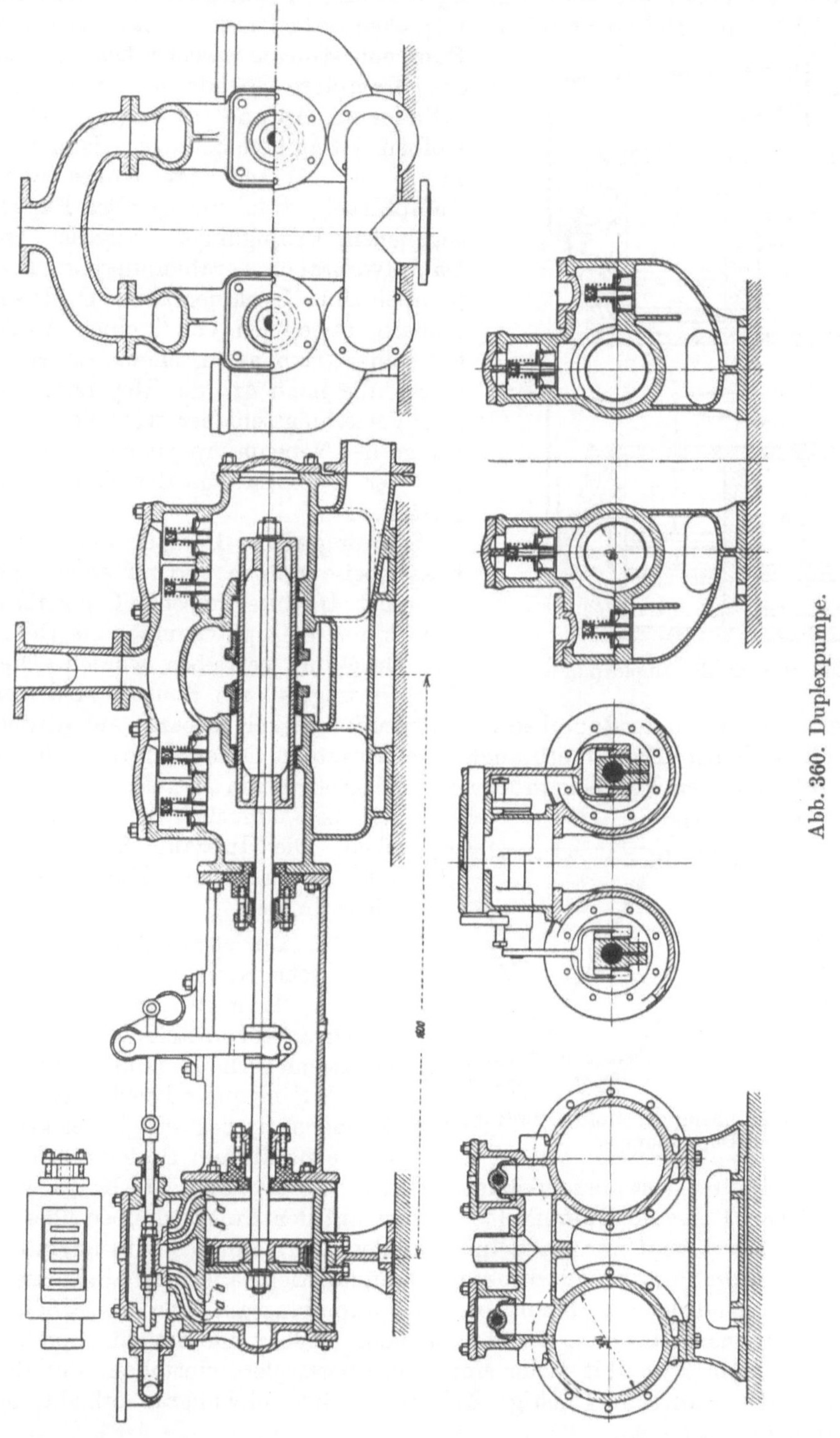

Abb. 360. Duplexpumpe.

Einströmkanal öffnet. Jeder Kolben setzt also den anderen in Gang, ehe er selbst seine Endstellung erreicht, so daß die Pumpe nicht zum Stillstand kommt. Abb. 362 veranschaulicht den Zusammenhang der Bewegungen beider Kolben. Der eine Kolben läuft dem anderen nach, und wenn ein Kolben umkehrt, ist der andere in Bewegung. Auf dem größten Teile des Hubes bewegen sich die Kolben annähernd gleichförmig.

Weil die Dampfzylinder volle Füllung bekommen, brauchen diese schwungradlosen Pumpen viel Dampf. Bei höheren Dampfdrücken ordnet man deshalb auch bei mäßigen Pumpenleistungen zwecks besserer Ausnutzung des Dampfes Hochdruck- und Niederdruckzylinder an. An und für sich entspricht, weil die Kolben erst zu beschleunigen, dann zu verzögern sind, ein während des Hubes abnehmender Dampfdruck, d. h. eine gewisse Expansion, den gegebenen Bedingungen; zugleich ist so der Dampfverbrauch herabminderbar. Die Duplexpumpen der Maschinenfabrik Oddesse werden deshalb, abgesehen von kleinen Ausführungen, mit einer Expansionsschiebersteuerung ausgerüstet, die nach Art der Meyersteuerung wirkt. Der Verteilungsschieber wird von der Kolbenstange der Nebenpumpe, der Expansionsschieber von der Kolbenstange der eignen Pumpe angetrieben.

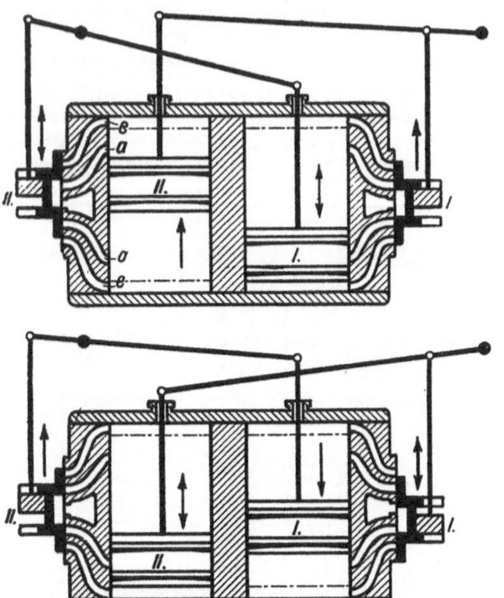

Abb. 361. Schema der Duplexpumpe.

Schwungradlose Pumpen werden vielfach als Kesselspeisepumpen und für andere Zwecke angewendet. Im unterirdischen Grubenbetriebe sind viele kleinere Duplexpumpen im Gebrauch, die mit Druckluft betrieben werden. Die Vorzüge der schwungradlosen Pumpen sind niedrige Anschaffungskosten, geringer Raumbedarf, Anspruchslosigkeit in bezug auf Wartung, denen als Nachteil der höhere Dampfverbrauch gegenübersteht. Die erreichbare Zahl der Doppelhübe ist bei kleineren Pumpen größer als bei großen. Im Mittel rechne man, daß die Pumpen minutlich bis 60 Doppelhübe machen. Die Hubzahl wird geregelt, indem man den treibenden Dampf mehr oder weniger drosselt.

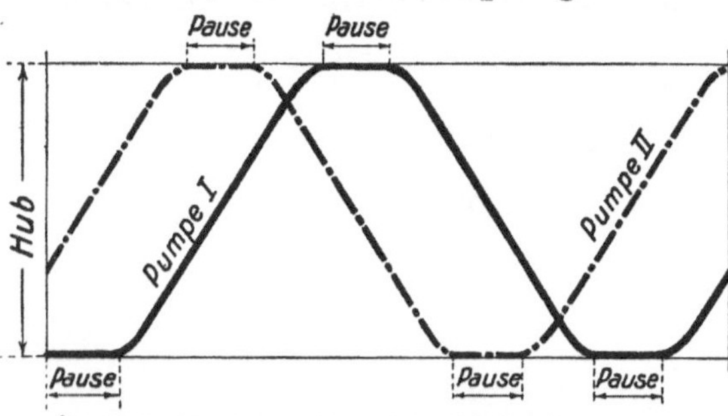

Abb. 362. Zusammenhang der Kolbenbewegungen bei Duplexpumpen.

178. Antrieb der Kolbenpumpen mit Kurbelgetriebe. Kleinere Pumpen werden meist von einer Transmissionswelle oder von einem Elektromotor mittels Riemens angetrieben. Die Riemenscheibe muß schwer genug sein, um als Schwungrad zu dienen. An Stelle des Riemenantriebes tritt bei elektrischem Antriebe häufig ein Rädervorgelege. Wasserwerkpumpen erhalten fast ausschließlich direkten Dampfantrieb. Die Kräfte werden dabei zum erheblichen Teil vom Dampfkolben direkt auf den Pumpenkolben übertragen, und durch das Triebwerk geht nur ein kleiner Teil der Energie in das Schwungrad hinein und wieder heraus. Diese Pumpen mit direktem Dampfantrieb haben deshalb hohen Wirkungsgrad, der annähernd derselbe bleibt, ob die Pumpe langsam oder schnell läuft. Daß die Dampfpumpen innerhalb weiter Grenzen bequem regelbar sind, ist ein besonderer Vorteil. Die Drehzahl kann man mit Hilfe eines Leistungsreglers einstellen. Für den Dampfverbrauch erhält man sehr günstige Zahlen, da das Schwungrad erlaubt, den Dampf weit expandieren zu lassen.

Die üblichen Drehzahlen der Pumpen liegen weit auseinander, je nach der Größe der Pumpe und der Art des Antriebes. Schnellaufende Pumpen werden kurzhubig, langsam laufende langhubig gebaut. Die Pumpenventile werden bei schnellaufenden Pumpen selbstverständlich nicht kleiner als bei langsamlaufenden; denn die Ventilgröße hängt bei gleichem Hube und gleicher Spaltgeschwindigkeit nur von der Durchflußmenge ab.

179. Die Wasserhaltungen mit Kolbenpumpen. Die von der Wasserhaltung zu bewältigenden Wasser — im Ruhrkohlenbergbau ist etwa 3mal mehr Wasser zu heben als Kohle — sind entweder Tageswasser, die unmittelbar von oben durchsickern, oder Grundwasser, die häufig von weit auf uns unbekannten Wegen herkommen. Die Tageswasser wechseln mit der Jahreszeit und dem Wetter, wiederholen sich aber doch mit einer gewissen Regelmäßigkeit, so daß sich der Bergmann, der sie Jahr für Jahr verzeichnet, auf sie rüsten kann. Anders die Grundwasser; es können plötzlich große Zuflüsse auftreten, wenn eine wasserführende Kluft angeschlagen wird, und die Zuflüsse können wieder verschwinden, wenn die Kluft versiegt oder durch Dämme abgesperrt wird. Die durchsickernden oder durchbrechenden Wasser fließen in den Wasserseigen der Strecken und Querschläge nach dem Schacht in den sogenannten Sumpf. Der Sumpf ist eine lange Strecke oder eine Reihe solcher Strecken, die einige Meter unter der Fördersohle liegen. Im Sumpfe soll das Wasser den Schlamm absetzen, und der Sumpf soll die Zuflüsse für einige Zeit — mindestens einige Stunden — aufnehmen können, damit kurze Instandhaltungsarbeiten an der Pumpe ausgeführt werden können. und man im Betriebe der Wasserhaltungsmaschine größere Freiheit hat.

Die Wasser fließen auf den einzelnen Sohlen zu, und es entsteht die Frage, ob man auf jeder Sohle Pumpen aufstellt, ob man dabei die Wasser von einer Sohle der andern zuhebt oder gleich zutage hebt, oder ob man den Maschinenbetrieb auf einer oder zwei Sohlen, auf die das Wasser der oberen Sohlen herabfällt, zusammendrängt. Regeln lassen sich nicht geben, da die Verhältnisse sehr verschieden liegen. Den Maschinenbetrieb auf einer Sohle zusammenzudrängen, hat große Vorteile; es ist aber damit, wenn man das Gefälle von den oberen Sohlen, wie es vielfach geschieht, nicht ausnutzt, eine beträchtliche Kraftvergeudung verbunden. Die Kraftvergeudung fällt fort, wenn man das Wasser von der oberen Sohle mit Druck in die Pumpe auf der unteren Sohle eintreten läßt. Über diesen Betrieb mit Abfallwasser, der sowohl mit Kolbenpumpen als mit Kreiselpumpen durchführbar ist, vgl. Ziffer 170 und Abb. 339.

Bei den Wasserhaltungsmaschinen ist die älteste, die Gestängewasserhaltung[1] — zu ihrer Zeit ein Meisterwerk des Maschinenbaues —, aus dem Wettbewerb ausgeschieden. Man regelte ihre Fördermenge, indem man mit Katarakten die Hubpausen länger oder kürzer einstellte. Man konnte so beliebig wenig Hübe einstellen, nach oben gelangte man aber bald an die Grenze. Die Gestängewasserhaltungen waren teuer, schwer, nicht leistungsfähig. Wegen der Pumpen selbst vgl. die frühere Abb. 351. Etwa 1870 wurden bei uns die unterirdischen Dampfwasserhaltungen eingeführt, die im Laufe der Jahre große Verbreitung gefunden haben. Mit dem Wasser, das sie heben, ist der Dampf, den sie brauchen, niederzuschlagen; deshalb ist die Teufe, für die sie anwendbar sind, begrenzt. Die tiefsten Dampfwasserhaltungen im Ruhrbezirk fördern aus über 600 m Teufe; für beste Maschinen sind aber alle Teufen, die wir bisher haben, erreichbar. Braucht nämlich eine Wasserhaltung, bezogen auf gehobenes Wasser, 9 kg Dampf/PSh und rechnet man für das Niederschlagen des Dampfes die 30fache Wassermenge, so sind für 1 PSh 279 kg Wasser aus der Teufe $\frac{270000}{279} = $ rd. 1000 m hebbar (1 PSh = 270000 mkg).

Ein schwerwiegender Nachteil der Dampfwasserhaltungen ist, daß die Dampfleitung dauernd unter Dampf stehen muß. Dieser Nachteil macht sich besonders bemerkbar, wenn die Wasserhaltung wenig zu tun hat. Ist sie aber angestrengt tätig, verwendet man hohe Dampfdrücke und hohe Dampfgeschwindigkeiten, so fallen die Nachteile der Schachtleitung weniger ins Gewicht und die Dampfwasserhaltung arbeitet durchaus wirtschaftlich.

Abb. 363 (Haniel & Lueg) veranschaulicht die größte je gebaute Dampfwasserhaltung. Sie ist auf Zeche Gneisenau aufgestellt und hebt bei $n = 60$ Umdr. 25 m³ minutlich aus

[1] Über Gestängewasserhaltungen vgl. „Sammelwerk", Bd. IV.

500 m. Die Pumpe ist eine Zwillingsdoppelplungerpumpe mit Umführungsgestänge. Die antreibende Dampfmaschine ist eine Dreifachexpansionsmaschine mit geteiltem Niederdruckzylinder. Der Kondensator ist ein Mischkondensator, dessen Luftpumpen mit den Pumpenkolben gekuppelt sind. Der Kondensator saugt mehr Wasser an, als die Wasser-

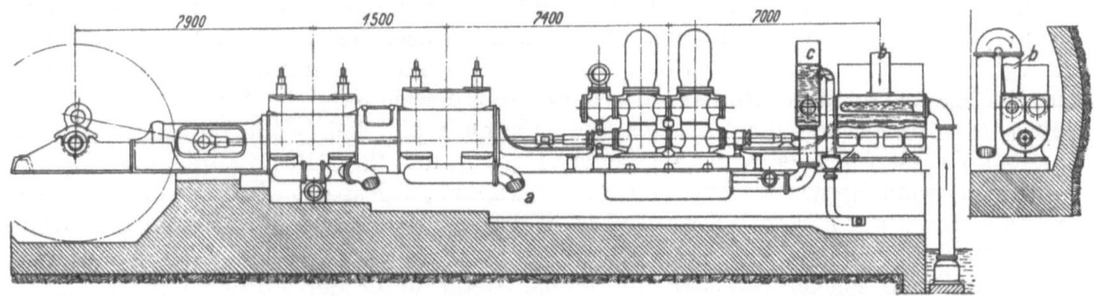

Abb. 363. Wasserhaltung für 25 m³/min aus 500 m Teufe.

haltung fördert; was zuviel ist, fließt durch den Überlauf bei *c* in den Sumpf zurück. Abb. 364 zeigt die Dampfwasserhaltung der Zeche Viktor, die 13 m³/min fördert, und daneben zum Vergleich 3 elektrisch angetriebene Turbopumpen, die zusammen 20 m³/min fördern. Über Einzelheiten der Dampfwasserhaltungen vgl. das „Sammelwerk", Bd. IV.

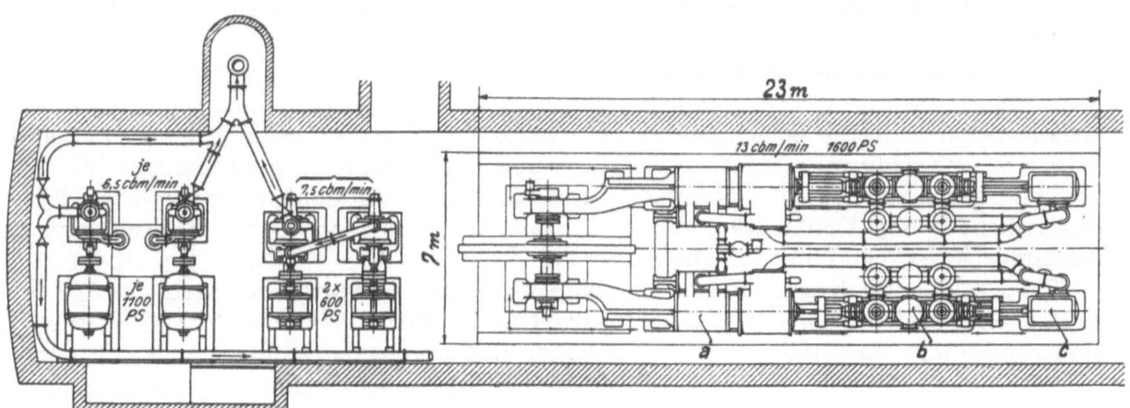

Abb. 364. Wasserhaltungen der Zeche Viktor I.

Im Wettbewerb mit den unterirdischen Dampfwasserhaltungen errangen dann die **hydraulischen** Wasserhaltungen eine gewisse Bedeutung. Insbesondere die von der Berliner Maschinenbau-A.-G. vorm. Schwartzkopff ausgeführte Bauart Kaselowsky-Prött fand seinerzeit schnelle Verbreitung[1]. Über Tage steht eine durch eine Dampfmaschine angetriebene Preßpumpenanlage, die Preßwasser von 250 at erzeugt. Dieses wird der Wasserhaltungspumpe unter Tage durch Rohrleitungen zugeführt, die vor Wasserstößen durch einen mit Druckluft belasteten Preßwasserakkumulator gesichert sind. Die zweiachsige Pumpe unter Tage ist schwungradlos, und ihre beiden durch das Preßwasser bewegten Antriebzylinder steuern sich gegenseitig. Diese hydraulischen Wasserhaltungen, die vorzüglich ausgeführt waren, aber auch vorzügliche Wartung erforderten, insbesondere rechtzeitigen und guten Ersatz der Dichtungen, waren wirtschaftlich, konnten sich aber gegen die aufkommenden Wasserhaltungspumpen mit direktem elektrischem Antrieb nicht halten.

Elektrisch, und zwar durch Drehstrom angetriebene Wasserhaltungen sind seit mehreren Jahrzehnten eingeführt und stellen heut trotz ihres Nachteiles, daß ihre Dreh-

[1] Vgl. den Aufsatz von Frölich in der Z. V. d. I., 1900.

zahl nicht regelbar ist, die herrschende Bauart dar. Das bezieht sich allerdings nicht so sehr auf die Kolbenpumpen als auf die im nächsten Abschnitt besprochenen Turbopumpen. Ursprünglich trieb man nur kleine Wasserhaltungskolbenpumpen elektrisch an, und zwar mittels Rädervorgeleges. Für große Wasserhaltungen ging man dann zum direkten Antrieb über, und man steigerte, um einen kleinen, günstiger arbeitenden Elektromotor zu bekommen, die Drehzahl der Kolbenpumpe weit über die bisher gewohnten Drehzahlen hinaus. Abb. 365 veranschaulicht eine von Ehrhardt & Sehmer gebaute, mit

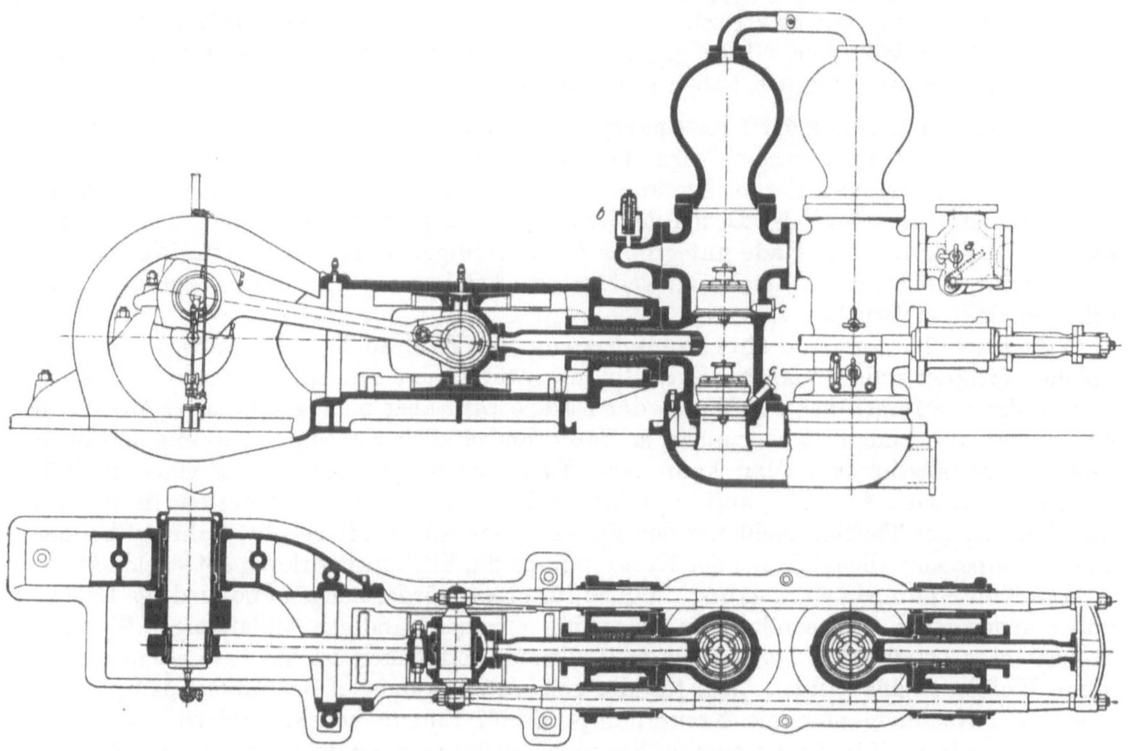

Abb. 365. Elektrisch angetriebene Wasserhaltungspumpe von Ehrhardt & Sehmer. $n = 145$.

$n = 145$ betriebene Doppelplungerpumpe, die zwar mit Rücksicht auf die hohe Drehzahl konstruiert, aber sonst normal ausgeführt ist. Von übermäßig hohen Drehzahlen ist man später wieder abgekommen. Elektrisch angetriebene Kolbenwasserhaltungen arbeiten durchaus wirtschaftlich; sie sind zwar teurer als Wasserhaltungen mit Turbopumpen, verbrauchen aber erheblich weniger elektrische Energie und ihr Wirkungsgrad hält sich besser als derjenige der Turbopumpen, die mehr unter Verschleiß leiden.

Wegen der Wirtschaftlichkeit der verschiedenartigen Wasserhaltungsantriebe vgl. den Bericht über die an Wasserhaltungen im Ruhrrevier angestellten Untersuchungen[1].

180. Die Pumpenleitungen. Wegen der Berechnung der Druckverluste in Wasserleitungen vgl. Abschnitt VII. In den Saugleitungen wählt man die Wassergeschwindigkeit etwa 0,8 bis 1 m/s. Für Druckleitungen geht man mit der Wassergeschwindigkeit höher, bis 2 m/s. Im Einzelfalle ist die Höhe des zu erwartenden Druckverlustes zu berechnen. Die Steigleitungen der Wasserhaltungen erhalten Flanschen mit Nut und Feder.

[1] Z. V. d. I. 1904.

XIX. Kreiselpumpen, Turbopumpen.

181. Leistungen und Wirkungsgrade von Kreiselpumpenanlagen. Die Nutzleistung einer zum Heben von Wasser dienenden Kreiselpumpenanlage und der Gesamtwirkungsgrad der Anlage sind gemäß Ziffer 166, die Nutzleistung einer Kreiselpumpe, die p_{at} Druck erzeugt, und ihr Wirkungsgrad gemäß Ziffer 167 zu berechnen. Wegen des erheblich schlechteren Wirkungsgrades der Kreiselpumpe setze man den Energiebedarf einer Wasserhaltung mit elektrisch angetriebener Kreiselpumpe, die Q m³/min h m hoch hebt $= 0{,}25 \cdot h \cdot Q$ kW. Der Wirkungsgrad bester Hochdruckpumpen ist etwa 78 %; einfachere und kleinere Pumpen haben schlechteren Wirkungsgrad.

182. Art und Wirkung der Kreiselpumpen. Bei einer Kreiselpumpe (oder Schleuderpumpe oder Zentrifugalpumpe) wird das Wasser durch ein Schaufelrad gefördert, in das es axial eintritt, radial zum Umfang läuft und von dort etwa tangential abgeschleudert wird. Im Rade wird der Druck des Wassers hauptsächlich durch die Fliehkraft gesteigert; indem das vom Rade mit großer Geschwindigkeit abgeschleuderte Wasser verzögert wird, erfährt das Wasser eine weitere Drucksteigerung durch Umsetzung von Geschwindigkeit in Druck.

Von einer Turbopumpe spricht man, wenn das Laufrad in ein Leitrad auswirft. Solche Leiträder ordnet man bei Kreiselpumpen für höhere Drücke und insbesondere bei mehrstufigen Pumpen an; das Wesen der Pumpe wird aber nicht dadurch bestimmt, ob ein Leitrad vorhanden ist oder nicht, so daß grundsätzlich Kreiselpumpen mit und ohne Leitrad übereinstimmen. Man kann eine Turbopumpe als Umkehrung einer Radialturbine, z. B. nach Abb. 167, auffassen. Ein bedeutsamer Unterschied besteht darin, daß die Wirkung der Turbine nicht auf der Wirkung der Fliehkraft beruht, während bei der Turbopumpe oder allgemein bei der Kreiselpumpe die Fliehkraftwirkung entscheidend ist.

Die Kreiselpumpen wurden ursprünglich für große Fördermengen und niedrige Druckhöhen angewendet, insbesondere zur Förderung unreinen, sandigen, schlammigen Wassers. Wegen ihrer Leistungsfähigkeit, Billigkeit, Unempfindlichkeit ist die Kreiselpumpe, die keine Kolben, keine Ventile hat, für die genannten Aufgaben der Kolbenpumpe weit überlegen. Nachdem man die Kreiselpumpe durch Einbau von Leiträdern und mehrstufige Anordnung für die Erzeugung höherer Drücke befähigt hat, werden diese Turbopumpen als Kesselspeise-, Wasserwerks-, Wasserhaltungs- und Preßpumpen verwendet. Je nach dem zu erzeugenden Drucke ist für die Turbopumpe eine gewisse Mindestfördermenge nötig, damit sie im Wettbewerb mit der Kolbenpumpe besteht.

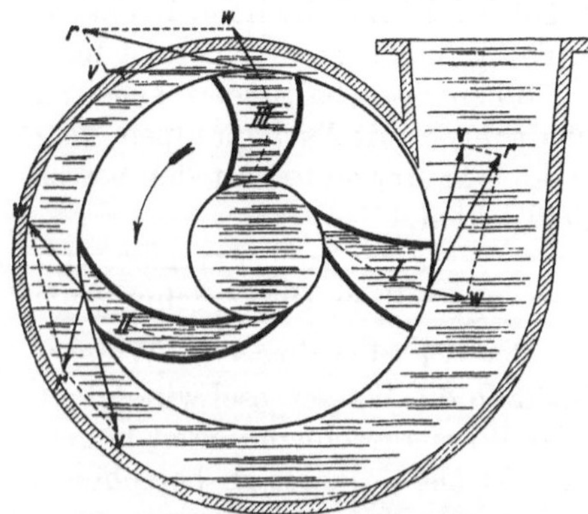

Abb. 366. Schema der Kreiselpumpe.

Abb. 366 zeigt schematisch eine Kreiselpumpe einfachster Bauart, deren Laufrad in ein sogenanntes Spiralgehäuse mit Diffusor auswirft. Am Laufrade sind drei verschiedene Schaufelformen angedeutet: *I* ist die radiale, *II* die rückwärtsgekrümmte, *III* die vorwärtsgekrümmte Form. Diese Unterscheidung bezieht sich nur darauf, wie die Schaufeln außen enden. Denn am inneren Ende sind alle Schaufeln gleich gekrümmt nämlich so, daß sie bei der Drehung in das zuströmende Wasser einschneiden. Der Drehsinn des Schaufelrades ist also dadurch festgelegt, wie die Schaufeln am inneren Ende geformt sind. Beim dargestellten Schaufelrade ist nur der eingezeichnete Umlaufsinn möglich. Würde man das Rad verkehrt auf die Welle stecken, so würden die Schaufelenden mit ihrem Rücken auf das zuströmende Wasser schlagen, und die Pumpe würde weniger Wasser und weniger hoch fördern.

Wie hoch eine Kreiselpumpe eine Flüssigkeit zu fördern vermag, hängt nicht davon ab, ob die Flüssigkeit schwer oder leicht ist. Wenn nämlich eine Pumpe auf dem Versuchstande reines Wasser 600 m hoch fördert, so fördert sie als Wasserhaltungspumpe mit derselben Drehzahl Sole, die schwerer als Wasser ist, ebenfalls 600 m hoch. Der von der Pumpe erzeugte, in at gemessene Druck und der Kraftbedarf der Pumpe ändern sich selbstverständlich proportional dem spezifischen Gewicht der geförderten Flüssigkeit.

Theoretisch erzeugt ein Schaufelrad mit radial endenden Schaufeln, dessen Umfanggeschwindigkeit v m/s ist, einen Druck $= \frac{v^2}{g}$ m Flüssigkeitssäule. In den Schaufelkanälen wird durch die Fliehkraft der Anteil $\frac{v^2}{2g}$ erzeugt, und durch Umsetzung der Geschwindigkeit in Druck erhält man im Gehäuse oder im Leitrade ebenfalls den Anteil $\frac{v^2}{2g}$. Bei vorwärtsgekrümmten Schaufeln ist der gesamte erzeugte Druck größer als $\frac{v^2}{g}$, weil das Wasser mit größerer Geschwindigkeit als bei radialen Schaufeln abgeschleudert wird, und bei rückwärtsgekrümmten Schaufeln ist der gesamte erzeugte Druck kleiner als $\frac{v^2}{g}$, weil das Wasser mit geringerer Geschwindigkeit abgeschleudert wird. Die rückwärtsgekrümmte Schaufelform ist jedoch vorzuziehen, weil bei ihr das Wasser durch die Fliehkraft eine geringere Beschleunigung, dafür aber eine umso größere direkte Drucksteigerung im Schaufelkanal erfährt, welche günstiger ist als die mit größeren Verlusten wirkende Umsetzung von Geschwindigkeit in Druck im Leitkanal. Dazu kommt, daß sich bei vorwärtsgekrümmten Schaufeln der erzeugte Druck viel stärker mit der Fördermenge ändert, als bei rückwärtsgekrümmten Schaufeln, so daß für Pumpen, die hauptsächlich statischen Druck zu überwinden haben, vorwärtsgekrümmte Schaufeln überhaupt nicht in Frage kommen. Aus diesem Grunde werden Kreiselpumpen fast ausschließlich mit rückwärtsgekrümmten Schaufeln ausgeführt.

Eine Pumpe mit rückwärtsgekrümmten Schaufeln üblicher Form erzeugt theoretisch einen Druck von etwa $\frac{v^2}{13}$ m Flüssigkeitssäule. (Je stärker die Schaufeln nach rückwärts gekrümmt sind, um so kleiner ist der erzeugte Druck.) Die tatsächlich erreichbare Förderhöhe ist wegen der Verluste erheblich kleiner. Man rechnet, daß Wasserhaltungspumpen etwa $\frac{v^2}{18}$, gute Niederdruckpumpen etwa $\frac{v^2}{22}$ m hoch fördern, wobei kleine Druckverluste in den Leitungen vorausgesetzt sind.

Mit der Umfanggeschwindigkeit der Schaufelräder geht man nur auf 35 bis 39 m/s, weil sonst die Räder zu sehr verschleißen. Bei großen Wassermengen (über 10 m³/min) läßt man bei Verwendung von Spezialwerkstoffen auch 45 bis 50 m/s zu. Mit *einem* Rade sind also bei Wasserhaltungen Förderhöhen von $\frac{35^2}{18}$ bis $\frac{39^2}{18}$, d. h. von höchstens rd. 68 bis 84 m überwindbar, so daß man in der Regel nicht mit einem Rade auskommt, sondern mehrere Räder hintereinander schalten muß. Dem stehen aber keine Bedenken entgegen, weil der Wirkungsgrad der *mehrstufigen* Pumpe nicht schlechter, sondern sogar besser als der der einstufigen ist. In einem Gehäuse vereinigt man bis zu 6, höchstens 12 Räder; reichen die nicht aus, muß man zwei Pumpensätze hintereinander schalten. Über die konstruktive Ausbildung der mehrstufigen Pumpen siehe Ziffer 184.

183. Verhalten der Kreiselpumpen bei Änderung der Fördermenge, der Umlaufzahl und der Druckhöhe. Die Kennlinien der Kreiselpumpen. Die sehr verwickelten Verhältnisse lassen sich rechnerisch schwer verfolgen, aber zeichnerisch bequem übersehen. Die Grundlage bildet das Qh-Diagramm, das zeigt, wie sich der von der Pumpe bei unveränderter Drehzahl erzeugte Druck ändert, wenn sich die Fördermenge ändert. Bei der Fördermenge Null, d. h. wenn die Pumpe gegen den geschlossenen Absperrschieber wirkt, wird der Druck hauptsächlich durch die Fliehkraft und nur zu einem geringen Teile durch Umsetzung von Geschwindigkeit in Druck erzeugt, indem das Laufrad, weil die Pumpe nicht völlig dicht ist, ein wenig Wasser abschleudert und wieder ansaugt. Je mehr man den

Absperrschieber öffnet, je mehr Wasser vom Schaufelrad abgeschleudert wird, um so mehr Druck wird durch Umsetzung von Geschwindigkeit in Druck erzeugt, so daß die Linie des erzeugten Druckes ansteigt. Das geht aber nur bis zu einer gewissen Fördermenge, weil die Strömungsverluste in der Pumpe mit der Fördermenge quadratisch zunehmen. Dann hat die Linie des erzeugten Druckes den Scheitelpunkt erreicht, und fällt wieder ab. Bei den meisten Kreiselpumpen und auch bei den Kreiselgebläsen hat die Linie des erzeugten Druckes den gekennzeichneten Verlauf, daß mit zunehmender Fördermenge der Druck erst ansteigt, dann abfällt.

Für eine bestimmte Pumpe oder eine bestimmte Pumpenart wird die Linie des erzeugten Druckes auf dem Versuchstande aufgenommen. Abb. 367 zeigt die in der Bo-

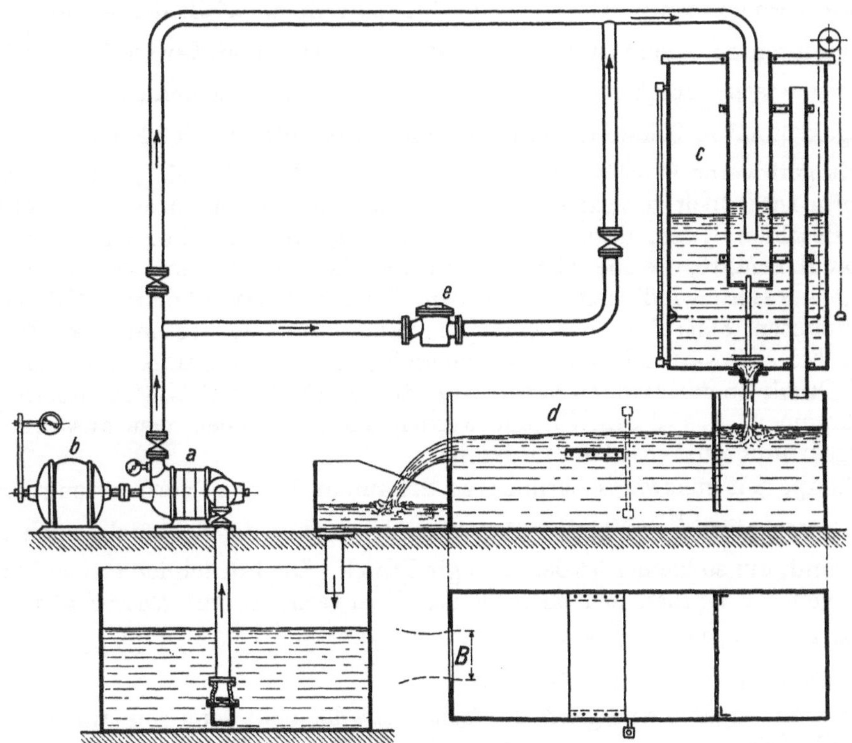

Abb. 367. Meßstand für Kreiselpumpen.

chumer Bergschule vorhandene Versuchsanordnung. Die mehrstufige Turbopumpe *a* wird von dem Verbundgleichstrommotor *b* mit $n = 1500$ getrieben. Die Fördermenge wird mit dem hinter der Pumpe sitzenden Absperrschieber geregelt, der mehr und mehr geöffnet wird. Der erzeugte Druck wird mittels Vakuummeters und Manometers gemessen, wozu noch die Höhe von der Pumpe bis zum Auslauf hinzutritt. Die geförderte Wassermenge, die in den Behälter *c* ausgegossen wird, wird mittels einer Düse gemessen, indem man die Höhe des Wasserstandes über der Düsenmündung an einem Wasserstandglase abliest. Als zweite Meßeinrichtung ist ein Überfallwehr vorhanden[1]. Ist bei der Messung die Drehzahl nicht genau gehalten, oder will man den Druckverlauf für eine andere, nicht sehr abweichende Drehzahl berechnen, so muß man quadratisch umrechnen. 1% Drehzahländerung verursacht also 2% Druckänderung.

In Abb. 368 bedeuten die Linien *I* den von einer Kreiselpumpe der Firma C. H. Jäger & Co. bei verschiedenen Drehzahlen erzeugten Druck in Abhängigkeit von der Fördermenge, die normal 6,6 m³/min ist. Linie *II* bedeutet den zu überwindenden statischen Druck, bei Wasserhaltungen die Förderhöhe, die hier 480 m beträgt. Linie *III* ist der ge-

[1] Vgl. Ziffer 256.

samte zu überwindende Druck, bei Wasserhaltungen die manometrische Förderhöhe, d. h. die Summe des statischen Druckes und der Widerstandshöhe, die quadratisch mit der Fördermenge zunimmt[1]. Wo die Linie (I) des erzeugten Druckes die Linie (III) des zu überwindenden Druckes schneidet, auf dem Punkte arbeitet die Pumpe. Bei der normalen Drehzahl $n = 1480$ fördert die Pumpe 6,6 m³/min gegen 520 m Druck. Bei der höchsten Drehzahl $n = 1525$ fördert die Pumpe 7,4 m³/min, bei der niedrigsten Drehzahl $n = 1435$ 5,8 m³/min. 1 % Änderung der Drehzahl verursacht 4 % Änderung der Fördermenge. Bei $n = 1335$ fällt die Pumpe ab, d. h. der Druck in der Leitung überwiegt den Pumpendruck, und das Rückschlagventil hinter der Pumpe geht nieder, worauf die Pumpe im toten Wasser weiter arbeitet. Die Pumpe ist dann stillzusetzen und von neuem anzulassen. Unterhalb der Linie für den Druckverlauf ist aufgetragen, wie sich der Kraftbedarf (N) und der Wirkungsgrad η der Pumpe mit der Fördermenge ändert. Bei der Fördermenge Null, wenn die Pumpe im toten Wasser arbeitet, braucht sie 480 PS, bei normaler Förderleistung 1040 PS, so daß die Pumpe, wenn sie gegen den abgesperrten Schieber arbeitet, 46 % der vollen Leistung verbraucht. Der Wirkungsgrad η hält sich innerhalb der Förderleistungen, die praktisch in Frage kommen, auf ungefähr gleicher Höhe (75 %), sinkt aber bei abnehmender Leistung schnell. In Abb. 369 sind für dieselbe Pumpenanlage der

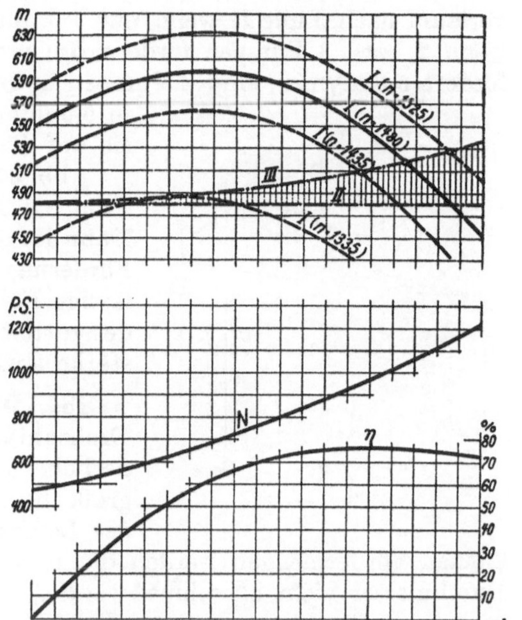

Abb. 368. Kennlinien einer Kreiselpumpe in Abhängigkeit von der Fördermenge.

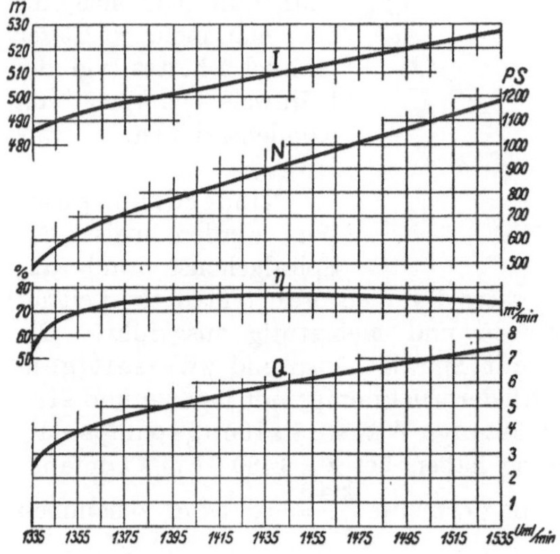

Abb. 369. Kennlinien einer Kreiselpumpe in Abhängigkeit von der Drehzahl.

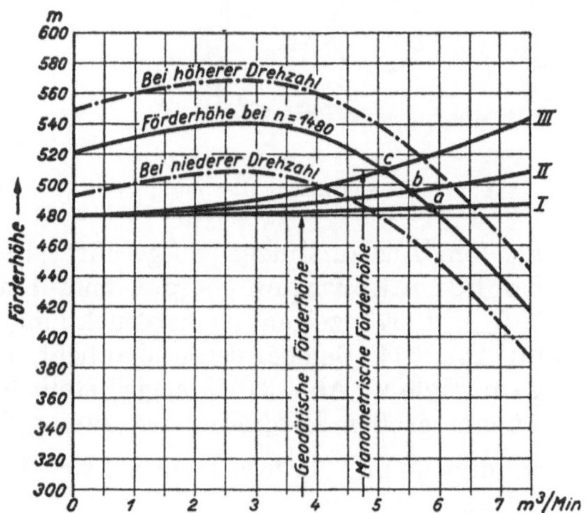

Abb. 370. Änderung der Fördermenge bei Änderung der zu überwindenden Druckhöhe.

zu überwindende Druck (I), die Antriebleistung (N), der Wirkungsgrad (η) und die Förderleistung (Q) in Abhängigkeit von der **Drehzahl** aufgetragen.

[1] Wegen der Berechnung der Druckverluste in der Leitung siehe Ziffer 57.

Wie sich die Pumpe verhält, wenn sich die zu überwindende Druckhöhe ändert, ergibt sich, wenn man in das Qh-Diagramm die neue Drucklinie einzeichnet. Abb. 370 (AEG) veranschaulicht den praktisch wichtigen Fall, daß mehrere, hier 3 Pumpen gleicher Art und Größe in eine gemeinsame Steigleitung fördern. Die manometrische Förderhöhe verläuft nach Linie *I*, wenn nur 1 Pumpe fördert, und nach den Linien *II* und *III*, wenn 2 bzw. 3 Pumpen fördern. Im ersten Fall arbeitet die Pumpe auf Punkt *a* und fördert 5,8 m³/min; sind 2 Pumpen in Betrieb, so arbeiten sie auf Punkt *b* und fördern je 5,6 m³/min, sind alle 3 Pumpen im Betrieb, so arbeiten sie auf Punkt *c* und fördern je 5,2 m³/min.

Abb. 371.

Abb. 371 veranschaulicht schließlich den Fall, daß die Pumpe erheblich höhere Drücke erzeugt, als nötig ist. Dann ist der überschüssige Druck abzudrosseln, wobei die Fördermenge bis auf Null regelbar wird. Die größte zulässige Fördermenge ergibt sich, wenn der Strommesser des antreibenden Elektromotors die höchst zulässige Stromstärke anzeigt (Q'_{max}).

184. Der Aufbau der Kreiselpumpen. Bei gegebener Drehzahl ist der Durchmesser des Laufrades durch die Förderhöhe bestimmt; bei kleinen Drehzahlen erhält man große, bei hohen Drehzahlen kleine Durchmesser. Die Breite des Laufrades ist durch die Fördermenge bestimmt. Bei kleinen Fördermengen werden die Räder schmal; damit die Räder im Verhältnis zum Durchmesser nicht zu schmal werden, ist gegebenenfalls der Durchmesser zu verringern und die Drehzahl zu erhöhen. Umgekehrt erhalten mit hoher Drehzahl laufende Räder für kleine Förderhöhen so kleine Durchmesser, daß man sie nicht so breit ausführen kann, wie es die Fördermenge erheischt; dann hilft man sich, indem man mehrere Räder parallel schaltet (vgl. die Kühlwasserpumpen von Kondensationen, Ziffer 94).

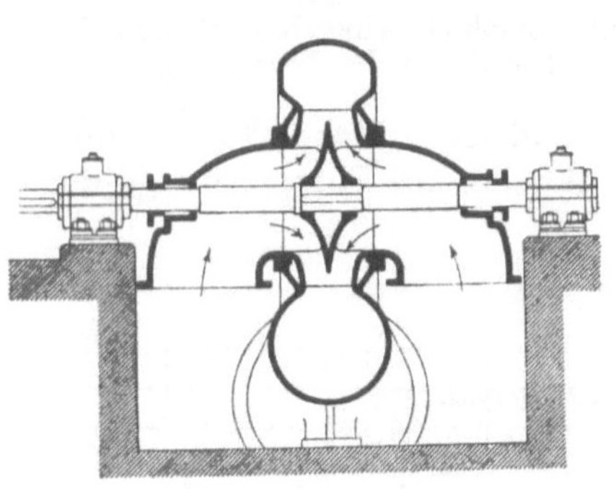

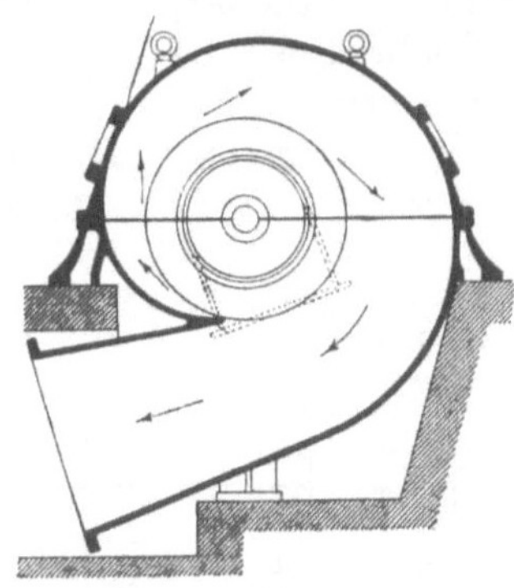

Abb. 372. Niederdruckkreiselpumpe mit 2seitigem Einlauf.

Niederdruckpumpen werden meist mit Spiralgehäuse und anschließendem Auslaufstutzen ausgeführt; für bessere Pumpen ordnet man ein Leitrad an. Hochdruckpumpen werden mit Leiträdern und mehrstufig ausgeführt. Die Abb. 372 und 373 zeigen Niederdruckpumpen mit Spiralgehäuse und zweiseitigem Einlauf. Abb. 374 (Balcke) veranschaulicht eine Niederdruckpumpe mit Leitrad und einseitigem Einlauf. Abb. 375 (Jaeger) stellt eine 6stufige Wasserhaltungspumpe dar. Die 400 mm großen Laufräder der Jaeger-Pumpe haben bei $n = 1480$ 31 m/s Umfanggeschwindigkeit und fördern nach unsrer Überschlagformel je $\frac{31^2}{18}$ = rd. 54 m, zusammen 324 m hoch.

Abb. 376 zeigt eine 4stufige Hochdruckkreiselpumpe (Weise Söhne), die als Kesselspeisepumpe für Heißwasserförderung gebaut ist. Die Pumpe hat Laufräder von 265 mm Durchm., die bei $n = 2900$ eine Umfanggeschwindigkeit von 40 m/s haben, womit bei 4 Stufen ein Enddruck am Druckstutzen von 360 m WS erreicht wird. Der Enddruck bei Kesselspeisepumpen muß entsprechend den Leitungswiderständen und der geodätischen Förderhöhe größer sein als der Höchstdruck des Kessels. Bei Kesseldrücken von

10 bis 25 at rechne man einen Zuschlag von 3 at, von 30 bis 50 at einen Zuschlag von 4 bis 5 at. Die beiden letztgenannten Pumpen gehören der Ringtype an, da das Gehäuse, entsprechend der Stufenzahl, aus einzelnen Ringen zusammengebaut ist. Ihr Gegenstück ist die Gehäusetype, bei der das Gehäuse als Ganzes ausgebildet ist.

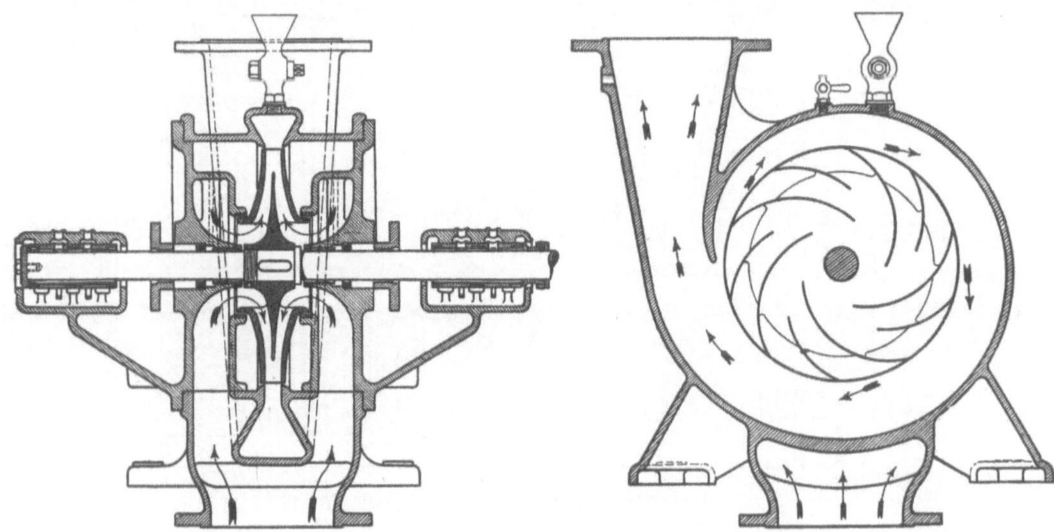

Abb. 373. Niederdruckkreiselpumpe (Jaeger).

185. Vergleich zwischen Kolbenpumpen und Kreiselpumpen. In der Wirkung, in den Betriebsbedingungen, der Reglung usw. sind Kreiselpumpe und Kolbenpumpe in schärfster Weise unterschieden. Bei der Kolbenpumpe verdrängt der Kolben bei jedem Hub immer dieselbe Wassermenge, gleich, ob die Pumpe schnell oder langsam läuft, ob sie gegen hohen Druck fördert, oder gegen niedrigen; die Förderleistung der Kolbenpumpe ist der Drehzahl proportional und ihr Wirkungsgrad ändert sich nicht wesentlich, ob sie viel oder wenig fördert. Die Kreiselpumpe muß aber, um gegen einen gewissen Druck zu fördern, mit einer gewissen Drehzahl umlaufen. Ist diese Drehzahl, wie beim Antriebe durch einen Drehstrommotor, unveränderlich, so kann die Kreiselpumpe gegen höheren Druck als normal überhaupt nicht, gegen niedrigeren nur ungünstig fördern. Eine Turbopumpe also, die durch einen 4 poligen Drehstrommotor mit $n = 1480$ angetrieben, von der 600-m-Sohle fördert, würde mit dieser Drehzahl von der 700-m-Sohle überhaupt nicht, von der 500-m-Sohle nur in der Weise fördern, daß ein Teil des erzeugten Druckes abgedrosselt wird. Die Eigenart der Kreiselpumpe tritt ferner hervor, wenn sich ihre Drehzahl ändert. Bei Turbopumpen, die hauptsächlich statischen Druck und verhältnismäßig geringe Strömungswiderstände zu überwinden haben, wie es bei Wasserhaltungspumpen und Preßpumpen der Fall ist, bedingt eine Änderung der Drehzahl um 1 %, eine Änderung der Fördermenge um etwa 4 bis 5 %. Unterschreitet die Drehzahl eine gewisse Grenze oder nimmt der zu überwindende statische Druck um ein gewisses Maß zu, so hört die Turbopumpe überhaupt auf zu fördern; sie „fällt ab“ und arbeitet im toten Wasser weiter, wobei sie, obwohl sie kein Wasser mehr fördert, noch etwa ein Drittel des Kraftbedarfes wie bei voller Leistung hat. Überwiegen die Strömungswiderstände, so werden die Verhältnisse für die

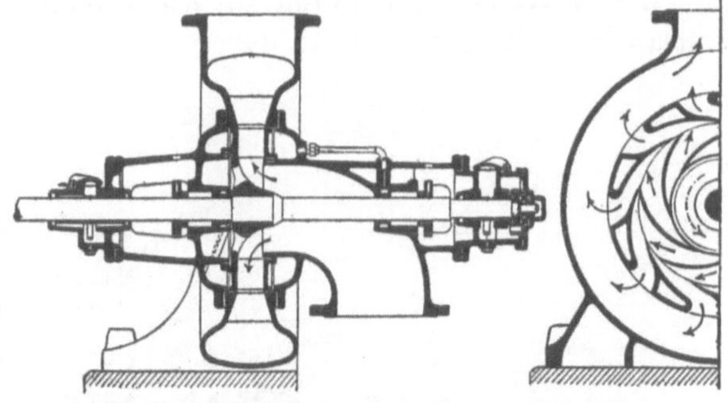

Abb. 374. Niederdruckkreiselpumpe mit Leitrad.

Kreiselpumpe viel günstiger. In bezug auf den Umlaufsinn besteht der kennzeichnende Unterschied zwischen Kolben- und Kreiselpumpe, daß die Kolbenpumpe in derselben Weise wirkt, ob sie rechts oder links herum läuft, während die Kreiselpumpe nur in einem, durch die Schaufelform gegebenen Sinne umlaufen darf.

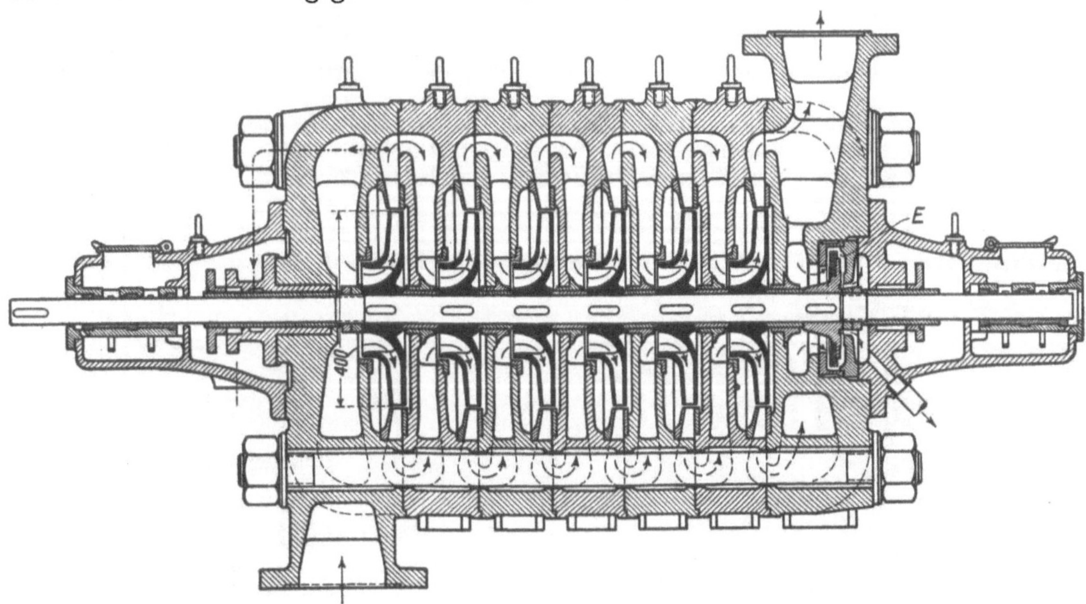

Abb. 375. 6stufige Hochdruckkreiselpumpe (Jaeger).

Im Betriebe ergibt sich schließlich noch ein ins Auge fallender Unterschied in bezug auf die Messung der geförderten Wassermenge. Die Kolbenpumpe wirkt selbst als zuverlässiger Wassermesser, so daß es genügt, ihre Umdrehungen zu zählen. Bei Kreisel-

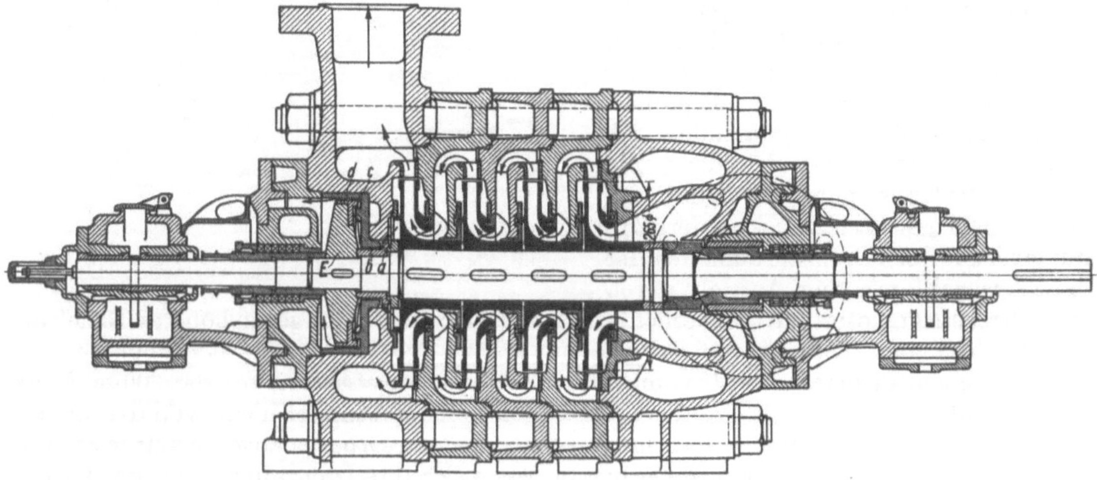

Abb. 376. 4stufige Hochdruckkreiselpumpe (Weise Söhne).

pumpen fällt das weg. Bei elektrisch angetriebenen Wasserhaltungskreiselpumpen kann man zwar aus ihrem Strombedarf auf die Fördermenge schließen; doch ist es richtiger, die Fördermenge mittels Überfallwehres zu messen und aufzuzeichnen.

186. Entstehung und Ausgleich des Axialschubes. Bei den Laufrädern mit einseitigem Einlauf entsteht ein der Strömung entgegengerichteter Axialschub, weil der Saugmund geringeren Druck empfängt als die entsprechende Fläche auf der entgegengesetzten

Radseite. Früher glich man den Axialschub aus, indem man nach dem Vorbild von Jaeger auf der anderen Radseite durch eine besondere Dichtungsleiste eine dem Saugmunde gleichgroße Fläche schaffte, die man durch Verbindungslöcher vom Saugmunde aus beaufschlagen ließ, wie es Abb. 374 veranschaulicht. Bei mehrstufigen Pumpen kann man, wie es Sulzer ursprünglich getan hat, die Räder paarweis gemäß Abb. 381 gegeneinander schalten. Am gebräuchlichsten ist es, bei mehrstufigen Pumpen alle Räder zusammen durch einen gemeinsamen Entlastungskolben oder eine gemeinsame Entlastungsscheibe auszugleichen. Letztgenannte Anordnung wird durch Abb. 377 (R. Wolf) veranschaulicht. Die Welle muß axiales Spiel haben. Die Entlastungsscheibe *a* wird durch Druckwasser der letzten Stufe beaufschlagt, das durch einen inneren (*b*) und einen äußeren (*c*) Spalt abströmt. Der Axialschub drängt die Welle nach rechts, so daß der innere Spalt an der Entlastungsscheibe eng, der äußere weit wird. Die Entlastungsscheibe empfängt also innen den vollen Druck der letzten Stufe, während auf der äußeren Seite ein viel kleinerer Druck herrscht, weil das Wasser außen bequemer abströmt; infolgedes drängt die Entlastungsscheibe die Welle nach links. In die genaue, für den richtigen Ausgleich erforderliche Lage stellt sich die Welle selbsttätig ein. Diese Art des Ausgleiches wird viel angewendet, vgl. auch Abb. 375, hat aber den Nachteil, daß hochgepreßtes Wasser verloren geht, zuweilen infolge Verschleißes der Spaltflächen mehr, als man denkt. Vorteilhafter ist in dieser Hinsicht der Ausgleich bei der Pumpe von Weise Söhne (Abb. 376). Es kommt dasselbe Prinzip der Entlastung zur Anwendung, doch sind zur Verringerung der Druckwasserverluste insgesamt 4 Drosselspalte angeordnet, zwei axiale (*a* und *c*) und zwei radiale (*b* und *d*).

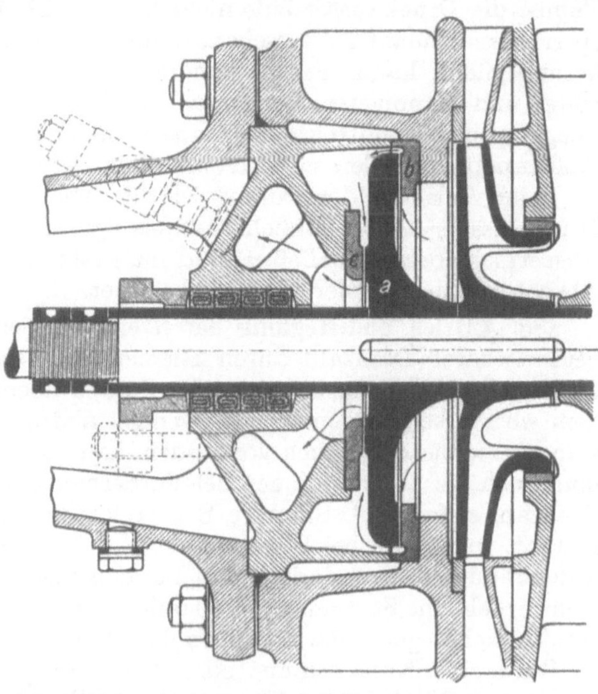

Abb. 377. Ausgleich des Axialschubes mittels Entlastungsscheibe (R. Wolf, Magdeburg).

Abb. 378. Jaegerpumpe nebst Ausrüstung.

187. Ausrüstung und Inbetriebsetzung der Kreiselpumpen. Kreiselpumpen vermögen nicht trocken anzusaugen, sondern müssen gefüllt werden. Die Entlüftungshähne (siehe Abb. 378) sind zu öffnen und solange offen zu halten, bis Wasser herausfließt. Das zum Füllen dienende Wasser läßt man entweder aus der Druckleitung überströmen oder füllt es durch einen Trichter ein. Die Saugleitung braucht ein Fußventil. Hinter der Pumpe ist ein Absperrschieber anzuordnen, der beim Ansetzen und der Regelung der Pumpe verwendet wird. Dahinter ist eine Rückschlagklappe einzubauen, damit beim Stillsetzen der Pumpe die Druckwassersäule nicht zurückfällt. Die Rückschlagklappe ist mit einem absperrbaren Umlauf zu versehen, damit man die Pumpe beim Ansetzen aus der Druckleitung füllen kann. Ferner gehören zur Ausrüstung: Entwässerungshähne, Vakuummeter und Manometer, Leitungen für die Kühlung der Lager und die Abdichtung der Saugstopfbüchse mittels der Pumpe entnommenen Druckwassers. Windkessel wie bei den Kolbenpumpen fallen selbstverständlich bei Kreiselpumpen weg.

Beim Anlassen der Pumpe ist der Absperrschieber langsam zu öffnen, wobei die Druckwassersäule allmählich beschleunigt wird. Falls die Pumpe abgefallen ist, ist der Absperrschieber zu schließen, und man läßt die Pumpe von neuem an, indem man den Absperrschieber wieder allmählich öffnet.

188. Antrieb und Reglung der Kreiselpumpen. Werden die Kreiselpumpen mit nicht veränderbarer Drehzahl durch Riemen oder elektrisch angetrieben, so kann man die Fördermenge nur regeln, wenn die Pumpe überschüssigen Druck erzeugt, den man mit dem Absperrschieber mehr oder weniger abdrosselt, wie es Abb. 371 veranschaulicht. Ist kein überschüssiger Druck vorhanden, kann man die Fördermenge nicht beeinflussen und muß auch die Schwankungen der Fördermenge in Kauf nehmen, die entstehen, wenn die Drehzahl schwankt[1]. Stärkere Schwankungen treten auf, und die Gefahr des Abfallens besteht, wenn, wie bei Wasserhaltungen, hoher statischer Druck und kleine Strömungswiderstände zu überwinden sind. Bei den meisten Niederdruckpumpenanlagen sind aber recht erhebliche Strömungswiderstände vorhanden, dank denen die Kreiselpumpe weniger empfindlich gegen Schwankungen der Drehzahl wird.

Wird eine Kreiselpumpe oder Turbopumpe durch eine Dampfturbine angetrieben, wie man es bei Kesselspeisepumpen und Wasserwerkpumpen hat, kann man bequem in weiteren Grenzen regeln. Bei Kesselspeisepumpen wird die antreibende Dampfturbine selbsttätig so geregelt, daß die Pumpe einen den Kesseldruck um einige Atmosphären übersteigenden Druck erzeugt (vgl. Abb. 155). Bei Wasserwerkpumpen regelt man die antreibende Dampfturbine so, daß eine gewisse, einstellbare Fördermenge gehalten wird, unabhängig davon, wie hoch der Druck in der Wasserleitung wird.

189. Wasserhaltungen mit Turbopumpen. Man bemißt die Größe der Wasserhaltung so, daß ihre Fördermenge etwa 3mal so groß ist, wie die Zuflüsse. Es herrscht elektrischer Antrieb mittels Drehstrommotors vor. In der Regel ist der Motor vierpolig und n ist 1480. Dabei erhalten die Laufräder der Pumpe 400 bis 500 mm Durchm. Für kleinere Wassermengen und große Teufen werden auch zweipolige Motoren angewendet, wobei die Drehzahl doppelt, die Laufräder halb so groß werden. Hat die Pumpe 70% und die Pumpenleitung 95% Wirkungsgrad, so muß der Motor etwa 0,25 Qh kW leisten[2], worin Q die Fördermenge in m^3/min und h die geodätische Förderhöhe ist. Es ist aber nötig, den Motor von vornherein 5 bis 10% größer zu wählen, damit er Überlastung verträgt.

Ursprünglich wurde die Turbopumpe bei Wasserhaltungen nur für Aushilfzwecke benutzt; im Laufe der Jahre gewann sie aber auch als ständige Wasserhaltung immer größere Verbreitung, obgleich sie erheblich mehr Energie verbraucht, als die Kolbenpumpe. Dieser Nachteil kommt weniger zur Geltung als ihre Vorteile: Wohlfeilheit, geringer Raumbedarf, anspruchlose Wartung. Da man die Wasserhaltung hauptsächlich dann betreibt, wenn der Strombedarf der anderen Maschinen zurückgegangen ist, braucht man den höheren Strombedarf auch nicht so einzuschätzen, als wenn seinetwegen die elektrische Kraftanlage vergrößert werden müßte. Immerhin ist neuerdings der Zug unverkennbar, die Hauptwasserhaltung nach Möglichkeit der elektrisch angetriebenen Kolbenpumpe zu übertragen. Die Kreiselpumpenwasserhaltung ist nämlich im Betriebe häufig nicht so gut, wie man denkt, sei es, daß die Pumpe von vornherein für zu hohen Druck gebaut ist, sei es, daß ihr Wirkungsgrad durch Verschleiß sehr gelitten hat. Es ist

[1] Vgl. das Diagramm Abb. 369. [2] Vgl. Ziffer 167 und Ziffer 181.

zweckmäßig, die Förderleistung dauernd mittels Überfallwehres zu messen und mit der elektrischen zu vergleichen.

Mittlere Förderhöhen sind noch mit einer Pumpe zu überwinden, größere erfordern zwei Pumpen, von denen die eine der anderen das Wasser zudrückt. Der antreibende Motor wird zwischen den beiden Pumpen aufgestellt, wie es Abb. 379 zeigt. Der in Ziffer 170 für Kolbenpumpen besprochene Betrieb mit Abfallwasser ist auch bei

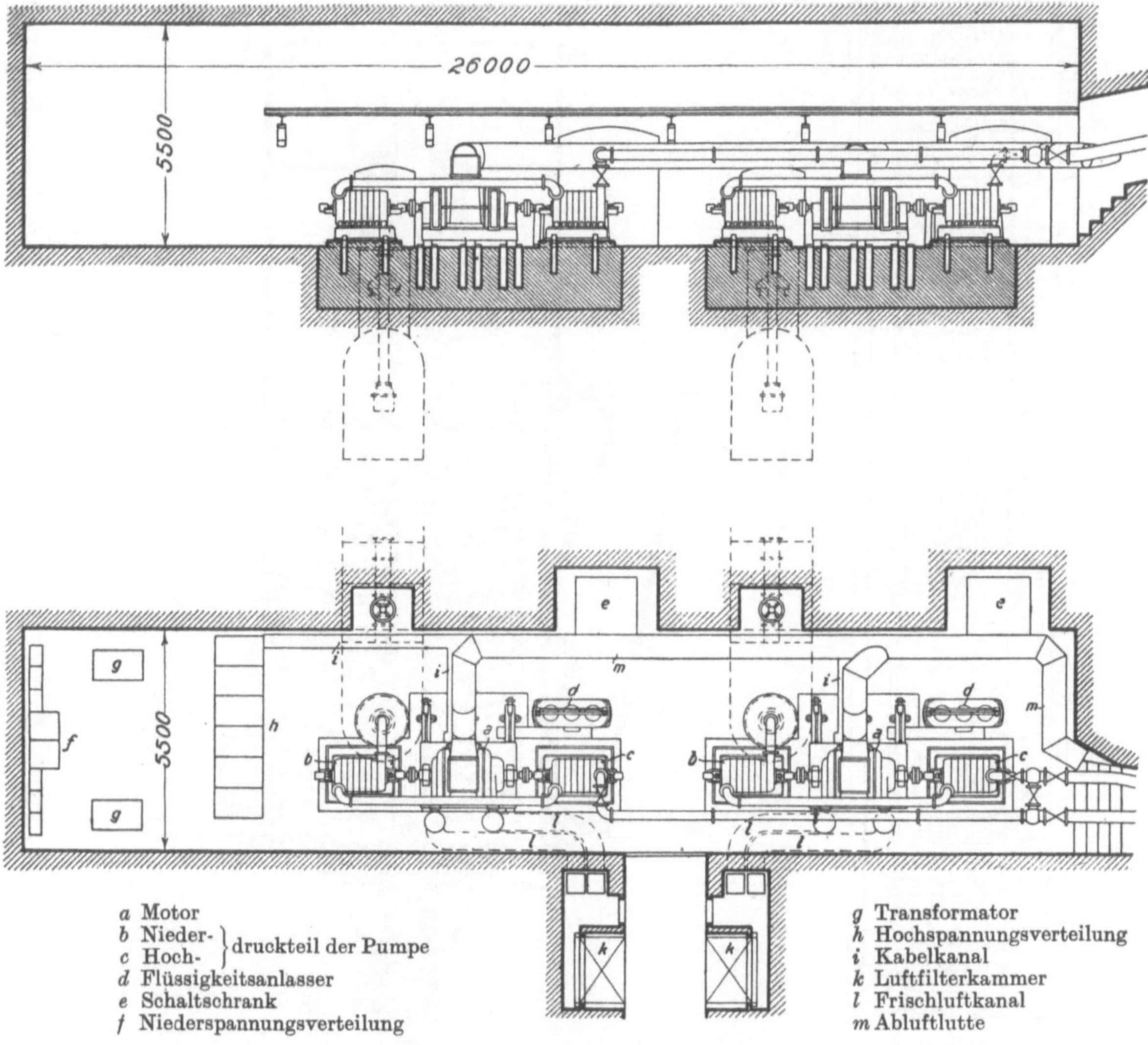

Abb. 379. Wasserhaltung der Zeche Graf Bismarck.

Turbopumpen durchführbar; man überspringt entsprechend dem Drucke, mit dem das Wasser in die Pumpe tritt, die ersten Stufen.

Über die Ausrüstung, die Inbetriebsetzung und die Reglung der Turbowasserhaltungen vgl. das in den Ziffern 187 und 188 Gesagte. Wegen der großen statischen Druckhöhe und der geringen Widerstandshöhe ist die Wasserhaltungspumpe gemäß Ziffer 183 und Ziffer 188 empfindlich gegen Änderungen der Drehzahl; sie „fällt ab", wenn die Frequenz des antreibenden Drehstromes zu klein wird, ist aber nicht imstande, wenn die Frequenz wieder gestiegen ist, gegen die auf der Rückschlagklappe lastende Wassersäule allein anzufahren. Man merkt diesen Zustand am Strommesser, der entsprechend weniger Strom zeigt. Weil die im toten Wasser arbeitende, viel Energie verbrauchende Pumpe hoch erhitzt wird, ist der antreibende Motor schnellstens abzustellen und der Absperrschieber zu schließen. Dann ist die Pumpe neu anzusetzen, indem man den Absperrschieber allmählich öffnet.

Die Antriebmotoren sind „spritzsicher“ auszuführen, d. h. so, daß das Eindringen von Wasserstrahlen aus beliebiger Richtung verhindert wird. Zwecks Kühlung der Wicklung und des Eisens wird durch einen auf der Rotorwelle an-

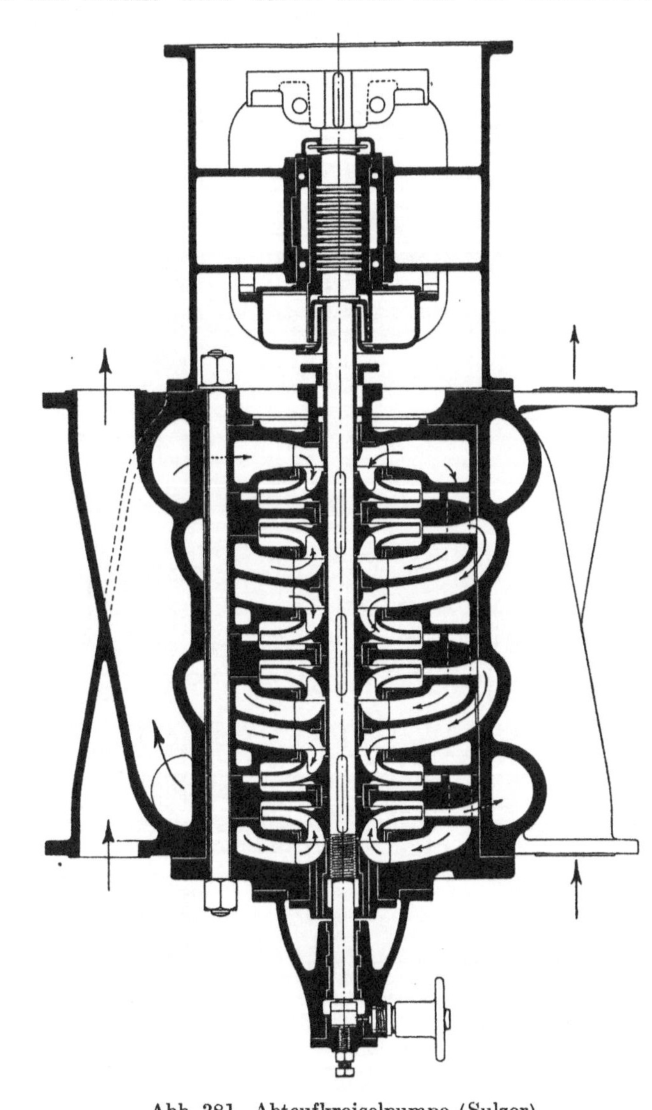

Abb. 381. Abteufkreiselpumpe (Sulzer).

gebrachten Lüfter Luft angesaugt und durch den Motor gedrückt. Bei großen Motoren führt man, um die Pumpenkammer kühl zu halten, die erwärmte Luft ab. Abb. 379 veranschaulicht eine größere Pumpenanlage auf der Zeche Graf Bismarck. Die Pumpen fördern je 5 m³/min aus 802 m Teufe. Jeder Pumpensatz besteht aus 2 hintereinandergeschalteten, 7stufigen Jaeger-Pumpen, die durch einen AEG-Motor von 1000 kW getrieben werden (Glückauf 1920, Nr. 44).

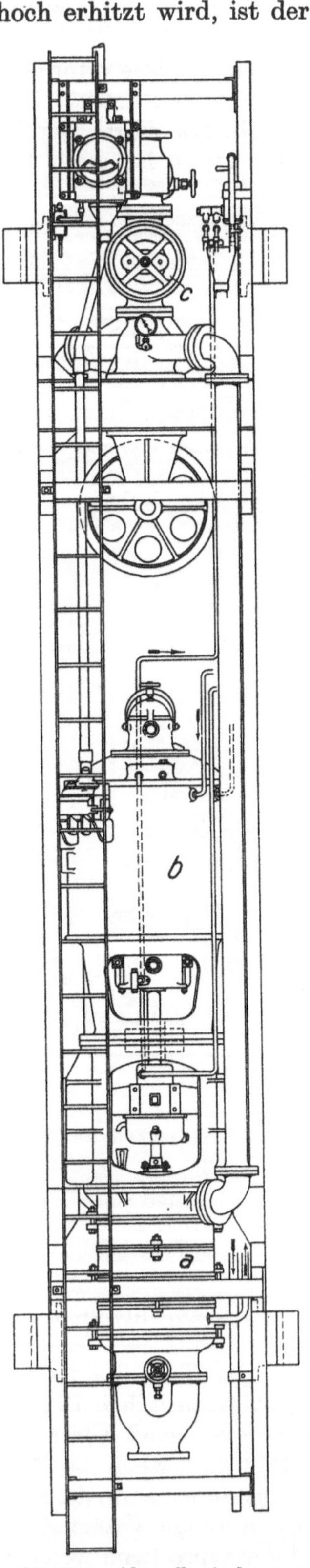

Abb. 380. Abteufkreiselpumpe (Jaeger).

Um im Falle der Not schnellstens einen Ersatzmotor beschaffen zu können, sind die Motoren genormt. Die Leistungen sind in kW angegeben und steigen immer um 25 % der vorhergehenden. Die Leistungsreihe ist 200, 250, 320, 400, 500, 640, 800, 1000, 1250, 1600 kW. n ist bis 250 kW = 1475, bis 500 kW = 1480, darüber hinaus = 1485. Im Mittel ist der Motorwirkungsgrad 94 % und $\cos \varphi = 0{,}87$.

Kreiselpumpen mit Dampfturbinenantrieb, wie sie bei Wasserwerken Eingang gefunden haben, sind auch für Wasserhaltungszwecke in neuester Zeit immer mehr angewendet worden und haben sich als betriebssicher und wirtschaftlich erwiesen.

190. Abteufkreiselpumpen. Von allen Abteufpumpen ist die elektrisch angetriebene Kreiselpumpe bei kleinstem Raumbedarf die leistungsfähigste. Abb. 380 (Jaeger) zeigt die übliche Anordnung. Die Pumpe *a* nebst gegabelter Saug- und Druckleitung, der antreibende Drehstrommotor *b*, der Absperrschieber *c* und die Rückschlagklappe sind in einem Rahmen untergebracht, der auch die Steigleitung trägt. Dieser Rahmen hängt in den beiden Trummen eines Halteseiles, das um die aus der Abb. 380 ersichtliche Rolle geschlungen ist, und kann mittels einer schweren Winde gehoben und gesenkt werden. Die Steigleitung wird an den Trummen des Halteseiles mittels Schellen geführt, an denen das elektrische Kabel befestigt ist. Das elektrische Kabel ist über Tage um eine von Hand drehbare Kabelwinde geschlungen und empfängt den Strom durch Schleifringe. Der Drehstrommotor hat Kurzschlußanker und wird über Tage mittels Anlaßtransformators angelassen. Der Maschinist hat den neben dem Absperrschieber befindlichen Amperemesser zu beobachten und den Wasserstrom mit dem Absperrschieber so zu drosseln, daß der Motor nicht überlastet wird.

Abb. 381 zeigt eine Abteufzwecken dienende Kreiselpumpe Sulzerscher Bauart, bei der die Räder, um den Axialschub auszugleichen, paarweise gegeneinander geschaltet sind.

Namen- und Sachverzeichnis.